Ernst Bindel

Die geistigen Grundlagen der Zahlen

PRAXIS ANTHROPOSOPHIE 51

Praxis Anthroposophie – Dialoge, Initiativen, Entwürfe. Taschenbücher, die die Welt nicht nur als bestehende erfassen, sondern sie auch vorausdenkend weiterentwickeln möchten.

Über das Buch: Wer Zahlen einmal nicht rein quantitativ, wie heute durchweg üblich, betrachtet, sondern nach den Besonderheiten einzelner Zahlen fragt, stößt bei Ernst Bindels Darstellung auf eine weitgehend unbekannte, aber faszinierende Welt alter Zahlenweisheit. Bei einer solchen Betrachtungsart tun sich ungeahnte, reiche Bezüge auf: zur Bibel und zu alten mystischen Dokumenten, zur Pflanzenwelt und zum Kosmos, zur Sprache und zur Kunst … Allgemeinverständlich und kenntnisreich schildert der Autor diese Zahlengeheimnisse und breitet eine Fülle von Beispielen aus. Dabei geht er immer von den Gesetzmäßigkeiten der Zahlen selbst aus: Anschaulich entwickelt er ihre Qualitäten an geometrischen Konstruktionen und aus den mathematischen Verhältnissen heraus. Die Zahlenwelt stellt sich dann als eine sinnvoll strukturierte Ganzheit dar.

Über den Autor: Ernst Bindel (1890 – 1974) studierte Mathematik, Physik und Chemie in Göttingen, Berlin und Halle, von 1924 bis 1963 war er Oberstufenlehrer an der Freien Waldorfschule Stuttgart Uhlandshöhe.

ERNST BINDEL

Die geistigen Grundlagen der Zahlen

Die Zahl im Spiegel der Kulturen

Elemente einer spirituellen Geometrie und Arithmetik

VERLAG FREIES GEISTESLEBEN

ISBN 3-7725-1251-8

2., erweiterte Auflage dieser Ausgabe 2003
(6. Gesamtauflage)
Die erste Auflage erschien 1958

Verlag Freies Geistesleben
Landhausstraße 82, 70190 Stuttgart

Umschlaggestaltung: Thomas Neuerer
nach Entwürfen von Walter Schneider

Druck: Clausen & Bosse, Leck

Inhalt

Vorwort zur Ausgabe von 1958

Vor nunmehr 25 Jahren, im Juni 1933, begann ich meine allmonatlich erscheinenden Rundschreiben über «Die geistigen Grundlagen der Zahlen» zu veröffentlichen, ein Jahr nach dem Erscheinen meines Buches über «Die ägyptischen Pyramiden als Zeugen vergangener Mysterienweisheit». Sie gingen im bescheidenen Gewand einer Vervielfältigung an einen wenige Hundert zählenden Kreis von Beziehern hinaus. Ihre Folge schloß nach 22 Lieferungen im Januar 1935 ab, so daß ihr Inhalt für nachträgliche Interessenten, die sich in ziemlicher Anzahl einstellten, verschlossen blieb. Die politischen Verhältnisse, welche alle literarischen Veröffentlichungen mehr und mehr unter eine bedrückende Aufsicht stellten, verboten eine zweite Auflage. Nach 1945 wäre zu ihr die Möglichkeit vorhanden gewesen. Sie wurde nicht genutzt, weil ich mich nun einem anderen, wenn auch verwandten Fragenkomplex zuwendete, dessen Behandlung sich in den Jahren 1950 bis 1953 in der Veröffentlichung meines dreibändigen Werkes über *Die Zahlengrundlagen der Musik im Wandel der Zeiten* niederschlug. Erst nach weiteren fünf Jahren war es mir aufgrund einer Zusage des Verlages Freies Geistesleben möglich, an ein Wiedererscheinen meiner nun schon weit zurückliegenden Arbeit zu denken. Der lange Zwischenzeitraum seit ihrem ersten Erscheinen hat es mit sich gebracht, daß ich ihr eine neue Form geben mußte; auch die gediegenere Art der Veröffentlichung als Buch nötigte dazu. So wurden von mir die einstigen Rundschreiben gründlich überarbeitet. Vieles wurde als für einen nun hoffentlich größeren Leserkreis nicht tauglich gestrichen, einiges neu eingefügt und dem Ganzen stilistisch eine geprägtere Form gegeben. Jedoch ist im großen der damalige Charakter erhalten geblieben. Die Entscheidung darüber, was einem unvorbereiteten Leserkreis zu sagen möglich ist und was nicht, war mir nicht immer leicht. Schwierigere mathematische Gedankengänge schieden von vornherein aus, um die leichte Verständlichkeit für den Leser nicht zu beeinträchtigen. Ich hoffe, mit dem, was ich beibehalten zu können geglaubt habe, das Richtige getroffen zu haben, auch wenn mancher Leser da und dort anderer Meinung sein mag. Vor langen Zitaten bin ich nicht zurückgeschreckt, wenn in diesen das, was deutlich werden soll, am besten gesagt ist und durch eine Wiedergabe mit eigenen Worten keineswegs gewinnen würde. Daß mir dabei Rudolf Steiners Wort besonders schwer wog, wird man bald bemerken. In der vorliegenden Arbeit mußte ich auch mit solchen Lesern rechnen, die meine anderen Buchveröffentlichungen über das Reich der Zahlen nicht kennen, so die schon erwähnte über die Zahlengrundlagen der Musik und besonders das Buch über die ägyptischen Pyramiden (*Die ägyptischen Pyramiden als Zeugen vergangener Mysterienweisheit*), das sogar den Untertitel trägt «Zugleich eine allgemeinverständliche Einführung in die Symbolik von Zahlen und Figuren» und daher vieles von dem vorwegnimmt, was jetzt ausführlicher behandelt wird. Mich auf das, was dort noch nicht gesagt ist, zu beschränken hätte die vorliegende Arbeit zu einem Torso werden lassen, so daß diese in bezug auf den Untertitel des Pyramidenbuches sich wie ein notwendiger Ausbau ansehen läßt.

Ernst Bindel

1. Kapitel
Das Buch vom Menschen und die ersten zehn Zahlen

Für die Aufeinanderfolge verschiedener miteinander verbundener Tatbestände findet man als Sinnbild oft das Bild des Buches mit seinen aufeinanderfolgenden Blättern. So spricht man vom Buch des Lebens, das anfänglich leer sei und in welches das Schicksal seine Eintragungen mache, oder vom Buch der Welt, das aufgeschlagen vor uns liege und in welchem lesen zu lernen unsere Aufgabe sei. In der Apokalypse des Johannes wird mehrfach und bedeutsam das Symbol des Buches verwendet; dort wird es jedesmal von einem Engelwesen gehandhabt. Das erste dieser geistigen Bücher wird als siebenfach versiegelt geschildert; die Entsiegelung wird alsdann durch die Symbolgestalt des Lamms vorgenommen. Hier gewahren wir bereits die Verknüpfung des Buchsymbols mit der Zahlenwelt.

Weniger bekannt dürfte die Verwendung des Buchsymbols in der Form des «Buches vom Menschen» sein. Sie findet sich u. a. bei Louis Claude de Saint Martin, jenem französischen Weisen, der in der zweiten Hälfte des 18. Jahrhunderts lebte (1743 bis 1803), in seinem Erstlingswerk *Des erreurs et de la vérité*, das 1775 herauskam und ins Deutsche durch Matthias Claudius, den Herausgeber des *Wandsbeker Boten*, übersetzt wurde. Die Übersetzung wurde 1782 unter dem Titel *Irrtümer und Wahrheit* veröffentlicht; ihr sind die im folgenden angeführten Zitate entnommen. St. Martin kleidet in das Bild des «Buches vom Menschen» den Weg des Menschenwesens durch die unendliche Zeit. Auf einen paradiesischen Urzustand des Menschen folgte sein Abstieg in die Welt des Leidens durch einen schuldvollen Verzicht auf die ihm verliehenen Hoheitsrechte. Seitdem lebt er in der Hoffnung auf eine Wiedereinsetzung in seine ursprünglichen Rechte. Dieser Weg wird von St. Martin zunächst ohne das Gleichnis des Buches vom Menschen sogleich auf den ersten Seiten seines Werkes geschildert. Da auf diese wichtige Schilderung mehrfach zurückgegriffen wird, sei es gestattet, auf sie ausführlich hier einzugehen.

«Es ist kein Ursprung, der den seinen übertreffe; denn der Mensch ist älter als jedes andere Wesen der Natur; er existierte vor der Entstehung auch des allergeringsten Keims, und doch ist er erst nach ihnen auf die Welt gekommen. Was ihn aber weit über alle diese Wesen erhob, ist das: sie mußten von einem Vater und einer Mutter entstehen, und der Mensch hatte keine Mutter.»

Alsdann wird der Aufenthaltsort des Menschen, den die Bibel als den Garten des Paradieses beschreibt, als ein Wald geschildert, der aus sieben Bäumen bestand, deren jeder sechzehn Wurzeln und vierhundertneunzig Zweige gehabt habe. Die Früchte der Bäume hätten sich ohne Unterlaß erneuert und dem Menschen die vortrefflichste Nahrung gewährt.

«Hier an diesem lieblichen Orte, der Heimat menschlicher Glückseligkeit und dem Thron seiner Herrlichkeit, würde er ewig glücklich (...) gewesen sein (...). Er genoß einen Frieden und eine Seligkeit, die den heutigen Menschen gar nicht können begreiflich gemacht werden.»

Ein furchtbares Vergehen, das näher zu beschreiben unterlassen wird, machte diesem Aufenthalt ein Ende. Der Mensch ward schmählich aller seiner Rechte beraubt und in die Region der Väter und Mütter hinabgeworfen, wo er seitdem lebt und den Gram und die Demütigung hat, unter allen den übrigen Wesen der Natur verkannt und wie eines von ihnen geachtet zu werden. Es sei nicht möglich, einen Zustand mit Gedanken zu fassen, der trauriger und bejammernswerter wäre als der unglückliche Zustand des Menschen in dem Augenblick seines Falles.

«Indes wollte ihn sein Vater, als er ihn so strafte, nicht aller Hoffnung berauben (...); er ließ sich seine Reue und seine Scham rühren und versprach ihm, daß er durch seine Mühungen seinen ersten Zustand wieder erlangen könnte (...). Es müssen uns auch die Rettungsmittel, die dem Menschen nach seiner Vergehung übrig geblieben sind, nicht wunder nehmen; es war die Hand eines Vaters, der ihn strafte, und es war auch eines Vaters Zärtlichkeit, die über ihn wachte, selbst da noch, als seine Gerechtigkeit ihn von seiner Gegenwart entfernte. Denn der Ort, von wo der Mensch ausgegangen ist, ist mit so vieler Weisheit angelegt, daß der Mensch, wenn er wieder zurückgeht, wo er hergekommen ist, durch eben die Wege, die ihn verführt haben, unfehlbar wieder gelangt zu dem mittelsten Punkt des Waldes, in dem er allein den Genuß einiger Kraft und einiger Ruhe haben kann.

In der Tat, er ist auf Abwege geraten, indem er von *Vier* zu *Neun* ging, und er wird sich immer nicht wiederfinden können, als wenn er von *Neun* zu *Vier* geht. Übrigens hätte er unrecht, wenn er sich über diese Unterwerfung beklagen wollte; so und nicht anders ist das Gesetz, das allen den Wesen, welche die Region der Väter und Mütter bewohnen, auferlegt ist; und weil der Mensch sich freiwillig da hinabbegeben hat, so ist's natürlich, daß er die ganze Mühseligkeit dieses Gesetzes fühle. Allerdings! Fürchterlich ist dies Gesetz, aber es ist nichts in Vergleichung mit dem Gesetz der Zahl *sechsundfünfzig*, das schrecklich ist und entsetzlich denen, die sich ihm bloßstellen; denn sie können nicht zu *vierundsechzig* gelangen, als nachdem sie es in seiner ganzen Strenge ausgehalten haben.

Das ist die allegorische Geschichte von dem, was der Mensch in seinem Ursprunge war, und von dem, was er durch seine Abweichung von seinem ersten Gesetz geworden ist. Ich habe durch dies Gemälde gesucht, ihn zu der Quelle all seines Unglücks zu führen und ihm, freilich dunkel und versteckt, die Mittel, wie dem könne abgeholfen werden, anzuzeigen.»

Wieder ist in die ganze Schilderung die Zahl in geheimnisvoller Weise hineinverwoben, zuweilen in einer unserem Verständnis so fernliegenden Form, daß man versucht ist, das Ganze für eine Scharlatanerie zu halten. Jedoch ein langes Umgehen mit jenen von St. Martin verwendeten Zahlengeheimnissen vermag zu der Überzeugung zu führen, daß in ihnen doch Weisheit verborgen ist. Es ist hiermit nicht anders als mit jenem Zahlengeheimnis, das der Apokalyptiker gelegentlich der Schilderung des «zweihörnigen Tieres» im 13. Kapitel in Gestalt der Zahl 666 ausspricht und zu dem er den ausdrücklichen Zusatz macht: Hier spricht die Weisheit selbst.

Erst in der Mitte des Werkes, gegen Ende des ersten Bandes, erscheint bei St. Martin das Bild des Buches vom Menschen. Wieder sei es gestattet, die Martinsche Darstellung selbst anzuführen. Er spricht von einer Reihe von Vorteilen, in deren Besitz der Mensch sei, und fährt dann fort:

«Diese unaussprechlichen Vorteile hafteten an dem Besitz und dem Verständnis eines überköstlichen Buches, das zu den Geschenken gehörte, die der Mensch mit seinem Dasein erhalten hatte. Obgleich dieses Buch nur zehn Blätter enthielt, so faßte es doch in sich alle Einsichten und alle Erkenntnisse von dem, was gewesen ist, von dem, was ist, und von dem, was sein wird; und das Vermögen des Menschen war damals so ausgedehnt, daß er auf allen zehn Blättern des Buches zugleich lesen und es mit *einem* Blick umfassen konnte.

Bei seinem Fall ist zwar das nämliche Buch ihm geblieben, er ist aber des Vermögens beraubt worden, so leicht darin lesen zu können, und er kann nicht mehr alle dessen Blätter kennen lernen, als eins nach dem andern. Und doch wird er nimmermehr in seine Rechte gänzlich hergestellt werden, bis er sie alle studiert hat; denn obgleich ein jedes von diesen zehn Blättern eine besondere und ihm eigentümliche Kenntnis enthält, so hängen sie doch so untereinander zusammen, daß es unmöglich ist, eins davon vollkommen inne zu haben, wenn man es nicht dahin gebracht hat, sie alle zu kennen; und wiewohl ich gesagt habe, der Mensch könne sie nicht mehr lesen als eins nach dem andern, so würde doch jedwedem seiner Schritte die Sicherheit fehlen, wenn er sie nicht alle im ganzen durchlaufen wäre und hauptsächlich das vierte, das allen übrigen zum Vereinigungs-Punkt dient.

Dies ist eine Wahrheit, welche die Menschen wenig in Acht genommen haben, und doch wäre es ihnen unendlich nötig, sie zu beherzigen und zu erkennen; denn sie werden alle mit dem Buch in der Hand geboren; und wenn das Studium und das Verständnis dieses Buches gerade der Beruf ist, den sie zu erfüllen haben, so kann man urteilen, wie wichtig es für sie sei, dabei keinen Fehltritt zu begehen.»

Nun kommt er auf den Inhalt der einzelnen zehn Blätter zu sprechen. Da bei der Besprechung der einzelnen Zahlen meist die Martinsche Charakteristik in Form dieser Blätter des zehnblättrigen Buches herangezogen werden wird, genügt es hier, zunächst als Probe nur den Inhalt einiger Blätter anzuführen:

4. Blatt: von allem, was tätig ist; von dem Prinzipio aller Sprachen, so derer, die zeitlich als die außer der Zeit sind; von der Religion und dem Gottesdienst des Menschen; und hier findet sich die *Zahl* der immateriellen Wesen, die denken.

5. Blatt: von der Abgötterei und von der Fäulung.

8. Blatt: von der zeitlichen *Zahl* desjenigen, der die einzige Stütze, die einzige Kraft und die einzige Hoffnung des Menschen ist, das ist, von dem reellen und physischen Wesen, das zwei *Namen* und vier *Zahlen* hat, insoweit als es zugleich tätig und verständig ist und seine Aktion über die vier Welten ausdehnt ...

10. Blatt: das zehnte endlich war der Weg und das Komplement der neun vorhergehenden. Es war ohne Zweifel das allerwesentlichste und eigentlich das Blatt, ohne das alle die vorhergehenden nicht würden gekannt sein; denn wenn man sie alle zehn in Zirkumferenz ordnet, so findet sich die meiste Verwandtschaft zwischen ihm und dem ersten, aus dem alles ausfließt; und wenn man von seiner Wichtigkeit urteilen will, so wisse man, daß der Urheber der Dinge eben durch dies zehnte Blatt unüberwindlich sei, weil es seine Wagenburg ist rund um ihn her, die kein Wesen überschreiten kann.

Wie aus der ganzen Schilderung hervorgeht, ist dieses Buchsymbol vorzugsweise mit der Zahl zehn verbunden, während das der Apokalypse vorzugsweise auf der Zahl sieben ruht.

Die weitere Betrachtung wird zeigen, daß man es bei alledem nicht etwa mit einer bloßen Phantasie von St. Martin allein zu tun hat, sondern daß hier altes Weisheitsgut der Menschheit vorliegt. Auch Rudolf Steiner sprach einmal von einem zehnblättrigen Buch in einem Vortrag, den er am 3. April 1905 in Berlin hielt. Davon existiert nur eine fragmentarische Nachschrift. Dennoch gestattet sie einen Einblick in die Art und Weise, wie er sich über dieses merkwürdige Thema ausgelassen hat. Es heißt da zunächst über das Buch überhaupt:

«Dieses zehnblättrige Buch ist etwas Wirkliches, Reales. Das Denken des Geheimwissenschaftlers ist ein anderes als dasjenige, was die Menschen ihr Denken im Alltag nennen. Das Denken des Geheimwissenschaftlers bekommt durch Intuition einen Begriff, auf einmal, innerlich. Er ist nicht angewiesen auf äußere Erfahrungen und Wahrnehmungen – es ist wie eine Erleuchtung; auf einmal ist sie da, und zwar deshalb, weil er die höheren Wirklichkeiten überschaut – er schaut die geistigen Urbilder der Dinge, wie ein Maler z. B. schaut, innerlich in sich hat das Urbild seines Wirkens. Es gibt von allen Dingen Urbilder, die auf dem höheren Plane leben, und diese schaut der Geheimwissenschaftler. Das Lesen in den geistigen Urbildern nennt man im Okkultismus das Lesen des ‹zehnblättrigen Buches›.»

In einer Frühzeit sei die Menschheit zum Lesen dieses Buches allgemein befähigt gewesen, nämlich vor ihrem Fall, ehe der Mensch in die «Region der Väter und Mütter» hinabstieg, bis zur Mitte der sogenannten lemurischen Zeit, als unsere Menschheit noch nicht mit einem physischen Leib umkleidet war. Damals gab es auch noch keine Trennung der Menschen in zwei verschiedene Geschlechter. Heute seien nur noch die Eingeweihten zum Lesen jenes Buches befähigt. Dieses Lesen von seiten der Eingeweihten wird dann folgendermaßen beschrieben:

«Was in der geistigen Welt vor sich geht, entdeckt man nicht nach und nach in Einzelheiten, sondern vor dem geistigen Auge des Forschenden liegen alle Dinge klar. *Dieser Dinge sind zehn; das ist das zehnblättrige Buch.*»

Nun folgt auch bei Rudolf Steiner eine Schilderung der einzelnen Blätter; ihr Lesen besteht eigentlich nur in einem lebendigen Erfassen der ersten zehn Zahlen. So heißt es in bezug auf das erste Blatt:

«Man erlebt innerlich Entstehen und Vergehen. Beispiel: wenn man eine Blume anschaut, sie ist entstanden, sie vergeht, sie hinterläßt einen Keim, der auch verfault. Ein ganz kleines Keimchen nur bleibt. Die ganze neue Pflanze ist in ihm enthalten. Die Pflanze wechselt ab zwischen großer Ausdehnung und einer Wesenheit, die in ein Nichts zusammengedrängt ist, ins Punktuelle. Dieses Ausdehnen – in einen Punkt Zusammendrängen kann man in der ganzen Natur verfolgen. Es ist beim Menschen so, es ist im ganzen Sonnensystem so. Da sprechen wir von Manvantara – Ausdehnen und von Pralaya – in einen Punkt Zusammenschrumpfen.

Diesen Zustand des In-einen-Punkt-zusammengedrängt-Seins, in dem das ganze reiche Leben zusammengedrängt ist und aus dem alles hervorquillt, muß man in sich zum *Erleben* bringen. Man versetzt sich in einen Zustand des Anschauens – innerlich – des Punktuellen; in diesen muß sich der Geheimschüler versetzen. Er muß innerlich erleben einen Punkt, der alles enthält und aus dem alles hervorquillt, der nichts und alles ist, der die Einheit von Sein und Kraft enthält. Es gehört zu den Geheimnissen, sich hineinzuversetzen in einen solchen Zustand, daß man erleben kann, wie aus dem Nichts das All entspringt; das ist das Lesen des ersten Blattes.»

Durch die obigen Worte werden wir auf die Urideen, die Schöpferkräfte der geistigen Welt verwiesen. Es war der «göttliche»

Platon – so nennt ihn Schopenhauer –, welcher diese Ideen zuerst in philosophischer Reflexion betrachtete und die Ideenlehre in seinen Dialogen niederlegte. In ihnen findet sich jedoch kaum etwas von jenem durch Rudolf Steiner angedeuteten Zusammenhang zwischen Ideen und Zahlen. Dennoch kann gerade Platon als ein Zeuge für diesen Zusammenhang herangezogen werden. Man muß nur hinzunehmen, daß er seiner Ideenlehre im Alter eine Vertiefung zuteil werden ließ, welche nicht mehr in seine Dialoge eingegangen ist. In Form intimer mündlicher Belehrung brachte er diese Vertiefung vor seine Schüler. Sie bestand darin, daß er auf einer neuen Stufe seiner Einsicht die Ideen mit den Zahlen schlechthin gleichsetzte. Aus dem bloßen Eidos, der bloßen Idee, wurde der Arithmos eidetikos, die Ideenzahl. Allerdings ist nichts davon erwähnt, daß es sich gerade um zehn solcher Ideen, um zehn solcher Ideenzahlen dabei gehandelt hätte.

Die Lehre von gerade zehn zahlenartigen Ideen fand dafür in der sich gleichzeitig abspielenden hebräischen Kultur ihre Ausbildung. In der althebräischen Geheimlehre, welche den Namen Kabbala trug, wurde von jenen zehn schöpferischen Ideen als von den zehn heiligen Sephiroth gesprochen. Es wurde dort sogar auch eine bestimmte Anordnung in Form eines Schemas gegeben, das der Baum der Sephiroth genannt wurde und das Aussehen der Figur 1 hatte (S. 17). Den hebräischen Namen der Sephiroth sind in Klammern diejenigen lateinischen Namen beigefügt, in welche man sie zu übersetzen pflegte. Man zog dann noch zwischen den einzelnen Sephiroth bestimmte Verbindungslinien, die man Kanäle nannte, insgesamt 22 an der Zahl, welche man mit den 22 Buchstaben des hebräischen Alphabets parallelisierte, so daß dieser Baum der Sephiroth zu Zweigen die Buchstaben des hebräischen Alphabets hatte.

Die Totalität der zehn Sephiroth bezog man auf das ewige Wesen des Menschen selber. Jener höhere oder «idealische» Mensch, wie ihn Schiller in seinen *Briefen über die ästhetische Erziehung des*

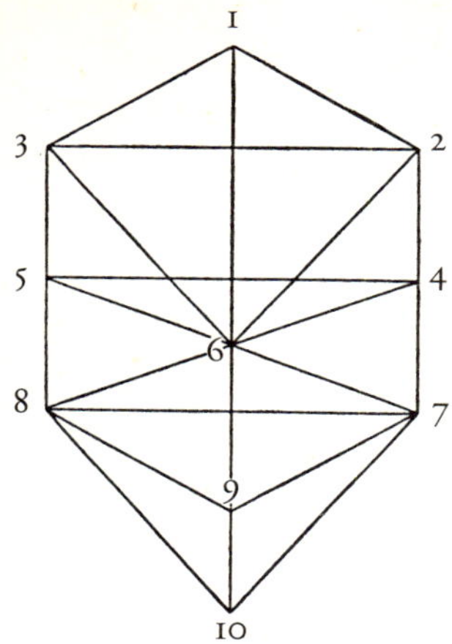

1. Kether (Corona) = Krone
2. Hochmah (Sapientia) = Weisheit
3. Binah (Intelligentia sive Spiritus) = Intelligenz oder Geist
4. Chesed (Misericordia) = Barmherzigkeit
5. Geburah (Severitas) = Strenge
6. Tiphereth (Pulchritudo) = Schönheit
7. Nizah (Victoria) = Sieg
8. Hod (Gloria) = Ruhm
9. Jesod (Fundamentum) = Grundlage
10. Malkuth (Regnum) = Reich

Figur 1

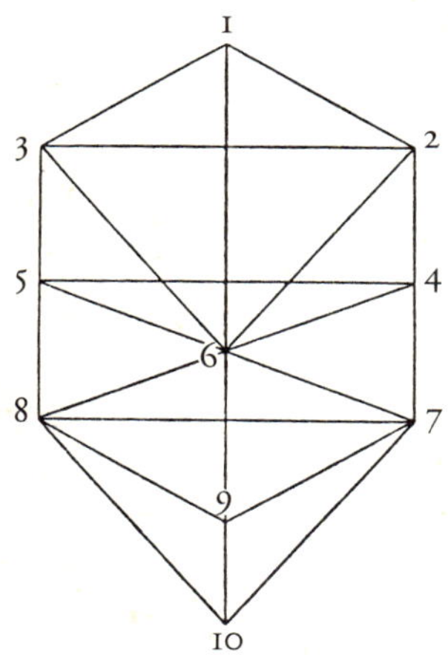

1. Substanz, Sein, Wesen (ousia)
2. Raum, Ort (pou = irgendwo)
3. Zeit (pote = irgendwann)
4. Quantität, Größe (poson = so groß)
5. Qualität, Beschaffenheit (poion = so beschaffen)
6. Verhalten, Zustand (echein = haben)
7. Tun (poiein = tun)
8. Leiden (paschein = leiden)
9. Lage (keisthai = liegen)
10. Beziehung (prosti = in Beziehung)

Figur 2

Menschen nennt, war nach der hebräischen Lehre also auf eine Totalität von zehn Ideen veranlagt. Man nannte ihn dort den «Adam Cadmoni», den «Menschen aus dem Osten» oder auch den «Menschen der Vorzeit», d. h. eben den Menschen vor seinem Fall.

So klingt die hebräische Weisheit mit der griechisch-platonischen bedeutsam zusammen. Auch Platons großer Schüler Aristoteles folgte ähnlichen Wegen. Von ihm stammt eine Lehre, welche eine merkwürdige Verwandtschaft mit der Sephirothlehre zeigt: die von den zehn Denkprinzipien oder den zehn Kategorien. Bedeutsamerweise holt Aristoteles sie aus den Wortarten der Sprache heraus. Seine Ausführungen sind wegen ihrer Flüchtigkeit schwer verständlich; auch lassen sich die Namen für die zehn Grundbegriffe z. T. schwer ins Deutsche übersetzen. Aristoteles selber gibt für die Kategorien keine besondere Anordnung, sondern zählt sie nur lose auf:

«Von den ohne Verbindung gesprochenen Worten bezeichnen die einzelnen entweder eine Substanz oder eine Größe oder eine Beschaffenheit oder eine Beziehung oder einen Ort oder eine Zeit oder einen Zustand oder eine Lage oder ein Tun oder ein Leiden.» (4. Kapitel der «Kategorien».)

Alsdann behandelt er nur vier von ihnen ausführlich, und zwar in folgender Reihenfolge: Substanz, Größe, Beziehung, Beschaffenheit, indem er sie nach ihrem sachlichen Inhalt und nach ihrer Wortbedeutung untersucht; die übrigen sechs werden von ihm nur gestreift. Diese Kategorienlehre wird heute als ein Denkerzeugnis des jüngeren Aristoteles angesehen, ja, von manchen in bezug auf ihre Echtheit sogar bezweifelt. Der spätere, ältere Aristoteles hat dann Platons Lehre von den Ideenzahlen, die er einst als Schüler von Platon selber mündlich empfangen hatte, aufs heftigste bekämpft. Dennoch leuchtet in dem Zusammenhange der zehn Kategorien etwas auf, was an die Zehnheit der schöpferischen Ideen heranführt; denn es lassen sich die zehn Kategorien in derselben Weise wie die zehn Sephiroth sinnvoll anordnen (siehe Figur 2, S. 17).

Das hebräische Wort sephiroth ist die Mehrzahl des Wortes sephira. Als solches ist es weniger unbekannt, als man beim bloßen Hören vielleicht meint. Es besteht aus den fünf Buchstaben samekh, phe, iod, resch und he und bedeutet ursprünglich soviel wie Licht, Glanz. Erst in zweiter Linie nimmt es die Bedeutung von Zahl an; die zehn Sephiroth sind weiter nichts als die ersten zehn Zahlen. Bedeutsam ist die Verwandtschaft des Wortes sephira mit dem hebräischen Wort sepher, das soviel wie Buch bedeutet; einige Forscher weisen auch auf die Verwandtschaft mit dem griechischen Wort sphaira (Sphäre) hin. Durch das Wort sephira wurde somit der Lichtursprung, der Sphärenursprung der Zahlen betont. Es machte dann bei der Weitergabe des hebräischen Kulturgutes an die anderen Völker eine mannigfache Wandlung durch. Zunächst ging es ins Arabische als sifr über, von da ins Lateinische als zephirum, von dort ins Italienische als cifra, woraus schließlich unser deutsches Lehnwort Ziffer wurde. Im Französischen bezeichnet das entsprechende Wort chiffre noch heute eine Art Geheimschrift, einen Geheimschlüssel. Also deuten auch wir noch durch unser Wort für die ersten Zahlen mit einem eigenen Zahlzeichen, durch das Wort Ziffer, ohne uns dessen bewußt zu sein, auf einen Lichtursprung, eine Lichtheimat der Zahlen hin.

Desgleichen besitzen wir gerade zehn solcher Ziffern, solcher Zahlsymbole, aus denen dann alle anderen Zahlen komponiert werden, und somit haben wir in unseren zehn Ziffern und in dem darauf gegründeten Dezimalsystem der Zahlen den Abglanz ältester Weisheitslehren vorliegen. Unsere zehn Ziffern stellen eigentlich zehn Urprinzipien dar, die der Welt schaffend zugrunde liegen, und unser gesamtes Rechnen ist nichts weiter als ein Umgang mit jenen zehn Urwesen, wie unser gesamtes Denken nach Aristoteles ein Umgang mit zehn Kategorien ist.

Wenn die zehn heiligen Sephiroth auf den höheren Menschen im Menschen, auf den idealischen Menschen bezogen wurden, sind dann nicht auch unsere ersten zehn Zahlen von tiefgehender

Bedeutung für das Menschenwesen? Ältere Zeiten haben an dieser Beziehung der Zahl zum Menschen nie gezweifelt. Der Umgang mit den Zahlen wurde von jeher als eine spezifisch menschliche Angelegenheit betrachtet. So sagt der arabische Arzt und Philosoph Avicenna um das Jahr 1000 n. Chr.: «Bruta non numerant.» (Tiere zählen nicht.) Dies ist und bleibt richtig trotz aller Einwände, die man ab und zu dagegen zu machen beliebt, trotz der da und dort auftretenden sogenannten rechnenden Pferde etc. Selbst die intelligentesten Tiere sind ohne eine Spur von Zählfähigkeit. Hier klafft deutlich ein unüberbrückbarer Abgrund zwischen Mensch und Tier; nur der Mensch zählt und rechnet.

Somit wäre in den ersten zehn Zahlen bereits unsere ganze Menschlichkeit beschlossen. Das war auch die Meinung der Weisen älterer Zeiten, wenn sie die Zahlen betrachteten. Über die den ersten zehn Zahlen entsprechenden zehn Urprinzipien sollte der Mensch nicht hinausstreben. Sonst überschritte er den ihm von der geistigen Welt abgesteckten Bezirk und käme in einen furchtbaren Bereich schwarzmagischer Kräfte und Gewalten hinein. Wie drückt z. B. St. Martin diesen Tatbestand aus? Er faßt die Totalität der ersten zehn Zahlen in eine einzige Zahl zusammen, indem er die Summe bildet:

$$1 + 2 + 3 + 4 + 5 + 6 + 7 + 8 + 9 + 10 = 55.$$

Man nannte diese Art Addition eine Addition im Sinne der göttlichen Weisheit. Somit bezeichnete die Zahl 55 die Grenze der Menschlichkeit; wieder erscheint im Bilde dieser Zahl die Zehn, und zwar in Gestalt zweier nebeneinanderstehenden Fünfen. Eine Überschreitung dieses Menschlichkeitsbezirkes liegt dann in dem Übergang zur Zahl 56 vor, von der es bei St. Martin heißt, «daß ihr Gesetz schrecklich sei und entsetzlich denen, die sich ihm bloßstellen».

Unsere Aufgabe muß darin bestehen, irgendwie einzusehen, daß die ersten zehn Zahlen eine so bedeutsame Totalität bilden, daß sich mit ihnen gleichsam ein Ring für den Menschen schließt. Es wird damit – es sei vorweg gesagt – ein recht schwieriges Problem angeschnitten, und es kann sich nur um den Versuch handeln, an die Beantwortung der gestellten Frage allmählich heranzukommen. Aber bevor daran gegangen wird, muß man sich darüber klar werden, warum es dann zu einer solchen Verkennung des wahren Wesens der Zahlen, zu einer solchen Entfernung von der uns überlieferten alten Zahlenweisheit gekommen ist. Denn heute schalten wir zwar ebenfalls ganz ausgiebig mit den ersten zehn Zahlen in Gestalt der zehn Ziffern, aber ein Bezug derselben auf unser Menschenwesen ist uns dabei nicht mehr bewußt. Wir gehen zwar viel mit den Zahlen um, haben auch mit dem Ergebnis einer geradezu großartigen Zahlentheorie viel Nachdenken auf die Zahlen verwendet, dabei aber eine über das Bloß-Logische hinausgehende Beziehung der Zahlen zu uns selbst nicht mehr zu finden vermocht, obwohl der Umgang mit ihnen ein spezifisch menschlicher Vorgang ist.

Wenn es schon wahr ist, daß der Umgang mit der Zahl eine eigentlich menschliche Angelegenheit ist, muß auch die Art des Umgangs ein getreues Abbild der Art unseres Menschentums sein. Man möchte das bekannte Fichte-Wort «Sage mir, was für eine Philosophie du hast, und ich will dir sagen, was für ein Mensch du bist» verwandeln in das Wort: «Sage mir, wie du mit der Zahl umgehst, und ich will dir sagen, was für ein Mensch du bist!»

Die Zahl folgt wirklich dem Menschen wie sein Schatten, sie begleitet ihn durch die Höhen und die Niederungen des Menschseins hindurch. Wie die eigentliche Heimat des Menschen in den Höhen zu suchen ist, so auch der Urstand der Zahl. Selbst bei seinem Abstieg in die Tiefe ist dem Menschen der Aufblick zur Höhe noch geblieben, so daß der Grieche ihn einen Anthropos, einen zur Höhe Hinaufblickenden nannte. Auch in dem Wort, das den Umgang mit der Zahl in unserer deutschen Sprache bezeichnet, im Worte «rechnen», findet sich noch der Aufblick zur Höhe, steht es doch in einem geistig-lautlichen Zusammenhang mit den Worten recht, rechtschaffen, Rechenschaft, Gerechtigkeit, Gericht, richtig; der etymologische Ursprung ist ein anderer, da das Rechnen ein Rechenen, ein Umgang mit dem Rechen, ein Zusammenharken von Zahlen bedeutet. Aber auch das Rechnen hat sich seinem Ursprung entfremdet; der Mensch ist, wie Richard Wagner in seiner Schrift «Erkenne dich selbst» vom Jahre 1880 sagt, zu einem «rechnenden Raubtier» im Gegensatz zum reißenden Raubtier geworden.

Entgegen der Zuordnung der Zahlen zum Moralischen des Menschenwesens herrscht heute die Anschauung, daß die Zahl und das Rechnen eine Art neutrales Gebiet bilden. Das Rechnen sei eine rein intellektuelle Angelegenheit des Menschen, jenseits von Gut und Böse. So wurde es nicht immer angesehen. Erst mit Aristoteles kam eine solche Denkweise auf; er sagt in seiner *Metaphysik:* «Hier wird nichts in der Weise bewiesen, daß man aufzeigte, es sei etwas das Bessere oder das Schlechtere (...). In den anderen Gebieten, auch beim gemeinen Handwerk, wie bei dem des Zimmermanns oder Schusters, da wird alles unter den Gesichtspunkt des Besseren oder Schlechteren gestellt. Die mathematischen Wissenschaften aber handeln mit keinem Wort vom Guten oder Schlechten.»

Die Haltung des Aristoteles ist nur aus seinem Gegensatz zu seinem Lehrer Platon verständlich, dessen Zahlbegriff durch einen anderen zu ersetzen er als eine der wichtigsten Aufgaben ansah.

Platons Haltung gegenüber der Zahl wurde schon gestreift, als die Weiterbildung seiner Ideenlehre zur Ideenzahlenlehre behandelt wurde. In Form einer Vorlesung entwickelte er sie vor seinem engsten Schülerkreis und gab ihr den Titel *Über das Gute.* Durch eine Verknüpfung der Zahl mit der Idee wollte er die Welt des Guten fundieren. So richtete Platon bezüglich der Zahlen seinen Blick ganz hoch hinauf, er verhimmelte sie im wahren Sinn des Wortes.

Dem späteren Aristoteles wurde dieses Verhimmeln gründlich zuwider. Ihm erschien es notwendig, daß die Menschen sich mit der Zahl zur Erde hinunterfanden. Darum auch sein Kampf gegen die platonischen Ideenzahlen, darum sein Herausnehmen der Zahl aus der Welt des Guten, sein Neutralisieren der Zahl. Durch Aristoteles ist der Zahlbegriff bewußt veräußerlicht und der Keim zu dem heute gängigen Zahlbegriff gelegt worden.

Wirklich ausgebildet und praktiziert wurde jedoch dieser Zahlbegriff erst durch das Römertum. Wohl kann man noch bei Aristoteles davon sprechen, daß die Zahl ihrer bisherigen moralischen Sphäre entrückt und von ihm in ein neutrales Gebiet versetzt worden sei. Aber sie vermochte sich in der Hand des Menschen nicht lange in dieser Neutralität zu halten. Der Mensch hat es als moralisches Wesen schwer, Neutralität zu bewahren; ihm geraten seine Gedankenschöpfungen entweder zum Guten oder zum Schlimmen. Es ist und bleibt eine Tatsache, daß die Behandlung der Zahl durch das spätere Römertum sie alles andere als neutral bleiben ließ. Zur Zeit der Cäsaren verband sie sich aufs engste mit dem Geldwesen. Auch dem Römer war die Zahl einstmals ein hohes verehrungswürdiges Wesen. Das zeigt allein schon der sprachliche Zusammenhang des lateinischen Wortes für Zahl, numerus, mit dem Worte numen, durch das die Gottheit bezeichnet wurde. Zu diesen beiden verwandten Worten gesellte sich als ein drittes das Wort nummus, Münze. Für den Römer wurde der Umgang mit der Zahl vorzugsweise zu einem solchen mit der Münze, dem Gelde. Auch in unserer deutschen Sprache hat sich der Zusammenhang zwischen Zahl und Münze niedergeschlagen, indem auch wir das Hantieren mit der Münze als die Tätigkeit des Zahlens bezeichnen. Die römischen Cäsaren haben bei dieser Entwicklung eine besondere Rolle gespielt. Wie Rudolf Steiner in seinen Vorträgen *Bausteine zu einer Erkenntnis des Mysteriums von Golgatha* (gehalten in Berlin 1917, GA 175) ausgeführt hat, erzwangen sich die Cäsaren die Einweihung in die Mysteriengeheimnisse, ohne vorher den vorgeschriebenen Läuterungsweg durchschritten zu haben; sie rissen das Amt des pontifex maximus, des Oberpriesters, an sich und erhoben Anspruch auf göttliche Verehrung ihrer Person. Die Folge war eine Dämonisierung der Mysterienkulte. In diesen Niedergang wurde auch das Geldwesen und mit ihm das Zahlenwesen hineingezogen; so trugen die Münzen fortan das Bild des Cäsargottes. Die drei Wesenheiten, welche durch die Worte numen, numerus und nummus bezeichnet wurden, wurden miteinander in eine niedere Sphäre heruntergedrückt. Statt des Kultus der Gottheit kam ein Mammonskultus auf. Was bisher zum Segen gewirkt hatte, verwandelte sich in sein Gegenteil, wurde zum Fluch. Dieser Kultus ist trotz des sich ausbreitenden Christentums Kulturantlitz der Neuzeit geblieben und nötigte Richard Wagner zu seinem harten Wort vom «rechnenden Raubtier». Gerade dem Christentum seiner Zeit hielt er dasselbe entgegen: «Ein Christentum, welches sich der Roheit und Gewalt aller herrschenden Mächte der Welt anbequemte, dürfte, vom reißenden Raubtiere dem rechnenden Raubtiere zugewendet, durch Klugheit und List vor seinem Feinde übel bestehen, weshalb wir denn von der Unterstützung unserer kirchlichen wie staatlichen Autoritäten für jetzt kein besonderes Heil erwarten möchten.»

Wenige Zeilen vorher nennt er jenen Feind des Christentums, vor dem es durch Klugheit und List übel bestehen möchte, den gespenstigen Weltbeherrscher; er hat ihn in seinem *Ring des Nibelungen* als Alberich verkörpert: «Der verhängnisvolle Ring des Nibelungen, als Börsenportefeuille, dürfte das schreckliche Bild des gespenstigen Weltbeherrschers zur Vollendung bringen.»

2. Kapitel
Quantitative und qualitative Zahlenbehandlung

Eingangs wurde bereits darauf hingewiesen, daß alles davon abhängt, wie man mit den Zahlen umgeht. Bei dem Begriff «Umgang mit den Zahlen» ist nicht an irgend etwas Verschwommenes gedacht, sondern etwas ganz Bestimmtes gemeint. Denn das Umgehen mit den Zahlen ist nichts weiter als dasjenige, was wir als das Rechnen zu bezeichnen pflegen, und die Arten des Umgangs mit der Zahl sind somit die verschiedenen Rechnungsarten. Unter ihnen existieren vier, welche allgemein bekannt sind und auch allgemein verwendet werden, die Addition, die Subtraktion, die Multiplikation und die Division. Ein besonderes Kapitel wird später den geistigen Aufbau aller vorhandenen Rechnungsarten behandeln. An dieser Stelle mögen uns zunächst nur die genannten vier «Grundrechnungsarten» beschäftigen. Statt ihre Aufzählung mit der Addition zu beginnen, hätte an erster Stelle auch die Division stehen können, so daß die Vierheit gelautet hätte: Division, Multiplikation, Subtraktion und Addition. Welche Rechnungsart die erste Stelle einnimmt, ist nicht gleichgültig. Es kann kein Zweifel darüber bestehen, daß heute der größte Wert auf die Addition gelegt wird, und zwar in dem Sinne, daß in ihr ein zusammensetzendes, synthetisches Verfahren des menschlichen Geistes am besten zur Geltung kommt. Daher ist heutzutage auf der Addition alles andere aufgebaut; die Subtraktion erscheint als eine bloße Rückwendung der Addition, die Multiplikation als eine fortgesetzte Addition gleicher Summanden und die Division als eine Rückwendung der Multiplikation bzw. als eine fortgesetzte Subtraktion gleicher Subtrahenden. Die zivilisatorische Bedingtheit dieser Anordnung wird von Rudolf Steiner folgendermaßen gekennzeichnet:

«Wir sind ja im Verlaufe der Zivilisation allmählich dazu gekommen, das Arbeiten mit Zahlen in einer gewissen synthetischen Weise zu behandeln. Wir haben eine Einheit, eine zweite Einheit, eine dritte Einheit, und wir bemühen uns, im Abzählen, im additiven Elemente das eine zu dem anderen hinzuzufügen, so daß dann das eine neben dem anderen liegt, indem wir zählen. (...) In dieser Weise hat sich wiederum nicht das Elementar-Menschliche zum Zählen hin entwickelt.» (GA 303, Vortrag vom 31.12.1921.)

Mit diesen Worten ist zugleich ausgedrückt, daß es nicht immer so war, wie es heute ist, daß also die Addition nicht immer die Vormachtstellung besessen hat. Wie hat sich denn das «Elementar-Menschliche» zum Zählen hin entwickelt?

«Das Zählen ging allerdings aus von der Einheit; die Zwei war aber nicht ein äußerliches Wiederholen der Einheit, sondern sie lag in der Einheit darinnen. Die Eins gibt die Zwei, und die Zwei ist in der Eins drinnen. Die Eins geteilt, gibt die Drei, und die Drei ist in der Eins darinnen. Fing man an zu schreiben, ins Moderne umgesetzt: eins, so kam man aus der Einheit nicht heraus, indem man zur Zwei kam. Es war ein innerlich organisches Bilden, indem man zur Zwei kam, und die Zwei war in der Einheit darinnen, ebenso die Drei und so weiter. Die Einheit umfaßte alles, und die Zahlen waren organische Gliederungen der Einheit.» (Ebd.)

In der «elementar-menschlichen» Zahlbildung war also nicht ein additives Verfahren der Ausgangspunkt, sondern ein Teilen, ein Gliedern der Einheit und damit ein divisives Verfahren. Statt des Anhäufens von Einzelheiten handelte es sich um das Gliedern der Einheit.

Man kann sich beide Zahlbehandlungen gemäß Rudolf Steiner durch folgende Darstellung anschaulich machen:

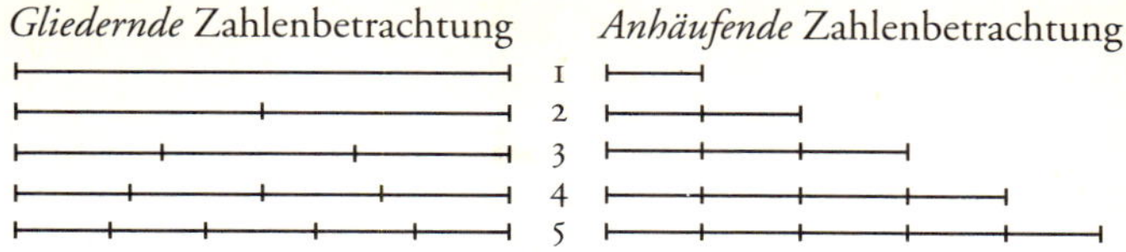

Figur 3

Beide Auffassungen der Zahl scheinen zueinander in einem Gegensatz zu stehen, die eine scheint die andere auszuschließen. Wie es sich damit verhält, soll nachher untersucht werden. Zunächst von dieser Frage ganz absehend, kann man sagen, daß es eine Einseitigkeit der letzten Vergangenheit war und auch noch der Gegenwart ist, nur die additive Zahlbetrachtung gelten zu lassen. Sie erhielt dadurch Vorrang, daß sie sich zum Begreifen und Handhaben alles Mechanischen empfiehlt. Da, wo ein Ganzes durch Zusammensetzen von Teilen entsteht, in der Welt des Maschinellen – wobei dieser Begriff sehr weit gezogen werden muß –, bot sie sich wie von selbst an. Mit dem Aufkommen der mechanischen Betrachtungsweise und besonders des Maschinenwesens schob sich auch die synthetische Behandlung der Zahlen in den Vordergrund. Hingegen genügt sie nicht mehr für das Begreifen der Welt des Lebendigen, der organischen Welt; aus einer Zelle werden ja zwei stets durch Teilung und nicht durch Aneinanderreihung. Auch im Leben draußen ist es so, wenn es in ihm noch lebendig zugeht. Zuerst sieht man eine grüne Wiese als Einheit, und dann erst entdeckt man nach und nach die einzelnen Pflanzen. Zuerst sieht man den Wald als Ganzes, und beim Näherkommen gewahrt man nach und nach die einzelnen Bäume. Nur dann, wenn man von den Einzelheiten aus zum Ganzen kommen möchte, sieht man den Wald vor lauter Bäumen nicht. Man könnte sagen, daß die gliedernde Betrachtung der Zahl überall da am Platze ist, wo das Ganze mehr bedeutet als die Summe seiner Teile und wo man also vom Ganzen ausgehen muß, um die Teile zu begreifen.

Die Verschiedenartigkeit der beiden Zahlenauffassungen offenbart sich auch in der Rolle, welche in beiden die Einheit spielt. In der heute herrschenden Auffassung spricht man von mehreren Einheiten, die aneinandergefügt werden. Aber darf man eigentlich überhaupt so sprechen? Darf man von dem Worte Einheit, wenn man es recht bedenkt, überhaupt die Mehrzahl bilden? Sind nicht «mehrere Einheiten» logisch ein Widersinn? Allenfalls darf hier doch nur von mehreren *Einzelheiten* gesprochen werden. Die Einheit kann dabei nur dasjenige sein, was als die Summe der Einzelheiten herauskommt. Aber diese Summe ist nur ein dürftiges Abbild der Einheit, eine zusammengestückte Einheit. Dagegen wird in der anderen Zahlenauffassung die Würde der Einheit mehr gewahrt. Da gibt es immer nur die eine Einheit, dieselbe Einheit, aber in mannigfacher Gliederung. Diese Gliederung der einen Einheit sind die Zahlen 2, 3, 4, 5 usw. Je höher hinauf es in der Zahlenreihe geht, desto reicher, desto reichhaltiger wird die Einheit. Aber alle sind und bleiben sie die Einheit: «Hen kai pan!» (Eines ist alles!) Nach der heute herrschenden Zahlenauffassung unterscheiden sich die verschiedenen Zahlen voneinander nur durch die *Anzahl* von Einheiten, besser Einzelheiten, welche in jeder zu einem Ganzen zusammengeschlossen sind. Man frage doch einmal unbefangen sich selber, als welches Wesen z. B. die Zahl 5 in der eigenen Vorstellung lebt, und man wird sich zunächst nichts anderes zu antworten wissen, als daß 5 eben die Summe 1 + 1 + 1 + 1 + 1 sei. Daß man bei dieser Erklärung die 5 eigentlich schon vorausgesetzt hat, wird einem wenig bewußt. Der Begriff Fünf ist eben bereits vor seiner scheinbaren Erklärung im menschlichen Bewußtsein existent, er lebt dort als ein Eigenwesen, als ein Ganzes, und nur eine mechanische Betrachtungsweise wähnt, ihn durch die Aufzählung 1 + 1 + 1 + 1 + 1 erschöpfend erklärt zu haben.

Mit dem dürftigen Begriff der Zahl als bloßer Anzahl verbindet sich dann die Vorstellung von der *Größe* einer jeden Zahl, indem die Einzelheiten, welche eine Zahl komponieren, alle von gleicher

Größe gedacht werden. Zu der Frage des «Wie viel» tritt so bei jeder Zahl diejenige des «Wie groß». Demgemäß unterscheiden sich für unser heutiges Bewußtsein die verschiedenen Zahlen voneinander durch ihre Größe; man drückt dies ja durch folgende Schreibweise aus: $1 < 2 < 3 < 4 < 5 \ldots$

Der Begriff der Größe, der Quantität gelangt so in der Zahlenwelt zu ungeahnter Bedeutung, zu einer Bedeutung, welche gar nicht in der Sache selbst liegt. In der anderen, der gliedernden Zahlenbehandlung, ist er demgegenüber von geringerer Wichtigkeit. Dort sind alle die verschiedenen Zahlen gleich groß, wenn man hier überhaupt den Begriff der Größe, der Quantität anwenden will; alle sind sie die Einheit. Die Zahlen 5 und 3 sind beides Ganzheiten, sind beide die Einheit. Das Größenhafte offenbart sich dann weniger in ihnen selber als in ihren Teilen, ihren Gliedern. Sie selber unterscheiden sich jetzt voneinander durch ihre *Art;* 3 ist eine bestimmte Art der Einheit, 5 eine andere Art derselben Einheit. So werden die verschiedenen Zahlen zu verschiedenen Arten einer und derselben Einheit, an Stelle einer quantitativen Zahlenauffassung tritt eine mehr qualitative.

Somit lassen sich die beiden Zahlenbetrachtungen auch als quantitativ und qualitativ kennzeichnen. Es ist wichtig, daß man mit den beiden Worten auch die richtigen Begriffe verbindet. Die quantitative Betrachtungsart kennzeichnet sich dadurch, daß sie *nur* dieses Merkmal hat und eine qualitative Betrachtungsart desselben Gegenstandes ausschließt bzw. verhindert. Hingegen haftet der qualitativen Betrachtungsart diese Einseitigkeit nicht an; sie enthält auch das Quantitative ungezwungen in sich, wie ja die Quantität auch eine Qualität neben anderen Qualitäten ist. Ein Fortschreiten von der quantitativen Zahlenbetrachtung zur qualitativen ist nicht der Übergang zu einem Gegensätzlichen, sondern zu einem Reicheren, Höheren. Wir sind in Wahrheit mit der quantitativen Zahlenauffassung verarmt, indem wir die Erfassung des Lebendigen, die Lebendigkeit eingebüßt haben und nur noch in der Lage sind, das Zusammengesetzte zu begreifen. Auf diese Situation deutet St. Martin in seinem Werk *Über die Zahlen* mit den Worten hin:

«In den Zahlen werden die Wesen durch die Qualitäten und nicht durch die Quantitäten geschaffen, weil die Qualitäten einen Charakter haben und die Quantitäten keinen. 2 mal 2 Pferde sind wohl 4 Pferde, aber 4 Pferde sind nicht ein Wesen, während in der wahren Ordnung die Zahl 4 ein mit Leben begabtes Wesen ankündigt, welches Eigenschaften hat, die sein Dasein bilden. Ebenso ist es mit allen beliebigen Zahlen.»

Die mit der qualitativen Zahlenauffassung verbundene Bereicherung macht sich auch noch auf eine andere Weise geltend. Man braucht zu diesem Zwecke nur das Bild zu betrachten, welches die Gliederung der Einheit nach den verschiedenen Zahlen darbietet (Figur 3). Es veranschaulicht zugleich auch die Vorgänge, welche sich beim Tönenlassen einer Saite abspielen. Die als Ganzes angestrichene Saite liefert einen Ton, den Grundton oder die Prim, der ungegliederten Einheit entsprechend. Aber auch die Einheit in Gestalt der Zwei schwingt als sogenannter erster Oberton mit, ebenso die Einheit in Gestalt der Drei als zweiter Oberton, die Einheit in Gestalt der Vier als dritter Oberton usw. Erst der Grundton samt den mitklingenden Obertönen ergibt den ganzen wirklich erklingenden Ton. Grundton und Obertöne sind in Wahrheit alle «eines», die Einheit in ihrer vielgestaltigen Gliederung jubelt auf. So erweist sich die gliedernde Zahlbetrachtung nicht bloß als die lebendigere, sondern auch als diejenige, welche mit dem Künstlerischen, in diesem Falle mit dem Musikalischen, eine Verbindung eingeht. Vermöge dieser musikalischen Bedeutung der Zahlen erhält auch der vorhin aufgestellte Begriff der Qualität einer Zahl einen konkreten Inhalt: So qualitativ verschieden, wie der Grundton von seinen Obertönen ist, sind auch die Zahlen 1, 2, 3, 4, 5, ... voneinander. Die qualitative Zahlbetrachtung erhebt sich hier zu einem Begreifen des tönenden Wunders der Einheit.

Aber noch eine weitere Stufe hinauf wirkt sich der Umgang mit der Zahl aus. Die heute übliche Umgangsart erschöpft sich ja in der Tätigkeit des Anhäufens von Einzelheiten. Es leuchtet ohne weiteres ein, daß sich mit dieser Tätigkeit auch eine ganz bestimmte Seelenhaltung des Tätigen verbinden muß, welche als die Seelenhaltung des Erraffens, des besinnungslosen Anhäufens bezeichnet werden muß, da ja der Blick auf das Ganze verlorengegangen ist. Einen grandiosen künstlerisch-musikalischen Ausdruck hat Richard Wagner diesem Drang nach fortwährender Vergrößerung, Vermehrung in seinem *Rheingold* gegeben, indem er dort den «gespenstigen Weltbeherrscher», den Nibelungen Alberich, seinen Hort aufhäufen läßt und diese Tätigkeit durch ein musikalisches Thema begleitet, das sich von unten heraufwälzt und in einem dämonischen Aufschrei ausklingt. Die quantitative Betrachtungsweise der Zahlen veranlagt keimhaft die Tendenz zur Egoität bzw. pflegt eine bereits vorhandene. Bis in scheinbar nebensächliche Einzelheiten läßt sich diese Wirkung nachweisen. Man betrachte z. B. das heutige Geld. Die einzelnen Münzsorten treten nicht als Gliederungen einer Einheit, sondern als Anhäufungen einer Einzelheit vor Augen. Auf einem Geldstück, das heute die Aufschrift «50 Pfennig» trägt, hätte noch vor wenigen Jahrhunderten «2 eine Mark» gestanden. Vor mir liegen zwei alte Münzen, die eine aus dem Jahre 1764 mit der Aufprägung «24 einen Thaler», die andere aus dem Jahre 1777 mit der Prägung «6 einen Reichsthaler». Man sieht, es wurde damals noch Wert darauf gelegt, die verschiedenartige Gliederung der Einheit, in diesem Falle eines Talers, auszudrücken, weil der Blick auf das Ganze im Menschen als Kraft noch wirksam war. Das Ganze war hier in allen Verrichtungen noch der Ausgangspunkt, es bewährte sich noch als der Regulator auch in den sozialen Beziehungen der Menschen zueinander.

Wer sich zu einer Handhabung der Zahlen erzieht, welche dieselben ebenfalls als Gliederungen und Teile eines und desselben Ganzen erscheinen läßt, regt in sich selber eine soziale Grundempfindung an. Die ins Moralisch-Ethische gehende Wirkung der Zahl geht besonders den Lehrer und Erzieher an. Welche Behandlung er der Zahl zuteil werden läßt, ist für die ganze Entwicklung des Kindes nicht gleichgültig. Die Methode, welche die einzelnen Zahlen nur durch Aneinanderreihen von «Einsen» entstehen läßt, ist für das Kind in den ersten Schuljahren völlig unangebracht, da es in dieser Zeit noch ganz und gar auf das Erlebnis von Totalitäten angelegt ist. Es weiß sich selber noch als ein Glied in einem Ganzen und geht auch überall noch in Gemeinschaften auf, in der Gemeinschaft der Familie und in derjenigen der Klasse. Dieser eingewurzelte Gemeinschaftssinn kann nur dann gepflegt werden, wenn dem Kinde die Zahlen nun auch als gegliederte Ganzheiten nahegebracht werden. Statt dessen setzt man es vor ein Rechenbrett, das eigens zu dem Zweck erfunden zu sein scheint, ein inneres Verhältnis zur Zahl beim Kinde nicht aufkommen zu lassen. So lernt das Kind die Zahlen ausschließlich durch Zusammenfügung von Einzelheiten kennen, und der Erwachsene, der einmal aus dem Kinde wird, weiß es dann nicht besser. Er kennt von Kindheit auf die Zahlen als bloße Anzahlen gleichartiger oder ungleichartiger Gegenstände, durch deren Abzählung die betreffende Zahl entsteht; die 6 erschöpft ihm ihr Wesen darin, eins mehr als die 5 zu sein, die 5 darin, eins mehr als die 4 zu sein usw.

Allein man braucht gar nicht einmal das Ethos der beiden Zahlenauffassungen zur Beurteilung ihres Wertes heranzuziehen, es genügt schon das, was jede für die Zahlen selber leistet. Von einer Zahl bloß zu wissen, daß sie um eins größer als die ihr vorhergehende ist, läßt alle Zahlen gleich, eine wie die andere, aussehen. In der Nacht dieser Zahlbetrachtung erscheinen sie alle grau. Dagegen enthüllt sich der besondere Charakter einer Zahl erst dadurch, daß man weiß, wie sie sonst noch mit ihren Vorgängerinnen durch ihre Gliederung zusammenhängt. So zeigt z. B. das Bild der Einheit im Gewand der Sechs, daß es in sich auch das Bild der Einheit im Gewand der Zwei sowie dasjenige im Gewand der Drei enthält:

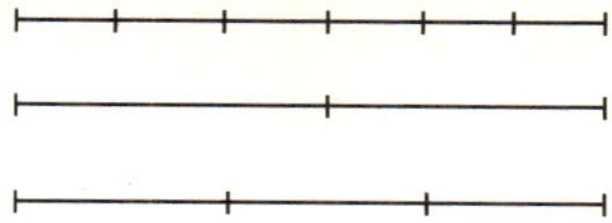

Figur 4

Dagegen zeigt das Bild der Einheit im Gewand der Fünf, daß es gleichsam für sich dasteht und keinem der vorhergehenden Zahlen ähnelt; nur das Bild der ungegliederten Einheit, aus dem alle anderen erst hervorgehen, ist darin enthalten:

Figur 5

Weil das so ist, nennt man Fünf eine «erste» Zahl, eine «Primzahl», wogegen Sechs aus dem oben angegebenen Grund eine «zusammengesetzte» Zahl genannt wird. Die letzte Bezeichnung ist allerdings nicht gerade besonders glücklich, weil sie den geschilderten Sachverhalt schlecht beschreibt. Denn zusammengesetzt im üblichen Sinn ist jede Zahl, auch die Primzahl Fünf, die ja entweder aus fünf Einzelheiten oder aus drei und zwei Einzelheiten usw. besteht.

So kommt man schnell und ganz natürlich durch die gliedernde Zahlbetrachtung zu dem Unterschied der Primzahlen und der zusammengesetzten Zahlen, der durch die anhäufende Zahlbetrachtung zwar auch entwickelt werden kann, aber doch nur mühsam und verzwungen. Zu welcher Art von Zahlen eine Zahl gehört, macht sie überhaupt erst interessant und reizvoll, sie bekommt dadurch erst ihr bestimmtes Gesicht.

Damit soll die additive Zusammensetzung einer Zahl aus Einzelheiten nicht etwa als ganz belanglos hingestellt werden. Ein Ganzes in Teile zu zerlegen und aus Teilen ein Ganzes zusammenzusetzen sind zwei Verfahrensarten des menschlichen Geistes, die bloß nicht gleichrangig nebeneinander stehen, wie zu zeigen versucht wurde. In der Welt der Artefakten, zu denen in erster Linie die Maschinen gehören, wird nun einmal aus Teilen ein Ganzes zusammengesetzt.

Wenn beide Verfahrensarten nicht gegeneinander ausgespielt, sondern miteinander verbunden werden, kann sogar etwas besonders Wertvolles entstehen, das das menschliche Gemüt stark anzusprechen vermag. Dafür einige Beispiele: Betrachten wir etwa die Zahl 6. Ihre Teiler sind die Zahlen 1, 2 und 3. Eine Addition dieser Teiler führt wunderbarerweise wieder zur Zahl 6: $1 + 2 + 3 = 6$. Man kann sich nun die Frage vorlegen, ob dieser Tatbestand sich auf die Zahl 6 beschränkt. Die Antwort fällt verneinend aus. Aber nur wenige Zahlen sind es, die sich wie die 6 verhalten, außer ihr noch die Zahlen 28, 496, 8128, 33 550 336, … Der alte Grieche nannte eine solche Zahl einen «arithmos teleios», was soviel bedeutet wie «in sich abgeschlossene Zahl»; die übliche Übersetzung lautet «vollkommene Zahl». Wie verhält sich demgegenüber die überwiegende Mehrzahl der anderen Zahlen? Addiert man die Teiler einer Zahl, so ergibt diese Summe im allgemeinen «weniger» als die Ausgangszahl; die Teiler der 10 sind 1, 2 und 5, und ihre Summe beträgt nur 8. Sodann gibt es noch eine dritte Art von Zahlen, deren Teilersumme die Ausgangszahl übertrifft. Sie sind nur dünn gesät; zu ihnen gehört als erste in der Zahlenreihe 12 mit den Teilern 1, 2, 3, 4, 6 und der Teilersumme 16. Man fühlt sich durch solche Betrachtung förmlich aufgefordert, einen Vergleich mit den Verhältnissen innerhalb der Menschenwelt anzustellen, indem man angesichts der vollkommenen Zahlen an geschlossene, in sich abgerundete Persönlichkeiten denkt, wogegen die meisten Menschen denjenigen Zahlen vergleichbar sind, welche insgesamt weniger in sich «enthalten», als auf den ersten Blick scheint; die dritte, seltenere Art von Zahlen weist symbolhaft auf solche Persönlichkeiten, denen man ihren inneren Reichtum nicht anmerkt. Daß ähnliche Vergleiche in alter Zeit wirklich angestellt worden sind, läßt sich an einer bestimmten Tatsache ablesen. Man beschäftigte sich nämlich im alten Griechentum mit Zahlenpaaren, die so beschaffen sind, daß der «Mangel» der einen Zahl durch den «Überschuß» der anderen aufgewogen wird. Wie dies gemeint ist, zeigt ein bestimmtes Zahlenpaar, das diese Eigenschaft besitzt, das Paar der beiden Zahlen 220 und 284. Wie man nach dem Vorigen leicht selber feststellen kann, ist die Teilersumme oder der «Inhalt» von 220 die Zahl 284, wogegen die Teilersumme oder der «Inhalt» von 284 die Zahl 220 ergibt. Was der einen Zahl, der 284, an Inhalt fehlt, besitzt die andere Zahl, die 220, im Überschuß. Solche Zahlenpaare bezeichnete man bedeutsamerweise als «philoi arithmoi», zu deutsch «befreundete Zahlen». Es wurde also ihr Name direkt von ethischen Verhältnissen innerhalb der Menschenwelt hergenommen. Man sieht, die gliedernde Zahlenbetrachtung führt, ob man will oder nicht, allenthalben über sich selbst hinaus. Heute sind solche Probleme wie diejenigen der vollkommenen oder der befreundeten Zahlen bezeichnenderweise fast in Vergessenheit geraten; man erfährt weder in der Schule noch in der Wissenschaft etwas von ihnen. Höchstens die Geschichtsforschung der mathematischen Wissenschaft führt sie als historische Merkwürdigkeiten an. Daran kann man wie an einem Barometer ablesen, welches Schicksal die gliedernde Zahlbetrachtung im menschlichen Bewußtsein vom Altertum zur Neuzeit hin gefunden hat.

Im gesamten Altertum wurden die Zahlen durchgängig als sinnvolle Gliederungen der einen Einheit genommen. Hand in Hand damit ging ein wahrhaftiger Kultus der Einheit, die als der Mutterschoß aller Zahlen galt und als solcher allen Zahlen übergeordnet wurde; ja, man sprach es geradezu aus, daß die Einheit, weil sie höher als alle Zahlen stehe, selber nicht mehr Zahl sei. Die heutige Zahlbetrachtung und gar die heutige Behandlung der Einheit wäre im Altertum geradezu als Barbarei erschienen. Infolge dieser Einstellung wurde das Altertum der Schöpfer einer großartigen Zahlenweisheit, von der man sich heute kaum noch einen Begriff zu machen vermag. Das meiste davon ist uns verlorengegangen, und was von ihr übriggeblieben ist, ist der Verständnislosigkeit anheim gefallen. Nur in den die alte Weisheit pflegenden okkulten Strömungen der verschiedensten Art hat sich auch jene Zahlenweisheit noch verhältnismäßig lange erhalten. Einen Vertreter einer solchen Strömung haben wir ja bereits in St. Martin kennengelernt. Ein anderer wichtiger Vertreter, der am Ausgang des Mittelalters bzw. am Beginn der Neuzeit lebte, war Heinrich Cornelius Agrippa von Nettesheim (1486 bis 1535). Gerade er, der noch in die alte Zeit zurückblickte und schon in die neue Zeit vorausschaute, stellte die beiden möglichen Arten der Zahlenbetrachtung scharf nebeneinander. In einem Kapitel seiner Schrift *Die Cabbala*, das die Überschrift trägt «Von den Zahlen, ihrer Macht und ihren Kräften», weist er zunächst auf die «Kraft» der Zahlen hin: «Daß aber von allem zur Mathematik Gehörigen die Zahlen als das reinst Formelle ebenso auch das Tatkräftigste seien, indem sie Kraft und Wirkung sowohl auf das Gute als auf das Böse besitzen, darüber stimmen nicht nur die heidnischen, sondern auch die hebräischen und christlichen Theologen überein.»

Alsdann grenzt er *diese* Zahlen, die er anderswo auch Vernunftzahlen nennt, gegen die sogenannten Wortzahlen oder Handelszahlen ab: «Unter Zahlen verstehen sie (die heidnischen sowie die hebräischen und christlichen Theologen) aber bloß die reinen formalen Zahlen, nicht die materiellen, geschriebenen oder gesprochenen Zahlen der Handelswelt, mit welchen Pythagoräer, Akademiker und der heilige Augustin nichts zu schaffen haben wollten.»

Heute wird der von Agrippa aufgestellte Unterschied zwischen den Zahlen nicht mehr gemacht. Der Materialismus und Intellektualismus der Zeit hat auch hier seine Wirkung getan. Es geht dem heutigen Menschen kaum ein, daß die Zahlen weit mehr enthalten sollen, als ihm von ihnen oberflächlich bewußt ist, daß sie nicht bloß Hilfsmittel zur Abzählung und Abmessung sinnlich wahrnehmbarer Gegenstände darstellen, sondern darüber hinaus auch ein Ausdruck schaffender und ordnender Geistwesen seien, jener Geistwesen, welche der alte Hebräer die zehn heiligen Sephiroth nannte. Erst langsam muß sich unser Bewußtsein an diese Möglichkeit herantasten. Selbst die besten Geister, sofern sie nicht Okkultisten waren, hatten es in dieser Hinsicht schwer. Am allerschwersten haben es jedoch diejenigen, welche heute als die berufenen Vertreter der Wissenschaft von den Zahlen gelten, die Mathematiker selber. Was sagt ein moderner Mathematiker über das Wesen der Zahl? Bezeichnend ist, was Felix Klein in seinem Buche *Elementarmathematik vom höheren Standpunkte aus* geschrieben hat: «Was zunächst den Zahlbegriff angeht, so ist seine Wurzel äußerst schwer zu entdecken. Am glücklichsten fühlt man sich vielleicht noch, wenn man sich entschließt, von diesen allerschwierigsten Dingen ganz die Hand zu lassen. (...) Eine sehr verbreitete Auffassung ist die, daß der Zahlbegriff eng mit dem Zeitbegriff, mit dem zeitlichen Nacheinander zusammenhängt. Unter den Philosophen sei Kant, unter den Mathematikern Hamilton als ihr Vertreter genannt. Andere wieder meinen, daß die Zahl mehr mit der Raumesanschauung zu tun habe; sie führen den Zahlbegriff auf die gleichzeitige Anschauung verschiedener nebeneinander befindlicher Gegenstände zurück. Eine dritte Richtung endlich sieht in den Zahlenvorstellungen die Äußerungen einer besonderen Fähigkeit des Geistes, die unabhängig neben oder gar über der Anschauung von Raum und Zeit steht. Ich glaube, daß diese Auffassung gut gekennzeichnet wird, wenn man mit Minkowski (...) auf die Zahlen das Faustzitat anwendet: Göttinnen thronen hehr in Einsamkeit, um sie kein Ort, noch weniger eine Zeit!»

Wir sehen, es bleibt hier nur noch bei der bloßen Aufzählung von verschiedenen Meinungen über die Zahlen, wobei allerdings deren letzte eine große Hochschätzung der Zahl, eine Ahnung ihres umfassenden Wesens verrät.

Wollen wir wieder zu jenen «Göttinnen», von denen das obige Zitat spricht, zurückfinden, so dürfen wir die wertvollen Hilfen nicht verschmähen, welche uns bei diesem Bemühen die alte Zahlenweisheit zu bieten vermag. Andererseits dürfen wir uns auch nicht der Illusion hingeben, daß ein bloßes Studium dieser alten Weisheit genüge, um uns wieder in ihren Besitz zu setzen. Die

Schlüssel, welche die Türen zu diesen Heiligtümern öffnen, sind uns verlorengegangen. Daher kommt es, daß wir vor den Angaben der alten Schriftsteller und Weisen meist verständnislos stehen oder vielmehr, unsere Verständnisfähigkeit als gegeben voraussetzend, jene Angaben für nichtig oder sinnlos halten. Es hilft nichts, wir müssen uns die alte Zahlenweisheit im Grunde neu erobern. Das kann nur langsam und schrittweise gelingen. Aber da, wo es einmal gelungen ist, kommt plötzlich Licht in gewisse, aus dem Altertum überlieferte Aussprüche, die bislang für uns keinen besonderen Sinn zu enthalten schienen. Worin besteht also die Hilfe, welche uns jene alte Weisheit bei ihrer Neubegründung zu leisten vermag? Darin, daß sie durch ihre Seltsamkeiten, ja Abstrusitäten unser Denken über die Zahlen zunächst in eine Art Nullpunkt hineinführt, aus dem es sich dann nur durch seine eigene Kraft herausfinden kann! Die Inhalte, zu denen es dann gelangt, lassen die vorherigen Seltsamkeiten nunmehr als wertvolle Bestätigungen selbsterrungener Überzeugungen erscheinen.

Ehe wir in dieser Weise an die Betrachtung einzelner Zahlen herangehen, wollen wir das Bild, das wir von der gliedernden Zahlbetrachtung entwarfen, noch vervollständigen bzw. vervollkommnen. Wir hatten als Bild der zu gliedernden Einheit eine gerade Strecke verwendet und anhand dieses gewiß einfachen und bescheidenen Bildes bereits wertvolle Einsichten gewonnen. Es gibt jedoch eine Verbildlichung der Einheit, die uns noch tiefer in das Problem hineinführt. Wenn eine Gruppe von Menschen eine zusammengehörige Einheit bildet, nennen wir sie einen Menschenkreis. Das sachgemäßere Bild der Einheit ist der Kreis und nicht so sehr die geradlinige Strecke; diese muß man nur dann zur Verbildlichung heranziehen, wenn es gilt, das Verhältnis der gliedernden Zahlbetrachtung zur anhäufenden herauszuarbeiten, wie es ja auch im vorigen die Aufgabe war. Wir denken uns also fortan jene Einheitsstrecke zum Kreise zusammengebogen und haben alsdann diesen Kreis nach den Zahlen 2, 3, 4, 5, … zu gliedern.

Der Gründe, warum der Kreis ein sachgemäßeres Bild für die zu gliedernde Einheit liefert, sind verschiedene. So beugt sich der Kreis nicht so leicht jener Tyrannei der Größenvorstellung wie die geradlinige Strecke. Gewiß, es gibt auch im Gebiet der Kreise das Groß und Klein. Aber man ist sich dabei zugleich auch bewußt, daß es bei verschieden großen Kreisen auf die Größe gar nicht so sehr ankommt; der sogenannte kleine Kreis ist eigentlich derselbe wie der sogenannte große Kreis, alle miteinander sind sie immer und immer – die Einheit. Das kommt auch in einem Maß zum Ausdruck, welches allen den verschiedenen Kreisen in gleicher Größe zukommt, im Winkelmaß. Jeder Kreis erhält dieselbe Anzahl von Winkelgraden zugemessen, nämlich 360 Grad, bzw. dieselbe Anzahl von Radien, nämlich 2π Radien. Eine gliedernde Zahlbetrachtung wird es sich mithin angelegen sein lassen, den Kreis als ein Winkelgebilde anzuschauen. Im Winkelmaß kommt die innere Identität aller Kreise zu meßbarer Erscheinung. Wenn man daher, wie verlangt, diesen einen immer wiederkehrenden Kreis nach den verschiedenen Zahlen 2, 3, 4, 5, … zu gliedern hat, tut es der Sache keinen Abbruch, wenn man um einen gemeinsamen Mittelpunkt verschieden große Kreise beschreibt und jeden von ihnen nur nach einer von diesen Zahlen gliedert, wie es die Figur 6 zeigt:

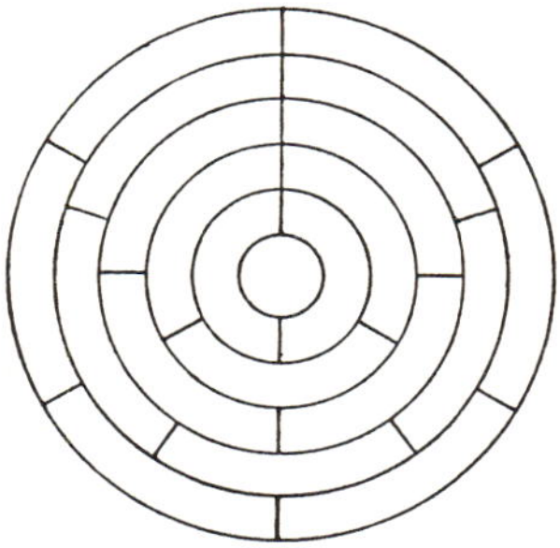

Figur 6

Aber nicht bloß der Begriff der Größe verliert hier seinen unberechtigten Machtanspruch, auch der Begriff der Zahl als bloßer Anzahl kommt hier ins Wanken. Zumal wenn es sich um «größere» Zahlen handelt, wird dies ersichtlich. Teilt man eine geradlinige Strecke etwa in 12 gleiche Teile, so gelingt die Abzählung der Teile mühelos; Anfang und Ende der Strecke markieren zugleich Anfang und Ende der Abzählung; ein Irrtum ist schlecht möglich. Der Begriff der Anzahl steht hier unerschütterlich fest. Ganz anders beim Kreis. Ein Kreis hat weder Anfang noch Ende, er kehrt in sich zurück. Wenn man ihn in zwölf gleiche Abschnitte gliedert und diese abzählen will, so muß man gleichsam künstlich, gewaltsam einen Anfang statuieren und dann beim Abzählen aufpassen, daß man nicht über das Ziel des Zählens hinausschießt; denn der Kreis nimmt einen beim Abzählen in seine Dynamik auf und verleitet einen, den Schlußpunkt des Zählens zu verpassen, sich zu «verzählen».

Gerade dem Altertum war die Verbindung der Zahlen mit dem Kreise natürlich. Das Geradlinige lag dem Bewußtsein des antiken Menschen überhaupt verhältnismäßig fern. Im Kreise fühlte er sich viel mehr zu Hause. In unserem modernen Bewußtsein hat sich dieses Verhältnis zum Geraden und zum Krummen in sein Gegenteil verkehrt. Denn wir messen heute z. B. das Krumme des Kreises, indem wir es gerade strecken. Wir sprechen deshalb auch von einer Geradmachung, einer Rektifikation des Kreises und kommen auf diese Weise zu der Feststellung, daß die krumme Kreislinie π Durchmesser enthalte. Noch im ersten nachchristlichen Jahrtausend maßen die indischen Mathematiker den Kreis so aus, daß sie nicht den krummen Kreisumfang auf den geraden Durchmesser, sondern umgekehrt den geraden Durchmesser auf den krummen Kreisumfang bezogen. Sie bogen den Durchmesser in die Kreislinie hinein und fragten sich, welcher Bruchteil des ganzen Kreisumfangs durch den zum Kreisbogen gemachten Durchmesser eingenommen wurde; sie vollzogen eine «Krummmachung», eine Arkufikation des Durchmessers. Es ergab sich ihnen, daß der Durchmesser $1/\pi$ des Kreisumfangs beträgt; so lernten sie die Zahl π in ihrer Umkehrung, in ihrem reziproken Wert kennen.

Wo die Natur dem Menschen die Zahl zeigt, bevorzugt sie ebenfalls die kreisförmige Anordnung. Am augenfälligsten findet sich dort ja die Zahl in den Blütenkreisen der Pflanzen. Wir sprechen von solchen Blüten als Blütensternen und bringen dadurch zum Ausdruck, daß es Sternenkräfte, Himmelskräfte sind, welche diese Kreise zuwege bringen. Am Himmel selber vollzieht sich alles in kreisender Bewegung bzw. läßt sich alles auf die kreisende Bewegung zurückführen; der Himmel selber ist als Träger aller dieser Kreise eine Kugel. Indem der Mensch der Antike den Kreis bevorzugte, lebte er noch vorzugsweise in den Himmelskräften. Das gewaltige Urbild des Kreises gewahrte sein zum Himmel aufblikkendes Auge in der lebenspendenden Sonne. Das Geradlinige wurde von ihm am Himmel nicht gefunden. Dafür trat es ihm auf der Erde entgegen, und zwar gerade da, wo die Erde von den Himmelskräften wie verlassen erschien, z. B. in den Tierformen des Wurmes und der Schlange; dort gewahrte er auch die Zahl in einer anderen Figuration, in der Aneinanderfügung einzelner Glieder.

Die fortschreitende Entwicklung des menschlichen Bewußtseins lag jedoch in der allmählichen Ergreifung der Erdenkräfte. So kam es, daß sich dem gegliederten Kreis nach und nach das Geradlinige einfügte, um dann schließlich autonom zu werden und sich in der Rektifikation den Kreis zu unterwerfen. Aber zwischen dem Ausgangspunkt, der Herrschaft des Krummlinigen, und dem Endpunkt, der Herrschaft des Geradlinigen, liegt als eine wichtige Übergangsstufe eine Art Gleichgewicht zwischen dem Krummen und dem Geraden. Es wurde dadurch bewerkstelligt, daß man in den Kreis einen geschlossenen Vieleckszug eingliederte. Dabei ist es bedeutsam, daß der Vieleckszug zunächst noch nicht in der Form auftrat, welche wir heute bevorzugen; wir verbinden ja die einzelnen Teilpunkte des Kreisumfangs nacheinander so, wie sie auf der Kreislinie aufeinander folgen, und bereiten auf diese Weise die Rektifikation des Kreisumfangs vor. Die von den Alten bevorzugte Form des Vieleckszuges bestand in einer gesetzmäßigen Überspringung von aufeinanderfolgenden Teilpunkten der Kreislinie. In der mathematischen Fachsprache werden diese Vielecke Sternvielecke genannt. Dem Sonnenkreis lagerte sich also das Sternvieleck ein. Diese Feinheiten in der Formbildung sollten nicht übersehen werden; denn in ihnen sprechen sich unmißverständlich wichtige Struktureigenschaften des menschlichen Bewußtseins aus. Das Sternvieleck gestattet noch nicht die Überführung des Kreises in die Geradlinigkeit, in die Rektifikation desselben. Es wirkt auch ersichtlich geschlossener, einheitlicher als die andere Art von Vielecken, zumal wenn die im Sternvieleck ja einander überkreuzenden Seiten so gezeichnet werden, daß der Eindruck der gegenseitigen Verflechtung, der Verwebung zu einem Ganzen entsteht, wie es das nachstehende Bild zeigt:

Figur 7

Die Einheitlichkeit und Geschlossenheit des Kreises wirkte eben noch ganz stark in die Figuration des Vielecks hinein. Dies drückte sich auch darin aus, daß das Sternvieleck nicht ohne den umhüllenden Kreis gezeichnet wurde. Noch gab der Kreis den Ton an, er war das Primäre, in das sich als Sekundäres das Sternvieleck eingliederte. Das Gesamtbild vermittelte dann weniger den Eindruck der Fünf als denjenigen der Fünf-Eins, der Fünfeinheit. Solche Bilder sprachen damals mächtig zum menschlichen Gemüt. Man schmückte mit ihnen Altäre und trug sie verborgen als wunderwirkende Amulette über dem Herzen. Wie wenig lebt heute noch von dieser heiligen Symbolik! Gerade die als Beispiel herangezogene Figur kann dafür zum Zeugen aufgerufen werden. Man hat ihr den Kreis genommen, man hat die gegenseitige Verschlingung und Verwebung der Seiten ausgelöscht und statt dessen das stehenbleibende Gerippe gleichmäßig mit Farbe ausgefüllt. Es ist verfrüht, schon an dieser Stelle die den einzelnen Zahlen entsprechenden Formen der Sternvielecke durchzugehen. Sie werden vielmehr jeweils im Zusammenhang mit der Besprechung der einzelnen Zahlen in den nächsten Kapiteln betrachtet werden.

3. Kapitel
Die Stellung des Altertums zur Zahl Fünf

Das vorige Kapitel suchte herauszuarbeiten, wie jede Zahl neben und über ihrem Quantitativen noch ein Qualitatives in sich birgt, von dem man sich heute im Bann einer quantitativen Betrachtungsart keine rechte Vorstellung mehr zu machen vermag. Dagegen habe das Altertum zu den tieferen Schichten einer Zahl noch einen Zugang besessen. Es ist nun die Aufgabe, alles das anhand bestimmter einzelner Zahlen zu bestätigen. Dabei sollen die ersten zehn Zahlen, jene bedeutsame, in sich zusammenhängende geistige Totalität, den Vorrang erhalten. Ihr Rahmen soll nur dann verlassen werden, wenn sich von ihnen aus ein wichtiger Ausblick auf andere Zahlengebilde ergibt.

Wir werden jedoch nicht, wie man vielleicht denken wird, die ersten zehn Zahlen der Reihe nach durchgehen, sondern uns in scheinbar gewundenen Pfaden bald zu dieser, bald zu jener Zahl begeben und dann am Schluß doch das ganze Gebiet durchwandert haben. Freilich wäre es möglich und sachlich auch gerechtfertigt, die übliche Reihenfolge einzuhalten, d. h. mit der Betrachtung der Eins zu beginnen und mit derjenigen der Zehn zu schließen. Die quantitative Betrachtungsart würde eine andere Reihenfolge auch verbieten. Zur Rechtfertigung der hier gewählten Reihenfolge sei zunächst nur angeführt, daß man sich als Mensch der heutigen Zeit das Wahrnehmungsorgan für den symbolischen Gehalt einer Zahl erst nach und nach wieder erbilden muß und daß es bei diesem Prozeß im allgemeinen nicht so geradlinig zugeht, wie man sich das selber wünscht. Würde man sich in abstrakter Denkungsweise vornehmen, die einzelnen Zahlen hübsch der Reihe nach zu ergründen, so würde wohl nicht viel dabei herauskommen. Die Wirklichkeit geht im erwachenden Zahlenverständnis einen anderen Weg. Da lüftet sich bald von dieser, bald von jener Zahl der Schleier, wogegen es bei anderen Zahlen zunächst noch gar nicht gelingen will, ihn zu heben. Es bleibt einem dann nichts anderes übrig als einfach zu warten, bis sich das Antlitz der umworbenen Zahl eines Tages entschleiert.

Die weitere Betrachtung wird zeigen, daß wir Menschen der Gegenwart besonders intim mit der Zahl Fünf verbunden sind. Bei dem Suchen nach dem inneren Wert der Zahlen sind wir der Fünf besonders nahe. Ihr den Schleier zu nehmen kann gerade uns besonders leicht gelingen. Es ist deshalb auch kein Zufall und keine Willkür, wenn mit ihr der Anfang gemacht wird. Ehe dies jedoch geschieht, soll ein Überblick gegeben werden, wie man über sie im Altertum gedacht hat.

Beginnen wir mit der ältesten uns noch dokumentarisch zugänglichen Kultur, der ägyptischen. Das Wort, das der Ägypter für die Fünf hatte, ist allein schon aufschlußreich. Es war das Wort «dua» und ähnelte damit dem römischen «duo» (männlich) bzw. «duae» (weiblich) für die Zahl Zwei. Die Zahlwörter der verschiedenen Sprachen sind im allgemeinen Urwörter, und dabei auftretende Gleichklänge weisen auf Zusammenhänge hin. Im weiteren Gang der Untersuchungen wird es sich mehr und mehr herausstellen, daß zwischen Zwei und Fünf tatsächlich eine innere Verwandtschaft besteht, und es scheint, daß die Ähnlichkeit des lautlichen Ausdrucks für Fünf im Ägyptischen und für Zwei im Lateinischen dieser inneren Verwandtschaft zuzuschreiben ist. Im nachchristlichen Okkultismus wurden die beiden Zahlen gern zusammengestellt und als die beiden falschen Zahlen bezeichnet. Auch in den Reichen der Natur treten beide Zahlen gekoppelt auf. Die Pflanzenwelt liefert dafür einen Beleg. Die große Klasse der zweisamenlappigen Pflanzen, der Dikotyledonen, ist dadurch gekennzeichnet, daß in ihren Blüten die Fünfzahl vorherrscht, es sei denn, daß es sich um die Kreuzblütler handelt, bei denen in der

Blüte die Zahl Vier auftritt; das Hervorgehen einer Vierheit aus der Zweiheit liegt unserem Verständnis sogar näher als dasjenige einer Fünfheit.

Vom Wort «dua» bildete der Ägypter das substantivische «ta duat», die Fünfheit. Er verwendete es in übertragener Bedeutung zur Bezeichnung der Tiefe, in welcher der menschliche Leichnam bestattet wurde, sowie auch des unterweltlichen Aufenthaltsortes der Toten. Die Duat war ihm das gleiche, was dem Griechen der Hades war. Das Wort Hades ist eine Umbildung von Aides, der Negation (durch das Alpha privativum am Anfang) des Eidos, des Schaubaren, der «Idee». Der Hades ist das A-Eidos, das Nichtschaubare, das Dunkle, das Ideenlose. Der Ägypter hatte zum Totenreich ein anderes Verhältnis, indem er es mit dem Zahlwort Fünf kennzeichnete. Neben der regulären Schreibweise der Duat benutzte er eine symbolische in Form eines liegenden Kreuzes mit einem nach oben weisenden fünften Strich: ⚹ Eine besondere Sammlung von Totentexten trägt die Überschrift «Am duat» oder «Von der Fünfheit», von dem, was in der Tiefe, in der Fünfheit ist. Man schilderte darin das Leben, das die Toten in der Unterwelt führen. Die Duat wurde als ein langes unterirdisches Tal mit vielen Hallen und Höhlen vorgestellt, das sich von Westen nach Osten zog, quer zum nordwärts fließenden Nil. In einer der Hallen weilte der Totenherrscher Osiris, umgeben von seinen 42 oder sechs mal sieben Totenrichtern, um hier die abgeschiedenen Seelen im Totengericht zu verhören. Durch dieselbe Duat bewegte sich auch jede Nacht die Sonnenbarke, von den Toten am Westeingang jubelnd empfangen und in das Tal hineingezogen, es am anderen Morgen am Ostausgang wieder verlassend und ihren Weg hinweg über die pet, den Himmelsozean, nehmend.

Fassen wir nunmehr die beiden Kulturströmungen ins Auge, welche aus dem Ägyptertum hervorgegangen sind bzw. an dasselbe angeknüpft haben, das Hebräertum und das Griechentum. Bei den Hebräern trug das Geistwesen, welches auf die Fünf hinwies, die fünfte Sephira, den Namen Geburah, ein Wort, das soviel wie Gerechtigkeit, Strenge, Ernst bedeutet. Mit ihm wurde auf jene Haltung hingewiesen, welche die göttlich-geistige Welt gegenüber den Verfehlungen des Menschen, gegenüber seinem Fall in die Sünde einnahm. Angesichts der strengen Gerechtigkeit der Gottheit verharrt der Mensch in der Furcht, der Gottesfurcht, und so findet sich für die fünfte Sephira auch der Name Pechad oder Furcht. So waltet im Hebräischen gegenüber der Zahl Fünf eine einheitliche Grundempfindung, die sich als Gerichtsstimmung auslebt. In ihr lebte auch der Ägypter dem Tode entgegen, der ihm die Tore zur Duat aufschloß.

Das Griechentum stand der Fünf schon freier, bejahender gegenüber. Das läßt sich z. B. Plutarchs Schrift *Über das EI zu Delphi* entnehmen, welche überhaupt eine Fülle von Hinweisen auf die Bedeutung der Zahl Fünf enthält. Ihr wird darin eine überragende Stellung inmitten der anderen Zahlen eingeräumt. Ihr Name, welcher pente lautet – so heißt es –, hänge mit dem Worte pan für das All zusammen. Dennoch bleibt die Grundhaltung des Griechen in bezug auf die Fünf derjenigen des Ägypters und des Hebräers ähnlich. So untersucht man z. B. in der pythagoräischen Schule, welche Gegensätze, welche Polaritäten das Weltgeschehen durchwalten, und findet deren zehn. Sie sind von Aristoteles in der sogenannten pythagoräischen Kategorientafel aufgezählt und dürfen nicht mit den im 1. Kapitel aufgezählten aristotelischen Kategorien verwechselt werden. Wiederum tritt uns hier eine Totalität als Zehnheit entgegen. Von den pythagoräischen Kategorien gehen bezeichnenderweise die zweite und die fünfte miteinander eine Verbindung ein. Die zweite betrifft den Gegensatz des Geraden und des Ungeraden. Man könnte zunächst meinen, damit solle auf den Gegensatz zwischen geraden und krummen Linien hingedeutet werden. Aber auf diesen Gegensatz in der Linienwelt nimmt die 7. Kategorie «Gerade und Krumm» eigens Bezug. Nein, die zweite Kategorie behandelt den Gegensatz zwischen den geraden und den ungeraden Zahlen, also zwischen 2, 4, 6, 8, ... und 1, 3, 5, 7, 9, ... Die fünfte beschäftigt sich mit der Polarität des Männlichen und des Weiblichen, also der Trennung der erschaffenen Welt in zwei Geschlechter. Die Verbindung der zweiten mit der fünften Kategorie macht die ungeraden Zahlen zu männlichen und die geraden zu weiblichen Zahlen. Plutarch gibt dazu als Begründung folgendes an: «Bei einer Zerteilung der Zahlen in gleiche Teile tritt die gerade Zahl gänzlich voneinander und läßt gleichsam einen zur Empfängnis bereiten Raum in sich selbst zurück. Geschieht dasselbe aber bei der ungeraden Zahl, so bleibt stets mitten in der Teilung etwas der Zeugung Fähiges übrig. Insofern hat sie mehr als die andere Zahl eine zeugende Kraft und behält auch bei der Vermischung stets die Oberhand, die sie nie verliert; denn aus beiden entsteht durch keine Verbindung eine gerade Zahl, sondern in jedem Fall eine ungerade.»

Wie diese Sätze gemeint sind, ist wohl klar. Die gerade Zahl 6 z. B. liefert durch ihre Zerteilung die Summe 3 + 3, die ungerade Zahl 7 dagegen 3 + 1 + 3. Im zweiten Fall bleibt in der Mitte als eine Art zeugender Phallus die Einheit, jene schöpferische Urzahl der Alten, stehen, wogegen im ersten Fall an dieser Stelle ein leerer, zur Empfängnis bereiter Raum entsteht. Wir sind heute geneigt, über solche Gedankengänge überlegen zu lächeln, den Griechen war es damit durchaus ernst.

Der Spott des heutigen Menschen über solche Zahlenspielereien wird noch stärker herausgefordert, wenn ihm bezüglich der Zahl Fünf folgender Gedankengang zugemutet wird: «Die Zwei nimmt man als den Anfang der geraden und die Drei als den Anfang der ungeraden Zahlen. Durch die Vermischung derselben miteinander entsteht die Fünfzahl, welche mit Recht geehrt wird, da sie die erste aus der ersten geraden und der ersten ungeraden Zahl entstandene Zahl ist und wegen der Ähnlichkeit der geraden Zahl mit dem Weibe sowie der ungeraden mit dem Manne die Ehe genannt wird.»

Bei diesen Worten gedenkt man vielleicht des Gespräches, das in Schillers *Piccolomini* der Astrologe Seni mit Wallensteins Bedienten führt, deren einer ihn fragt, warum er die Fünf eine heilige Zahl nenne; er erhält zur Antwort:

> Fünf ist des Menschen Seele.
> Wie der Mensch aus Gutem und Bösem ist gemischt,
> so ist die Fünfe die erste Zahl aus Grad' und Ungerade.

Er muß sich dafür allerdings von einem anderen Bedienten als Narr titulieren lassen.

Man entnehme den Worten Plutarchs ohne alle Kritik einfach den Tatbestand, daß der Grieche die Zahl Fünf als Sinnbild für die Trennung und Wiederverbindung des Männlichen und des Weiblichen geeignet fand. Tun wir heute nicht das gleiche, wenn wir in einem Gebiet, das mit den Zahlen aufs engste verknüpft ist, in der Musik, die polarisierende Wirkung der Fünfzahl als Intervallbildnerin feststellen? Ein Auseinandertreten des Musikalischen in zwei Tongeschlechter, das männliche oder Durtongeschlecht und das weibliche oder Molltongeschlecht, erzeugt sich erst durch den Gegensatz der beiden Terzen, der großen oder Durterz und der kleinen oder Mollterz. Die beiden Terzen gründen sich auf die Zahl Fünf, die sich bei der Durterz mit der Zahl 4, bei der Mollterz mit der Zahl 6 verbindet; eine Saite, auf 4/5 ihrer Länge verkürzt, läßt die Durterz des Saitengrundtons erklingen und schwingt infolgedessen 5/4 mal so schnell wie die ganze Saite. Entsprechendes gilt für die Mollterz mit ihrem Verhältnis 5 : 6.

Als die lebendigen Weisheitsquellen der Antike zu versiegen begannen, wurde das angesammelte Weisheitsgut in okkulten Gemeinschaften aller Art aufbewahrt und traditionell gepflegt. Einen guten Einblick in diese Verhältnisse gewinnt man, wenn man die in jenen Kreisen beliebte Beschäftigung mit den sogenannten magischen Quadraten studiert. Ein magisches Quadrat ist eine quadratische Anordnung von Zahlen, die so beschaffen ist, daß die

Addition der Zahlen jeder Zeile und jeder Spalte und sogar auch jeder der beiden Diagonalreihen zur selben Summe führt. Die Zahlen des Quadrats umfassen dabei alle Zahlen von der Eins angefangen bis zu derjenigen Zahl, welche durch Quadrierung der Zeilen- oder Spaltenanzahl entsteht. Besitzt also ein solches Quadrat 5 Zeilen und damit auch 5 Spalten, so sind begreiflicherweise die ersten 25 Zahlen nötig, um den Raum des Quadrats auszufüllen. Diese gilt es nun so anzuordnen, daß, wie gesagt, die Summe der Zahlen jeder Reihe, jeder Spalte und jeder Diagonalreihe die gleiche Zahl ergibt. Die Summe der ersten 25 Zahlen beträgt 325. Mithin muß in dem genannten magischen Quadrat als eine solche übereinstimmende Teilsumme der 5. Teil von 325, nämlich 65, herauskommen. Das magische Quadrat der Fünfheit hat dann folgende Gestalt:

11	24	7	20	3
4	12	25	8	16
17	5	13	21	9
10	18	1	14	22
23	6	19	2	15

Man zog in einem solchen Quadrat noch gewisse Verbindungslinien, die das scheinbare Chaos der Zahlen ordnen sollten. So verband man in dem obigen Quadrat diejenigen Zahlen miteinander, welche das Zusammenspiel der Zahlen 1 und 5 sichtbar machen. Dies waren z. B. die beiden Diagonalreihen, deren eine, mit den Zahlen 11, 12, 13, 14, 15, im Fortschreiten von der Zahl 1 bestimmt wurde, und deren andere, mit den Zahlen 3, 8, 13, 18, 23 im Fortschreiten die Zahl 5 aufwies. Auch durch gewisse bogenförmige Verbindungen wurde das Zusammenspiel der beiden Zahlen 1 und 5 sichtbar gemacht:

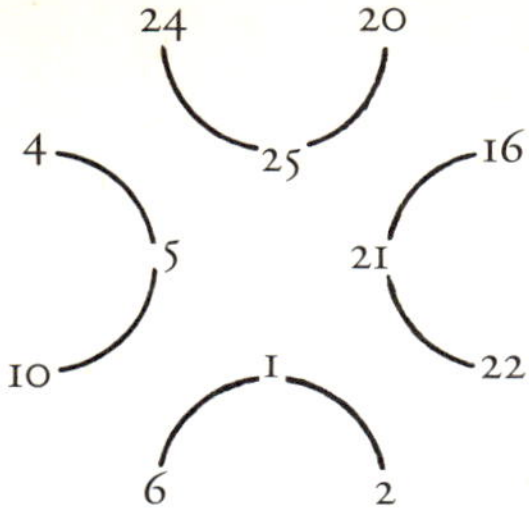

Figur 8a

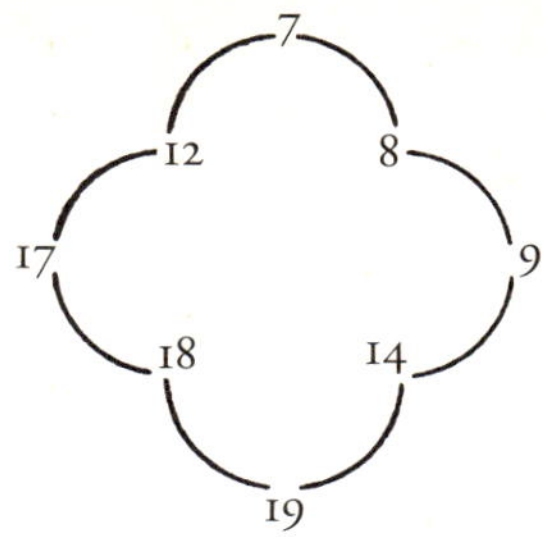

Figur 8b

Nicht bloß auf der Zahl 5 als Basis existiert ein solches magisches Quadrat, auch auf der Basis aller möglichen anderen Zahlen, angefangen mit der Zahl 3, lassen sich magische Quadrate bilden. Die Zahl 2 läßt mit den Zahlen 1 bis 4 noch keines zu. Die ersten sieben magischen Quadrate gründen sich demnach auf die Zahlen 3 bis 9. Man ordnete jedes von ihnen einer der sieben Planetensphären zu. Das auf der Zahl 5 wurde mit den Kräften der Marssphäre in Verbindung gebracht. Nimmt man hinzu, welche Wirkungen die Alten auch sonst in der Marssphäre beheimatet sahen, so ergibt sich wieder ein Einklang mit den Anschauungen der Antike.

Vor dem magischen Quadrat der Fünfzahl liegen die beiden der Vierzahl und der Dreizahl. Beide sind bekanntlich in Werken der Kunst verwendet worden. Das magische Quadrat der Vierzahl bildet eines der vielfachen Symbole, die auf Dürers Bild «Melencolia I» (Melancholie, vergeh!) zusammengestellt sind. Es umfaßt nach dem Vorigen die Zahlen 1 bis 16, deren Gesamtsumme 136 ergibt, so daß jede Teilsumme den 4. Teil oder 34 beträgt. Es hat folgendes Aussehen:

16	3	2	13
5	10	11	8
9	6	7	12
4	15	14	1

Auch dieses Quadrat kann uns um der Fünf willen interessieren. Sie erscheint in umgekehrter Lage, als wir sonst zu schreiben gewohnt sind: 5. Es ist, wie wenn in dem Gehabe der Zahl Fünf etwas vorhanden ist, das die Tendenz hat, in sein Gegenteil umzuschlagen. Nicht bloß auf dem Dürerschen Bilde kann man das wahrnehmen, sondern auch anderswo. Wiederum ist es bemerkenswert, daß die Verkehrung auch dem Symbol der Zwei zuteil geworden ist, zwar nicht mehr auf dem Dürerschen Quadrat, aber an anderer Stelle. Freilich muß man sich eingestehen, daß der Begriff Verkehrung von relativer Art ist; man kann mit demselben Recht sagen, daß unsere heutigen Schreibweisen für Zwei und Fünf die Umkehrung damaliger Schreibweisen sind.

Auf das magische Quadrat der Dreizahl scheint Goethe in der Hexenküchenszene des ersten Teils seines *Faust* hinzudeuten. Da es jedoch keinen unmittelbaren Zusammenhang mit den Fragen hat, welche die Fünfzahl nahelegt, sei nicht weiter darauf eingegangen. Lediglich um des Interesses willen, das dieser Gegenstand im allgemeinen findet, sei er am Schluß dieses Kapitels behandelt.

Ein Rückblick auf das Ganze der bisherigen Ausführungen ergibt, daß die Bilder, unter welchen die Fünfzahl verkleidet auftritt, von Kultur zu Kultur zwar wechseln, aber immer dieselben inneren Formen durchscheinen lassen. Das, was man die innere Einheit alles echten Okkultismus genannt hat, läßt sich daran wie an einem Musterbeispiel studieren. Einen Schlußpunkt hinter den Ausführungen über die Fünf möge die Charakteristik bilden, welche St. Martin dem 5. Blatt im Buch des Menschen angedeihen läßt, wo es kurz und bündig heißt, es handle «von der Abgötterei und der Fäulung».

Die im Grunde einheitliche Stellungnahme gegenüber der Fünf hat es offenbar bewirkt, daß man sie nirgends zur Ordnung der Zahlenvielfalt, zur Basis eines Zahlensystems verwendet hat. In der Geschichte der Mathematik läßt sich kein strenges Quinarsystem nachweisen, obwohl doch die Formierung der menschlichen Hand ein solches nahegelegt hätte. Statt dessen ist das Paar der beiden Hände zahlsystembildend geworden. Man wich der Fünf ebenso geflissentlich aus, wie man sich der Zehn anvertraute.

In seinem Faustdrama (1. Teil, Hexenküchenszene) kommt Goethe einmal auf die bedeutsame Totalität zu sprechen, welche durch die ersten zehn Zahlen repräsentiert wird, wenn auch in einer Art, die von der üblichen Betrachtungsart erheblich abweicht. Es handelt sich dort darum, daß Faust von Mephistopheles in die Hexenküche geführt wird, um dort einen Zaubertrank entgegenzunehmen, der ihn um dreißig Jahre verjüngen soll. Bei der Bereitung des Tranks deklamiert die Hexe aus einem großen Buch die Verse:

Du mußt verstehn!
Aus Eins mach' Zehn,
Und Zwei laß gehn,
Und Drei mach' gleich,
So bist du reich.
Verlier' die Vier,
Aus Fünf und Sechs,
So sagt die Hex',
Mach' Sieben und Acht,
So ist's vollbracht;
Und Neun ist Eins,
Und Zehn ist keins.
Das ist das Hexen-Einmal-Eins.

Man hat über die rätselvollen Worte alle möglichen Betrachtungen angestellt, dabei aber außer acht gelassen, daß Goethe sie einer Hexe in den Mund legt. Sozusagen einen hundertprozentigen tiefen Sinn hat man in ihnen finden wollen, als ob Faust selber oder durch ihn Goethe seine eigene Ansicht hätte aussprechen wollen. Aber wenn hier überhaupt ein Sinn vorhanden sein soll, kann es sich nur um eine verirrte und verzerrte Wahrheit handeln. Aus den Worten spricht dann mehr des Dichters überlegener Humor als seine eigene Stellungnahme. Die Situation ist doch diese, daß die von der Hexe aus dem Buch vorgelesenen Verse zur Bereitung des Trankes helfen sollen. Die Magie, welche dem fertigen Trank innewohnen soll, muß erst durch allerhand geistige Prozeduren in ihn hineingeheimnißt werden. In dem Hexen-Einmaleins muß mithin eine solche Magie, eine solche Hexerei enthalten sein, und nach dieser Richtung ist es auch mit Erfolg gedeutet worden, so vor einigen Jahrzehnten von Ferdinand Maack, der in ihm eine Anspielung auf die Magie des auf der Dreizahl beruhenden Zahlenquadrats vermutet.

Man schreibe diejenigen Zahlen, welche den Inhalt des Quadrats bilden sollen, die Zahlen 1 bis 9, in quadratischer Anordnung der Reihe nach nieder. Dadurch ergibt sich das noch nicht «magische» Zahlenquadrat:

1	2	3
4	5	6
7	8	9

Auf dieses wende man nun Goethes Worte an. Aus der 1 mache man zunächst eine 10 (Aus Eins mach' Zehn). Die 2 behalte man bei, lasse man stehen (Und Zwei laß gehn). Die 3 behandle man ebenso (Und Drei mach' gleich). Nun lautet die erste Zeile des Quadrats nicht 1 2 3, sondern 10 2 3. Das ergibt bereits die in dem angestrebten magischen Quadrat nötige Teilsumme 15, welche der dritte Teil der

Summe 45 der ersten neun Zahlen sein muß. Mit der Gewinnung der Teilsumme 15 ist man reich geworden, hat man den ersten Schritt auf dem Weg zum Ziel getan (So bist du reich). Nun kommen die Zahlen 4 bis 9 an die Reihe. Die 4 ist wegzulassen, wodurch dort eine Lücke, ein leerer Platz entsteht, dessen Zahlzeichen 0 ist (Verlier' die Vier). Die Zahlen 5 und 6 müssen mit dem Paar 7 und 8 vertauscht werden (Aus Fünf und Sechs, so sagt die Hex', mach' Sieben und Acht). Auf diese Weise ist die alte zweite Zeile 4 5 6 in die neue Zeile 0 7 8 verwandelt worden, deren Summe ebenfalls 15 ist. Von der neuen dritten Zeile sind bereits die beiden ersten Zahlen 5 und 6 bekannt. Damit die Summe 15 hier ebenfalls herauskommt, muß die allerletzte Zahl 4 heißen, die ja an der Stelle, wo sie ursprünglich zu liegen hatte, am Anfang der zweiten Zeile, verlorengegangen ist; was man verliert, ist damit nicht völlig verschwunden, sondern hat einen anderen, nicht vermuteten Platz eingenommen. Wenn Goethe auf die neun ersten Verse als zehnten «So ist's vollbracht» folgen läßt, geht auch aus ihm hervor, daß die letzte Zeile des Quadrats 5 6 4 heißen muß. In der Deutung der beiden Schlußverse: «Und Neun ist Eins, Und Zehn ist keins» bleiben die Ausführungen Maacks unbefriedigend. Er will das «Neun ist Eins» so aufgefaßt wissen, daß das ganze aus neun Zahlen bestehende Quadrat eine Einheit, eine Eins sei, und «Zehn ist keins» sagt ihm, daß es ein zehnfeldriges Quadrat nicht gebe, so daß die beiden Zahlen 9 und 10 keinen Zusammenhang mehr mit der Zahlenverwandlung hätten. Eine weit befriedigendere Deutung ergibt sich, wenn man bedenkt, daß die Hexe die beiden rechtmäßigen Zahlen 9 und 1 hat verschwinden lassen und statt ihrer die beiden unrechtmäßigen Zahlen 10 und 0 (keins) hineingemogelt hat. Die 9 ist von ihr wie die 1 behandelt worden, hat dasselbe Schicksal über sich ergehen lassen müssen wie die 1, nämlich nicht berücksichtigt zu werden. Neun ist wie Eins. Desgleichen ist Zehn wie Null, die beide hätten gar nicht erscheinen dürfen, aber infolge des Hinauswurfs von Neun und Eins einen Platz fanden. Das verwandelte Quadrat heißt nun:

10	2	3
0	7	8
5	6	4

In ihm ist tatsächlich jede Zeilensumme und jede Spaltensumme vom gleichen Wert 15; sogar auch die eine Diagonalsumme erreicht ihn, die andere dagegen nicht. Dieser Schönheitsfehler unterscheidet es vom echten magischen Quadrat, welches in beiden Diagonalreihen die Summe 15 aufweist:

4	9	2
3	5	7
8	1	6

4. Kapitel
Fünf als die Zahl des schöpferischen Individuums

Nachdem die Einstellung vergangener Zeiten zur Zahl Fünf erkundet worden ist, entsteht die Frage, wie wir uns als moderne Menschen dem gegenüber verhalten sollen. Wir dürfen an die alten Okkultismen nicht einfach glauben, sie ungeprüft übernehmen. Leider ist dies nicht die Haltung der meisten, welche heute über die alte Zahlenweisheit schreiben. Man wärmt abgestandene Mahlzeiten auf, die einst von anderen hergerichtet wurden. Man begnügt sich mit einer bloßen Kenntnisnahme ehemaliger weisheitsvoller Anschauungen, ohne jedoch mit ihnen noch viel anfangen zu können. Man stößt nicht zu wirklichen Erkenntnissen vor und gelangt damit nicht zu einer echten Überzeugung von der inneren Berechtigung solcher Anschauungen. Damit ist das Ziel, das wir uns stecken müssen, bereits vorgezeichnet. Uns muß beispielsweise das Wesen der Zahl Fünf aus ihrem Verhalten, ihren nachprüfbaren Eigenschaften hervorgehen. Erst wenn unser auf diesem Wege errungenes Wissen sich mit den alten Anschauungen deckt bzw. sich ihnen nähert, sind wir in der Lage und berechtigt, sie zu akzeptieren. Sonst müssen die alten Weisheitslehren für uns nichts als bloße Kuriositäten bleiben.

Das Wesen einer Zahl ist nun aber aus ihr allein schwer erkennbar, es offenbart sich vielmehr erst in ihren Wirkungen. Auch auf die Zahl paßt das Wort, das Goethe in dem Vorwort seiner Farbenlehre ausgesprochen hat: «Eigentlich unternehmen wir umsonst, das Wesen eines Dinges auszudrücken. Wirkungen werden wir gewahr, und eine vollständige Geschichte dieser Wirkungen umfaßt wohl allenfalls das Wesen jenes Dinges. Vergebens bemühen wir uns, den Charakter eines Menschen zu schildern; man stelle dagegen seine Handlungen, seine Taten zusammen, und ein Bild des Charakters wird uns entgegentreten.»

Es gilt also, die Wirkungen der Zahlen aufzusuchen. Sie treten besonders deutlich in der Welt der Formen und Figuren zutage. Früher wurden die Zahlen, besonders diejenigen mit eigenem Zeichen, geradezu Figuren genannt. Erst nach und nach kam zum Ärger der Mathematiker jener Zeit das Wort auf, welches wir heute noch benutzen, das Wort Ziffer, welches vorher nur zur Bezeichnung der Null verwendet worden war; das Englische hat das Wort cipher noch heute für die Null neben den Wörtern nought und zero. Will man mithin zum Wesen der Fünf vordringen, so muß man die formbildende, die figurenbildende Kraft dieser Zahl studieren. Sie spricht besonders deutlich zu uns, wenn zum Vergleich die formbildende Kraft der ihr vorangehenden Zahlen Drei und Vier herangezogen wird. Vieles von dem, was hier festzustellen sein wird, findet sich, wenn auch unter etwas anderem Blickpunkt, auch in dem ersten Band meiner dreibändigen Arbeit über *Die Zahlengrundlagen der Musik im Wandel der Zeiten.*

Ein figurativer Ausdruck der letztgenannten beiden Zahlen sind das regelmäßige Dreieck und das Quadrat. Man stelle sich die Aufgabe, die ganze Zeichenebene der gestaltenden Kraft einer dieser beiden Zahlen zu unterwerfen. Dann teilt sich die Zeichenfläche entweder in lauter regelmäßige Dreiecke oder in lauter Quadrate auf. Die beiden Figuren 9 und 10 stellen diese Aufteilung dar:

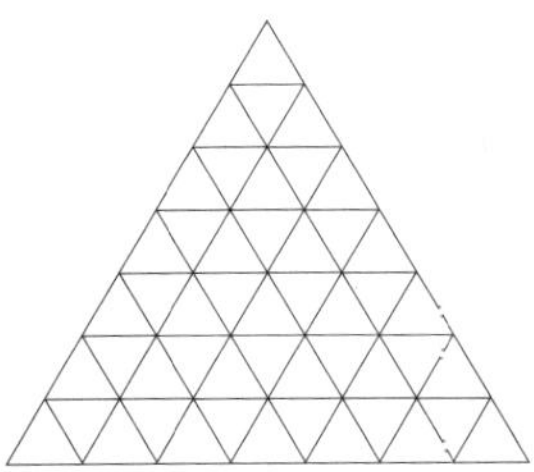

Figur 9

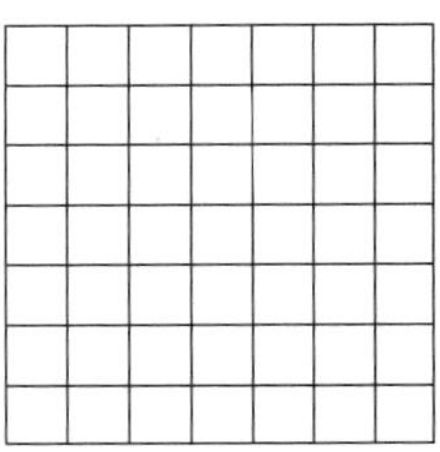

Figur 10

Man erkennt, daß die Aufteilung über die ganze Ebene so hinweggeht, daß keine Stelle der Ebene vor der anderen bevorzugt wird. Was an irgendeiner Stelle vorgeht, teilt sich auch allen anderen Stellen mit und verströmt gleichsam in die Weiten. Da ist noch kein Mikrokosmos wahrzunehmen, der sich einem Makrokosmos entgegenstellt. Gänzlich unindividuell, man möchte geradezu sagen gänzlich dividuell, bietet sich die Ebene dem Geschehen jeder der beiden Zahlen dar; mit den Kräften der Drei und der Vier herrscht in der Ebene das Dividuum. Das spricht sich auch darin aus, daß man alle möglichen Formenausschnitte der Ebene durch regelmäßige Dreiecke oder Vierecke ausfüllen könnte; nur am Rande würden dann gewisse unausgefüllte Restflächen übrigbleiben, die sich aber bei hinreichender Kleinheit der Dreiecke oder Vierecke auf ein Minimum reduzieren lassen.

Nicht bloß die Gestaltung nach den Zahlen Drei und Vier liefert dieses Bild. Ein ähnliches erhält man durch die Zahl Sechs; bienenwabengleich reiht sich dann in der Ebene Sechseck an Sechseck, ohne daß wiederum eine Stelle der Ebene vor der anderen den Vorzug hätte. Ebenso wird es, wenn man versucht, lauter Achtecke in der Ebene aneinanderzureihen. Dann bleiben allerdings zwischen den Achtecken lauter leere Räume von quadratischer Form, d. h. man muß bei der Verwendung der Achtzahl die Vierzahl mit in Kauf nehmen:

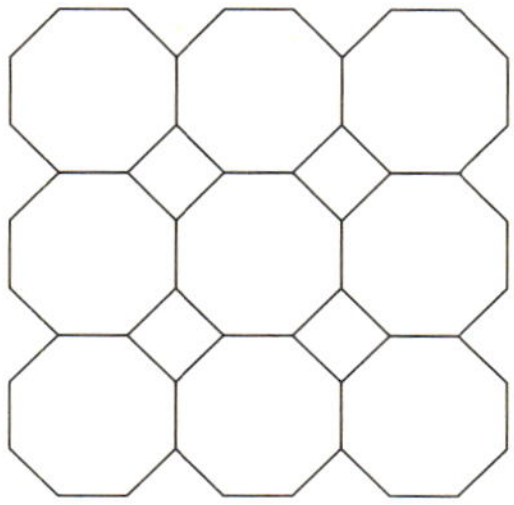

Figur 11

Bei allen diesen im Grund in gleicher Art auslaufenden Versuchen bewegt man sich im Bereich derjenigen Zahlen, welche nur aus den drei ersten Zahlen komponiert sind, jener bedeutsamen Trinität, die noch besonders behandelt werden wird.

Jetzt ergreife die Zahl Fünf formend die Zeichenebene. Dann lassen sich nicht mehr wie bisher lauter regelmäßige Fünfecke aneinanderreihen. Die Welt des Dividuellen wird mit dem Übergang zur Zahl Fünf verlassen. Dafür ist etwas Neues und anderes eingetreten, die Ausbildung eines zentralen Gestaltungspunktes innerhalb der Ebene. Jede andere Stelle der Ebene hat jetzt nur noch durch ihre relative Lage zum Gestaltungszentrum Bedeutung. Aus ihm quellen in geheimnisvoller Fruchtbarkeit und Fülle dreierlei Arten von Figuren hervor, die sämtlich Formausdrücke der Fünf sind:

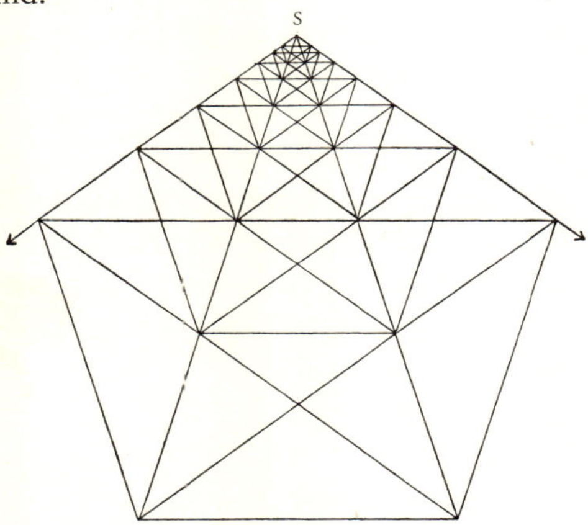

Figur 12

Die eine Reihe von Figuren besteht aus lauter Fünfsternen, wie sie am Schluß des 2. Kapitels in Figur 7 auftraten; sie hängen sämtlich mit einer Spitze im Gestaltungszentrum zusammen. Eine zweite Reihe von Figuren weist lauter Fünfecke auf, die wiederum mit einer Ecke im Gestaltungszentrum zusammenhängen. Eine dritte

Reihe besteht ebenfalls aus lauter Fünfecken, die jedoch anders miteinander verknüpft sind als die der vorigen Reihe, indem keines von ihnen am Gestaltungszentrum direkt teilhat; vielmehr hängen sie wie die Glieder einer Kette ineinander, deren einer unerreichter Endpunkt das Unendliche und deren anderer, ebenfalls unerreichter, das Gestaltungszentrum ist. Vielleicht fällt es manchem Leser schwer, auf den ersten Blick die drei Figurenreihen zu erkennen. Darum sollen hier einige Hilfen gegeben werden. Wohl am meisten springt die als zweite Reihe aufgezählte Fünfecksreihe in die Augen; man erkennt leicht das große Fünfeck als Umriß der Gesamtfigur und darin eingebettet lauter Fünfecke mit Seiten, die den Seiten des großen Fünfecks parallel sind. Wenn von einem Umriß der Gesamtfigur gesprochen wurde, ist das nur cum grano salis zu verstehen, da die Gesamtfigur eigentlich bis ins Unendliche hinausreicht und um das zuletzt gezeichnete große Fünfeck noch unzählig viele größere Fünfecke zu denken sind. Die zuerst aufgezählte Reihe von Fünfsternen sind die den eben genannten Fünfecken eingezeichneten Fünfsterne. Indem man dem großen Fünfeck seinen Fünfstern eingliedert, kommt man überhaupt erst zu der gesamten Figur; man hat nämlich durch die zwei unteren einspringenden Ecken dieses Fünfsterns die Parallelen zu den Seiten des großen Fünfecks zu ziehen, um zu dem nächstkleineren Fünfeck zu gelangen. In dieses zeichnet man wieder den zugehörigen Fünfstern ein und so weiter. Die zu dritt aufgezählte Fünfeckreihe ist in dreifacher Auflage vorhanden, da am oben befindlichen Gestaltungszentrum drei gleich große Winkel entstanden sind, in deren jedem eine solche Fünfeckreihe liegt.

Man könnte sagen, mit der Zahl Fünf sei eine individualisierende Kraft in die Ebene eingezogen. Denn das Gestaltungszentrum ist wie ein schöpferisches Individuum, das die Umwelt auf sich bezieht. Zwar ist diese Umwelt zunächst nur ein Sektor, ein Ausschnitt aus der ganzen Ebene, während die übrige Ebene noch unerfaßt scheint. Aber das eine ist schon jetzt ablesbar: Die Geheimnisse der

Unendlichkeit, welche bei den vorhergehenden Figuren eben nur in der Unendlichkeit selber vorhanden waren und sich deshalb dem Blick verbargen, leuchten hier uns sichtbar auch im Endlichen, nach dem Gestaltungszentrum zu, auf. Dieser schöpferische Punkt, dieses Nichts, in dem ein All zu finden ist, ist die ins Endliche hereingeholte Unendlichkeit. Wie nach der unendlichen Ferne hin noch immer größer werdende Fünfecke und Fünfsterne möglich sind, so nach der unendlichen Nähe des Gestaltungszentrums hin unzählige immer kleiner werdende Fünfecke und Fünfsterne. So ist weder die unendliche Ferne noch die unendliche Nähe konstruktiv zu bewältigen. Das Gestaltungszentrum wird zu einem Mikrokosmos, der die Geheimnisse des Makrokosmos abspiegelt.

Unter den Ecken des großen Ausgangsfünfecks erscheint diejenige, welche Gestaltungszentrum geworden ist, besonders ausgezeichnet vor den übrigen vier. Abstrakt genommen wäre jede der fünf Ecken dieser Auszeichnung fähig. Aber wenn man sich noch eine Empfindung für die qualitative Verschiedenheit des Oben und Unten, Links und Rechts bewahrt hat, erscheint nur die oberste Ecke dieser Auszeichnung würdig, und es würde geradezu eine Profanierung bedeuten, unter Drehung des Fünfecks um 180 Grad den schöpferischen Punkt an die nun unten liegende Ecke zu verlegen.

Die gleichnishafte Anwendung aller dieser Verhältnisse auf den Menschen ist bereits durch den vorhin verwendeten Begriff des Individuums gegeben. Wer sich dazu reif macht, über das Dividuelle hinaus zum Individuellen zu gelangen, begibt sich sozusagen aus der Welt der drei ersten Zahlen hin zum Geiste der Fünf. Man möchte für die Entwicklung zum schöpferischen Individuum förmlich das Wort «sich herausfünfen» erfinden. Diese Wortprägung ist auch tatsächlich erfolgt, indem der alte Inder die Hervorkehrung der individuellen Kräfte durch das Wort prapantschi bezeichnet hat: pantscha, dem griechischen pente verwandt, ist das indische Wort für fünf. Analog war auch in der hebräischen Geheimlehre der Fünfstern, das Pentagramm, die Figur des Mikrokosmos, und es galt dort die Fünf als der Ausdruck des im Menschen waltenden schöpferischen Willens.

Vor den in der Menschheit nach und nach aufsteigenden persönlichen Willenskräften, vor diesem im Menschen verborgenen, aber immer deutlicher zutage tretenden Rebellen, hegte der gottergebene Mensch der Antike noch eine unüberwindliche Scheu, die sich dann konsequent auch auf das mit den individuellen Kräften verbundene Wesen der Zahl Fünf übertrug Der Mensch der Antike war in seinen willenshaften Ichkräften noch schlafend, er erlebte und handhabte seinen Willen nur als eine Fortsetzung des Götterwillens. Seinem Wesen entsprach weniger die aus den Kräften der Zahl Fünf entstehende Figur als vielmehr alles Figürliche, das seinen Ursprung aus den drei ersten Zahlen ableitet. Aber er sah die Zeit kommen, wo jene jetzt noch schlummernden Gewalten einmal zur Herrschaft gelangen würden, und lebte mit bangen Gefühlen dieser Zukunft entgegen.

Auf den Gegensatz des Dividuellen und des Individuellen nimmt Rudolf Steiner in einem Vortrag Bezug, den er über das Geheimnis der Zahlen am 15. September 1907 (GA 101) in Stuttgart gehalten hat, wo es in betreff der Fünf heißt: «Fünf ist die Zahl des Bösen. Das können wir uns am besten klarmachen, wenn wir wieder den Menschen betrachten. Der Mensch hat sich zu einer Vierheit entwickelt, zu einem Wesen der Schöpfung (gemeint ist die Vierheit des physischen, des ätherischen oder Bildekräfteleibes, des astralischen oder Begierdenleibes und des menschlichen Ich, wobei dieses aber noch als schlafender Willenskeim gedacht ist), aber auf der Erde tritt zu ihm das fünfte Glied, das Geistselbst. Wäre der Mensch nur eine Vierheit geblieben, dann würde er immer von oben, von den Göttern, zum Guten dirigiert worden sein; zur Selbständigkeit hätte er sich niemals entwickelt. Er ist dadurch frei geworden, daß er auf der Erde die Keimanlage zu dem fünften Glied, dem Geistselbst bekommen hat. Dadurch hat er die Möglichkeit erhalten, das Böse zu tun, dadurch aber ist er auch selbständig geworden. Kein Wesen, das nicht in der Fünfheit auftritt, kann das Böse tun, und überall, wo uns ein Böses begegnet, das tatsächlich aus sich selbst verderblich wirken kann, da ist eine Fünfheit im Spiele. Das ist überall, auch draußen in der Welt, der Fall. Der Mensch beobachtet das nur nicht, und die heutige materialistische Weltanschauung hat keinen Begriff davon, daß man die Welt in dieser Weise betrachten kann.»

Diese frappante Begründung des Charakters der Fünfzahl weist den Ordnungszahlen der einzelnen Seinsebenen des Menschen nicht nur die Funktion bloßer Nummern zu, sondern erhöht sie zu wesenschaffenden Prinzipien. Über den Charakter des fünften Grundteils der menschlichen Gesamtwesenheit gibt zugleich das Wesen der Fünfzahl Auskunft, und umgekehrt fällt von dem betreffenden Grundteil auch ein erhellendes Licht auf die ihm zukommende Ordungszahl.

Durch seinen schöpferischen Willen wird der Mensch vor die Entscheidung gestellt, ob er sowohl im ganzen wie auch im einzelnen seine Richtung auf das Gute oder auf das Böse nehmen will, auf das, was für seine Fortentwicklung sich als heilsam oder als verderblich erweist. Insofern enthält die Kennzeichnung der Fünfheit als Zahl des Bösen nicht die ganze Wahrheit. Sie ist, genauer gesagt, die Zahl der Krisis. Als solche wird sie auch von Rudolf Steiner an anderer Stelle gewertet. Das Wort Krisis ist die Substantivierung des griechischen Verbums krinein, welches am besten mit unserem Zeitwort scheiden übersetzt wird. Im Begriff des Scheidens liegt wiederum auch die Zahl Zwei, und so stößt man hier ebenfalls auf den Zusammenhang zwischen den Zahlen Zwei und Fünf. Im Johannes-Evangelium wird das Wort Krisis von Jesus Christus selber immer da gebraucht, wo er auf die große, durch ihn bewirkte Scheidung der Geister zu sprechen kommt. Der Mensch muß sich entscheiden, ob er, im Gleichnis der zehn Jungfrauen gesehen, die dem Bräutigam entgegengehen, sich den fünf klugen oder den fünf törichten anschließen will.

Der Zusammenhang der Fünfheit mit dem Begriff der Krisis

geht jedoch weit über das hinaus, was soeben angedeutet wurde. Man spricht von einer Krisis nicht bloß im Geistig-Seelischen, sondern auch im Physisch-Leiblichen des Menschen, wenn es durch Krankheit in Unordnung geraten ist. Jede Krankheit weist in ihrem Verlauf eine Krisis auf. Greift auch hier die Fünf als Zahl der Krisis ein? Darauf gibt Rudolf Steiner in dem erwähnten Vortrag ebenfalls eine Antwort, unmittelbar, nachdem er über Fünf als die Zahl des Bösen gesprochen hat: «Wie segensreich würde es sich auswirken, wenn die Medizin sich dies einmal zunutze machen und den Verlauf von Krankheiten danach studieren würde, wie sich eine Krankheit vom Ausbruch an bis zum fünften Tage entwickelt, oder wie an den einzelnen Tagen in der fünften Stunde nach Mitternacht oder in der fünften Woche. Denn immer beherrscht die Zahl Fünf dasjenige, wo der Arzt am fruchtbarsten eingreifen kann. Vorher kann er nicht viel anderes tun, als die Natur ihren Lauf gehen lassen; aber da kann er helfend eingreifen, wenn er das Gesetz der Zahl Fünf beachtet, weil da das Prinzip der Zahl Fünf in die Tatsachenwelt einfließt, das mit Berechtigung schädigend oder böse genannt werden kann.»

Vielleicht ist es nicht uninteressant, gerade an diese Worte und Gedankengänge eine kurze Schilderung der Anschauungen anzuknüpfen, die einer der größten Ärzte am Beginn der Neuzeit, Paracelsus, in bezug auf das Wesen und die Art der Krankheiten vertreten hat. Er spricht davon, daß es fünf Gewalten, fünf «entia» gebe, die das Pentagramm Mensch ausmachen und deren Harmonie Gesundheit, deren Entartung Krankheit bedeute. Mit dem fünffachen Sein sind die fünf menschlichen Wesensglieder gemeint, die sich vom physischen Leib bis zum Geistselbst erstrecken; letzteres wird von Paracelsus als «ens deale», als göttliches Sein, gekennzeichnet. Entsprechend dieser Fünfheit vermag sich eine Krankheit auch auf fünffache Art zu äußern, und in diesem Sinn kennt Paracelsus auch fünferlei Pest, Krebs, Fieber, Gelbsucht usw., die dann zugleich fünf Entwicklungsphasen eines und desselben Defekts darstellen. Die

Heilung der Krankheit hänge mithin von dem Wissen des Arztes über das Glied, welches von der Krankheit gerade unterminiert wird, ab. Wie auch wir heute für bestimmte Organe oder Krankheiten Spezialärzte haben, sondert Paracelsus, nun allerdings anders als heute, die Ärzteschaft je nach ihrer Kenntnis eines der fünf menschlichen Wesensglieder. Der vollkommene Arzt müsse das Wissen der fünf «Sekten» von Ärzten als vollkommene Erkenntnis des Mikrokosmos Mensch beherrschen.

Die bisherigen Einsichten schlossen sich an die geometrische Form an, welche durch Aufteilung der Zeichenebene nach dem Gesetz der Zahl Fünf entsteht. Sie können noch durch eine andere, ebenfalls von der Fünf gebildete Form unterbaut werden. Wenn man nämlich einen einfachen Knoten schlingt und dazu nicht einen runden Faden, sondern ein flaches Band mit parallelen Rändern benutzt, entsteht als Knotenform ein genaues regelmäßiges Fünfeck. Verfolgt man die Bandführung im Knoten, indem man ihn gegen das Licht hält, so schimmert innerhalb des Fünfecks sogar ein nahezu vollständiger Fünfstern hindurch; denn es fehlt ihm nur eine der Diagonalseiten. Für mancherlei im Menschenleben vermag der Knoten Bild zu sein, für die abschnürenden Kräfte, welchen besonders der zum Individuellen strebende Mensch ausgesetzt ist, aber auch für dasjenige, was Verwirrung stiften will. Alles dies bestreitet sein Bild, wie wir nunmehr sehen, aus der formenden Kraft der Zahl Fünf.

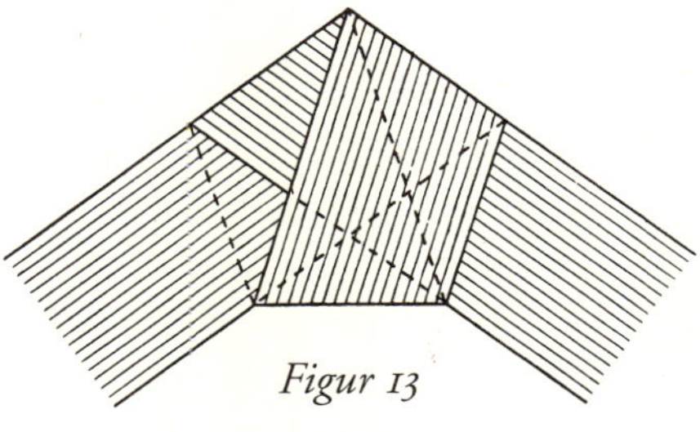

Figur 13

Das Gesamtbild, welches im vorangehenden von dieser Zahl entworfen wurde, konnte nur dadurch gewonnen werden, daß gewagt wurde, mathematisch-geometrische Tatbestände aus ihrer spezialwissenschaftlichen Isolierung zu befreien und wieder zu anderen Gebieten des Seins, insbesondere des Menschenseins, in Beziehung zu setzen.

5. Kapitel
Der Fünfstern als Symbol

In der Zahlenreihe ist die Fünf nicht bloß in der Hinsicht die erste Zahl, daß sie zuerst aus einer geraden und einer ungeraden Zahl zusammengesetzt ist, sondern sie ist auch die erste Zahl, welche eine Sternfigur zuläßt. Ein dem Kreise eingeschriebenes Vieleck wird ja dadurch zu einem Sternvieleck, daß statt der Seiten des Vielecks gleichartige Diagonalen verwendet werden oder, anders gesagt, beim Umlaufen des Kreises Teilpunkte übersprungen werden. Der Versuch, solches auf die Zahlen 1 bis 5 anzuwenden, gelingt erstmals vollständig bei der Zahl 5. Das Bild der Zahl 1 ist ja der noch ungeteilte Kreis. Hier ist noch keine Überspringung von Teilpunkten möglich. Das Vieleck, das von der Zahl 2 im Kreise erzeugt wird, das regelmäßige Zweieck, besteht nur erst in dem Hin- und Herzug eines Kreisdurchmessers. Durch die genannte Überspringung von Teilpunkten reduziert sich der hin und her gezogene Durchmesser auf die beiden Endpunkte desselben:

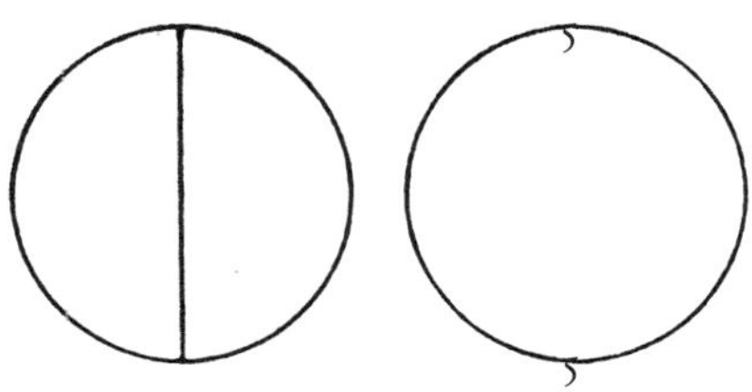

Figur 14 a und 14 b

Von der Zahl 3 wird im Kreise als Vieleck das regelmäßige Dreieck erzeugt. Überspringt man stets eine der aufeinanderfolgenden

Ecken desselben, so ergibt die Verbindung der neuen Ecken dasselbe gleichseitige Dreieck wie vorher, nur in umgekehrter Richtung durchlaufen:

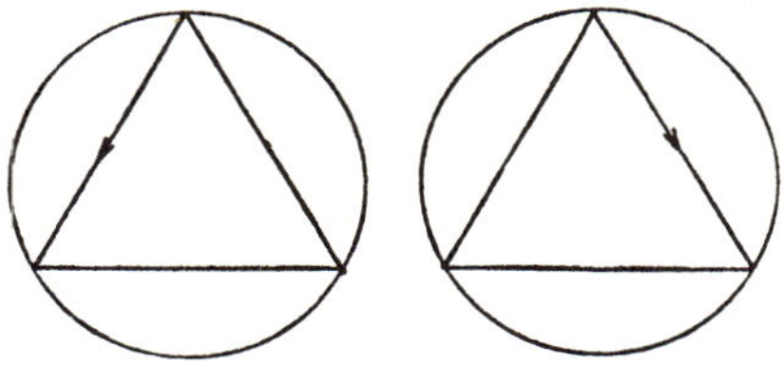

Figur 15 a und 15 b

Die Zahl 4 erzeugt im Kreise als Vieleck das Quadrat. In ihm sind erstmalig Diagonalen vorhanden, die miteinander das Kreuz ergeben. Es kommt auch durch die Überspringungstechnik zustande und läßt alsdann das Quadrat als in zwei regelmäßige Zweiecke auseinanderfallend erscheinen (4 = 2 · 2).

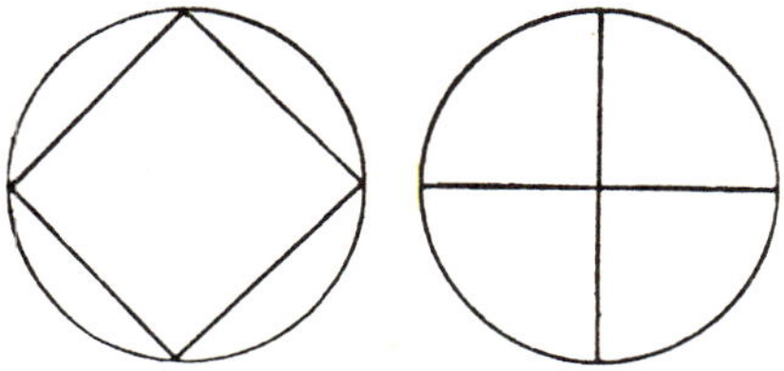

Figur 16 a und 16 b

Auf die Gegenüberstellung des regelmäßigen Fünfecks und des Sternfünfecks im Kreise kann hier verzichtet werden. Man sei sich bewußt, daß die Kennzeichnung eines Vielecks als Sternvieleck bereits den Bereich der sinnlich wahrnehmbaren Wirklichkeit überschreitet. Das Auge gewahrt am Himmel als Sterne nur Lichtpunkte oder leuchtende Kreise, niemals zackige Gebilde nach Art der Sternvielecke. Dennoch ist es ein der menschlichen Anschauung unzerstörbar eingepflanzter Trieb, sich den Lichtpunkt als ein vielzackiges Gebilde, vorzugsweise als ein fünfzackiges, vorzustellen. Dem Fünfstern wohnt eben eine unvertilgbare Gewalt inne, der man sich nicht zu entziehen vermag. Sie erklärt auch die vielseitige Verwendung dieses geometrischen Gebildes als Symbol.

Die sinnbildliche Benutzung des Pentagramms wurde im vorigen Kapitel schon gestreift, als von der Anschauung des Paracelsus die Rede war, wonach es fünf Gewalten, fünf «entia» gebe, die das Pentagramm Mensch ausmachen und deren Harmonie Gesundheit, deren Entartung Krankheit bedeute. In seiner *Weltharmonik* bestätigt Kepler bei seiner Behandlung des Fünfsterns ausdrücklich diese Stellungnahme des Paracelsus. Nach den übereinstimmenden Berichten der Alten war das Pentagramm oder, wie es damals genannt wurde, das Pentalpha auch das Erkennungszeichen der Angehörigen des pythagoräischen Geheimbundes, mit welchem sie sich als zum Göttlichen Hinaufstrebende vor der übrigen Menge auszeichneten. Es habe bei ihnen Gesundheit geheißen und an seinen Ecken die Buchstaben geführt, welche zusammen das Wort Gesundheit ergaben.

Ja, die Verehrung des Pentagramms reicht sogar bis ins graue Altertum zurück. Ein Zeugnis dafür ist die gewaltige Pyramide, welche vor nunmehr fast 5000 Jahren der Pharao Cheops errichten ließ. Sie ist durch ihre Form nichts weiter als ein verwandeltes Pentagramm. Denn wenn man dasjenige gleichschenklige Dreieck, welches die Grundform des Pentagramms bildet und in seinen fünf Zacken sichtbar wird, durch einen einfachen Zirkelschlag, wie ihn Figur 17 zeigt, in eine rechtwinklige Form überführt und diese alsdann durch Verdoppelung in die Gleichschenkligkeit zurückführt, so hat man diejenige Dreiecksform vor sich, welche auch die Seitenflächen der Cheopspyramide aufweisen. Die Spitze des Pentagrammdreiecks hat sich bei diesem geometrischen Prozeß in die Spitze der Pyramide verwandelt.

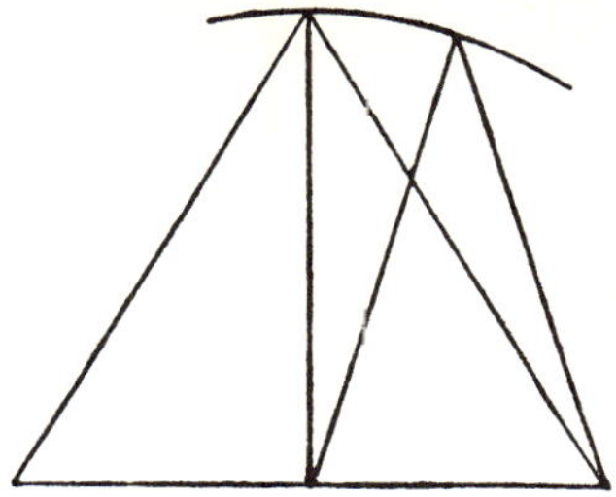

Figur 17

Wir sprechen heute von der Cheopspyramide. Der Ägypter selber nannte sie «Ta Chut» und leitete ihren Namen von dem Worte Chu her, der ägyptischen Bezeichnung dessen, was von Steiner das Geistselbst, von Paracelsus das ens deale (göttliches Sein) genannt worden ist. Ta Chut ist ein weibliches Substantiv mit dem bestimmten Artikel (ta) und könnte als «die Geistselbsthafte» übersetzt werden. Einen ähnlichen Namen trug ihr Erbauer, indem er sich bei der Thronbesteigung den Königsnamen «Chnum Chufu» beilegte; dieser Name ist eigentlich ein ganzer Satz und müßte in der Übersetzung lauten «Chnum erstrahlt, erglänzt». Chnum ist die Bezeichnung für eine ägyptische Gottheit, und Chufu ist eine Verbform, die ebenfalls von dem Worte Chu hergenommen ist. Der Name Cheops ist die uns noch einzig geläufige, von den Griechen herrührende Namensform.

Neben der Cheopspyramide steht, fast ebensogroß wie diese, diejenige Pyramide, welche von dem Nachfolger des Cheops, dem Pharao Chaf-Ra, errichtet worden ist. Sie bildet mit ihrer großen Schwester ein Ganzes; denn beide Pyramiden sind so orientiert, daß ihre beiden Grundflächenquadrate eine gemeinsame Diagonale besitzen. Wiederum weist auch der Name Chaf-Ra auf die Wesenheit des Chu hin; denn wie Chnum Chufu ist auch Chaf-Ra ein Satz von lapidarer Kürze und bedeutet «Ra erglänzt». Der ganze Unterschied liegt nur darin, daß das eine Mal die Gottheit Chnum, das andere Mal die Gottheit Ra angerufen wird. Ra deutet auf die Sonnenlichteskraft, welche auch im Menschen als Geistessonnenkraft aufzuleuchten vermag. Der ägyptische Name für die Pyramide des Chaf-Ra lautete «Ta Urt», ein Wort, welches die vom Worte Ur hergeleitete weibliche Substantivform mit dem bestimmten Artikel darstellt. Das Wort Ur ist ja ein Grundwort in allen möglichen alten Sprachen. So findet es sich z. B. im Hebräischen als das Wort «Aor» (aleph waw resch), dessen vielfältige Bedeutungen alle mit der Lichteswesenheit zu tun haben. Auch das lateinische Wort für Gold, das Wort aurum, ist desselben Ursprungs.

Ist nun auch der Chafra-Pyramide die Zahl Fünf formbildend eingeschrieben? Die Antwort fällt auch hier bejahend aus; denn das Profildreieck dieses Bauwerks, d. h. dasjenige gleichschenklige Dreieck, welches die Mitten zweier gegenüberliegender Quadratseiten der Grundfläche und die Pyramidenspitze zu seinen drei Ecken hat, ist nichts anderes als die Verdoppelung eines sogenannten ägyptischen Dreiecks, worunter ein rechtwinkliges Dreieck mit den Kathetenlängen 3 und 4 und der daraus folgenden Hypotenusenlänge 5 zu verstehen ist. Die mit der Zahl 5 behaftete Hypotenuse führt wieder bedeutsam zur Spitze der Pyramide hinauf; von der Spitze strahlt gleichsam die Fünf nach allen vier Seiten der Grundfläche herunter. Figur 18 stellt das beschriebene Profildreieck der Chafra-Pyramide dar:

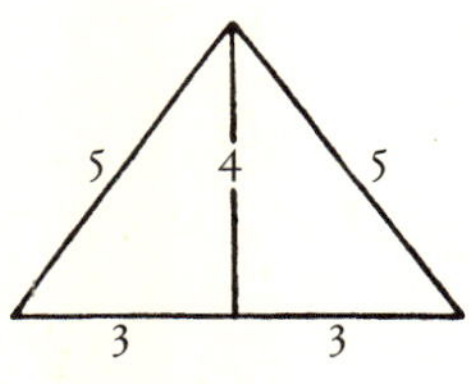

Figur 18

Überhaupt schwebt bei einer jeden solchen quadratischen Pyramide die Spitze als ein Fünftes über der darunterliegenden Vierheit. Daher ist dieses Raumgebilde an sich schon geeignet, das Verhältnis eines übergeordneten Göttlichen zu einer erdverhafteten Vierheit symbolhaft auszudrücken, um so mehr, wenn ihm dann noch an der Spitze in irgendeiner Weise das Geheimnis der Fünfzahl formbildend eingeschrieben wird. Zudem bringt es die Form jeder solchen Pyramide mit sich, an ihrer Oberfläche sich besonders intensiv mit dem Licht zu verbinden. Denn wenn die Sonne über einer Pyramide steht, kann sich auf ihr keine Spur eines Schattens erzeugen. Ganz in Licht gebadet, als eine reine Lichtesform liegt sie vor dem Blick des Beschauers. Die Spitze der Pyramiden soll vergoldet gewesen sein, so daß sich die Sonne beim Herunterscheinen in derjenigen Erdensubstanz spiegeln konnte, welche nach alter Anschauung als ein Zeuge der einstmaligen Vereinigung der Erde mit der Sonne auf der Erde zurückgeblieben war. In diesem Goldglanze erstrahlte also derjenige Pyramidenbezirk, welcher auf jede nur mögliche Weise mit dem Geheimnis der Fünfzahl verbunden war.

In meinem schon erwähnten Buch über die ägyptischen Pyramiden habe ich diese als Zeugen einer vergangenen Mysterienweisheit behandelt. Selbige ist, vereinfacht ausgedrückt, das Wissen um die göttlichen Schöpfermächte, denen der Mensch unterworfen ist, und zu denen er sich in einer an den Mysterienstätten gehandhabten Schulung mitschöpferisch zu erheben vermochte. Als das ägyptische Mysterienwesen um die Mitte des ersten vorchristlichen Jahrtausends zu verflachen und zu verfallen drohte, rettete ein Grieche, der sich viele Jahre hindurch von den ägyptischen Priesterweisen hatte unterrichten lassen, Pythagoras, das überkommene Mysteriengut in ein neu anbrechendes Zeitalter hinüber und gründete im unteritalischen Kroton eine Lehrstätte, die dazu ausersehen war, die alten Weistümer in neuem Gewande weiterzureichen an diejenigen, welche im Gegensatz zu den bloßen Zuhörern, den Akusmatikoi, sich als die sich strebend Bemühenden, die Mathematikoi, erwiesen und nun, da und dort Pflanzstätten der krotonischen Schule errichtend, sich als Pythagoräer durch das Geheimzeichen des Pentagramms verbunden wußten. Es barg in seiner obersten Spitze jene schöpferisch machende Kraft, die als ein individuelles Gestaltungszentrum die Geheimnisse der unendlichen Weiten in sich aufnahm (Figur 12). Der individuell schöpferische Mensch betrat nunmehr den Schauplatz der Geschichte und löste den noch von den Göttern gelenkten Menschen mehr und mehr ab. Im hellen Licht der griechischen Geschichte konnte sich nun eine solche Gestalt wie die des Sokrates abzeichnen, der sich für seine Lebensführung auf eine innere Stimme berief, auf eine Macht in ihm selber, die er als das ihn inspirierende schöpferische Geistige empfand. Er nannte sie sein Daimonion, über das dann später der schon erwähnte Plutarch eine Abhandlung verfaßt hat, in der es bedeutsam heißt, daß «außer dem in den irdischen Leib versenkten Teil der Seele ein anderer, reinerer Teil derselben außerhalb, über dem Haupte des Menschen schwebend bleibt, als ein Stern sich darstellend, der mit Recht sein Dämon genannt wird, welcher ihn leitet und dem der Weise willig folgt».

Man findet zuweilen in alten Darstellungen, so z. B. in der *Cabbala* des Heinrich Cornelius Agrippa, die menschliche Leibesform geradezu als ein Pentagramm abgebildet, mit ausgebreiteten Armen und mit gespreizten Beinen. Die oberste Pentagrammspitze kommt dann wie schwebend über dem menschlichen Haupte zu liegen, da, wo die beiden nach oben gestreckten Arme mit den Fingerspitzen zusammenkommen würden.

Was bei dem Griechen der den Menschen leitende Dämon ist, wurde im Römertum des Menschen Genius. Die Schrift, in welcher Plutarch von dem Daimonion des Sokrates handelt, ist wie alle Abhandlungen Plutarchs in lateinischer Sprache verfaßt und trägt den Titel *De genio Socratis*.

So wie Sokrates von seinem Dämon spricht, ist damit auf etwas Hohes und Edles, auf einen guten Dämon, einen Agathodämon hingedeutet. Aber die Freiheit, welche sich der Mensch durch sein Hineinwachsen in die persönliche Entscheidungsfähigkeit erringt und auch erringen soll, bringt es mit sich, daß der den Menschen führende Dämon sich auch als etwas Verderbliches und Furchtbares, als einen schlimmen Dämon, einen Kakodämon geben kann. So verstand auch Goethe jene dämonische, im Menschen selber schlummernde Macht, die ihm unbegrenztes Vertrauen zu sich selber einflößt und ihn in gleicher Weise zum Gedeihen wie zum Verderben führen kann. Auch die heilige Symbolfigur für das in den Menschen eingezogene Göttliche läßt es zu, in ihr Gegenbild verkehrt zu werden. Dieses wird dann vorliegen, wenn die magische Spitze nicht nach oben, sondern nach unten weist. Nach oben kehren sich nun zwei auseinanderstrebende Zacken; nicht mehr die Einheit, sondern die Zweiheit, der Zwist, nimmt die oberste Stelle ein:

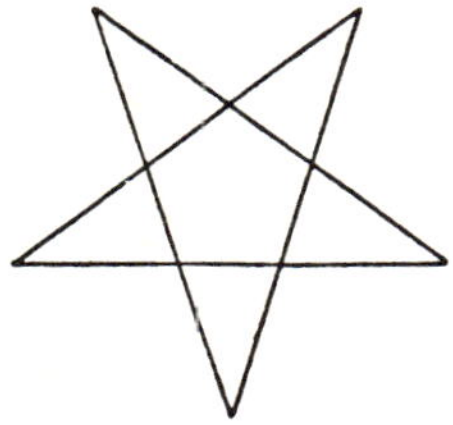

Figur 19

Man möge sich an dieser Stelle erinnern, daß auch das Ziffersymbol für die Zahl Fünf, das wir heute benutzen, eine solche Verkehrung erfahren hat, wie im vorigen Kapitel bei der Besprechung des Dürerschen Bildes «Melencolia I» erwähnt wurde. Wenn man seine Empfindung gegenüber dem mit seiner Spitze nach unten weisenden Fünfstern sprechen läßt, hat man den Eindruck eines vom Himmel herabstürzenden Sterns, eines fallenden Engels. Dieser umgekehrte Stern ist auch allenthalben zur Versinnbildlichung von schlimmen dämonischen Mächten verwendet worden. Das Volk kennt ihn als den sogenannten Drudenfuß, als das Abzeichen der Druden, jener dämonischen Wesen, welche den Menschen im Schlaf peinigen. In der Rosenkreuzerströmung wurde dasselbe Zeichen zur Charakteristik des großen Dämons der Zukunft, des Gegenspielers Christi, erkoren. Er wird in der Apokalypse des Johannes als ein zweihörniges Tier geschildert, welches aus der Erde aufsteigt. Da wir diese Schilderung mehrfach benötigen werden, sei sie hier in der Übersetzung von Emil Bock* angeführt: «Und ich sah ein zweites Tier. Das stieg aus dem Erdreich empor und hatte zwei Hörner und glich einem Lamm. Aber seine Sprache war die des Drachen. Alles, wozu das erste Tier die Macht besitzt, vollführt es gleicherweise vor dem Angesicht desselben. Es bewirkt, daß die Erde und ihre Bewohner das erste Tier anbeten, dessen tödliche Wunde noch nicht geheilt ist. (...) Weiterhin bewirkt es, daß alle, Große und Kleine, Reiche und Arme, Freie und Unfreie, sich ein Zeichen auf ihre rechte Hand oder ihre Stirne machen. Es soll keiner kaufen oder verkaufen können, wenn er nicht den Namen des Tieres als Zeichen oder Zahl an sich trägt. Hier spricht die Weisheit selbst. Wer Verstand besitzt, der suche den Sinn, den die Zahl des Tieres hat. Es ist die Zahl des Menschen, und seine Zahl ist 666.»

Demgemäß findet man auch folgende Darstellung jenes Wesens bei den Rosenkreuzern. In die fünf Zacken des umgekehrten Fünfsterns wurden die fünf Buchstaben THIER eingeschrieben, wogegen in der Mitte entweder die Zahl 5 oder die Zahl 666 erschien. Die beiden nach oben auseinanderstrebenden Zacken sind dann auch geradezu als Hörner bezeichnet worden:

* Wo in den folgenden Kapiteln aus dem Neuen Testament zitiert wird, liegt die Übersetzung von Emil Bock zugrunde. Wo abweichend davon der Luthersche Text verwendet wird, ist dies besonders vermerkt.

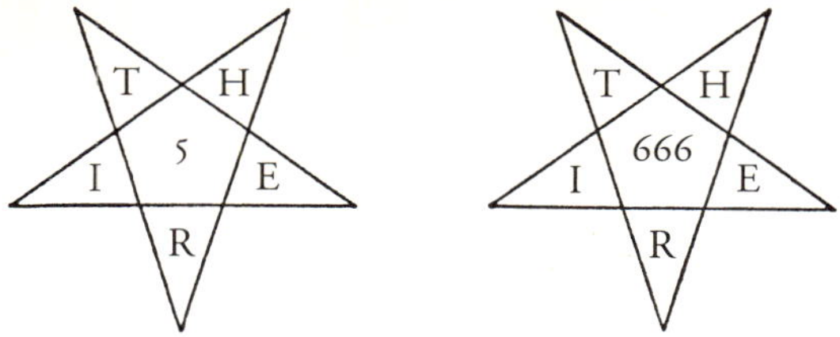

Figur 20 a und 20 b

Fragen wir uns, wofür dieser verkehrte Fünfstern ein Sinnbild zu sein vermag! Die Antwort ist aufgrund der gesamten vorherigen Ausführungen leicht zu finden. Er ist ein Symbol für die Herunterdrückung des schöpferischen Individuums unter die niedere Vierheit des Menschenwesens, für deren geniale Verewigung. Ergänzt man die Figur im Sinne des Hervorquellens weiterer Fünferfiguren aus der unteren Spitze als Quellpunkt, so werden dieselben gleichsam von unten heraufgespien.

In der hebräischen Geheimlehre gab es ein Wort, welches jene Knechtung der Individualität, jene Beglaubigung des niederen Menschen ausdrücken sollte. Es war aus den vier Buchstaben Samekh, Waw, Resch und Thaw komponiert und ergab den Namen «SORATH» oder «SURATH». So findet sich dieser Name auch in der *Cabbala* des Agrippa von Nettesheim, der ihn als Dämonium der Sonne aufführt. Seine Wurzel geht auf das hebräische suria zurück, das aus dem Doppelnamen «Suriel-Sarhapanim» durch Verkürzung und Verstümmelung entstanden ist. Der erste Teil des Namens, Suriel, bedeutete «Mein Verkehr (Sur) ist Gott (El)»; mit ihm wurde eine hohe Engelwesenheit bezeichnet, deren Beiname eben Sarhapanim = Engel des Antlitzes (ergänze «Gottes») war. Aus dem Worte Suriel ist dann durch Unterdrückung des Gottesnamens El, der wegen seiner Heiligkeit nicht gern ausgesprochen wurde, das Wort Suria bzw. Suriath (weibliche Form von Suria) geworden. Suriel hatte ursprünglich die Aufgabe, den Sonnenglanz bei Nacht zu bewahren und ihn am Morgen Gott wieder auszuhändigen. Der Name Sorath wird uns noch später im Zusammenhang mit der Zahl 666 der Apokalypse beschäftigen. Die vier ihn komponierenden Buchstaben haben im hebräischen Alphabet eine besondere Bedeutung gehabt. Der Zischlaut Samekh wurde vorzugsweise mit der physischen Wirklichkeit der Welt in Zusammenhang gebracht, wogegen das ihm folgende Waw den diese Welt bewegenden ätherischen Hauch verlautlichte. Das daran sich anschließende Resch war das am geeignetsten erscheinende Lautzeichen für ein das belebte Physische durchwirkendes Triebhaftes, wogegen das schließende Thaw lautlich die Ichstufe des kreatürlichen Menschen bezeichnete. Mit dem Worte Sorath wurde demnach diejenige geistige Macht gekennzeichnet, welche den Menschen in der Sphäre seiner Kreatürlichkeit zurückzuhalten bestrebt war. Der Mensch sollte in der fortschreitenden Entwicklung nicht über die Stufe des bloßen Geschöpfes hinausgelangen, nicht dahin gelangen, wo in ihn als ein Fünftes ein selbstschöpferisches Prinzip einzog.

Die Bedeutung des Fünfsterns als Symbol hat in unserer unmittelbaren Gegenwart eine Art Höchststand erreicht. Früher waren es nur einzelne Individualitäten oder bevorzugte Kreise, welchen die Figur etwas sagte. Heute blicken große Menschengemeinschaften zu ihr wie zu einem Ausdruck ihres Wesens auf, auch wenn sie ihnen in einer vergröberten Form dargeboten wird. Die Vergröberung muß ja eintreten, wenn ein solches Symbol einer Massenbewegung voranleuchtet. Ihm entnimmt diese förmlich die Kraft, welche sie zu ihrem Handeln benötigt. Angesichts dessen kann die Frage aufgeworfen werden, ob nicht die Zahl Fünf in einem besonderen Verhältnis zu unserer Zeit, zu unserem gegenwärtigen Zeitalter zu denken ist, weil die geheimsten Tendenzen unseres Zeitalters, im Guten wie im Schlimmen, aus den Eigenschaften dieser Zahl verständlich werden können. Darauf soll im nächsten Kapitel eine Antwort zu geben versucht werden.

6. Kapitel
Die Zahl Fünf im Tierkreis

Eine Bestätigung dafür, daß die Zahl Fünf verdient, die Zahl unserer Zeit genannt zu werden, gewinnt man, wenn man die Anschauungen zu Hilfe nimmt, welche innerhalb der Esoterik über das geschichtliche Leben und Werden der Menschheit ausgebildet worden sind. Diese Anschauungen sind dadurch gekennzeichnet, daß sie die Entwicklung der Menschheit, zumal der letztvergangenen Jahrtausende, in eine exakte Beziehung zu den Vorgängen am Sternenhimmel setzen. Daß eine solche Betrachtungsweise gerade der heutigen wissenschaftlichen Forschungsart reichlich ungewohnt ist, sei von vornherein zugegeben. Letztere versagt es sich, über das Zusammengehen von Vorgängen innerhalb der Menschheitsentwicklung und von Geschehnissen am Himmel Forschungen, ja auch nur Vermutungen anzustellen. Sie nimmt es lieber auf sich, die Rätsel, welche diese Entwicklung aufgibt, auf sich beruhen zu lassen, und beschränkt sich darauf, mit Hilfe des Spatens und seiner Funde innerhalb der obersten Erdschichten Altertumsforschung zu treiben.

Am besten nähert man sich einem Verständnis der innerhalb der Esoterik ausgebildeten Anschauungen über das Woher und Wohin der Menschheit, wenn man den Sternenhimmel als eine Art Uhr ansieht, welche durch ihre Zeigerstellungen den jeweiligen Stand der Menschheitsentwicklung anzeigt.

Wie unsere gebräuchlichen Uhren weist auch diese Weltenuhr ein zwölfteiliges Zifferblatt auf, über das sich zwei Zeiger mit verschiedenen Geschwindigkeiten hinwegbewegen. Das Zifferblatt wird von dem sogenannten Tierkreis gebildet, jenem Großkreis am Himmel, in welchem die Sonne, der Mond und die Planeten ihre Bewegungen vollziehen. Dieser Tierkreis ist in zwölf einander völlig gleiche Winkelbezirke, deren jeder also den 12. Teil von 360 Graden oder 30 Grade mißt, eingeteilt zu denken. In die einzelnen aufeinanderfolgenden Bezirke denken wir uns nacheinander die Zahlen 1 bis 12 eingeschrieben. Der große Zeiger der Uhr, derjenige, welcher schneller läuft, wird durch die Richtung vom irdischen Beobachter nach dem jeweiligen Stand der Sonne, genauer des Sonnenmittelpunktes, repräsentiert, wogegen der kleine Zeiger, derjenige, welcher langsamer läuft, durch die Richtung vom irdischen Beobachter nach der Stellung der Sonne zu Beginn des Frühlings der nördlichen Erdhälfte gegeben ist; man nennt diese Stelle des Tierkreises den Frühlingspunkt.

Aufgrund der getroffenen Festsetzungen weist die Weltenuhr bereits erhebliche Unterschiede gegenüber der gewöhnlichen Uhr auf. Während bei der letzteren die beiden Zeiger auf dem Zifferblatt in derselben Richtung herumgehen, läuft auf der Weltenuhr der große Zeiger in umgekehrter Richtung zum kleinen; denn der Frühlingspunkt bewegt sich wie unser kleiner Zeiger rechts herum, wogegen die Sonne, der große Zeiger, links herum eilt. Auch bezüglich der noch notwendigen Unterteilung der zwölf einzelnen Bezirke des Zifferblatts wird alles anders. Bei der gewöhnlichen Uhr ist der einzelne Bezirk in fünf Teile unterteilt, so daß rund herum 5 mal 12 = 60 Teile entstehen. Dagegen ist bei der Weltenuhr der einzelne Bezirk in nicht weniger als 2160 Teile und somit das ganze Zifferblatt in nicht weniger als 12 mal 2160 = 25 920 Teile aufgegliedert zu denken. Über diese 25 920 Teile eilt die Sonne als großer Zeiger so hinweg, daß sie dem kleinen Zeiger, ihrer nächstjährigen Frühlingsstellung, erst nach Überstreichung von 25 919 dieser Teile begegnet, da nämlich inzwischen der Frühlingspunkt der Sonne erst um 1 Teil entgegengewandert ist. Die von der Sonne zum Durcheilen der 25 919 Teile benötigte Zeit ist das Jahr von Frühlingsanfang zu Frühlingsanfang und wird als Äquinoktialjahr bezeichnet; ihm sucht sich auch der für das bürgerliche Leben benutzte Kalender anzupassen. Zu einem vollen Umlauf um den Himmel benötigt demnach die Sonne 25 920 / 25 919 Äquinoktialjahre, d. h. ein wenig mehr als ein Äquinoktialjahr, einen Zeitraum, der auch als siderisches oder Sternenjahr bezeichnet wird. Dagegen braucht der Frühlingspunkt zu diesem selben vollen Umlauf nach dem Vorigen den gewaltigen Zeitraum von 25 920 Äquinoktialjahren oder 25 919 siderischen Jahren und bewegt sich also 25 919 mal so langsam wie der große Zeiger, die Sonne. Nach je einem Äquinoktialjahr stehen die beiden Zeiger der Weltenuhr wieder übereinander.

Die Zahl 25 920 ist eine aus älterer Zeit überlieferte Idealzahl, die mit der beobachtbaren astronomischen Wirklichkeit fast übereinstimmt. Sie ist zusammen mit der das Zifferblatt ebenfalls beherrschenden Zahl 12 dadurch bemerkenswert, daß sich beide auf eine einzige Zahl zurückführen lassen, auf die Zahl 6; denn es gilt:

$$12 = 6 + 6$$

$$25\,920 = 6 \text{ mal } 6 \text{ mal } 6!,$$

wobei unter 6! nach der heute üblichen Schreibweise das Produkt

$$1 \text{ mal } 2 \text{ mal } 3 \text{ mal } 4 \text{ mal } 5 \text{ mal } 6$$

zu verstehen ist. Die eigentliche Grundzahl des Tierkreises, sofern er diesen Uhrcharakter trägt, ist also die Zahl 6, d. h. jenes Zahlenwesen, welches die alten Griechen als «arithmos teleios», als in sich abgeschlossene oder vollkommene Zahl gewertet haben. Bei der späteren Behandlung der Zahl 6 wird gezeigt werden können, daß sie in der Zahlenwelt als eine Art Grenzmarke aufgefaßt werden kann, jenseits deren ein Neues beginnt, das nicht mehr mit den bis zur Zahl 6 noch ausreichenden Hilfsmitteln erfaßbar ist.

Die bisherige Beschreibung der Weltenuhr weist noch eine Lükke auf. Wir kennen den Tierkreis auch als den Träger von 12 Sternbildern, und es ist noch die Frage offen, wie dieselben zu den 12 Zifferblattbezirken der Weltenuhr liegen. Man pflegt die Aufzählung der 12 Sternbilder des Tierkreises mit dem Sternbild des Widders zu beginnen und, dem Lauf der Sonne durch den Tierkreis folgend, demnach mit dem Sternbild der Fische zu schließen; dann ergibt sich die Reihenfolge:

Widder	♈	Stier	♉	Zwillinge	♊
Krebs	♋	Löwe	♌	Jungfrau	♍
Waage	♎	Skorpion	♏	Schütze	♐
Steinbock	♑	Wassermann	♒	Fische	♓

Diese Zwölfheit soll sich in diejenige der Zifferblattbezirke so einordnen, daß sich beide Zwölfheiten in ihren einzelnen Gliedern nicht etwa decken, was schon um dessentwillen nicht möglich ist, weil die einzelnen Sternbildbezirke im Gegensatz zu den einzelnen Zifferblattbezirken verschieden lang sind. Ohne auf diese Verschiedenheit Rücksicht zu nehmen, reiche jedes Sternbild von der Mitte eines Zifferblattbezirkes bis zur Mitte des nächsten, wobei die Reihenfolge der einzelnen Ziffern 1 bis 12 entgegen der obigen Aufzählung der Sternbilder, also nicht *mit* dem Sonnenlauf durch den Tierkreis, sondern mit der Bewegung des Frühlingspunktes durch denselben geht. Den Schematismus der gegenseitigen Zuordnung beider Zwölfheiten, welcher auf die astronomische Wirklichkeit nur begrenzt Rücksicht nimmt, möge man fürs erste in Kauf nehmen.

Noch ist die Frage offen, wo man die Zählung beginnt, d. h. welcher der Bezirke als erster gelten soll. Die Esoterik glaubte mit den Erscheinungen und Tatsachen, welche die Welt- und Menschheitsgeschichte der letzten Jahrtausende aufweist, nur dann zurechtzukommen, wenn sie den ersten Bezirk in der Mitte des Sternbildes des *Krebses* seinen Anfang nehmen ließ, so daß er bis zur Mitte des rückläufig benachbarten Sternbildes der Zwillinge reichte. Die Gliederung des Tierkreises nach Zahlenbezirken ergab also im Verein mit derjenigen in die 12 Sternbilder, wie gesagt, unter der Voraussetzung gleich langer Sternbilder, folgendes Bild der beschriebenen Weltenuhr:

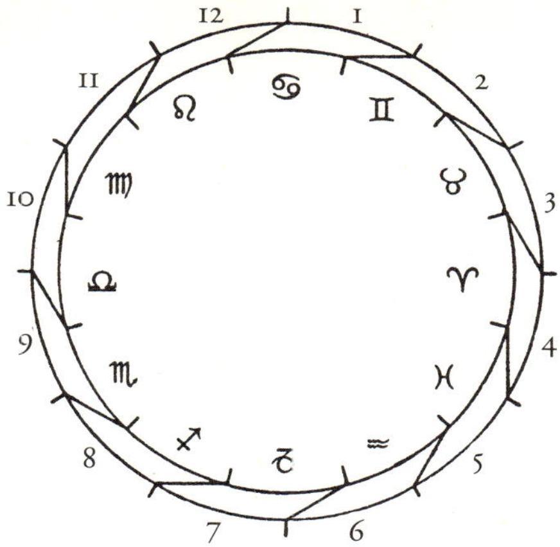

Figur 21

Warum eigentlich die Phasenverschiebung um ein halbes Sternbild gegenüber der Numerierung nach den Zahlen 1 bis 12? Sie geschah aus dem gleichen Grund, aus welchem wir beispielsweise das Winterquartal nicht nach dem Sonnenstand beiderseits des Tiefststandes der Sonne am 21. Dezember rechnen, also etwa vom 6. November bis zum 6. Februar, symmetrisch um den 21. Dezember herum, sondern um ein halbes Quartal verspätet, vom 21. Dezember bis zum 21. März, weil die Wirkungen des Sonnenstandes auf die Erde gleichsam dem Sonnenstand um ein halbes Quartal nachhinken. Äußerlich gesehen, hat der Bezirk der 1 an der Weltenuhr in gleicher Weise mit dem Sternbild des Krebses wie mit demjenigen der Zwillinge zu tun, da er von der Mitte des einen bis zur Mitte des anderen reicht. Die geistigen Wirklichkeitsverhältnisse der Welt nötigten jedoch dazu, den ganzen Bezirk der 1 mit dem ganzen Sternbild des Krebses zu identifizieren und gleichsam von dem Hinüberreichen jenes Bezirkes in das Sternbild der Zwillinge abzusehen.

Und warum der Anfang des Tierkreises gerade im Sternbilde des

Krebses? Handfeste Gründe dafür anzugeben dürfte sehr schwer, wenn nicht unmöglich sein. Wohl aber kann man sich an diese Festsetzung mit seinem Verständnis herantasten, wenn man sich auf das Symbol, das dem Sternbild des Krebses beigelegt wurde und dessen sich noch die heutige Astronomie bedient, einläßt. Dieses Symbol stellt das Bild einer sich einrollenden und einer sich ausrollenden Spirale nebeneinander. Mag immerhin dieses Zeichen zu einer Zeit geschaffen sein, als die Sonne in ihrem Jahreslauf beim Durcheilen des Krebsbezirkes aus einem am Himmel aufsteigenden Lauf in einen absteigenden, aus einer Vorwärtsbewegung in eine Rückwärtsbewegung gleich dem Tierwesen des Krebses überging, so nötigt doch die Form der Doppelspirale dazu, daß man in alter Zeit der Anschauung huldigte, eine alte Runde gehe hier zu Ende und eine neue Runde nehme hier ihren Anfang, wie bei der gewöhnlichen Uhr mit dem Überschreiten der Zahl 12 durch den großen Zeiger eine neue Stunde die alte ablöst.

Wenn man schon am Fragen und zweifelnden Sich-Verwundern ist, müßte man auch an der Bezeichnung Tierkreis einhaken und eine Berechtigung für diesen Namen fordern. Auch hier ist die heutige Astronomie bedenkenlos, indem sie die alten Namen übernimmt, ohne sich um ihre innere Berechtigung zu kümmern. Die Alten hatten schon ihre Gründe, diese Bezeichnungen so und nicht anders zu wählen. Sie brachten die Tierheit auf der Erde, den irdischen Tierkreis, sachlich in einen Zusammenhang mit der himmlischen Zwölfheit. Es sind mehr oder minder erfolgreiche Versuche, dem nachzugehen, unternommen worden. Auf sie hier einzugehen dürfte zu weit ab führen. Uns möge hier nur interessieren, welcher Himmelsbezirk mit der Zahl Fünf in einen inneren Zusammenhang gebracht wurde. Wie die letzte Figur zeigt, war dies der Himmelsbezirk der Fische. Ihm geht an der Himmelsuhr der Bezirk der Zahl Vier mit dem Sternbild des Widders voraus.

Angesichts dieser beiden Tiersymbole, die mit den Zahlen 4 und 5 verbunden wurden, merkt man auf und erinnert sich dessen, daß gerade mit ihnen in den Zeiten des Urchristentums die Christuswesenheit in einen inneren Zusammenhang gebracht worden ist. Das Bild des Widders in Gestalt des Lamms in seiner Anwendung auf Christi Leben und Wirken ist allbekannt, so daß es keinerlei besonderen Nachweises bedarf. Weniger dürfte dies für das Bild der Fische zutreffen. Das griechische Wort für den Fisch ist das Wort ichthys. Man hat in urchristlicher Zeit darauf hingewiesen, daß dieses Wort gerade aus fünf Buchstaben bestehe, die zugleich die Anfangsbuchstaben des vollen Christusnamens bildeten:

*J*esous	*Ch*ristos	*th*eou	*’y*ios	*s*oter
Jesus	Christus,	Gottes	Sohn,	Heiland.

Zugleich wurde das Symbol eines Fisches in frühchristlicher Zeit als Ausdruck des Christuswesens verwendet, so z. B. in den Christusdarstellungen, welche sich in den römischen Katakomben, den sakralen Räumen der Urchristen, finden. Über die innere Beziehung dieses Bildes zu den urchristlichen Gemüts- und Glaubensinhalten heißt es in dem Buch *Die Katakomben* von Emil Bock und Robert Goebel: «Zu dem heutigen Menschen spricht dieses Bild nicht mehr. Es erweckt nur profane Vorstellungen in ihm. Der urchristliche Mensch wurde noch durch das Bild des Fisches von dem Gefühl des wässerigen Elementes überrieselt. Das Bild erweckte in ihm die Empfindung des ewig fortschreitenden, lebendig strömenden Lebens. Indem er Christus mit dem Bilde des Fisches bezeichnete, stellte er ihn als das Prinzip des Fortschrittes selber, als den Feind jeglichen Stillstandes und Rückschrittes dar. Das Wasser des Lebens ist das Element, in welches das Bild des Fisches weist. Sich mit Christus verbinden, das bedeutete, des ewig sich verjüngenden strömenden Lebens teilhaftig zu werden.»

Wie der volle, fünfgliedrige Christusname auf das griechische Wort ichthys bezogen worden ist, so läßt sich von den zwei ersten Gliedern dieses Namens auch eine Brücke zu dem geheimnisvollen Wort schlagen, mit dem wir dasjenige Glied unseres Wesens bezeichnen, welches uns als Menschenwesen über den bloßen Naturzusammenhang hinaushebt, zu dem Wörtchen Ich. Die etymologische Sprachforschung geht dem Ursprung desselben nach und findet es in abgewandelten Formen, welche von der im Mittelhochdeutschen erreichten Form «ich» mehr oder weniger weit entfernt sind, bei den verschiedenen Schwestersprachen, zuletzt feststellen müssend, daß sich eine Grundbedeutung von «ich» nicht ermitteln lasse. Rudolf Steiner unternahm das Wagnis, zwar nicht diese fehlende Grundbedeutung zu ermitteln, sondern eine Art Zielbedeutung, ein in die Zukunft des Wortes weisendes Ziel aufzustellen, indem er ausführte: «Sie wissen, das Lateinische hat als Sprache des vierten Zeitraums nur ausnahmsweise zum EGO gegriffen. Man sprach da noch nicht von dem Ich, sondern man hatte es noch im Verbum drinnen. Je mehr sich die Weltentwickelung, auch in den Sprachen, dem fünften Zeitraum näherte, desto mehr wurde das Ich abgesondert. Durch den Christus-Impuls soll dieses Ich in entsprechender Weise gefunden werden. Und daß innerhalb Mitteleuropas dieses Ich gerade am reinsten sich mit dem Christus-Impuls verbindet, das drückt sich sprachlich dadurch aus, daß in unserem ‹Ich› ausgedrückt sind – durch eine innere geistige Notwendigkeit der fortschreitenden Entwicklung – die Initialen des Christus: Ich, Jesus Christus.»

Vermöge dieser Beziehung würde also unser Wort «Ich», das jeder nur zu sich selber sprechen kann und das das verhangene Heiligtum unseres Inneren sprachlich andeutet, auf den höheren Menschen im Menschen hinweisen, dessen erste Entwicklungsstufe sich uns in einer Berührung mit dem Geistselbst, dem uns leitenden Genius, offenbart. Damit beginnt die dem Menschen einstmals offene, dann aber lange Zeit hindurch verschlossene, verdunkelte geistige Welt im Menschen wieder aufzuleuchten, aber nicht mehr in alter Art, wo der Mensch nur stillzuhalten brauchte, um die Offenbarungen der geistigen Welt entgegenzunehmen. Vielmehr muß der Mensch, um die Schätze des Geistesmeers zu erlangen, von nun an sozusagen auf Fang ausgehen. Dann erst wird ihm ein Gewinn in Gestalt des Fisches, des lebendigen Bewohners dieses Meeres, zuteil. Darum findet sich in den Evangelien da, wo es sich um diese neue Haltung des Menschen handelt, auch so häufig das Bild des Fischfangs.

Was aber hat es gegenüber dem «vierten Zeitraum» mit dem «fünften Zeitraum», der mit unserer Zeit gegeben sei und in dem sich die Entwicklung zum höheren Ich anbahne, auf sich? Hier werden die Zahlen auf der eingangs beschriebenen Himmelsuhr zu Regenten der aufeinanderfolgenden Menschheitskulturen. Wenn auf der gewöhnlichen Uhr der kleine Zeiger um eine Ziffer weitergerückt ist, ist eine Stunde des Tages abgelaufen. Auch der kleine Zeiger auf der Himmelsuhr zeigt aufeinanderfolgende Stunden an, Weltenstunden, deren jede einen Zeitraum von 2160 Jahren umspannt. Rückt der Frühlingspunkt um eine Ziffer oder, was auf dasselbe hinauskommt, um ein Sternbild im Tierkreis weiter, so hebt ein neues Zeitalter, eine neue Weltenstunde an. Die antike Menschheit hat diesen die Abfolge der irdischen Menschheitskulturen begleitenden Gang der Frühlingssonne durch die einzelnen Bezirke des Tierkreises geheimnisvoll, dem kosmischen Geschehen noch geöffnet, miterlebt. So wird erzählt, daß der babylonische König Nabonassar, als die vierte Weltenstunde begann, die alten Zeittafeln zerbrochen habe; es geschah dies im Jahre 747 v. Chr., mit dem dann die Ära Nabonassars anhob. Sie deckt sich mit der Zeitrechnung des römischen Volkes, welche ja von der Gründung Roms her, «ab urbe condita», datiert wurde. Die 4. Weltenstunde dauerte mithin von jenem Jahre bis kurz nach dem Beginn des 15. nachchristlichen Jahrhunderts. Seitdem etwa datieren wir ja auch den Anbruch der Neuzeit, der als der Beginn der fünften Weltenstunde zu gelten hat.

Alle diese Verhältnisse beruhen, wie schon ausgeführt, auf der rückläufigen Bewegung des Frühlingspunktes durch den zwölfgeteilten Tierkreis, der in der Astronomie so genannten Präzessionsbewegung. So völlig rational und regelmäßig, wie sie hier geschildert worden ist, verläuft sie jedoch nur der Idee nach. Die Wirklichkeit trübt auch hier die Idee und führt zu – wenn auch geringen – Abweichungen, die hier jedoch unberücksichtigt bleiben mögen.

Die sich auf Tausende von Jahren belaufende Dauer einer Weltenstunde macht eine Bezeichnung verständlich, welche in alten Zeiten für die einzelnen Weltenstunden üblich gewesen ist. Man sprach von der ersten Weltenstunde als dem Zeitalter der 1000, von der zweiten als dem Zeitalter der 2000 usw. Dem vierten und dem fünften Zeitraum kommen also nicht bloß die Einerzahlen 4 und 5, sondern auch die Symbolzahlen 4000 und 5000 zu. Diese haben dabei nicht bloß einen Zeit- oder Epochencharakter, sondern kennzeichnen auch die in der betreffenden Epoche lebende Menschheit. So sind die 5000 wir selber, die wir in der gegenwärtigen Weltenstunde den Wirkungen der Zahl Fünf ausgesetzt sind. Eine quantitative Interpretation dieser Zahl, als ob mit ihr eine Gruppe von 5000 Menschen gemeint sei, wäre ein zu belächelndes Mißverständnis.

Die 5000 sind diejenigen, deren Aufgabe es ist, dem Geistselbst in sich freie Bahn zu schaffen, ja sich überhaupt erst einmal auf den Weg zur Freiheit zu begeben. Nicht sollen sie mehr ihren Willen durch von außen kommende Gebote lenken lassen, sondern mehr und mehr selbstschöpferisch werden. Von der Vergangenheit her gesehen, sind die 5000 führerlos, eine Herde ohne Hirten. Ein äußerer Führer im alten Sinn ersteht ihnen nicht mehr; jeder von ihnen kann den Führer nur noch in sich selber finden.

Noch in einem anderen Bilde ist die Situation der 5000 zu schildern möglich, im Bilde einer Speisung. Sie können ihren Hunger nicht mehr wie die früheren Menschen stillen. Weder das Schlachten des Stieres, das sich für die 3000 eignete, noch der Genuß des Lammes, der den 4000 frommte, hilft ihnen mehr weiter. Die

Nahrung der 5000 kann nur noch der Fisch sein, jenes Wesen, das uns das wogende Geistmeer bietet. Droben am Himmel, da, wo die Heimat der Zahl Fünf ist, sind zwei Fische sichtbar; sie insbesondere sind zur Speisung der 5000 bestimmt. Aus ihrem Standort fließt den Hungernden die Nahrung zu.

Man sollte meinen, die Region der Fische am Tierkreis sei besonders lichtvoll, soll doch der Mensch durch sie dahin gebracht werden, in sich wieder das geistige Licht zu entflammen. Aber das Gegenteil ist der Fall. Die Fischregion ist besonders sternenarm, besonders dunkel; sie stellt geradezu eine Art dunkles Loch im Sternenhimmel dar. Auch in geistiger Hinsicht wurde die Fischregion in alter Zeit nicht anders bewertet. Sie galt als der Kräftebezirk, von dem die dunklen, die negativen Wirkungen ausgingen. So war nach altindischer Anschauung alles, was das menschliche Dasein zu trüben vermag, Alter, Krankheit, Tod, Sorge, Gram und Verzweiflung, dort verankert, alles jenes, das einstmals den Prinzen Siddharta so erschütterte, daß er Heimat, Weib und Kind verließ, um nur noch dem Streben nach innerer Erleuchtung zu leben, bis ihm diese beim Sitzen unter dem Bodhibaum zuteil wurde und ihn zur Würde eines Buddha, eines Erleuchteten, aufsteigen ließ. In der altägyptischen Tierkreisanschauung galt der Bezirk der Fische sogar als der Sitz dämonischer Gottheiten, zumal des Seth, desjenigen Wesens, das im Hebräischen als Satan bezeichnet worden ist.

Mit diesen Kräften des Leidens und der Dämonie erscheint auch unser Zeitalter, die fünfte Weltenstunde, vorzugsweise verbunden. Es sieht so aus, als ob nur vom Leiden her eine Berührung mit dem Geistselbst ermöglicht werden könnte. Man ist zunächst geneigt, sich gegen eine solche Einsicht zu verschließen. Aber viel hängt davon ab, daß man sich mit ihr mehr und mehr vertraut mache. Das Wort, welches Goethe in seinem *Wilhelm Meister* dem Harfenspieler in den Mund legt, will im Grunde nichts anderes besagen:

Wer nie sein Brot mit Tränen aß,
wer nie die kummervollen Nächte
auf seinem Bette weinend saß,
der kennt euch nicht,
ihr himmlischen Mächte.

Es ist, als ob diese Kräfte des Leidens und seiner Überwindung von einem geistigen Wiederaufstieg des einzelnen Menschen und der Menschheit nicht mehr abzutrennen seien.

In für uns vorbildlicher und urbildlicher Weise ist diese Situation in den Evangelien dargestellt. Dasjenige Wesen, welches das Licht der Welt in sich trug, um es dereinst den Menschen als aufglänzendes Geistselbst mitzuteilen, es rang selber zunächst um die Erkenntnis dessen, was seine eigene Mission ist. In dem großen Monolog, der sich an das Wort des Petrus «Du bist der Christus» anschließt, läßt uns das Markus-Evangelium an dem inneren Ringen Christi teilnehmen: «Der Sohn des Menschen muß durch viele Leidensstufen gehen und dem Untergange preisgegeben werden durch die Ältesten und Hohepriester und Schriftgelehrten; und er wird getötet werden und nach drei Tagen auferstehen. Und er sprach dieses Wort ganz frei und offen aus.» (Kapitel 8, Vers 31)

Das, was Menschensinn zunächst dagegen einwenden möchte, wird dann auch durch den Mund des hinter ihm schreitenden Petrus ausgesprochen: «Da nahm Petrus ihn beiseite und fing an, ihm Vorhaltungen zu machen. Er aber wandte sich um und sah seine Jünger an und erhob abwehrend die Hand gegen Petrus und sprach: ‹Weiche zurück von mir, aus dir spricht der Widersacher, du hast keine göttlichen, sondern nur menschliche Gedanken.›» (Vers 32 und 33)

Sogleich darauf richtet er die folgenden Worte an die Jünger und an das Volk, unter dem wir am besten uns selber als die 5000 begreifen: «Wer mir auf meinem Wege folgen will, muß Selbstverleugnung üben und sein Kreuz tragen; nur so kann er mir folgen.

Wer nur auf die Rettung seiner Seele bedacht ist, der wird sie verlieren. Wer aber seine Seele zu verlieren bereit ist, weil er dem wahren Ich und dem neuen Engelwirken dient, der wird das Heil der Seele finden. Welchen Nutzen hat der Mensch davon, wenn er die ganze Welt gewinnt und doch an seiner Seele Schaden leidet? Was hat der Mensch zu geben, um damit seine Seele freizukaufen? Wer in der gegenwärtigen Menschheit, die ihre Ehe mit dem Geist gebrochen hat und an die Sünde hingegeben ist, mein Ich verschmäht samt den Worten, die dieses Ich spricht, den wird der Geistesmensch auch verschmähen, wenn er im Offenbarungslichte des väterlichen Weltengrundes sichtbar wird, umgeben von den geistdurchdrungenen Wesen des Engelreiches.» (Vers 34 bis 38)

An diese Worte, welche «die Nachfolge Christi» enthalten, hat dann die mittelalterliche Frömmigkeit angeknüpft, indem sie, abseits von dem Getriebe des Lebens, in klösterlicher Zurückgezogenheit, die einzelnen Leidensstufen, die einzelnen Leidensstationen des Kreuzweges Christi in den «Kreuzgängen» aufsuchte. Seit Anbruch der fünften Weltenstunde jedoch, für die 5000, ist das Leben draußen ein einziger solcher Kreuzgang geworden, so daß es nicht mehr des Flüchtens in die klösterliche Einsamkeit bedarf.

Diese Einsicht lebte am Anbruch der Neuzeit und in deren weiterem Fortgang besonders stark in derjenigen christlichen Strömung, welche von der Verschmelzung des Kreuzsymbols mit dem Symbolum der 5000 geradezu ihren Namen hernahm, in der Strömung der Rosenkreuzer. Kreuz und Rose vereinigen sich hier zu einem geschlossenen Symbol. Über die Bedeutung des Kreuzes als Figur wird in den späteren Kapiteln zu sprechen sein. Das Symbol der Rose ist schon jetzt verständlich. Denn unter den vielen bedeutsamen Merkmalen, welche die Rose gleichnisartig darbietet, figuriert ihre innige Verbindung mit der Zahl Fünf und ihrem Ausdruck im Fünfstern. Die Mysterien der Rosenkreuzer sind vorwiegend pentagrammatischer Natur, aber so, daß in das Pentagramm das Kreuz hineingeschaut wird:

Figur 22

Allein schon vom rein Mathematischen her gesehen, ist die Verbindung des Fünfsterns mit dem Kreuz innerlich notwendig. Denn ohne eine Zuhilfenahme eines Durchmesserkreuzes ist die Konstruktion des Fünfsterns im Kreise nicht möglich.

Mit dieser Betrachtung des Rosenkreuzes sollte zugleich ein Beispiel hingestellt werden, wie in der genannten christlichen Strömung symbolische Figuren verwertet worden sind. Die Übungen der Rosenkreuzer haben geradezu darin bestanden, solche einfachen Figuren aufzustellen, damit das Gemüt sich in sie versenke.

Von den zwölf Partien des Tierkreises hat man auch noch in einem anderen Bilde gesprochen. Man hat in ihnen eine himmlische Speise gesehen, die dem Menschen zur Verfügung stand. Zwölf himmlische Brote oder zwölf mit Himmelsbrot gefüllte Sternenkörbe standen für den Menschen zur Speisung bereit. Dieser Gedanke liegt noch der kultischen Handhabung der sogenannten zwölf Schaubrote zugrunde, von denen das Alte Testament erzählt. Sie waren im Heiligtum der Stiftshütte und später des Tempels zu Jerusalem auf einem mit Goldblech überzogenen Tisch aufgestellt. In lateinischen Schilderungen hießen diese Schaubrote geradezu Signa oder Zeichen, ein Wort, das ja noch heute für die Himmelsbezirke des Tierkreises verwendet wird. Das Neue Testament greift das Bild der Brote in den beiden Speisungen auf, welche Christus durch seine Jünger einmal den 4000 zuteil werden läßt, denen 7 Brote und nur ein wenig Fischlein (griechisch: oliga ichthydia) dargereicht werden, das andere Mal den 5000, die durch 5 Brote samt zwei Fischen (griechisch: dyo ichthyas) gespeist werden. Bei der ersten Speisung findet keine Brotvermehrung statt: 7 Körbe voll Brocken bleiben übrig, wogegen bei der zweiten Speisung aus den 5 Broten samt den zwei Fischen 12 Körbe voll Brocken werden. Wer sich mit der Fischnahrung sättigt, dem schenkt sich die ganze Fülle des Himmelsgeschehens. Es ist, als ob sich die Fünfheit nun in jedes Glied der Zwölfheit hineingeprägt hat.

Im 4. Kapitel von *Wilhelm Meisters Wanderjahren* zeigt der Knabe Fitz dem erfahrenen Berg- und Gesteinkenner Montan einen sogenannten Kreuzstein. Montan belohnt den Knaben für seinen Fund und knüpft daran die Worte: «Man freut sich mit Recht, wenn die leblose Natur ein Gleichnis dessen, was wir lieben und verehren, hervorbringt. Sie erscheint uns in Gestalt einer Sibylle, die ein Zeugnis dessen, was von Ewigkeit her beschlossen ist und erst in der Zeit wirklich werden soll, zum voraus niederlegt.»

Im gleichen Fall befindet man sich angesichts des Hervorgehens der Zwölf aus der Fünf, die sich sogar in zweifacher Weise im Gebiete der Geometrie vollzieht. So braucht man sich nur ein regelmäßiges Zwölfeck hinzuzeichnen, dessen Mittelpunkt einen Winkel von 360 = 12 mal 30 Graden darstellt, und man wird dann zu seinem Erstaunen feststellen, daß jeder Zwölfeckswinkel, den zwei aufeinanderfolgende Seiten miteinander bilden, 5 mal 30 = 150 Grade mißt:

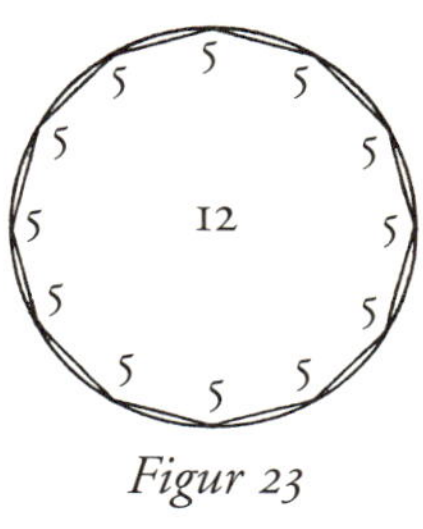

Figur 23

Damit nicht genug! Reiht man lauter regelmäßige Fünfecke von gleicher Größe so aneinander, daß sie einen geschlossenen Körper bilden, so weist dieser gerade 12 Fünfecke als Begrenzungsflächen auf. Man hat den sogenannten Fünfecks-Zwölfflächner, das Pentagon-Dodekaeder, vor sich:

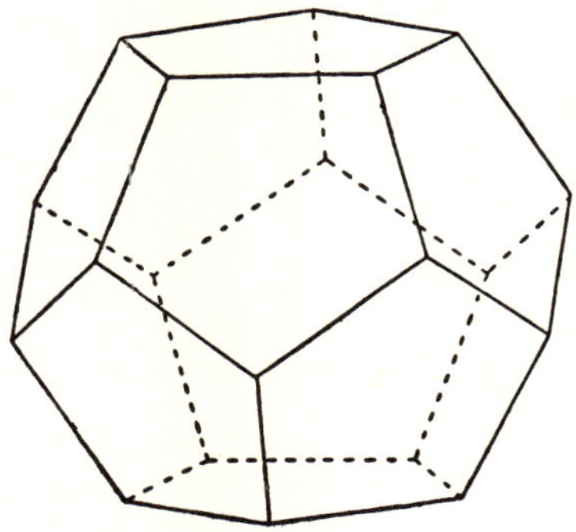

Figur 24

Rudolf Steiner nennt ihn bei besonderer Gelegenheit das dodekaedrische Liebesgebilde. Dieser Körper hat in der Geschichte der Mathematik ein bemerkenswertes Schicksal gehabt. Die frühgriechischen Weisen, allen voran Pythagoras, versuchten seinen inneren Aufbau als ein Zukunftsgeheimnis zu bewahren, und es war daher strengstens, bei Gefahr des Lebens, verboten, von ihm vor Profanen zu sprechen. Aber dieses Verbot wurde dann übertreten. Nach dem Bericht des Neupythagoräers Jamblichus erkühnte sich ein Schüler des Pythagoras namens Hippasus gegen das Verbot des hingeschiedenen Meisters in gottlosem Frevelmut, das Geheimnis dieses Körpers Uneingeweihten sogar schriftlich kundzutun. Er soll deswegen nach göttlichem Ratschluß im Meere umgekommen sein.

An diesem Körper hat sich also ein Verrat von ängstlich gehüteten Mysterien vollzogen. Auch derjenige, welcher durch seine Speisung der 5000 aus der Fünfheit die Zwölfheit hervorgehen ließ, wurde von den damaligen Hütern der Mysterien, den «Ältesten und Hohepriestern und Schriftgelehrten», des Verrates der Mysterien bezichtigt und deshalb dem Tode überantwortet.

7. Kapitel
Die Zahl Zehn und die stetige Teilung

Ehe weitere Beziehungen der Zahlen zu Mensch und Welt ins Blickfeld rücken können, muß das mathematische Verhalten der Zahlen wieder mehr in den Vordergrund treten. Kehren wir daher wieder auf den festen Boden, auf welchem wir im Beginn unserer Untersuchungen über die Zahl Fünf standen, zurück. Dort, im 4. Kapitel, enthüllte diese Zahl ihr Wesen dadurch, daß die Zeichenebene ihrer gestaltenden Kraft unterworfen wurde.

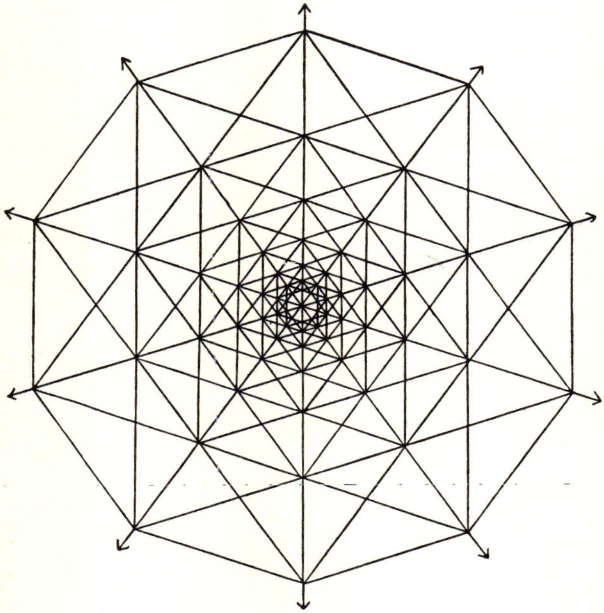

Figur 25

Das führte damals zu der dort schon ausgewerteten Figur 12. Ein Mangel, welcher ihr anhaftet, wurde dort bereits angedeutet, daß sie nämlich nur einen begrenzten Ausschnitt, einen begrenzten Sektor der ganzen Ebene erfaßt. Das noch zu verwirklichende Ziel müßte darin bestehen, die totale Ebene der gestaltenden Kraft der Zahl Fünf zu erschließen. Es fügt sich glücklich, daß der am Gestaltungszentrum erscheinende Fünfeckswinkel, wie sich leicht nachweisen ließe, die Größe von 108 Graden hat und in drei gleiche Teile von je 36 Grad aufgegliedert erscheint. 36 Grad sind nun in einem Vollwinkel von 360 Grad zehnmal enthalten. Die ganze Ebene wird demnach von dem Gestaltungszentrum erfaßt, wenn nicht nur die drei 36-Grad-Bezirke ihm unterworfen werden, sondern die zehn, welche sich um das Gestaltungszentrum herum lagern. Dann entsteht das Gebilde der Figur 25. Genau genommen, ist diese so kompliziert aussehende Figur nur aus zwei Elementen aufgebaut, nämlich aus zwei Formen gleichschenkliger Dreiecke, deren eines uns von der Zacke des Fünfsterns her geläufig ist und deren anderes den Fünfeckswinkel als Winkel an der Spitze hat:

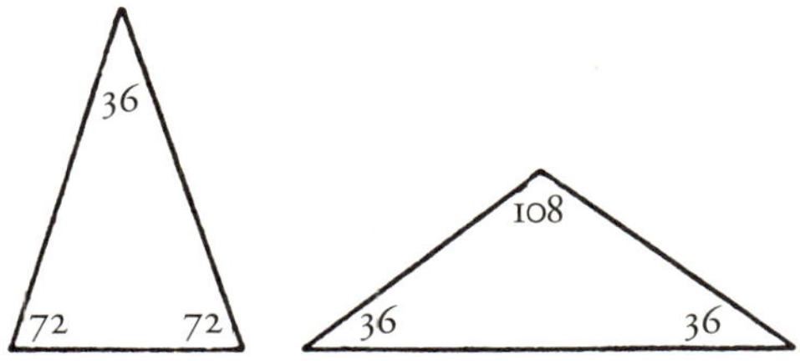

Figur 26 a und 26 b

Eines lehrt uns bereits die neue Figur, daß nämlich die Totalität der Ebene weniger mit der Zahl Fünf als vielmehr mit der Zahl Zehn zusammenhängt. Um das Gestaltungszentrum herum lagern sich ständig wachsend lauter regelmäßige Zehnecke. Die Fünfecke und

Fünfsterne sind fortan immer nur Teilbereiche der Totalebene, Einzelheiten in ihr. Die wahrhaft zusammenfassenden Figuren sind erst die Zehnecke. Gleichzeitig wird uns damit die Einsicht, daß das Gestaltungszentrum eigentlich nicht so sehr im Zeichen der Zahl Fünf, sondern viel stärker in demjenigen der Zahl Zehn steht. Zehn Strahlen gehen von ihm als Träger des ganzen Geschehens aus. Es selber ist gleichsam ein zehneckartig konfigurierter Punkt.

Im Hinblick auf diesen schöpferischen Punkt sei an die schon zitierten Sätze erinnert, die von Rudolf Steiner über das Lesen des ersten Blattes in dem zehnblättrigen Buch, das die geistigen Urbilder der Welt in sich aufgezeichnet enthalte, ausgesprochen worden sind: «Diesen Zustand des In-einen-Punkt-zusammengedrängt-Seins, in dem das ganze reiche Leben zusammengedrängt ist und aus dem es hervorquillt, muß man in sich zum *Erleben* bringen. Man versetzt sich in einen Zustand des Anschauens – innerlich – des Punktuellen; in diesen muß sich der Geheimschüler versetzen. Er muß innerlich erleben einen Punkt, der alles enthält und aus dem alles hervorquillt, der nichts und alles ist, der die Einheit von Sein und Kraft enthält. Es gehört zu den Geheimnissen, sich hineinzuversetzen in einen solchen Zustand, daß man erleben kann, wie aus dem Nichts das All entspringt. – Das ist das Lesen des ersten Blattes.»

Wenn wir nun hier erkennen, daß dieser schöpferische Punkt, der ja als solcher das Abbild der schöpferischen Einheit ist, aus welcher alles hervorgeht, auch die innigste Beziehung zur Zahl Zehn besitzt, indem er selber zehneckartig konfiguriert vorgestellt werden muß, so leuchtet an dieser Stelle die geheimnisvolle Verwandtschaft der Zahl Zehn mit der Zahl Eins, mit der Einheit auf, welche die Alten stets behauptet und erlebt haben. So haben die Griechen die Zahl Zehn «die Mutter des Alls, die alles aufnehmende, alles umgrenzende, erstgeborene, nie ablenkende, nimmer ermüdende heilige Zehn» genannt, «die Schlüsselhalterin des Alls, die der Urzahl (der Einheit) gleichet in allem». Auch das Wort St. Martins über das zehnte Blatt im «Buch des Menschen» gehört dahin: «Es ist ohne Zweifel das allerwesentlichste und eigentlich das Blatt, ohne das alle die vorhergehenden nicht würden gekannt sein. Die meiste Verwandtschaft hat es mit dem ersten Blatt, aus dem alles fließt.»

Man könnte einwenden, daß das Wesen des schöpferischen Punktes, in dessen Nichts eine Art All zu finden ist, sich auch anhand anderer Zahlen als der Zahlen Fünf und Zehn entwickeln lasse, z. B. der Zahlen Vier und Acht, wie es ja die folgende Figur deutlich macht:

Figur 27

Auf diesen Einwand ist zu erwidern, daß gewiß auch andere Zahlen als 5 und 10 zum Erlebnis des schöpferischen Punktes zu führen vermögen, daß jedoch dasselbe erstmalig, sozusagen urphänomenal von 5 und 10 vermittelt wird, bei denen es im Gegensatz zu anderen Zahlen außer dieser «irrationalen» Gestaltung der Zeichenebene keine andere, rationale gibt; für die Zahlen 3, 4 und 8 wurde eine solche rationale Gestaltung im 4. Kapitel behandelt (Figuren 9 bis 11). Man darf sagen: Erst *nachdem* sich das Phänomen des schöpferischen Punktes anhand der Zahlen 5 und 10 dem Verständnis erschlossen hat, kann man es auch an andere Zahlen heranbringen. Die Zahlen 5 und 10 bleiben die großen Lehrmeister für dieses Verfahren.

Vollkommener als je zuvor tritt uns an der Zehnerfigur die Dualität von großer und kleiner Welt, von Makrokosmos und Mikrokosmos entgegen. Das unfaßbar Geheimnisvolle der Peripherie des Weltenseins verknüpft sich hier mit demjenigen im Zentrum. Dadurch vermag diese Figur auch zu einem gleichnishaften Bilde für die Beziehung des Menschen mit seinem schöpferischen Individuellen zu dem ihm aus der Unendlichkeit entgegenkommenden Göttlichen zu werden.

Einer wichtigen Eigenschaft aller Figuren der Zahlen Fünf und Zehn ist bisher noch nicht Erwähnung getan. Man löse etwa aus der Zehnerfigur einen der zehn Sektoren mit dem Winkel 36 Grad am Gestaltungszentrum heraus und behalte von dem in ihm vorhandenen Liniengewirr nur zwei Linien zurück, deren eine aus dem Winkel von 36 Grad ein gleichschenkliges Dreieck macht von der Form einer Pentagrammzacke und deren andere einen Basiswinkel dieses Dreiecks halbiert, so daß es dadurch in die beiden Elemente der Gesamtfigur zerlegt wird. Die Figur ist mit den in ihr vorkommenden Meßzahlen 1, x und 1 – x der Seitenlängen sowie den ihren Winkeln zukommenden Gradzahlen 36, 72 und 108 versehen:

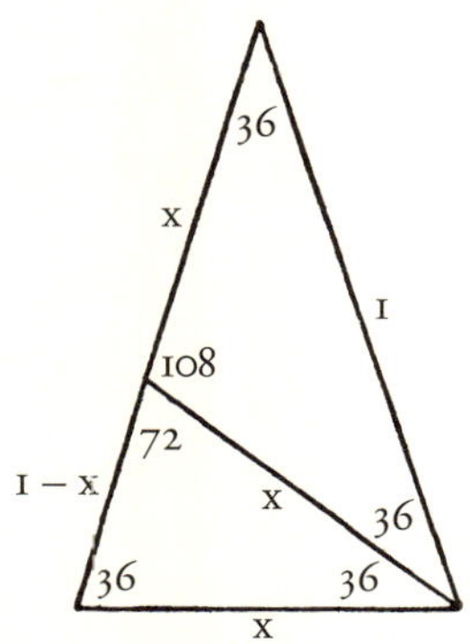

Figur 28

Wie man sofort den Winkelzahlen ansieht, ist das unten abgeschnittene Dreieck dem ganzen ähnlich; *beide* sind von der Form der Pentagrammzacke. Daher müssen entsprechende Seiten verhältnisgleich sein, d. h. es ergibt sich für die noch unbekannte Länge x die Proportion:

$$1 : x = x : (1 - x) \quad \text{oder}$$
$$x \cdot x = 1 \cdot (1 - x) \quad \text{oder}$$
$$x \cdot x = 1 - x \quad \text{oder}$$
$$x \cdot x + x = 1$$

Es gilt also, eine Zahl x kleiner als 1 zu finden, die zusammen mit ihrem Quadrat den Wert 1 ergibt.

Man kann in der Summe der linken Gleichungsseite den gemeinsamen Faktor x ausklammern und erhält:

$$x \cdot (1 + x) = 1$$
oder
$$x = \frac{1}{1 + x}$$

Diese letzte Beziehung läßt eine überraschende Folgerung zu. Wenn nämlich x mit dem Bruch $\frac{1}{1 + x}$ identisch ist, darf man ja das x im Bruch wieder durch den Bruch $\frac{1}{1 + x}$ ersetzen und erhält:

$$x = \cfrac{1}{1 + \cfrac{1}{1 + x}}$$

Dieser Kunstgriff ist beliebig oft fortsetzbar und ergibt letztlich den unendlich langen Kettenbruch

$$x = \cfrac{1}{1 + \cfrac{1}{1 + \cfrac{1}{1 + \cfrac{1}{1 + \cfrac{1}{1 + \cfrac{1}{1 + \cfrac{1}{1 + \cfrac{1}{1 + \cfrac{1}{1 + \cfrac{1}{1 + \ldots}}}}}}}}}}$$

Obzwar der Wert des Kettenbruchs noch nicht ermittelt ist, spricht er allein schon durch seinen Aufbau eine wunderbare Sprache, ist er doch sichtbar eine Verknüpfung der Einheit mit der Unendlichkeit durch einen fortwährenden Akt der Teilung. Man hat gerade für diese Art von Teilung, welche sich auf der einen Seite mit der Einheit, auf der anderen Seite mit der Unendlichkeit verbindet, die Bezeichnung «göttliche Teilung» geprägt. Es war Luca Paciuolo, ein Minoritenfrater, Freund und Mitarbeiter Leonardo da Vincis, welcher diesen Begriff prägte, indem er hier von einer divina proporzione, einer göttlichen Proportion, sprach. Johannes Kepler hat dann versucht, diese Bezeichnung als göttliche Teilung, sectio divina, einzubürgern, ist aber damit nicht durchgedrungen. Statt dessen spricht man heute von der stetigen Teilung oder auch vom Goldenen Schnitt.

Fast jede Teilung eines Ganzen in zwei Teile ist unstetig, weil das Ganze sich zu dem einen Teil anders verhält als dieser zum Rest. Auch für die Halbierung eines Ganzen, die man als menschliche Teilung kennzeichnen könnte, ist das der Fall. *Nur* bei der stetigen Teilung eines Ganzen verhält sich das Ganze zu seinem größeren Teil *ebenso* wie der größere Teil zum kleineren, zum Rest. Welches Ganze in der letzten Figur stetig geteilt worden ist, zeigt ein Blick auf den linken Schenkel des großen gleichschenkligen Dreiecks, der als Ganzes die Länge 1 aufweist und in die beiden Teile x und 1 – x zerlegt worden ist. Von der Fläche des in die beiden Elementardreiecke zerlegten ganzen Dreiecks gilt das gleiche, da sich die Fläche des ganzen Dreiecks zu derjenigen des oberen Elementardreiecks ebenso wie diese zur Fläche des unteren Elementardreiecks verhält. Bleiben wir jedoch bei der stetigen Teilung der Länge 1! Beschreibt man mit ihr um die obere Spitze einen Vollkreis, so paßt das ganze Dreieck wegen des Winkels 36 Grad an der Spitze in ihn genau zehnmal hinein: Dem Kreis ist ein regelmäßiges Zehneck einbeschrieben, dessen Radius die Länge 1 und dessen Seite der größere Teil x des stetig geteilten Radius ist. Das ist ein ebenso bedeutsames

Ergebnis wie die Einfügung eines regelmäßigen Sechsecks in einen Kreis durch Verwendung des ungeteilten Radius:

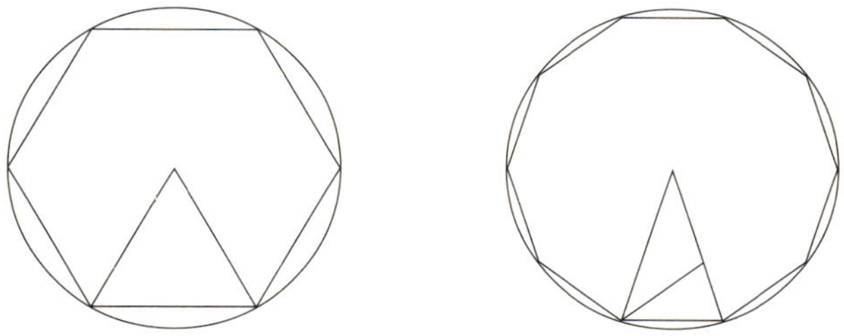

Figur 29 a und 29 b

Bei allen bisher gepflogenen Betrachtungen über die Figuren der Zahlen Fünf und Zehn darf man sich nicht darüber hinwegtäuschen, daß zwar aus diesen Figuren manches Schöne und Wichtige abgelesen werden konnte, aber mit keinem Wort verraten wurde, wie man exakt zeichnerisch, durch Konstruktion zu ihnen kommt. Zwar kann sich ein jeder ein Fünfeck samt darin enthaltenem Fünfstern durch Schlingung eines Knotens aus einem Band mit parallelen Rändern verschaffen, aber das ist nur eine mechanische Herstellung, noch keine mathematische Konstruktion, die mit den Hilfsmitteln von Kreisen und Geraden, von Zirkel und Lineal zu erfolgen hat. Es gilt daher, nunmehr diese Lücke auszufüllen und aufzuzeigen, wie man alle bisher verwendeten Figuren «konstruiert». Diese Aufgabe engt sich darauf ein zu zeigen, wie man eine Länge, eine Strecke stetig teilt. Man gehe dabei von der schon verständlich gemachten Beziehung zwischen der Zahl 1 und der Zahl x, dem größeren Teil der stetig geteilten 1, aus:

$$x \cdot x + x = 1$$

Man frage sich zunächst, was durch die Summe $x \cdot x + x$ dargestellt wird. Das Produkt $x \cdot x$ bezeichnet die Fläche eines Quadrats mit der Seite x. Zu ihr soll nun x selber addiert werden. Man stutzt; denn x ist doch eine Längenzahl, und es geht nicht an, zu einer Flächenzahl eine Längenzahl zu addieren. Zu einer Flächenzahl kann man nur wieder eine Flächenzahl hinzufügen, nur Gleichartiges läßt sich addieren. Schreibt man statt x das Produkt $2 \cdot \frac{1}{2} \cdot x$, so läßt sich dieses als die Fläche zweier kongruenter Rechtecke von den Seitenlängen ½ und x auffassen. Die aus dem Quadrat und den beiden Rechtecken bestehende Gesamtfigur hat dann zur Flächenzahl die Summe $x \cdot x + x$. Sie ist aufgrund der obigen Beziehung vom Wert 1, d. h. von derselben Fläche wie ein Quadrat mit der Seitenlänge 1.

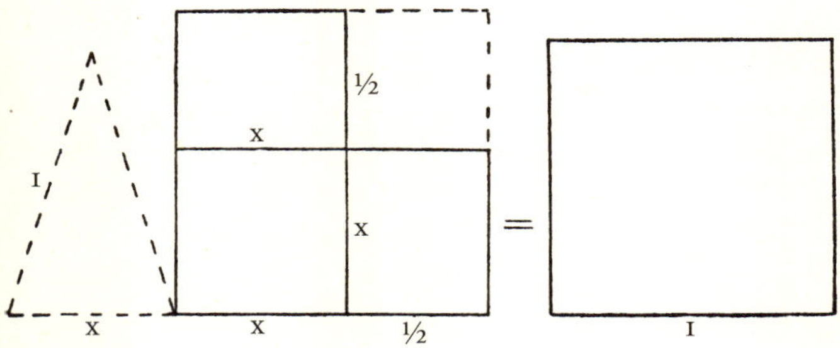

$$x \cdot x + x = 1$$

Figur 30

Die linke Figur zeigt oben rechts eine Flächenlücke von quadratischer Form, deren Flächenzahl $(\frac{1}{2} \cdot \frac{1}{2})$ wäre, und fordert auf, die Lücke auszufüllen, d. h. rechnerisch zu der Summe $(x \cdot x + x)$ das Produkt $(\frac{1}{2} \cdot \frac{1}{2})$ hinzuzufügen, wodurch aus der linken Fläche ein vollständiges Quadrat von der Seitenlänge $(x + \frac{1}{2})$ und somit von der Flächenzahl $(x + \frac{1}{2}) \cdot (x + \frac{1}{2})$ wird. War die alte Flächenzahl von der Größe 1 oder $(1 \cdot 1)$, so muß nunmehr die neue Flächenzahl um $(\frac{1}{2} \cdot \frac{1}{2})$ größer sein, und man gewinnt statt der alten Beziehung die neue:

$$(x + 1/2) \cdot (x + 1/2) = (1 \cdot 1) + (1/2 \cdot 1/2),$$

in Worten: Das Quadrat mit der Seite (x + ½) hat dieselbe Fläche wie die Summe der beiden Quadrate mit den Seitenlängen 1 und ½.

Diese Form der Beziehung, wonach ein Quadrat gleich der Summe zweier anderer Quadrate ist, verweist auf den bekannten Lehrsatz über das rechtwinklige Dreieck, den man den pythagoräischen Lehrsatz nennt, gemäß dem das Quadrat über der dem rechten Winkel gegenüberliegenden Seite, der Hypotenuse, ebensogroß ist wie die Summe der beiden Quadrate über den Schenkeln des rechten Winkels, den Katheten. Das hier in Frage kommende rechtwinklige Dreieck hat demnach die beiden Katheten 1 und ½, und seine Hypotenuse wird nun von der Länge x + ½ sein müssen. Soll also die Länge 1 stetig geteilt werden, so mache man sie zur einen Kathete eines rechtwinkligen Dreiecks, ihre halbe Länge zur anderen Kathete, und die die beiden Kathetenendpunkte verbindende Hypotenuse wird nun von der Länge x + ½ sein müssen. Die Verkürzung der Hypotenuse um die Kathetenlänge ½ läßt die gesuchte Länge x allein zurück. Ihre Übertragung auf die Kathetenlänge 1 durch einen Zirkelschlag führt zu der erstrebten stetigen Teilung der Länge 1:

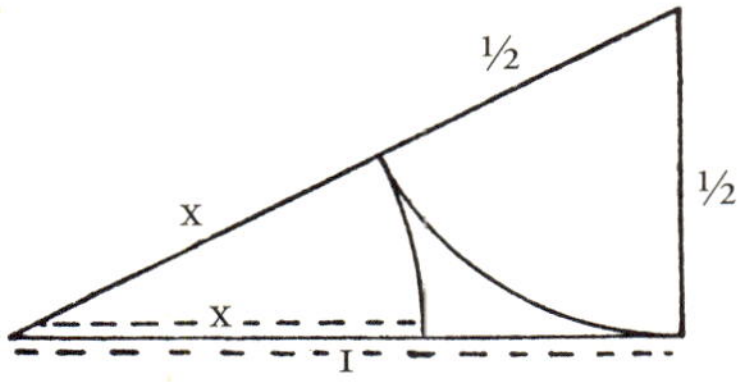

Figur 31

Es ist nun ein leichtes, in einen gegebenen Kreis vom Radius 1 ein regelmäßiges Zehneck hineinzukonstruieren. Man braucht den Radius nur stetig zu teilen und hat dann die Zehneckseite x als den größeren Teil des Radius gewonnen. Die nachfolgende Figur spricht für sich selber:

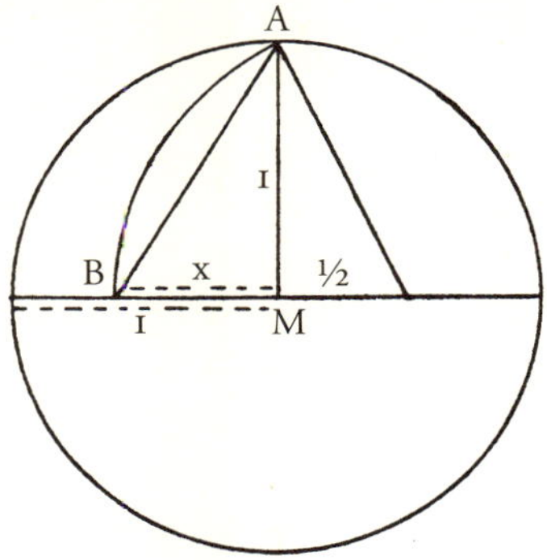

Figur 32

Die Konstruktion eines regelmäßigen Fünfecks oder Fünfsterns bietet nun auch keine Schwierigkeiten mehr. Zur Gewinnung des Fünfecks braucht man im Zehneck immer nur einen Teilpunkt zu überspringen, und der Fünfstern wird aus dem Zehneck durch Überspringung von jeweils drei Teilpunkten gewonnen.

In beiden Fällen mußte man den Umweg über das Zehneck nehmen. Man kann ihn vermeiden, wenn man in letzter Figur die Sehne des Bogens A B verwendet. Dieselbe ist nämlich genau von der Länge der Fünfeckseite; der Nachweis dieser Tatsache sei hier übergangen. Das Dreieck A B M trat uns schon in Figur 17 entgegen als Verwandlung des gleichschenkligen Pentagrammdreiecks in ein rechtwinkliges, als von der Form der Seitenflächen der Cheopspyramide die Rede war. Es vereinigt in seinen drei Seiten drei wichtige Konstruktionselemente; seine lange Kathete von der Maßzahl 1 dient zur Hervorbringung eines regelmäßigen Sechsecks, seine kurze Kathete von der Maßzahl x zur Erzeugung eines regelmäßigen Zehnecks und seine Hypotenuse nun auch zur Gewinnung eines regelmäßigen Fünfecks.

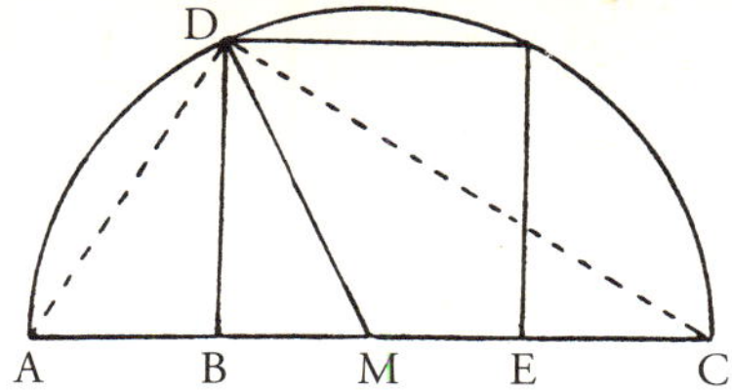

Figur 33

Man kann zu einer stetig geteilten Strecke noch auf einem ganz anderen Wege gelangen. Man umhülle ein Quadrat nicht mit einem Vollkreis, sondern mit einem Halbkreis, wie es die Figur 33 zeigt. Dann wird in ihm die Strecke B C im Punkte E stetig geteilt, entsprechend die Strecke A E im Punkte B. Der Beweis ist leicht. Er werde dem Leser überlassen unter Hinweis darauf, daß das seitliche Dreieck A B D die Form des zuletzt behandelten Dreiecks hat und somit auch das dem Dreieck A B D ähnliche Dreieck D B C. Man hat in der Lehre von der stetigen Teilung einer Strecke die beiden Teile die Major und die Minor genannt. In der letzten Figur liegt also die Major B E zwischen den beiden Minoren A B und E C. Die entgegengesetzte Situation, daß nämlich eine Minor zwischen zwei Majoren zu liegen kommt, findet sich auf jeder der fünf Seiten eines Fünfsterns:

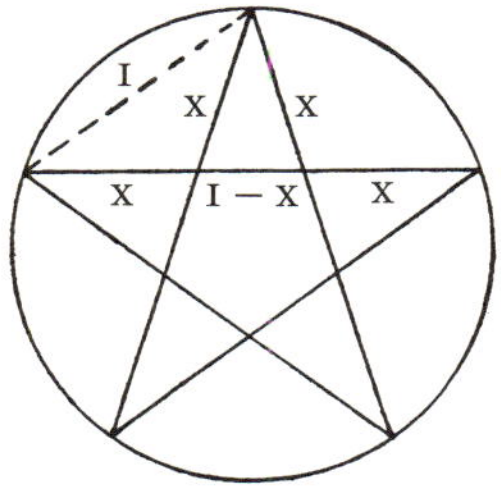

Figur 34

Die Beschriftung der Strecken mit deren Längen 1, x und 1 – x macht den behaupteten Tatbestand sofort evident.

8. Kapitel
Abschließendes über die Zahlen Zehn und Fünf

Über die stetige Teilung, ihre Gesetzmäßigkeiten und ihr Hineinspielen in die Gestaltungen der Natur und der Kunst existiert eine umfangreiche Literatur, auf die hier einzugehen nicht beabsichtigt ist, weil das ins Uferlose führen würde. Lediglich dasjenige soll hier in Betracht gezogen werden, was in jener Literatur im allgemeinen nicht zu finden ist. Es läßt sich am ungezwungensten an die letzte Figur anknüpfen, welche zeigte, daß auf jeder Seite eines Fünfsterns eine Minor zwischen zwei Majoren liegt. Nun hat die Nachmessung der Proportionen des menschlichen Körpers ergeben, daß im Falle seiner Wohlgestaltung Armlänge und Schulterbreite erstaunlicherweise Major und Minor einer stetig geteilten Länge bilden, so daß bei waagerecht ausgestreckten Armen eine Minor zwischen zwei Majoren liegt.

Es bedeutet viel, daß die stetige Teilung, die man hier lieber als göttliche Teilung ansprechen möchte, sich gerade am mittleren Menschen mit seinem Arm- und Handorganismus findet. Ihre Wichtigkeit wird erst dann ganz ermessen, wenn in einer Art vorbereitender Betrachtung die Bedeutung des Prinzips der göttlichen Teilung überhaupt für die Menschenwesenheit ins Auge gefaßt wird. Diese Teilung ist wie ein Licht, das den Weg des zur Freiheit berufenen Menschen beleuchtet. Der Mensch wurde immer mehr aus der Führung göttlicher Mächte entlassen, indem er sich mehr und mehr aus einer alten Verbundenheit mit der göttlich-geistigen Welt löste. Für den Menschen, welcher diesen Weg zur Freiheit vor sich sah, konnte da die bange Frage entstehen, ob mit der alten Einheit, mit der alten Verbundenheit nun überhaupt jede Verbindung mit den göttlichen Mächten endgültig dahin sei.

Ein Blick auf die Tatsache der göttlichen Teilung gab darauf eine trostreiche Antwort. Er lehrte, daß es eine Abtrennung vom einstigen Ganzen gibt, welche das Bild des Ganzen unverlierbar mit sich nimmt, ja, welche sogar den Glanz und die Kraft des Ganzen im Akte der Abtrennung erst recht hervortreten läßt. So vermochte die göttliche Teilung eine Art Vorbild für den Menschen zu werden, der, wenn auch abgetrennt von der göttlichen Welt, doch das Bild derselben in sich wiederfinden konnte. Aus dem Menschen der Vergangenheit, welcher gleichsam noch im Bilde der Zahl 1 erfaßt werden konnte, wurde mehr und mehr derjenige Mensch, welcher durch ein ganz anderes Zahlenbild begriffen werden muß, durch das Bild

$$\cfrac{1}{1+\cfrac{1}{1+\cfrac{1}{1+\cfrac{1}{1+\cfrac{1}{1+\cfrac{1}{1+\cfrac{1}{1+\cfrac{1}{1+\cfrac{1}{1+\cfrac{1}{1+\dots}}}}}}}}}}$$

Der zur Freiheit erkorene Mensch trägt einen Leib, der in denjenigen Partien und Organen, welche die Handlungen aus Freiheit physisch zu verwirklichen haben, besonders prägnant die Gesetzmäßigkeit der göttlichen Teilung aufweist.

In aufschlußreicher Weise nennt die deutsche Sprache das spezifisch menschliche Tun, das berufen ist, sich in Freiheit zu äußern, ein «Handeln». Die Hände und mit ihnen die Arme sind die körperlich gewordenen Sinnbilder der menschlichen Freiheit. Tiere können in diesem Sinne nicht handeln; ihre Vordergliedmaßen beteiligen sich an der Fortbewegung des Leibes und bleiben dadurch unfrei. Auch die Hände sind, zumal in ihren Längenbestandteilen, den Fingern, auf die stetige Teilung hin organisiert. Man betrachte z. B. die drei Glieder eines Fingers samt dem dazugehörigen Mittelhandknochen. Von diesen vier Gliedern bilden immer zwei nebeneinanderliegende ein Ganzes, das durch die beiden Glieder stetig geteilt ist. Man kann konstruktiv zu einer solchen Vierheit von Längen auf die einfachste Art gelangen. Man fange mit dem kleinsten Glied als Minor an, die man mit der Meßzahl 1 – x versehe. Das nächstfolgende Glied muß dann als die dazugehörige Major die Meßzahl x erhalten; beide zusammen bilden das stetig geteilte Ganze von der Länge 1. Wie gewinnt man aber das dritte und das vierte Glied? Einfach dadurch, daß man dem dritten Glied die Länge 1, also die Summe der beiden ersten Glieder, und dem vierten Glied die Länge 1 + x, die Summe der beiden ihm vorangehenden Glieder, zuerkennt. Jedes größere Glied ist die Summe der beiden vorangehenden und demnach jedes kleinere Glied die Differenz der beiden folgenden. Man nennt eine solche Abfolge eine series aurea, eine goldene Reihe; ihr linker unerreichbarer Endpunkt ist durch einen Stern markiert:

Figur 35

Auch mit dem Pentagramm bzw. dem Zehneck hängt der Bau der menschlichen Hand zusammen. Man spreize die fünf Finger so weit wie möglich auseinander, bis zu dem Grade, daß der Daumen und der kleine Finger ungefähr nach entgegengesetzten Richtungen zeigen, so daß zwischen ihnen ein Winkel von 180 Grad liegt. Dieser Winkelraum verteilt sich zwischen den einzelnen gespreizten Fingern in bedeutsamer Art. Zwischen dem kleinen Finger und dem Ringfinger liegt ein Spreizwinkel von rund einem Fünftel des Gesamtraums, also von rund 36 Graden. Derselbe Winkelraum befindet sich zwischen Ringfinger, Mittelfinger und Zeigefinger. Der Rest in Größe von rund zwei Fünfteln des Gesamtraums oder von rund 72 Graden lagert sich zwischen Zeigefinger und Daumen. Dieser Verteilung der Spreizfähigkeit entspricht folgende geometrische Figur:

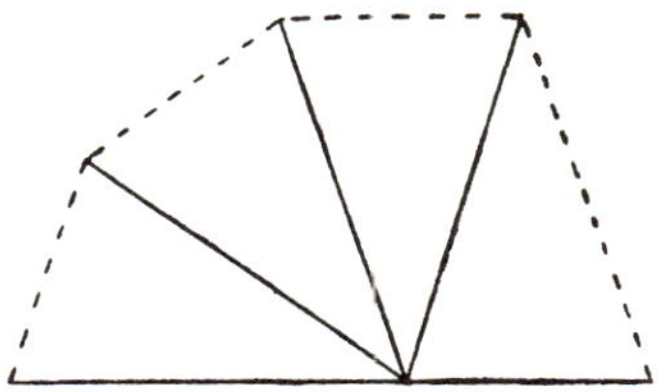

Figur 36

Man erkennt in dieser Figur viermal das bedeutsame Dreieck wieder, welches sowohl im Zehneck als auch im Pentagramm regiert. Würde man vor die Frage gestellt werden, mit welcher der beiden letztgenannten Figuren das Handschema mehr zu tun habe, so müßte man sich wohl nach der Seite des Zehnecks entscheiden; denn man sieht gewissermaßen ein halbes Zehneck vor sich. Die andere Zehneckhälfte wird von der anderen Hand gebildet, so daß erst das Paar beider Hände die volle Zehnecksgesetzmäßigkeit liefert. So gesehen erscheint eine einzelne Hand noch nicht als ein Ganzes; dieses manifestiert sich erst im Paar beider Hände. Die einzelne Hand ist nur die eine Hälfte, der eine Pol der Ganzheit.

Auf die Zahlen 5 und 10 als solche übertragen, sagt dies: Das Ganze hat man in der Zehnzahl vor sich, wogegen die Fünfzahl nur einen Pol des Ganzen bildet. Indem die Zahl der Entzweiung, die Zweizahl, in die Zehnheit eindringt, wird diese aufgespalten, werden aus der einheitlichen Zehnheit zwei gegensätzliche Fünfen. Wieder stößt man hier auf die in den okkulten Strömungen gepflogene Version, daß Zwei und Fünf die beiden «falschen» Zahlen seien. Durch Aufhebung der zwischen den beiden Fünfen bestehenden Polarität regeneriert sich das Ganze zur Zehnheit. Diese ist gleichsam eine «Darreichung der Hände», eine Kennzeichnung, welche sich für die Zahl Zehn in der Korasprache, einem amerikanischen Idiom, findet. In der Zehn hat man das Ursprünglichere vor sich, wogegen die Fünf ein von ihr Abgeleitetes ist. So meint es auch Agrippa, wenn er in seiner *Cabbala* sagt: «Überdies ist die Fünfheit die genaue Hälfte der Allzahl, der Zehnheit.»

Der gleiche Sachverhalt wird auch in der Sprache für den Ursprung des Wortes *Hand* vermutet. Unter der Rubrik «Hand» schreibt Friedrich Kluge in seinem *Etymologischen Wörterbuch der deutschen Sprache:* «Zupitza (ein angesehener deutscher Anglist) hält ‹Zehnheit› für die Grundbedeutung und vermutet Verwandtschaft zu gotisch hund = hundert, das auch ursprünglich ‹Zehnheit› bedeutet hat: dann müßte das Wort (gemeint ist das Wort Zehnheit) eigentlich Dualform (‹beide Hände›) gehabt haben, woraus sich erst allmählich der Begriff ‹Hand› entwickelt hätte.»

Das ursprüngliche Wort für Zehnheit soll «dvakan» geheißen haben, ein Wort, welches demnach die Bedeutung von «Zweihand» (dva-kan!) besessen haben muß. Man ist im Banne unserer heutigen additiven Betrachtungsweise der Zahlen und Dinge zunächst geneigt, anzunehmen, daß das Wort für Hand allein das ursprüngliche gewesen sein müsse und daß erst daraus das Wort Zweihand entstanden sei. Aber das Umgekehrte scheint richtig zu sein. Vom Paare als der Einheit, der Ganzheit ging man aus und schritt von da aus fort zur Hälfte, statt von der einzelnen Hand zu ihrer Verdoppelung zu gelangen. Für jene ein Ganzes zergliedernde Betrachtungsweise zeugt auch noch die alte, heute fast verschwundene grammatische Form des Duals. Erst nachdem auf diesem Wege der Begriff der Hand gewonnen war, figurierte dieser als eine neue Einheit, dem zahlenmäßig der Begriff der Fünfheit entsprach.

Während somit das Wort Hand von der Zahl Zehn her verständlich wird, weisen die Wörter Finger und sogar Faust nach den Vermutungen der Sprachforscher aufgrund komplizierter etymologischer Vergleiche auf die Zahl Fünf hin. Basis dieser Forschung ist dabei das indogermanische penqe für fünf, das am deutlichsten noch in dem französischen poing (Faust) wiederzuerkennen ist.

Das Zusammenspiel der beiden Zahlen Fünf und Zehn findet sich auch in den Zahlzeichen, welche das Römertum für sie geschaffen hat. Für die Fünf wird ja ein Zeichen verwendet, das dem großen lateinischen V ähnelt. Man sucht nach Analogie der Buchstaben C für hundert (*c*entum) oder M für tausend (*m*ille) jedoch vergeblich nach einem Wort mit dem Anfangsbuchstaben V, das auf die Zahl Fünf hinweisen könnte. Im gleichen Fall befindet man sich gegenüber dem Zahlzeichen X für zehn. Die wahre Bedeutung des Zeichens V besteht nach Theodor Mommsen darin, daß es das vereinfachte Bild einer menschlichen Hand sein soll, deren Daumen von der übrigen Vierheit der Finger weggestreckt erscheint, und das Zeichen X soll dadurch entstanden sein, daß die beiden Fünferzeichen mit ihren Spitzen gegeneinandergestellt worden sind, nachdem sie ursprünglich nebeneinander gestanden hatten. Die Gegeneinanderstellung habe dann den Eindruck eines einfachen Strichkreuzes entstehen lassen.

Auf die Ähnlichkeit der beiden römischen Zahlzeichen für 5 und 10 mit den Buchstaben V und X soll sich eine Redensart gründen, die im Mittelalter aufgekommen sein soll, als man die Zahlen noch nicht mit den heute benutzten indisch-arabischen Ziffern, sondern mit den römischen schrieb, jene bekannte Redensart, daß man einem andern ein X für ein V (gelesen «u») vormachen wolle. Damit will man ausdrücken, daß man jemandem etwas aufschwatzen möchte, das besonders begehrenswert sei, obwohl das Gegenteil der Fall ist. Liest man die beiden Buchstaben X und V als Zahlen, so wird die Redensart sofort sinnvoll. Denn dann bedeutet sie, jemandem eine Zehn für eine Fünf machen, d. h. jemandem etwas so darstellen, als ob es eine Zehn sei, obwohl es bloß eine Fünf ist. Wenn man voraussetzt, daß damals für das Wesen dieser beiden Zahlen ein hinreichendes Verständnis vorhanden war, muß die Redensart sogar als außerordentlich treffend erscheinen.

Im 3. Kapitel wurde schon der Anschauungen gedacht, welche in vergangenen Zeiten über die Zahl Fünf im Umlauf waren; es geschah noch ohne den Hinblick auf die mit ihr verwandte Zehn. Jetzt ist es möglich, die damaligen Mitteilungen durch eine Hinzunahme der die Zehn betreffenden Anschauungen zu ergänzen. Ihr wurde im Gegensatz zur Fünf uneingeschränkte Verehrung zuteil. Wie schon erwähnt, ist bei den verschiedenen Völkern kein auf der Fünf basierendes Zahlensystem nachweisbar, obwohl doch die menschliche Hand ein solches nahegelegt hätte. Dagegen ist das dezimale Zahlensystem uraltes Menschheitsgut. So findet es sich bei den Ägyptern schon im vierten vorchristlichen Jahrtausend. In hieroglyphischer Form wurden dort für die einzelnen Potenzen von Zehn uralte Zahlenbilder verwendet. Sie hatten folgende Gestalt:

1		offenbar ein einfacher Strich
10		vielleicht eine Klammer
100		vielleicht ein Palmstengel oder ein Priesterstab
1 000		vielleicht eine Lotosblume oder eine Lampe
10 000		ein deutender Finger
100 000		eine Kaulquappe
1 000 000		vielleicht ein staunender Mensch
10 000 000		?

Eine Anzahl der beigefügten Deutungen dieser Bildzeichen ist dem Werk von Moritz Cantor *Vorlesungen über Geschichte der Mathematik* entnommen. Das Bild einer Klammer für die Zahl Zehn würde ganz der Bedeutung angemessen sein, welche sie als Ordnerin der Zahlenwelt besitzt.

Man darf nicht meinen, daß dieses Bild für die Zahl Zehn das einzige sei, welches die Ägypter ihr beigelegt haben. Man kennt noch zwei andere Bilder, welche die zentrale Stellung der Zehnzahl im Ägyptertum unterstreichen. Das eine besteht in einem Phallus. Mit ihm sollte offenbar auf die Fruchtbarkeit und Zeugungskraft der Zehn hingewiesen werden. Mit ihr werden ja alle über sie hinausgehenden Zahlen gleichsam gezeugt, indem sie erst durch die dezimale Schreibung zu einem sichtbaren Dasein gelangen. Das andere der beiden Bilder zeigt uns einen Horusfalken. Man wollte damit ausdrücken, daß man in der Zehn die königliche Zahl sah; denn derselbe Horusfalke erscheint auf den Monumenten auch über dem Namen des Pharao. Horus war für den Ägypter diejenige Kraft, welche den Menschen zu sich selbst kommen läßt. Da er dieses Ziel erst noch vor sich sah, hatte der Name Horus für ihn noch Zukunftsklang. Die gleiche Zukunft wehte ihm aus den Eigenschaften der Zahl Zehn entgegen; sie erschien ihm als die Zahl, mit deren Kräften Horus für ihn operierte. In dem noch gut erhaltenen Tempel des Horus zu Edfu ist die Beziehung zwischen Horus und der Zehn auch kultmäßig niedergelegt. Dort beträgt die Breite des Sanktuariums genau zehn königliche Ellen, und diese Breite gibt das Urmaß ab, aus dem alle anderen Tempelabmessungen auf konstruktivem Wege hergeleitet worden sind, so daß man sagen kann: Der gesamte Tempel geht aus der Zehn wie aus einem Keim hervor (Dr. Julius Haase in seiner Arbeit über den Horustempel zu Edfu).

Neben der Zehn wurde verständlicherweise auch die Fünf auf die Horuswesenheit bezogen, aber so, daß dort die Zweideutigkeit dieser Zahl bemerkbar wird. Denn auch der Gegenspieler des Horus,

Seth, erscheint im Zeichen der Zahl Fünf. Die Beziehung auf Horus findet sich eindeutig und klar in Plutarchs Schrift *Über Isis und Osiris*, in der er unter anderem auch von einem rechtwinkligen Dreieck spricht, in dessen Bild den Ägyptern die Natur des Weltalls erschienen sei; es heißt dort: «Es haben die Ägypter die Natur des Weltalls zunächst unter dem Bilde des schönsten Dreiecks sich gedacht. (...) Dieses Dreieck enthält den aufrecht stehenden Teil von drei Längen, eine Grundlinie von vier Längen und eine Hypotenuse von fünf Längen. (...) Man kann nun die senkrecht stehende Linie mit dem Männlichen, die Grundlinie mit dem Weiblichen, die Hypotenuse mit dem aus beiden Geborenen vergleichen und sonach den Osiris als Ursprung, die Isis als Empfängnis und den Horus als die Geburt denken.»

Man sieht, es handelt sich um das berühmte Dreieck mit den Seitenzahlen 3, 4 und 5, das geradezu als ägyptisches Dreieck bezeichnet worden ist und uns schon als in dem Profildreieck der Chafra-Pyramide enthalten entgegengetreten war:

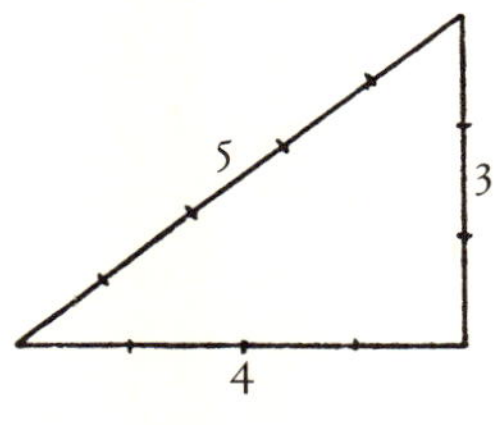

Figur 37

Die an dem Dreieck vorkommende Fünf wird durch Plutarch in einen Zusammenhang mit dem aus dem Männlichen und dem Weiblichen durch die Geburt Hervorgehenden gebracht. Alsdann wird dieser Geburtsvorgang durch Anknüpfung an die Götterdreiheit von Osiris, Isis und Horus gleichsam vergeistigt, so daß man nicht genötigt ist, dabei nur an die physische Geburt zu denken, sondern auch die Freiheit hat, darunter in einem übertragenen, ideellen Sinn jeden Geburtsvorgang zu verstehen. Auch auf die Geburt eines göttlichen Kindes im Menschen, eines neuen, freien Menschen im alten, geschaffenen und noch göttlich gebundenen Menschen, sind die Worte anwendbar.

Trotz und neben dieser hohen Bedeutung, welche damit der Zahl Fünf zuteil wurde, brachte es der Ägypter, wie schon gesagt, fertig, dieselbe Zahl zur Charakterisierung der horusfeindlichen Mächte, welche in Seth ihr Zentrum hatten, zu verwenden. So stellte er die Fünf zuweilen auch durch einen Eselskopf dar. Auch über den geistigen Hintergrund dieser Symbolik berichtet Plutarch in der genannten Schrift: «Überhaupt halten sie (die Ägypter) den Esel für ein unreines dämonisches Tier wegen seiner Ähnlichkeit mit Typhon (Seth).»

Die Verehrung, welche der Ägypter für die Zehn hegte, blieb ihm nicht bloß im Gefühl stecken, sondern ging auch in die Gestaltung seines praktischen Lebens über. Er formte das alltägliche Leben gemäß dieser Zahl, indem er immer zehn Tage zu einer höheren Einheit, einer Woche, zusammenfaßte. Für ihn war also auch im Rhythmus der Tage nach dem Erreichen der Zehnzahl ein Abschluß erreicht. Diese Einteilung der Zeit übertrug sich ihm auch auf die Verhältnisse am Himmel. Während des Zeitraums von zehn Tagen rückt ja die Sonne in ihrem Jahreslauf am Himmel um ein bestimmtes Stück weiter. Da das Jahr ungefähr 36 solcher Zeitabschnitte umfaßt, ergab sich auf diese Weise eine Einteilung der jährlichen Sonnenbahn bzw. des Himmelsäquators als ihrer Projektion in ebenfalls 36 Abschnitte, die sogenannten Dekangestirne oder Dekangestalten. Nach altägyptischer Anschauung umstanden 36 Dekangestalten den Himmelsäquator; in meinem Pyramidenbuch findet sich die Wiedergabe eines Himmelsrundbildes aus dem Hathortempel zu Dendera, auf dem am Rande die 36 Gestalten erscheinen.

Die Gliederung des Jahres in 36 Wochen zu je 10 Tagen läßt

einen Rest von 5 Tagen übrig. Sie hießen die auf dem Jahr Befindlichen und wurden nicht zum eigentlichen Jahr, das eben nur 360 Tage umfaßte, gerechnet. An ihnen feierte man die Geburtstage von fünf Göttern des Osiriskreises. Einen Schalttag, der alle vier Jahre den Kalender wieder zurechtgerückt hätte, gab es im Ägyptertum noch nicht, und so schob sich das ägyptische Neujahr im Laufe der Jahrhunderte allmählich durch das ganze Sonnenjahr hindurch. Die Beibehaltung der Zahl Fünf für die am Ende des Jahres liegende Festesperiode scheint auch ein Grund gewesen zu sein, warum mit Beharrlichkeit kein Schalttag eingelegt wurde. Natürlich haben die Ägypter die Inkongruenz zwischen Neujahrsbeginn und Sonnenjahr bemerkt und gewiß auch als lästig empfunden. Aber die Aufrechterhaltung ihrer geheiligten Beziehungen zu der Götterwelt stand ihnen höher. Nicht bloß von seiten der Ägypter ist das Jahr so gegliedert worden. Die gleiche Ordnung findet sich auch bei den Tolteken, jenem mittelamerikanischen Kulturvolk, dessen Verwandtschaft mit dem Ägyptertum auch sonst, z. B. durch seine Pyramidenbauten, bezeugt ist. Auch bei ihnen bildeten die restlichen fünf Tage des Jahres eine Festesperiode, welche nun aber nicht den Göttern, sondern den Dämonen geweiht war.

Es würde zu weit führen und ermüdend sein, allen möglichen Äußerungen und Anschauungen, welche über die Zahl Zehn beizubringen sind, nachzugehen. Wir beschränken uns daher auf die besonders wichtigen und charakteristischen Zeugnisse. Eines derselben liegt auch in der Stellung des alten Hebräertums vor. Welche Empfindungen dort in bezug auf die Zehn gewaltet haben, geht unter anderem auch aus dem Namen hervor, den die zehnte Sephira trug, aus dem Namen «Malkuth». Er ist nicht leicht ins Deutsche zu übersetzen; als lateinische Wiedergabe findet man zuweilen das Wort «regnum», zu deutsch Reich oder Königreich. Gemeint ist mit dem Wort Malkuth die Einprägung des Reiches der Himmel in die Erdenwirklichkeit, also eine Art Abschluß des auf die Erde gerichteten göttlichen Wirkens. Der Hebräer brachte diesen Gedankeninhalt auch dadurch zum Ausdruck, daß er sich in der zehnten Sephira das Wirken der neun übrigen, vorhergehenden Sephiroth vereinigt dachte. Der Zehnheit der Sephiroth entsprach eine Zehnheit von Namen, mit denen die Gottheit bedacht wurde. Ihr zehnter Name lautete Adonai Melech, Herr und König, und gab das wieder, was schon im Namen Malkuth lag. Der fünfte Gottesname dagegen lautete Elohim Gibor, dessen Inhalt man später durch den lateinischen Satz wiedergegeben hat:

Deus robustus puniens culpas improborum
(Der starke Gott, die Frevel der Ruchlosen bestrafend.)

Er wirkte durch die fünfte Sephira Geburah hindurch, deren Strenge als das Schwert der rächenden Gottheit die Verfehlungen der Menschheit durch Verheerungen und Kriege strafte.

Heute sind uns alle diese Zusammenhänge und Anschauungen, welche noch im Hebräertum und im Ägyptertum lebendig waren, verlorengegangen. Wir müssen mit Hilfe eines vorsichtigen Mathematisierens erst langsam wieder ahnend zu begreifen suchen, was die Alten durch eine Art geistigen Instinkts unmittelbar wußten. Dennoch gab es noch in unmittelbarer Vergangenheit da und dort Seelen, welche diesen geistigen Instinkt gleichsam anachronistisch besaßen, gewissermaßen als Nachzügler jenes alten hebräisch-ägyptischen Bewußtseins. Da ist vor allem jene Frau zu nennen, die vor knapp anderthalb Jahrhunderten gelebt hat und deren Andenken von dem Dichter und Arzt Justinus Kerner durch sein Buch *Die Seherin von Prevorst* festgehalten worden ist. Diese Frau, welche über ein Jahr lang in des Dichters Haus zu Weinsberg als Patientin lag, erwachte oder besser «erdämmerte» von ihrem 21. Lebensjahr an zu jenem uralten Bewußtsein, um dann bereits mit 28 Jahren, 1829, zu verscheiden. In ihren Dämmerzuständen gab sie auch über die Zahlen und besonders über deren Zusammenhang mit Sprache und Schrift bedeutsame Aufschlüsse, die uns im weiteren Verlauf noch beschäftigen werden. So hat sie auch über die Zahl Zehn sich ausgelassen. Diese sei «eine beständige bei jedem Menschen und zugleich die irdische Zahl, vermittelst welcher der Geist in die Außenwelt gehen kann». Dieselbe Zahl sei aber zugleich auch ein Grundwort: «In der Zahl Zehn, die jedem Menschen eigen ist, liegt das Grundwort für den Menschen als Mensch und für sein Verhältnis als Mensch zur Außenwelt.»

9. Kapitel
Die ersten sieben Zahlen in ihrem Verhältnis zur Raumeswelt

Wen hätte es nicht in seiner Jugend beeindruckt, als er beim Hantieren mit Zirkel und Lineal zum erstenmal gewahr wurde, daß der Radius eines Kreises in die Peripherie genau sechsmal hineinpaßt! Mit dem Älterwerden verflüchtigt sich dieses Erstaunen in dem Maße, wie man einzusehen beginnt, daß es so sein muß. Es ist, als ob sich die Kräfte des Erstaunens in die der Einsicht verwandelt hätten. Man macht sich klar, daß die Winkel eines gleichseitigen Dreiecks wegen der Winkelsumme 180 Grad je 60 Grad messen und, weil der Kreisumfang mit dem Radius abgetastet wurde, rund um den Mittelpunkt 360/60 = 6 gleichseitige Dreiecke entstehen müssen.

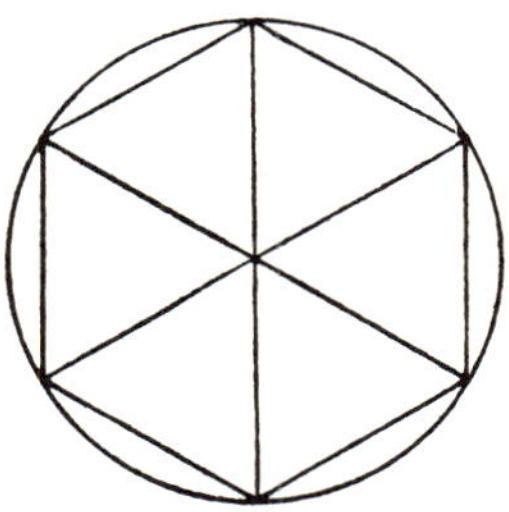

Figur 38

Aber das anfängliche kindliche Erstaunen kann sich nun in ein anderes verwandelt haben, daß es nämlich gerade die Sechszahl ist, die hier obwaltet. 6 hat die Teiler 1, 2 und 3, und ihre Summierung ergibt wieder 6. Nur wenige Zahlen sind so beschaffen, daß sie gleich der Summe ihrer Teiler sind, und 6 steht unter ihnen an erster Stelle. Es wurde schon erwähnt, daß die Griechen eine solche Zahl einen arithmos teleios nannten, eine in sich abgeschlossene Zahl. Sie bedienten sich dabei eines Wortes, das auch in den Mysterientempeln an gewichtiger Stelle ertönte. Mit dem Wort «tetelestai», zu deutsch «es ist vollbracht», wurde dort die Beendigung des Einweihungsvorgangs angezeigt. Ebendasselbe Wort überliefert auch der Evangelist Johannes als das letzte Wort Christi am Kreuz.

Unter den vollkommenen Zahlen ist die Sechs auch deshalb bemerkenswert, weil ihre Vollkommenheit gerade auf den drei ersten Zahlen beruht: 6 = 1 + 2 + 3. Es ist sechs aber auch einmalzweimaldrei, und dieser multiplikative Zusammenhang deutet auf die von der Zahl Sechs erzeugten Sternfiguren. Als zweimaldrei steht die Zahl Sechs in der Gestalt zweier einander durchdringenden regelmäßigen Dreiecke vor uns und als dreimalzwei dreier Zweiecke, dreier Kreisdurchmesser:

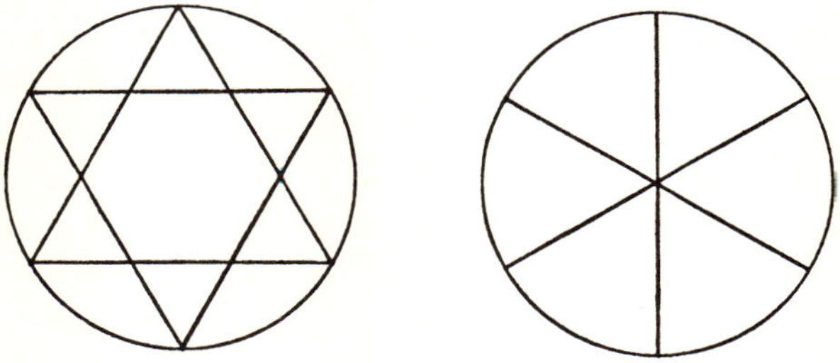

Figur 39 a und 39 b

Die linke der beiden Figuren, das Hexagramm, stand als Davidsstern in der hebräischen Kultur in hohem Ansehen. Sie konnte auch als ein Ausdruck der sechsten Sephira gelten, die den Namen «Tiphereth» trug, was soviel wie Schönheit oder Zier bedeutete. Schönheit liegt immer dann vor, wenn das Äußere eines Wesens mit seinem Innern harmoniert. Dies ist bei der Zahl Sechs der Fall.

Denn was heißt es, daß sie mit der Summe ihrer Teiler identisch ist? Nichts anderes, als daß sich hier das Außen mit dem Innen deckt; die Zahlen 1,2 und 3 sind gleichsam das Innere der 6.

Die Bezeichnung «vollkommene Zahl» gibt eigentlich das nicht ganz wieder, was der Grieche mit seinem arithmos teleios sagen wollte. Auch aus einem anderen Grund ist das Beiwort «vollkommen» nicht am Platz, weil in den okkulten Strömungen, die eine alte Mysterienweisheit pflegten und bewahrten, das Prädikat der Vollkommenheit einer anderen Zahl, der auf die Sechs folgenden Siebenzahl, beigelegt worden ist. Wiederum ist Sieben kein arithmos teleios, weil sie nur den Teiler 1 hat und somit auch nur den Inhalt 1. Welche Gründe mögen nun aber vorgelegen haben, gerade Sieben als eine vollkommene Zahl zu bezeichnen?

Eine Antwort auf diese Frage ergibt sich uns, wenn wir uns an die körperschaffende Kraft der Zahlen wenden. Welche Zahlen lassen aus ihren Formkräften die Bildung von Körpern, und zwar von regelmäßigen Körpern, zu, wobei unter regelmäßigen Körpern solche zu verstehen sind, die von lauter gleichartigen, untereinander kongruenten, regelmäßigen Vielecken begrenzt sind, also entweder von lauter kongruenten regelmäßigen Dreiecken oder von lauter kongruenten regelmäßigen Vierecken (Quadraten) usw.?

Die körperschaffende Kraft beginnt erst bei der Zahl Drei; denn erst durch Dreiecke lassen sich Körpergebilde begrenzen. Auch muß wegen der Dreidimensionalität des Raumes mindestens eine Dreiheit ebener Flächen umeinander versammelt sein, damit sich etwas Körperliches, eine körperliche Ecke bilden kann. Drei ist eben die eigentliche Zahl des Raumes. Gehen wir nunmehr die einzelnen Zahlen von der Drei an in bezug auf ihre körperschaffende Kraft durch!

Wie steht es in dieser Hinsicht mit der Zahl Drei selber, anders gesprochen, welche Körper haben zur Begrenzung lauter regelmäßige Dreiecke? Wir erwarten hier einen stärkeren Formenreichtum an Räumlich-Körperlichem als bei anderen Zahlen und sehen uns darin auch nicht getäuscht. Denn es gibt nicht weniger als drei solcher Körper. Der erste von ihnen weist an jeder Ecke die Mindestzahl von drei regelmäßigen Dreiecken auf. Seine Oberfläche besteht alsdann aus insgesamt vier Dreiecken, weswegen er den Namen «regelmäßiger Vierflächner» oder «regelmäßiges Tetraeder» trägt (Figur 40 a). Der zweite von ihnen schart um jede Ecke vier regelmäßige Dreiecke. Seine Oberfläche besteht alsdann aus insgesamt acht Dreiecken, so daß er den Namen «regelmäßiger Achtflächner» oder «regelmäßiges Oktaeder» erhält (Figur 40 b). Der dritte von ihnen zeigt an jeder Ecke fünf regelmäßige Dreiecke. Seine Oberfläche besteht alsdann aus zwanzig Dreiecken, woraus für den Körper der Name «regelmäßiger Zwanzigflächner» oder «regelmäßiges Ikosaeder» resultiert (Figur 40c):

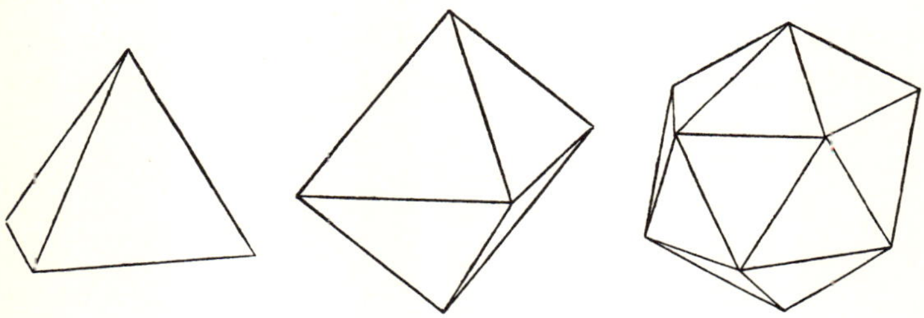

Figur 40 a: Tetraeder *Figur 40 b:* Oktaeder *Figur 40 c:* Ikosaeder

Mehr als fünf regelmäßige Dreiecke können sich um eine Körperecke nicht scharen, wenn eine Körperecke zustande kommen soll. Denn bereits sechs um eine gemeinsame Ecke versammelte regelmäßige Dreiecke füllen den Vollwinkel um diese Ecke in der Ebene lückenlos aus (siehe Figur 38). Die körpergestaltende Kraft der Dreizahl erstreckt sich also nicht über die Anzahl 5 hinaus.

Die gleiche Untersuchung über die körperbildende Kraft der Zahl Vier ergibt nicht einen solchen Formenreichtum. Es existiert nur ein Körper, der von lauter regelmäßigen Vierecken, lauter Quadraten begrenzt ist, der hinlänglich bekannte Würfel oder der wegen der Sechsheit seiner Begrenzungsflächen so genannte regelmäßige Sechsflächner bzw. das regelmäßige Hexaeder. Bei ihm stoßen an jeder Körperecke drei Quadrate zusammen. Schon vier um eine Ecke versammelte Quadrate füllen wie die sechs regelmäßigen Dreiecke den Vollwinkel in der Ebene aus.

Bis jetzt sind vier regelmäßige Körper gewonnen. Platon hat sie in seinem Dialog *Timaios* als die Bildner der gesamten Körperwelt angesehen. Diese wird von ihm als ein Zusammenwirken der vier Elemente Feuer, Luft, Wasser und Erde geschildert, und eben diesen vier Elementen ordnet er die vier regelmäßigen Körper zu.

Für die Zahl Fünf spitzt sich die Situation bereits zu. Zwar gibt es auch hier einen regelmäßigen Körper, bei dem sich drei regelmäßige Fünfecke umeinander scharen. Er trat uns schon als der regelmäßige Zwölfflächner oder das regelmäßige Dodekaeder entgegen (siehe Figur 24). Platon gedenkt auch dieses Körpers, aber so, daß er ihn

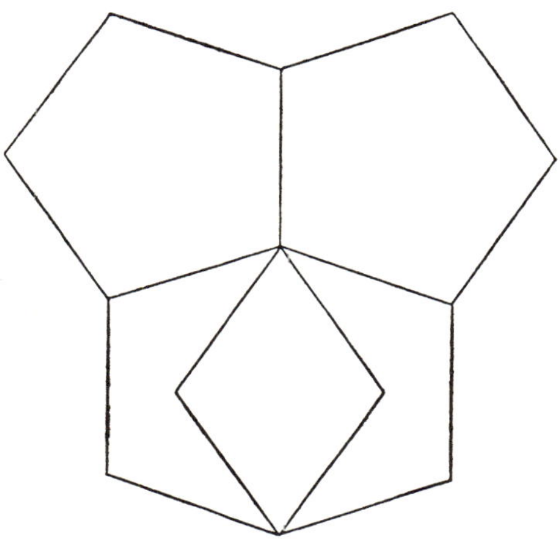

Figur 41

schon jenseits der eigentlichen Körperwelt plaziert und dem Weltall als Ganzem zuordnet: «Und da es noch eine Art der Zusammensetzung gibt, also eine fünfte, so verwendete Gott sie für das Weltall, zu dem sie als Muster dienen sollte.» Die behauptete Zuspitzung manifestiert sich darin, daß vier regelmäßige Fünfecke, umeinander geschart, schon den Vollwinkel in der Ebene übergreifen.

Tatsächlich rückt auch das Dodekaeder und mit ihm das Ikosaeder, an dessen Oberfläche ja ebenfalls Fünfeckszüge vorkommen, aus der Körperwelt heraus, sofern diese mineralisch-kristallin ist. Das Tetraeder, das Oktaeder und das Hexaeder sind in der mineralischen Welt als Kristallformen exakt vorhanden; so kristallisiert der Borazit in tetraedrischen Formen, die oktaedrische Form findet sich z. B. beim Magneteisenstein, beim Spinell, beim Flußspat und auch beim Diamant, und in der Würfelform kristallisieren eine ganze Reihe von Mineralien. Wohl scheint bei oberflächlichem Hinsehen auch das Dodekaeder als Kristallform vorzukommen, so z. B. am Schwefelkies und am Kobaltglanz, aber bei näherem Zusehen

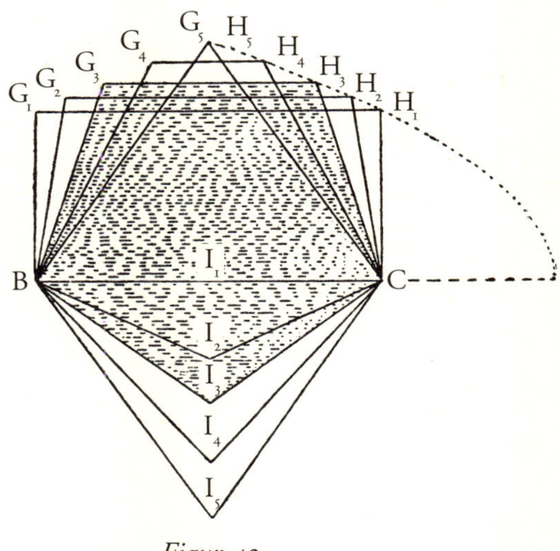

Figur 42

erweist sich diese Form als eine bloße rationale Annäherung an die irrationale Form des regulären Dodekaeders. Die Grundgestalt der begrenzenden Fünfecke ist da nicht die eines regelmäßigen Fünfecks, sondern die eines symmetrischen Fünfecks, von dem bloß vier der fünf Seiten gleiche Länge haben. In Figur 42 sind zwei solche symmetrischen Fünfecke um eine gemeinsame Diagonale B C herum gezeichnet, nämlich G_2 B I_2 C H_2 und G_4 B I_4 C H_4; die Form G_1 B I_1 C H_1 ist eine rechteckige Grenzform, ebenso die Form G_5 B I_5 C H_5 eine rhombische Grenzform. Mitten unter diesen Figuren bietet sich das schraffierte Fünfeck G_3 B I_3 CH_3 als regelmäßiges Fünfeck dar.

In Parenthese sei bemerkt, daß es bei den kristallinen Gestaltungen in dodekaederähnlichen Formen nicht auf die Länge der Seiten ankommt, sondern nur auf die im symmetrischen Fünfeck vorkommenden Winkel, so daß ein Fünfeck wie dasjenige in Figur 43 immer noch als eine Spielart des symmetrischen Fünfecks zu gelten hat:

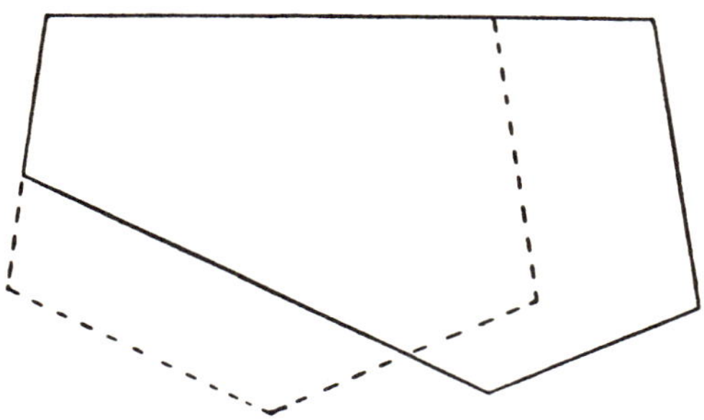

Figur 43

Die dodekaederähnliche Form entsteht in den genannten Fällen aus einem sogenannten Pyramidenwürfel, einem Würfel, dem auf die sechs Begrenzungsflächen quadratische stumpfe Pyramiden aufgesetzt sind. Figur 44 zeigt den Körper in parallelperspektivischer Projektion:

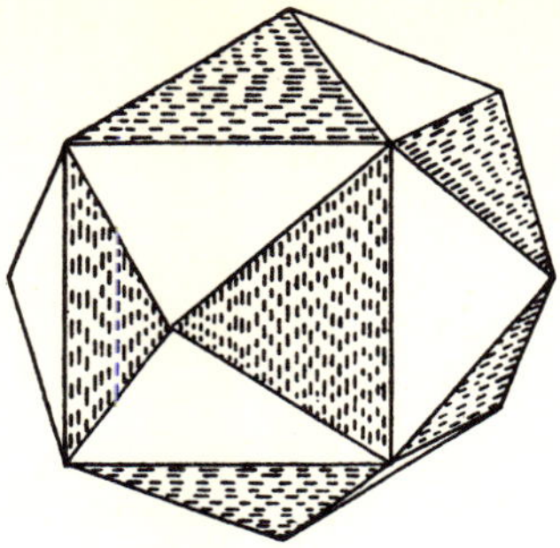

Figur 44

Am Pyramidenwürfel sind die Begrenzungsflächen, die von 24 kongruenten gleichschenkligen Dreiecken gebildet werden, abwechselnd schraffiert. Man stelle sich nun vor, daß die Ebenen der schraffierten Dreiecksflächen so weit in den Raum hinaus ausgewalzt werden, bis sie einander in neuen Kanten schneiden. Auf diese Weise entsteht ein neuer Körper, der nur halb so viel Begrenzungsflächen, also deren zwölf, besitzt, weil die unschraffierten Flächen von den erweiterten schraffierten überdeckt worden sind. Jede der zwölf neuen Flächen hat die Form eines symmetrischen Fünfecks. Man nennt den Körper eine halbflächige oder hemiedrische Form des ganzflächigen oder holoedrischen Pyramidenwürfels:

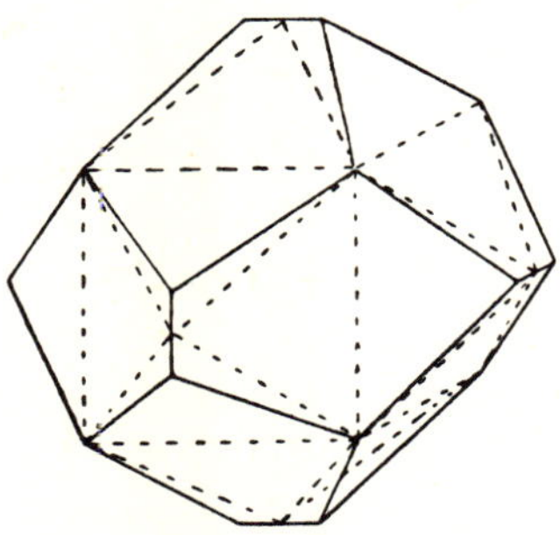

Figur 45

Man könnte meinen, es müßte bei einem bestimmten Grade der Stumpfheit der dem Würfel aufgesetzten Pyramiden aus dem Pyramidenwürfel durch die geschilderte Hemiedrie auch exakt unser regelmäßiges Dodekaeder entstehen können. Dieser Gedanke besteht auch durchaus zu Recht, kann man doch in jedem regelmäßigen Dodekaeder durchaus noch den Würfel des betreffenden holoedrischen Pyramidenwürfels wiedererkennen. Aber das Bemerkenswerte liegt darin, daß die Kristallgesetze so beschaffen sind, daß gemäß ihren Gesetzen die Form des regelmäßigen Dodekaeders verfehlt werden *muß;* dafür sorgt das Gesetz der sogenannten rationalen Indizes. Wie in einer Art Ohnmacht verharrt die Welt der Kristalle und damit überhaupt die mineralische Welt gegenüber denjenigen Formen, welche aus der Zahl Fünf stammen. Mit der Hinaufstufung des Mineralreiches zum Pflanzenreich tritt darin ein Umschwung ein. Mit Leichtigkeit bewältigen nunmehr die verschiedenen Pflanzenarten jegliches Formenspiel, das aus der Zahl Fünf hervorgeht, wovon die fünfstrahligen Blütensterne der Pflanzen zeugen. Rückblickend läßt sich sagen, daß die eigentliche Körperwelt, der sich die Pflanzen bereits entwinden, sozusagen bei der Zahl 3 beginnt und schon bei der Zahl 4 endet. Das drückt sich auch in der Anzahl der Flächen derjenigen regelmäßigen Körper, welche kristallbildend sind, aus, in den Zahlen 4 (Tetraeder), 8 (Oktaeder) und 6 (Hexaeder), lauter Zahlen, die nur aus den Zahlen 3 und 4 bzw. 2 komponiert sind. Mit der Zahl 5 wird die mineralische Welt bereits verlassen, sie ragt in das nächsthöhere Naturreich, die Pflanzenwelt, hinauf. So erweist sich die Fünf als Ausdruck einer an die physisch-mineralische Welt angrenzenden ätherischen Welt, wie dies auch in Platons Einordnung des Dodekaeders in das Weltganze zum Ausdruck gelangt. Diese ätherische Welt ragt in das Pflanzenwesen hinein, wogegen sie die Gebilde der Mineralwelt nur erst sozusagen umspült. Die Fünf erhebt sich damit zum Range einer «Quintessenz», eines der Vierheit der griechischen Elemente übergeordneten Wesenhaften, das als höherer Daseinsplan die Körperwelt überschwebt. Diese nachträgliche Bereicherung unserer Einsichten über die Zahl Fünf hat sich auf dem Wege ergeben, der durch die Untersuchung der körpergestaltenden Kraft der Zahlen vorgezeichnet ist. Gehen wir nun auf diesem Wege weiter!

Wie steht es mit dieser Kraft angesichts der Zahl Sechs? Wenn drei regelmäßige Sechsecke sich um einen Punkt scharen, wird der Vollwinkel um diesen Punkt bereits erfüllt, so daß es gar nicht möglich ist, mit den drei Sechsecken aus den beiden Dimensionen der Ebene heraus in die dritte, die Tiefendimension, zu gelangen. Ein Netz von lauter aneinandergereihten regelmäßigen Sechsecken, wie es die Oberfläche eines Bienenwabennetzes zeigt, bleibt in den beiden Dimensionen einer Ebene gefangen. Wir bemühen uns durch die Aneinanderreihung vergeblich, in den körperbildenden Raum hinein zu gelangen, sondern bleiben gewissermaßen nur an der Haut dieses Raumes haften. So beginnt bei der Zahl Sechs die körpergestaltende Kraft der Zahlen zu verlöschen. Beim Übergang zur Zahl Sieben wird nicht einmal mehr wie noch bei der Sechs die Haut des Räumlichen in Gestalt der Ebene geformt. Denn die Mindestzahl von drei um einen Punkt versammelten regelmäßigen Siebenecken übergreift schon einen Vollwinkel. Um wieviel, zeigt eine leichte Rechnung. Der Winkel an der Spitze des Bestimmungsdreiecks eines Siebenecks mißt $\frac{360}{7}$ Grad. Für die beiden Basiswinkel oder, was das gleiche ist, für den Winkel zwischen zwei benachbarten Siebeneckseiten bleiben dann nur $(180 - \frac{360}{7})$ oder $(1 \cdot 180 - \frac{2}{7} \cdot 180)$ oder $\frac{5}{7} \cdot 180$ Grad übrig. Drei solcher Siebeneckswinkel messen also nicht weniger als $\frac{15}{7} \cdot 180$ Grad. Ein Vollwinkel erfordert mit seinen 360 Grad nur $\frac{14}{7} \cdot 180$ Grad. Um $\frac{180}{7}$ Grad oder fast 26 Grad ragt also die Dreiheit der Siebeneckswinkel über den Vollwinkel hinaus:

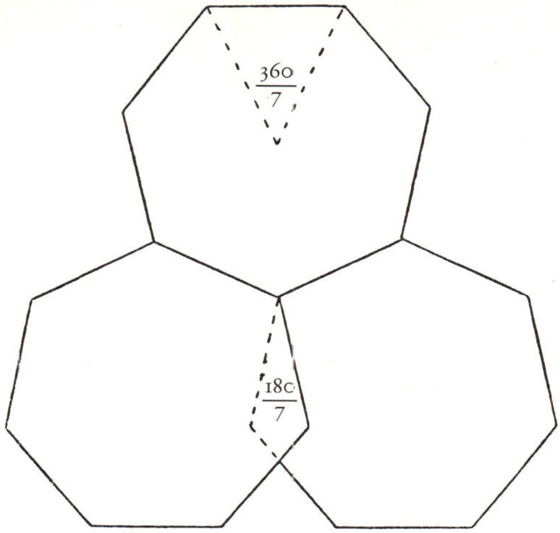

Figur 46

Mit der Sieben ist also der Übergang von der Körperlichkeit zur Unkörperlichkeit, den schon die Sechs eingeleitet hatte, endgültig geworden. Wenn man so will, ist mit ihr eine Art Sieg über die Körperwelt errungen worden. So muß es der alte Hebräer empfunden haben, da er der siebenten Sephira den Namen Nezah beilegte. Nezah ist dem griechischen Nike sprachverwandt und hat wie dieses die Bedeutung von Sieg.

Der Sieger herrscht über die Besiegten, auch insofern trifft das Bild für die Zahl Sieben zu. Es ist, wie wenn ihr eine den Raum «von oben her» ordnende Kraft innewohnt. So kann man zeigen, daß es mindestens einer Siebenheit von Daten bedarf, um einen Körper in den Raum hineinzuorientieren. Man nehme als Beispiel den Körper katexochen, den Würfel, welchen Platon mit Recht als Erdenform empfand. Zur Orientierung des Würfels im Raum diene üblichermaßen ein rechtwinkliges Koordinatensystem mit seinem Koordinatenursprung o und seinen drei Koordinatenachsen, einer x-Achse, einer y-Achse und einer z-Achse. Dann läßt sich zunächst der

Würfelmittelpunkt M durch seine drei Raumkoordinaten x_m, y_m und z_m fixieren. Nun sind um M noch alle möglichen Lagen des Würfels denkbar, wobei auch über die Kantenlänge des Würfels, also über seine Größe, noch nichts ausgemacht ist. Das wird mit einem Schlage anders, wenn eine Ecke E des Würfels durch ihre Koordinaten x_e, y_e und z_e fixiert wird. Jetzt ist die Strecke M E und damit auch eine der Würfeldiagonalen festgelegt. Um sie herum sind aber immer noch unendlich viele verschiedene Lagen des Würfels möglich, die sämtlich durch eine Rotation des Würfels um die betreffende Diagonale erhalten werden. Es bedarf daher noch zu den beiden Koordinatendreiheiten von M und E hinzu einer siebenten Angabe, damit die Rotation sozusagen an einer bestimmten Stelle angehalten wird; dieses siebente Datum wird im allgemeinen eine Zeit- oder Winkelangabe sein müssen. Erst durch die Totalität der sieben Daten nimmt der Würfel eine bestimmte Lage im Raum ein. Zugleich vermittelt uns dieses Beispiel eine Gliederung der Siebenzahl, die in ihrem Wesen begründet ist, nämlich in zwei nebeneinander bestehende Dreiheiten, welche Raumesnatur haben, und ein Siebentes, das als ein Neuartiges Winkel- oder Zeitcharakter hat.

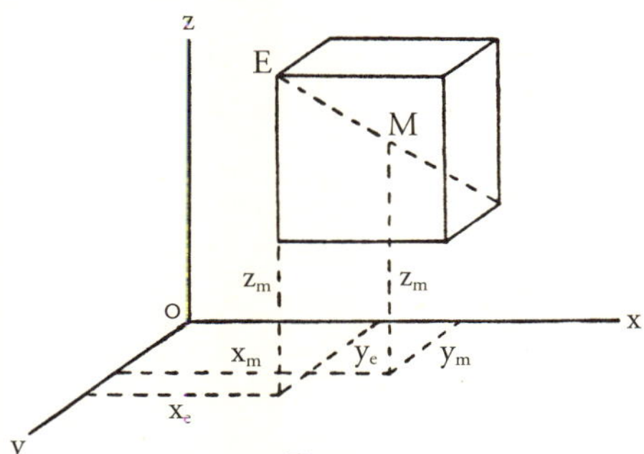

Figur 47

Schon nach dieser Betrachtung läßt sich ein gewisser Sinn damit verbinden, daß die Sieben als eine vollkommene Zahl angesehen worden ist. Sie führt einerseits aus der Welt der Körperlichkeit heraus, beherrscht aber andererseits diese Welt. Gerade um dies zu können, liegt es ihr nicht, sich leichthin innerhalb der Raumeswelt zu manifestieren. Ihrer Würde als Lenkerin des Raumesgeschehens entspricht es vielmehr, sich so lange wie möglich verborgen zu halten. In diesem Licht erscheint die Tatsache, daß unter den regelmäßigen Vielecken das Siebeneck das erste ist, das sich im Gegensatz zu den ihm vorhergehenden Vielecken nicht mehr mit Zirkel und Lineal konstruieren läßt. Es ist also erst eine Überwindung mannigfacher Hindernisse erforderlich, um die Zahl in die Bildwelt hineinzuzwingen. Es bedurfte sogar einer jahrtausendelangen Entwicklung der Mathematik, um zu dieser Einsicht zu gelangen. Es war der prinzeps mathematicorum, Karl Friedrich Gauß, der im Jahre 1801 die besagte Unkonstruierbarkeit des regelmäßigen Siebenecks bewies. Dafür läßt es sich leicht und gut in der Annäherung mit Zirkel und Lineal herstellen. Man zeichne in einen Kreis das Bestimmungsdreieck eines regelmäßigen Sechsecks, also ein regelmäßiges Dreieck mit dem Kreisradius als Seite, die in der nachfolgenden Figur mit der Ziffer 6 versehen ist. In ihm ziehe man eine der drei Höhen, die die Ziffer 7 trägt. Dann ist in guter Annäherung diese Höhe die Seite des regelmäßigen Siebenecks. Würde man mit ihr als Radius um den Mittelpunkt des das Sechseck umhüllenden Kreises ebenfalls einen Kreis beschreiben, so würde dieser das Sechseck von innen antasten, also sein Inkreis sein.

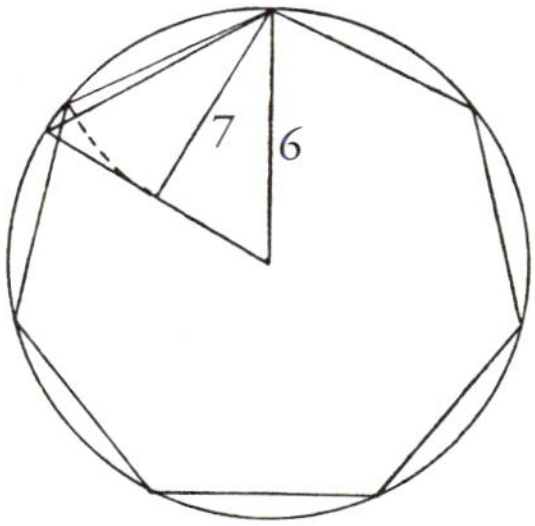

Figur 48

Neben dem regelmäßigen Siebeneck sind auch die kraft der Zahl Sieben möglichen Sternvielecke wichtig. Die Zahl Fünf war die erste Zahl, welche ein echtes Sternvieleck hervorbringt. Zur Zahl Sieben hin steigert sich die Sternkraft zur Hervorbringung zweier echter Sternfiguren. Die eine (Figur 49 a) entsteht durch Überspringung je einer Ecke des regelmäßigen Siebenecks, die andere (Figur 49 b) durch Überspringung von je zwei Ecken:

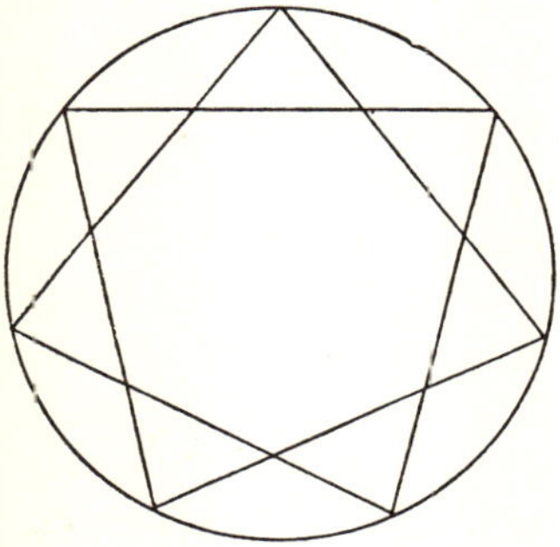

Figur 49 a

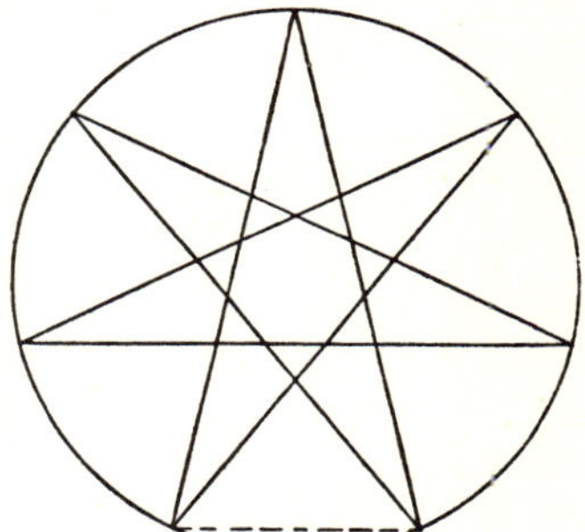

Figur 49 b

Von den beiden Sternsiebenecken ist das rechte das gehaltvollere, weil es das linke in sich birgt, so daß man sich nur mit dem rechten zu beschäftigen braucht. Ganz innen gewahrt man ein regelmäßiges Siebeneck. Durch Hinzunahme der den Seiten des Siebenecks aufgesetzten gleichschenkligen Dreiecke entsteht der linke Siebenstern. Durch weitere Hinzunahme der ganz außen befindlichen spitzigen Drachenvierecke ergibt sich dann eben der rechte Siebenstern.

Das Siebeneck und seine beiden Siebensterne bilden eine bemerkenswerte Ganzheit, welche einem nicht bloß im rechten Siebenstern entgegentritt, sondern auch in einem dem Kreis eingefügten Siebeneck mit seinen sämtlichen Diagonalen:

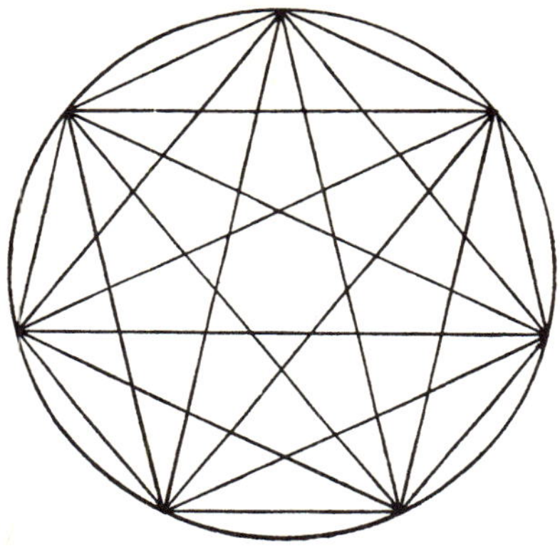

Figur 50

Man kann die dem Kreis eingefügte geradlinige Figur durch Schlagen entsprechender Kreisbögen in die Krummlinigkeit überführen, wodurch das Ganze ein noch reizvolleres Aussehen erlangt:

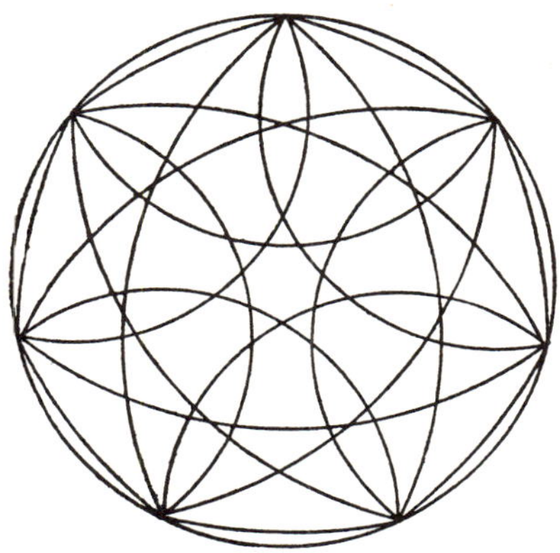

Figur 51

Doch bleiben wir bei der geradlinigen Figur! Sie weist, vom obersten Punkt aus betrachtet, drei charakteristische gleichschenklige Dreiecke auf, die alle ihre Spitze in dem besagten obersten Punkt besitzen. Zu ihnen ist noch das Bestimmungsdreieck des Siebenecks mit seiner Spitze im Kreismittelpunkt hinzugefügt:

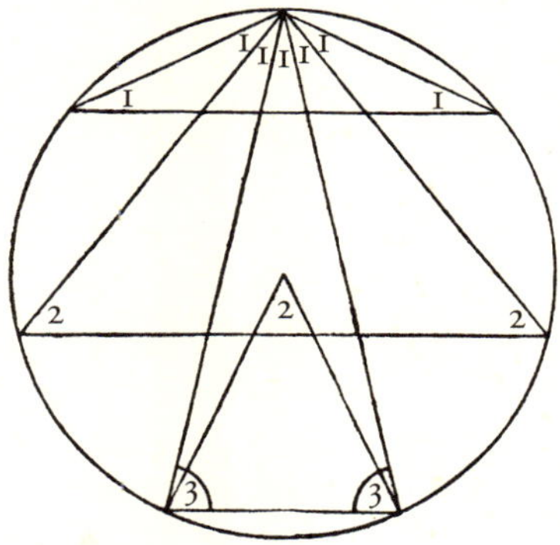

Figur 52

Die Winkelzahlen in der Figur bedürfen einiger Erläuterung. Der Winkel, dessen Scheitel im Kreismittelpunkt liegt, trägt die Maßzahl 2. Andererseits hat dieser Winkel die Größe $\frac{360}{7}$ Grad. Mithin sind miteinander gleichwertig:

$$1 \text{ und } \frac{180}{7} \text{ Grad}$$

$$2 \text{ und } \frac{360}{7} \text{ Grad}$$

$$3 \text{ und } \frac{540}{7} \text{ Grad}$$

Die drei erwähnten charakteristischen Dreiecke mögen nun mit ihren Winkelzahlen nebeneinander gesondert erscheinen:

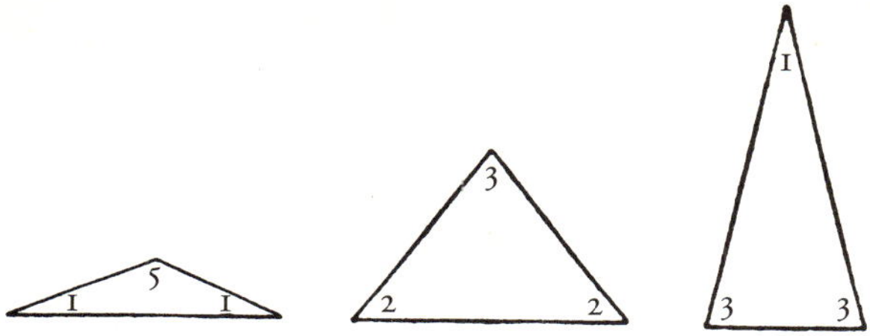

Figur 53 a - c

Sie sind die drei allein möglichen Formen gleichschenkliger Dreiecke, welche die Zahl Sieben winkelmäßig zuläßt. Daß es so ist, kann auf überraschende Art bestätigt werden. Man gehe von dem rechten Dreieck mit den Winkelzahlen 3 1 3 aus und lasse dessen Grundlinie das Dreieck von der linken oder rechten unteren Ecke aus blitzartig durchzucken:

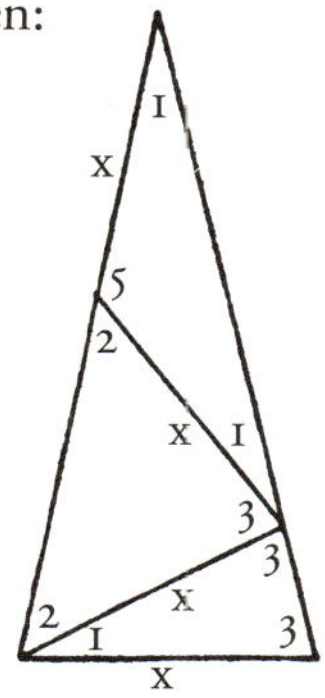

Figur 54

Der aus vier gleichen Längen x bestehende Linienblitz kommt dann, natürlich nur bei genauester Zeichnung, in der oberen Spitze des gleichschenkligen Dreiecks an, ein erstaunliches Ergebnis, dessen Nachweis hier übergangen werden muß. Ferner ist erstaunlich, daß er das gesamte Dreieck in die drei vorher besprochenen

Formen gleichschenkliger Dreiecke, die winkelmäßig vermöge der Zahl Sieben existieren, aufteilt. Es geschehe noch ein Letztes, indem die Figur 50, welche das Siebeneck mit allen seinen Diagonalen, d. h. eben mit seinen beiden Sternsiebenecken enthielt, mit Figur 54 verschmolzen wird:

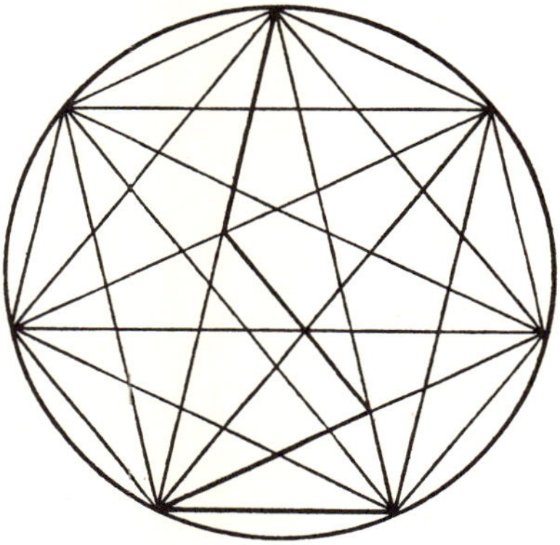

Figur 55

Eines läßt die Figurenfolge klar vor Augen treten: daß das gleichschenklige Dreieck mit den Winkelzahlen 3 und 3 an seiner Basis und der Winkelzahl 1 an seiner Spitze die bedeutsamste Gestalt ist, welche aus der Zahl Sieben hervorgeht, enthält sie doch durch den Zickzackblitz die beiden anderen Dreiecksformen 2 3 2 und 1 5 1 in sich, wie auch der Siebenstern dieses Dreiecks die anderen Siebenerfiguren in sich birgt. In dem Sepher Jezirah, einem Buch, das die hebräische Geheimlehre enthält, heißt es darum auch mit Recht: «Sieben Teile setzen sich aus zwei Dreiheiten zusammen, in deren Mitte sich die Einheit hält.» Den entsprechenden Satz auf die Dreiheit 2 3 2 oder auf 1 5 1 auszudehnen, wäre zwar nicht gerade falsch, wohl aber weniger berechtigt.

Noch ein anderer Tatbestand läßt sich aus der Figur 54 ablesen. Die in ihr enthaltenen drei gleichschenkligen Dreiecke weisen als

Maßzahlen der Winkel an der Spitze die Zahlen 1, 3 und 5 auf, wogegen das Paar der zugehörigen beiden Basiswinkel die Maßzahlen 6, 4 und 2 durchläuft. Dabei gilt:

$$1 + 6 = 7$$

$$3 + 4 = 7$$

$$5 + 2 = 7$$

Wie eine Art Regentin thront hier die Sieben über den ihr vorhergehenden Zahlen 1 bis 6, aus denen sich die Welt der Körperlichkeit rekrutierte.

Als das Bild der Sieben, welche aus zwei Dreiheiten besteht, in deren Mitte sich die Einheit hält, könnte auch schon die den Eingang dieses Kapitels bildende Figur 39a gelten, welche als Davidsstern eine so bedeutende Rolle gespielt hat. Die beiden Dreiheiten sind dort die beiden ineinander verschlungenen gleichseitigen Dreiecke, und als die in ihrer Mitte sich haltende Einheit kann man entweder den beide umschließenden Kreis oder das Zentrum desselben, das ja auch das Zentrum jedes der beiden Dreiecke bildet, ansehen. So wird auch das von einem Kreise umschlossene Hexagramm zu einem Bilde der Zahl Sieben, aber mehr zu einem solchen, das die wirkende Kraft, die Funktion der Sieben kündet; die Funktion äußert sich hier in der vereinheitlichenden Zusammenfassung zweier gegensätzlicher Dreiheiten. Das Hexagramm ist also gleichzeitig ein Bild der Sechs und ein solches der Sieben. Die Sieben steht *hinter* diesem Bilde als die bewirkende Ursache, die Sechs lebt *in* dem Bilde als das von der Ursache Bewirkte.

So hat die Sieben zwei Verbildlichungsgruppen, auf der einen Seite das regelmäßige Siebeneck und die daneben vorhandenen Sternfiguren und auf der anderen Seite das vom Kreise umschlossene Hexagramm. Die erstere Gruppe zeigt die Sieben unverhüllt, und wir sind uns bei ihrem Anblick meist gar nicht bewußt, wie kompliziert, ja eigentlich unmöglich eine genaue Konstruktion dieser Bilder ist. Die letztere Verbildlichung spricht von der Zahl Sieben nur indirekt als von einem hinter der Erscheinungswelt Wirkenden und bietet der Konstruktion fast gar keine Schwierigkeiten. Die gleiche Situation besteht auch für den menschlichen Geist, wenn er die beiden Kategorien von Bildern in der Vorstellung festhalten will. Mühelos leicht steht vor dem geistigen Auge jederzeit das Bild eines Hexagramms. Um so größere Schwierigkeiten verursacht die vorstellungsmäßige Erzeugung eines der anderen Bilder. Nur wenn man sich von dem Sinneseindruck, den eine dieser Figuren gemacht hat, frisch wegwendet, bleibt diese eine Zeitlang vor dem inneren Blick stehen. Dagegen ist es kaum möglich, sich einer solchen Figur nach längerer Zeit zu erinnern, es sei denn, daß man mit einer der Gliederungen der Siebenzahl arbeitet, indem man sich etwa eine obere Dreiheit über einer unteren Vierheit vorzustellen sucht oder an zwei links und rechts einander gegenüberstehende Dreiheiten denkt, über denen eine Einheit als Siebentes schwebt. Die Leichtigkeit des Vorstellens auf seiten der Sechs und die Schwierigkeit des Vorstellens auf seiten der Sieben zeigen, daß zwischen beiden Zahlen ein Abgrund klafft. Man verliert hinter der Sechs gleichsam den Boden unter den Füßen, indem man sich ja mit der Sieben in die Welt der Entkörperung begibt. Zwischen Sechs und Sieben überschreitet man eine Schwelle, jenseits deren die geistige Welt zu finden ist. Darum spricht Rudolf Steiner in seinen Anweisungen, die zu einem Aufschließen der inneren Augen des Menschen führen sollen, davon, daß man sich bemühen soll, sieben rund herum im Kreise angeordnete Rosen vorzustellen. Wenn das vorstellende Bewußtsein diesen Akt mit Erfolg zu vollziehen vermag, hat es sich erkraftet, die Schwelle zu überschreiten.

10. Kapitel
Raum und Zeit innerhalb der Zahlenwelt

Das letzte Kapitel versuchte nachzuweisen, daß man sich beim Durchschreiten der ersten sieben Zahlen mit der Zahl Drei in die Raumeswelt hineinbegibt und alsdann bei weiterem Fortschreiten allmählich dieselbe wieder verläßt. Schon mit der Zahl Fünf beginnt man sich ihr wieder zu entwinden, mit der Zahl Sechs erreicht man die Grenze des Räumlich-Körperlichen, und mit der Zahl Sieben ist der Raum überwunden.

Wenn die Zahl Sieben aus der Welt der Körperlichkeit und des Raumes herausführt, *wohinein* leitet sie einen dann? Die Antwort ergab sich, indem untersucht wurde, wie viele Daten erforderlich sind, um einen Würfel im Raum zu fixieren. Man kam zu sechs räumlichen Daten, die sich ungezwungen zu zwei Dreiheiten gruppieren, und einer Zeit- und Winkelangabe als siebentem Datum. Klar geht aus dieser Betrachtung hervor, daß die Zahl Sieben in einem inneren Zusammenhang mit der Zeitwelt gedacht werden muß. Aus dem Raum führt uns die Sieben hinaus, in die Zeit führt sie uns hinein.

Schauen wir uns das genannte Beispiel noch etwas genauer an. Wie würde es sein, wenn zu den sechs räumlichen Daten nicht noch ein siebentes in Gestalt einer Zeitangabe hinzukäme? Dann würde der Würfel zwar in bezug auf eine seiner Raumdiagonalen fixiert sein, aber um sie herum wären noch alle Lagen möglich. Versuchte man, sich schon jetzt den Körper vorzustellen, so würde das vorstellende Denken in einen Strudel, einen Wirbel hineingezogen entsprechend der möglichen Rotation des Körpers um seine fixierte Achse. In diesem Wirbel kann man die Geburt der Zeit innerhalb des Denkens erleben. Indem man einen bestimmten

Zeitmoment festhält, stirbt das lebendige Zeitwesen in den Raum hinein, der Körper hält in seiner rotierenden Bewegung inne, und die Fixation des Körpers ist vollendet.

So ist durch das Hinzukommen des siebenten Datums die Bewegung des Körpers zur Ruhe gebracht worden, er liegt still im Raum vor uns. Ist nicht die Zahl Sieben demgemäß etwas, das die Zeit auslöscht, indem sie eine vorhandene Bewegung zum Stillstand bringt? Darauf ist zu erwidern, daß schon die Bewegung selber im Zeichen der Siebenzahl steht. Erst die Erstarrung dieses Siebenten zu einem Datum, zu einer Zeitangabe verursacht eine Zeitauslöschung. Indem man den Zeitenfluß, der als Wesen durchaus ein Siebentes gegenüber der vorhergehenden räumlichen Sechsheit ist, zu einem Datum gerinnen läßt, hat die Raumeswelt obsiegt.

So kommt das Paradoxe zustande, daß die Sechsheit der Daten den Körper noch im lebendigen Zeitenfluß zeigt, wogegen die Hinzunahme des zeitlichen siebenten Datums ein räumlich Erstarrtes und dem Zeitlichen Entfallenes zurückläßt. So angeschaut, könnte gerade die Zahl Sechs als die Zahl des Zeitenflusses erscheinen, und so sieht es offenbar auch St. Martin an, da er bei seiner Schilderung des Buches vom Menschen als den Inhalt des sechsten Blattes angibt, es handle «von den Bildungsgesetzen der zeitlichen Welt». Bei der Schilderung des Inhalts des siebenten Blattes nennt er die Zeit nicht und spricht statt dessen von der Sieben als «von der Quelle unserer verständigen oder sinnlichen Produktionen». Auch als solche lernten wir die Sieben kennen, als wir der Herrscherstellung gedachten, welche diese Zahl gegenüber der Raumeswelt einnimmt. In unserem Beispiel vereinigt sich sogar diese Qualität der Siebenzahl mit ihrer Beziehung zur Zeit. Denn die vielen möglichen Lagen des Würfels in bezug auf seine durch die sechs räumlichen Daten festgelegte Drehachse ruhen ganz und gar im Schoße der Zeit. Erst eine bestimmte Zeitangabe ist hier «die Quelle unserer verständigen oder sinnlichen Produktion», die als der anschaubare Würfel vor uns steht.

In der Vortragsreihe *Der Orient im Lichte des Okzidents* (GA 113), welche Rudolf Steiner vom 23. bis zum 31. August 1909 in München gehalten hat, kommt er auf das Verhältnis der Zahlen zu Raum und Zeit zu sprechen. In den beiden Schlußvorträgen setzt er die Zahl Sieben in eine Beziehung zur Zeit und die Zahl Zwölf in eine ebensolche zum Raume. Mit der letztgenannten Beziehung werden wir uns noch beschäftigen müssen. Rudolf Steiner führt über diesen Gegenstand im 9. Vortrag aus: «Es ist gesagt worden, daß zwischen den Zahlen Sieben und Zwölf ein gewisses Verhältnis besteht und daß dieses Verhältnis etwas zu tun hat mit Zeit und Raum. Nun ist es zwar möglich, daß das Geheimnis, das damit ausgesprochen ist, nach und nach von allen Menschen verstanden werden kann, aber im Sinne der gegenwärtig allein anerkannten Erkenntnis ist die Sache eine bloße Behauptung. Sie soll zunächst erläutert werden. Man findet sich im Weltengetriebe (...) zurecht, wenn man unterscheidet zwischen denjenigen Verhältnissen, die vorzugsweise räumlich sind, und denjenigen, die vorzugsweise zeitlich sind. Man begreift die Welt, wie sie uns umgibt, zunächst in Raum und Zeit. Wenn man sich aber nicht darauf beschränkt, abstrakt von Raum und Zeit zu sprechen, sondern verstehen will, wie sich die Verhältnisse in der Zeit ordnen, und wie sich die einzelnen Wesenheiten im Raum zueinander stellen, dann gibt es einen Faden, der hindurchführt auf der einen Seite durch die Verhältnisse der Zeit und auf der anderen Seite durch die Verhältnisse des Raumes.

Wir betrachten geisteswissenschaftlich zunächst den Werdegang der Welterscheinungen. Wir blicken zurück auf frühere Verkörperungen des Menschen, auf frühere Verkörperungen der Rassen, der Kulturen, auf frühere Verkörperungen der Erde selbst. Wir verschaffen uns eine Ahnung von demjenigen, was in der Zukunft, also auch zeitlich geschehen soll. Aber wir finden uns immer zurecht, wenn wir uns sagen: Wir werden die *zeitliche* Entwicklung von einem Gerüste aus beurteilen, das wir uns bauen durch die

Zahl Sieben. Man darf da nicht konstruieren oder spekulieren und mit der Zahl Sieben allerlei Deutungen vornehmen, sondern man soll zunächst einmal die Tatsachen unter dem Gesichtspunkt der Siebenzahl verfolgen. Es ist dies zunächst nur eine Erleichterung des Betrachtens. (...)

Dagegen ist die Zahl Zwölf ein Leitfaden für alles, was im Raume nebeneinander besteht. Das hat eine Wissenschaft, die zu gleicher Zeit Weisheit war, immer gefühlt. Daher hat sie bei Welterscheinungen, die unserer Erde angehören, gesagt: Wir finden uns zurecht, wenn wir die räumlichen Beziehungen von irgend etwas, was auf der Erde geschieht, auf zwölf Dauerpunkte, die im Raume verteilt sind, beziehen. Diese zwölf Dauerpunkte sind durch die zwölf Tierkreis-Zeichen im Weltenraum angegeben. Das sollten zwölf Grundpunkte sein, auf die alles im Raume bezogen wird. Das liegt aber nicht bloß in einer Willkür der menschlichen Denkweise, sondern diese hat an der Wirklichkeit gelernt und sich dieses Verhältnis, daß man im Raum sich am besten zurechtfindet, wenn man sich auf zwölf Glieder bezieht, als orientierend ausgebildet. Wo es sich um Veränderungen handelt, das heißt um Zeitliches, da werden die sieben Planeten von einer älteren Wissenschaft zugrunde gelegt. Da ist die Siebenzahl der Leitfaden.»

Durch diese Ausführungen bestätigt sich uns der Zusammenhang der Zahl Sieben mit allem, was zeithaften Charakter hat. Sieben ist die eigentliche Zahl der Zeit. Steiner weist an dieser Stelle mit Recht auf die Rolle hin, welche die Siebenzahl in alter Zeit bei der Betrachtung der Planetenwelt gespielt hat. Sieben solcher Wandelsterne zählte eine ältere Wissenschaft, Sonne und Mond neben den fünf Planeten Merkur, Venus, Mars, Jupiter und Saturn. Die Neuzeit hat durch ihren Übergang von der geozentrischen zur heliozentrischen Weltansicht durch Kopernikus jene alte Anschauung beträchtlich modifiziert. Statt der Sonne ist die Erde in den Rang eines Planeten eingerückt und der Mond zu einem bloßen Trabanten der Erde herabgesunken. Dadurch ist auch die

Sieben als Anzahl der Planeten verlorengegangen. Aus ihr wurde durch Kopernikus für einige Jahrhunderte eine Sechsheit, bis die Entdeckung des Uranus 1781, die Auffindung der Planetoiden seit dem Beginn des 19. Jahrhunderts, die Erschließung, Errechnung und Entdeckung des Neptun kurz vor der Mitte des 19. Jahrhunderts und letztlich die Auffindung eines allerfernsten Planeten, des Pluto, in den letztvergangenen Jahrzehnten aus der alten Siebenheit eine Zehnheit machte, wobei die Summe der Planetoiden, deren man heute bereits über tausend kennt, einem einzigen großen Planeten gleichgeachtet wird. Die Rolle der Siebenheit als eines dem Zeitlichen zugewandten Zahlenwesens bleibt aber angesichts des so lebendig in das Zeitliche eintauchenden Planetengeschehens trotz der Korrektur der älteren Anschauungen über die Anzahl der Planeten durch die neuzeitlichen Entdeckungen unangetastet.

Wenn in dem herangezogenen Zitat die Zahl Zwölf als derjenige Zahlenleitfaden bezeichnet wird, welcher am besten durch die Verhältnisse des Raumes hindurchzuführen vermag, könnte es wie ein Widerspruch erscheinen, daß im vorigen Kapitel die Zahl Drei als die eigentliche Zahl des Raumes hingestellt worden ist. Wie läßt sich das Verhältnis der Zahlen Zwölf und Drei zum Raume unterscheidend charakterisieren? Mit dieser Frage wagt man sich an ein recht schwieriges Problem heran und wird sich dessen bewußt, daß die Geheimnisse der Zahl nach einem Wort Rudolf Steiners zu denjenigen gehören, zu welchen verhältnismäßig am schwierigsten hinzugelangen ist.

An dem Raumcharakter der Zahl Drei ist nicht zu rütteln. Die Dreidimensionalität des Raumes selber ist dafür der stärkste Garant. Steiner selber hat sich darüber unmißverständlich ausgesprochen. In seiner Einleitung zum dritten Band der von ihm herausgegebenen naturwissenschaftlichen Schriften Goethes hat er ihr eine Betrachtung unter dem Titel «Der Goethesche Raumbegriff» gewidmet; dort steht die ganze Untersuchung unter der Voraussetzung

zung, daß keinerlei Zeitliches hineinspiele, da sonst ein völlig anderes Problem entstehe. Im Anschluß an Goethe wird nun der Dreiheits-Charakter des zeitlosen Raumes entwickelt. Die Betrachtung gipfelt in dem Satz: «Es ist also ganz falsch, die drei Dimensionen des Raumes als völlig gleichbedeutend zu nehmen.»

Gerade über die Zeitlosigkeit der Dreizahl findet sich eine weitere Äußerung Steiners in einem Vortrag vom 20. 9. 1912 (6. Vortrag der Vortragsreihe über das Markus-Evangelium, GA 139). Er macht dort geltend, daß das Morgenland noch keine eigentliche Erkenntnis der Zeit besessen habe; die Zeit spiele als realer Faktor noch nicht in die morgenländische Denkart hinein. Damit fehle dem Morgenland auch noch der eigentliche Sinn und das eigentliche Verständnis für alles geschichtliche Werden; dafür habe es um so großartiger eine weisheitsvolle Lehre von der ewigen Wiederholung alles Gleichen ausgebildet. Dann folgen bemerkenswerte Feststellungen: «Was kommt da in Betracht, wenn wir die Wiederholung des Gleichen in den aufeinanderfolgenden Kulturperioden ins Auge fassen? Nehmen wir es an dem Beispiel des Pflanzenwachstums. Da sehen wir, wie im Frühling die Pflanzen herausbrechen aus der Erde. Wir haben es mit ihrer Schöpfung zu tun. Wir sehen, wie diese Pflanzen wachsen und gedeihen, bis sie einen gewissen Höhepunkt erreicht haben, wie sie dann wieder absterben und, indem sie absterben, wieder schon den Keim zu einer neuen Pflanze in sich tragen. Wir haben es also mit einem dreifachen Schritt im Werden zu tun: mit Entstehen, mit Wachsen und Gedeihen und mit Absterben und haben im Absterben wieder den Keim zu einem Gleichen. Wo es nicht besonders auf die Zeit ankommt, wo es auf die Wiederholung ankommt, ist dieses sich wiederholende Prinzip immer am allerbesten in der Dreizahl zu fassen. Den Sinn des sich wiederholenden Werdens durch die Dreizahl zu fassen, das lag insbesondere in den Begabungen der morgenländischen Weisheit, lag besonders in der Weisheit, die dem Christentum vorangegangen ist. Und in der einseitigen

Hinneigung zu dem zeitlosen, sozusagen sich wiederholenden Geschehen ist bedingt die Größe dieser alten Weltanschauung. Und da, wo sie zu ihrem Abschluß kommt, treten uns überall entgegen die Trinitäten, die im Grunde genommen der hellseherische Ausdruck dessen sind, was hinter Entstehen, Vergehen und Wiederherstellen ist. Brahma, Shiva, Vischnu, diese Dreiheit liegt überall als schöpferische Mächte zugrunde. (...) Und das Abbild von dieser Dreiheit ist überall da vorhanden, wo man nicht mit der Zeit anders rechnet als mit der aufeinanderfolgenden Wiederholung des Gleichen.»

Im Bilde eines sich drehenden Rades wird der Fortgang alles Geschehens angesehen. Jede Drehung desselben erscheint als eine bloße Wiederholung der früheren Drehungen und bringt zu diesen nichts Neues, nichts Fortschrittliches hinzu. Der Mensch selber ist an das Rad der Wiedergeburt geschmiedet; in wiederholten Erdenleben unterliegt er in unerbittlicher Einförmigkeit den gleichen Erlebnissen. Auffallend in diesem ganzen Zusammenhang ist die enge Verwandtschaft des Zahlwortes Drei mit dem Tätigkeitsworte «drehen», eine Verwandtschaft, welche sich bis in die ältesten Formen dieser beiden Wörter zurückverfolgen läßt (siehe Friedrich Kluges *Etymologisches Wörterbuch der deutschen Sprache*).

Es könnte auf den ersten Blick wie ein Widerspruch erscheinen, daß die Zahl Drei, welche als die Zahl des Raumes fern von der Zeit charakterisiert wurde, nun doch im Zusammenhang mit der Zeit auftritt; denn das geschilderte einförmige Dahinrollen alles Geschehens ist ja nicht ohne die Zeit zu denken. Aber die immerwährende Wiederkehr des Gleichen ist doch wiederum eine Aufhebung der Zeit; alles kehrt immer wieder in seinen Anfangszustand zurück, es bleibt alles beim Alten. So hat die starre zeitlose Ruhe des Raumes ihre zeitliche Spiegelung in aller gleichförmigen Bewegung. In beiden kommt die gleiche Eigenschaft der irdisch-körperlichen Welt zum Ausdruck, ihr Beharrungsvermögen, ihre Trägheit. Bei der gleichförmigen Kreisbewegung bewegt sich ein

Körper infolge eines einmal erteilten Bewegungsimpulses weiter, wobei ihn eine unveränderliche Kraft quer zu seiner Bewegungsrichtung ständig angreift und ihn so zwingt, um einen Bewegungsmittelpunkt herumzukreisen.

Man könnte sogar, wenn man wollte, die Dreiheit der ewigen Wiederholung des Gleichen, nämlich Entstehen, Gedeihen und Vergehen, in eine innere Beziehung zu den drei Dimensionen des Raumes bringen, wie Goethe sie aufgefaßt wissen will, d. h. nicht als einander gleichbedeutende, sondern voneinander differenzierte Raumesachsen, die den Raum als eine in den Dingen liegende Notwendigkeit erscheinen lassen, «ihre Besonderheit in ganz äußerlicher Weise, ohne auf ihre Wesenheit einzugehen, zu überwinden und sie in eine Einheit, schon als solche äußerliche, zu vereinigen». Eine Art, die Welt als eine Einheit zu erfassen, ist der Raum. Eine andere Art, dieselbe Einheit zu bezeugen, ist die fortgesetzte Wiederholung des Gleichen mit *ihren* drei Dimensionen, dem Entstehen, dem Gedeihen und dem Vergehen.

Nun mögen wir uns der Ausführungen des vorigen Kapitels über die körpergestaltende Kraft der Zahlen erinnern. Dort wurde festgestellt, daß diese eigentlich nur den Zahlen Drei, Vier und Fünf innewohnt, in der Drei gleichsam entstehend, in der Vier gedeihend und in der Fünf schon wieder vergehend. Die Zahl Sechs bildet schon keinen Körper mehr. Sie stellt einen wichtigen Übergang dar, indem sie sich bereit macht, ein Neues in sich aufzunehmen, die Zeit. In der Sechs schickt sich der Raum an, sich mit der Zeit zu vermählen. Auch bei der Fixierung eines Körpers im Raume münden ja die ersten sechs Daten schon in die Bewegung des Körpers und damit in die Zeit ein. Man könnte sagen, die Zahl Sechs sei zwar noch dem Raume angehörig, dessen äußerste Grenze durch sie dargestellt werde; aber sie liege bereits dicht am Ufer des Zeitenflusses.

Von da aus wird auch das Verhältnis der Zahl Zwölf zum Raume verständlicher. Denn sie hängt aufs engste mit der Zahl Sechs zusammen. Wenn in die Zahl Zwölf die Zahl des Zwiespaltes, die Zwei, eindringt, spaltet sich die einheitliche Zwölfheit in zwei Sechsheiten auf. Die kosmische Heimat der Zwölf ist der Tierkreis. Derselbe ist damit zugleich auch die Heimat der Sechs. In der Zwölf bietet sich uns der Kosmos als ein einheitliches Ganzes dar, in der Sechs gewahren wir ihn im Zustande der Polarität. Jedem der zwölf Tierkreisbezirke entspricht alsdann ein Gegenbezirk, und aus der Einteilung in zwölf einzelne Bezirke wird eine solche in sechs Paare. Unter den vier Evangelien ist es besonders das Markus-Evangelium, welches nach der Gesetzmäßigkeit des Tierkreises aufgebaut ist. Dort schreitet die Christussonne dreimal durch eine Zwölfheit von Handlungen, deren Charakter auf die Zwölfheit des Tierkreises Bezug nimmt. Diese Handlungen haben dort oft nicht bloß mit einem einzelnen Tierkreisbezirk, sondern *auch mit seinem Gegenbezirk* zu tun. Auch der Gang der äußeren Sonne durch die Zwölfheit des Tierkreises unterliegt gleichermaßen der Zahl Zwölf wie der Zahl Sechs. Durch die Grenzziehung, welche der in den Himmelsraum hinaus erweiterte Erdäquator als Himmelsäquator bewirkt, wird aus der einheitlichen Zwölf eine doppelte Sechs. Überdies ist diejenige Zahl, welche den Gang der Frühlingssonne durch den Tierkreis beherrscht, die Zahl 25 920, wie schon erwähnt, ganz und gar aus der Zahl Sechs heraus komponiert.

So nimmt auch die Zahl Zwölf am Charakter der Zahl Sechs teil; sie ist ebenfalls dicht am Ufer des Zeitenflusses gelegen. Daher bildet der zwölfteilige Tierkreis auch die räumliche Grundlage für alles mögliche Zeitgeschehen. Er wird zum Zifferblatt der Weltenuhr, nach deren Vorbild dann auch das Zifferblatt der gewöhnlichen Uhren gestaltet ist. In der Bewegung des großen Zeigers dieser Weltenuhr, der Jahresbewegung der Sonne, wird die Zahl Zwölf auf diese Weise sogar zur Zeitzahl: Das Jahr gliedert sich durch sie in zwölf Monate. Man versteht nun die Modifikation, welche Steiner seiner Feststellung, daß Zwölf die Grundzahl des

Raumes sei, im achten seiner Vorträge über den *Orient im Lichte des Okzidents* (GA 113)zuteil werden läßt: «Indem die Zeit herausfließt in den Raum, wird sie zur Offenbarung durch Zwölf. Daher herrscht die Zwölf da, wo die Zeit ausfließt in den Raum.»

11. Kapitel
Zwölf als Summe von Fünf und Sieben

Die im vorigen Kapitel zuletzt behandelten beiden polaren Bereiche der Zwölfheit standen im Zeichen der Sechsheit. Sie sind schon im frühen Persertum als die Scheidung der zwölf Tierkreisgottheiten, der zwölf «unsterblichen Heiligen» oder der zwölf «Amösha spönta», in sechs gute oder lichte Geister und ihre sechs dunklen Gegenmächte nachweisbar. Nun spricht aber auch die persische Eschatologie davon, daß im Kampf der Lichtesgottheiten gegen die Finsternismächte die ersteren einst den Sieg davontragen werden, so daß das Gute gegenüber dem Bösen in der Welt dereinst das Übergewicht erlangen werde. Je mehr es auf den Endkampf zugehe, desto entschiedener werde aus der Gliederung der Zwölfheit in zwei zueinander im Gleichgewicht stehende Sechsheiten eine Scheidung in eine gute Siebenheit und eine böse Fünfheit. In dem persischen Avesta, Yascht 19, findet sich, vermutlich aus der Zeit vor der Mitte des ersten vorchristlichen Jahrtausends, eine Verheißung Zarathustras, wer den Sieg des Guten über das Böse herbeiführen werde. In der Übersetzung des Orientalisten Prof. Hermann Beckh lautet sie:

Die mächtige, verheißungtragende Sonnen-Äther-Aura,
die gottgeschaffene, verehren wir im Gebet,
die übergehen wird auf den siegreichsten der Heilande
und die andern, seine Apostel,
die die Welt vorwärts bringt,
die sie überwinden läßt Alter und Tod, Verwesung und Fäulnis,
die ihr verhilft zu ewigem Leben, zu ewigem Gedeihen, zu freiem Willen;

wenn die Toten wieder auferstehen,
wenn der lebende Überwinder des Todes kommt
und durch den Willen die Welt vorwärts gebracht wird.

Mit dem Erscheinen dieses siegreichsten der Heilande, des Christus, ist nach dieser Anschauung das Übergewicht des Guten über das Böse besiegelt. Von da ab hat sich die kosmische Konstitution der Zwölfheit endgültig geändert. Das trat uns bereits deutlich in der «Speisung der Fünftausend» entgegen, bei welcher zu den fünf Ausgangsbroten sieben weitere hinzukamen, damit daraus die volle Zwölfheit werde. Diese in die Zukunft weisende Speisung wird im Auftrage Christi durch die zwölf Jünger vorgenommen, welche zu Aposteln des auszubreitenden Christentums ausersehen sind.

Gliedert sich etwa die Zwölfheit der Apostel ebenfalls in eine Siebenheit und eine Fünfheit? Ehe diese Frage beantwortet wird, sei die von den Brüdern Grimm aufgezeichnete Erzählung mitgeteilt, welche von der Herkunft der zwölf Apostel handelt; es heißt von ihnen:

«Es war 300 Jahre vor des Herrn Christi Geburt, da lebte eine Mutter, die hatte 12 Söhne, war aber so arm und dürftig, daß sie nicht wußte womit sie ihnen länger das Leben erhalten sollte. Sie betete täglich zu Gott, er möchte doch geben, daß alle ihre Söhne mit dem verheißenen Heiland auf Erden zusammen wären. Als nun ihre Not immer größer ward, schickte sie einen nach dem andern in die Welt, um sich ihr Brot zu suchen. Der älteste hieß Petrus, der ging aus und war schon weit gegangen, eine ganze Tagreise, da geriet er in einen großen Wald. Er suchte einen Ausweg, konnte aber keinen finden und verirrte sich immer tiefer; dabei empfand er so großen Hunger, daß er sich kaum aufrechterhalten konnte. Endlich ward er so schwach, daß er liegen bleiben mußte und glaubte, dem Tode nahe zu sein. Da stand auf einmal neben ihm ein kleiner Knabe, der glänzte und war so schön und freundlich wie ein Engel. Das Kind schlug seine Händchen zusammen, daß er aufschauen und es anblicken mußte. Da sprach es: ‹Warum sitzest du da so betrübt?› – ‹Ach›, antwortete Petrus, ‹ich gehe umher in der Welt und suche mein Brot, damit ich noch den verheißenen lieben Heiland sehe; das ist mein größter Wunsch.› Das Kind sprach: ‹Komm mit, so soll dein Wunsch erfüllt werden.› Es nahm den armen Petrus an der Hand und führte ihn zwischen Felsen zu einer großen Höhle. Wie sie hineinkamen, so blitzte alles von Gold, Silber und Kristall, und in der Mitte standen 12 Wiegen nebeneinander. Da sprach das Englein: ‹Lege dich in die erste und schlaf ein wenig, ich will dich wiegen.› Das tat Petrus, und das Englein sang ihm und wiegte ihn so lange, bis er eingeschlafen war. Und wie er schlief, kam der zweite Bruder, den auch sein Schutzenglein hereinführte, und ward wie der erste in den Schlaf gewiegt, und so kamen die andern nach der Reihe, bis alle 12 da lagen in den goldenen Wiegen und schliefen. Sie schliefen aber 300 Jahre, bis in der Nacht, worin der Weltheiland geboren ward. Da erwachten sie und waren mit ihm auf Erden und wurden die 12 Apostel genannt.»

In zarter Art wird in dieser Erzählung eine Wiederverkörperungstatsache angedeutet, über welche Rudolf Steiner aus geistiger Forschung Genaueres mitgeteilt hat. Er spricht darüber in dem Vortragszyklus über das *Markus-Evangelium* (GA 139), wo es im 2. Vortrag folgendermaßen heißt: «Es ist im höchsten Sinne interessant, den seelischen Werdegang derjenigen zu verfolgen, die der Christus Jesus um sich versammelt, die er beruft zu seinen Zwölfen. (…) Diejenigen Seelen erschienen wieder, die in den sieben Makkabäersöhnen und in den fünf Söhnen des Mattathias, in Judas und seinen Brüdern, verkörpert waren; daraus setzte sich das Apostolat zusammen. (…) Man könnte sich vorstellen, daß jemand ein ganz Ungläubiger wäre und nur künstlerisch das ins Auge fassen wollte, wie am Ende des Alten Testamentes Sieben und Fünf auftreten, und wie Zwölf wieder am Anfange des Neuen Testamentes zu finden sind. Wenn man dies rein als künstlerischkompositionelles Element nimmt, kann man schon von der Einfachheit und der künstlerischen Größe des Bibelbuches ergriffen sein, ganz abgesehen davon, daß die Zwölf sich zusammensetzen aus den fünf Söhnen des Mattathias und den sieben Söhnen der Makkabäermutter.»

Durch die Aufteilung der Zwölfheit in eine Siebenheit und eine Fünfheit werden die beiden Bezirke der Zwölfheit noch stärker in ihre Pole hineingetrieben, der Grad ihrer Polarisation wird verstärkt. Die Gegensätzlichkeit der beiden Zahlen Fünf und Sieben ist denjenigen, welche in der Welt der geistigen Erlebnisse zu Hause sind, stets eine unmittelbare Erlebnistatsache gewesen. Dafür sei zum Zeugen Johann Valentin Andreae, der Verfasser der *Chymischen Hochzeit Christiani Rosencreutz* aufgerufen. Andreae gliedert den übersinnlichen Vorgang, welchen er als die chymische Hochzeit beschreibt, in ein Werk von sieben Tagen. Am Ende des ersten Tages hat der Bruder vom Rosenkreuz, welcher sich auf den Weg zur chymischen Hochzeit begibt, ein Traumgesicht. Er sieht sich zusammen mit vielen anderen Menschen in einen finsteren Turm gesperrt. Da wird oben ein Deckel geöffnet, durch den etwas Licht hineinfällt, und nun beginnt ein ohnmächtiges Bemühen der in dem Turme Gefangenen, aus demselben durch die Öffnung nach oben hinauszugelangen. Durch Wesen, die oben an der Öffnung des Turmes sich befinden, wird ihnen Hilfe zuteil: Ein Seil wird in den Turm sieben Male heruntergelassen, an welchem diejenigen, welche dazu die Kraft und die Geschicklichkeit besitzen, sich hinaufziehen lassen können. Über diese Manipulation heißt es: «So geschah es, daß in fünf Malen gar wenige aufgezogen wurden; denn sobald das Zeichen gegeben wurde, waren die Diener mit dem Hochziehen so flink, daß die meisten wieder herunterpurzelten; beim fünften Mal aber wurde das Seil sogar leer aufgezogen. Deshalb verzagten fast alle, auch ich selbst, an unserer Erlösung und riefen Gott an, daß er sich unser erbarmen und, so es möglich wäre, uns aus dieser Finsternis erlösen möge, worauf er auch etliche unter uns erhörte. Als dann das Seil zum sechsten Mal herabkam, hängten sich einige kräftig daran, und da das Seil im Aufziehen hin- und herschwankte, geschah es, daß es in meine Nähe kam, worauf ich es schnell erhaschte, zuoberst auf alle anderen aufsaß und auf diese Weise endlich wider Erwarten herauskam. Das freute mich so hoch, daß ich der Wunden, die ich am Kopf durch einen spitzen Stein erhalten hatte, nicht achtete, bis ich mit andern Erlösten den siebenten und letzten Zug tun geholfen. Da sah ich erst, daß mir das Blut bei der Arbeit über mein ganzes Kleid geflossen war, was ich vor Freude gar nicht beachtet hatte. Wie nun auch der letzte Zug, an dem noch am allermeisten hingen, vorüber war, ließ die Frau das Seil weglegen.»

Das Traumbild will unter anderem auch dieses sagen, daß sich bis zur Zahl Fünf hin so viel an Schuld und Verfehlung angehäuft hat, daß bis dahin nur wenige und beim fünften Mal sogar niemand befreit wird. Erst nach Überwindung der Fünf, erstmalig bei der Sechs, wird die Befreiung aus dem Kerker wieder möglich. In der Zahl Sieben ist dann die Erlösungsmöglichkeit am allerstärksten.

12. Kapitel
Die Zahlen Sechs und Sieben im Pflanzenwerden

Gelegentlich der Betrachtung über die Zahl Drei im 10. Kapitel wurde dasjenige Geschehen behandelt, in welchem sich ein Früheres in gleicher Weise wiederholt, ohne daß es zu einem Neuartigen und Fortschrittlichen kommt. In besonderer Klarheit und Reinheit breitet sich ein solches Geschehen im Pflanzenreich aus, wenn es sich nicht um riesige Zeiträume handelt, die weit in die Erdvergangenheit zurückführen. Die gleichförmige Wiederholung der Vorgänge in der Pflanzenwelt von Jahr zu Jahr ist für den naturliebenden Menschen keineswegs etwas Langweiliges, das, einmal erlebt, in der Wiederholung an Reiz einbüßt, sondern wird von ihm alljährlich mit größter Anteilnahme entgegengenommen. Vielleicht interessiert es in diesem Zusammenhang, daß Immanuel Kant, dem bezeichnenderweise der Sinn für die Wunder der sprießenden und sprossenden Pflanzenwelt abging, einmal seinen Freunden, die ihn auf das beglückende Herannahen des Frühlings aufmerksam machten, entgegenhielt, daß dies doch Jahr für Jahr derselbe Vorgang sei.

Wenn nun auch die ewige Wiederkehr des Gleichen gewissermaßen die Zeit in der Zeit auslöscht, so daß der Hauch der Zeitlosigkeit dieses zeitliche Geschehen durchweht, wäre es doch grundverkehrt, daraus den Schluß zu ziehen, daß das Pflanzenwesen wenig mit dem Zeitwesen zu tun habe. Für eine ganze Pflanzengattung mag dieses Gesetz der Überzeitlichkeit seine Geltung haben, aber für die einzelnen Pflanzen dieser Gattung ist die Zeit von einer mächtigen Bedeutung. Innerhalb des Werdens der einzelnen Pflanze ist durchaus keine Wiederholung des Gleichen vorhanden, sondern eine gewaltige Verwandlung des Früheren in Späteres, es herrscht dort ganz und gar das im Zeitwesen verankerte Gesetz der Metamorphose. Von Entwicklungsstufe zu Entwicklungsstufe gewahren wir ein mächtiges Voranschreiten. Zwar ist die aus der alten Pflanze hervorgehende neue Pflanze durchaus keine Metamorphose der Mutterpflanze, sondern ihre bloße Wiederholung, aber die nächste Entwicklungsstufe einer und derselben Pflanze stellt eine wunderbare Metamorphose der vorangehenden Entwicklungsstufe dar. Die Aufeinanderfolge der einzelnen Pflanzenindividuen ist eine Art geschichtsloser Vorgang, wogegen die Aufeinanderfolge der verschiedenen Entwicklungsstufen in hohem Maße die Geschichte dieser Pflanze bildet.

Diese zeitliche Entwicklung einer Pflanze ist in ihrer typischen Art von Goethe in seiner «Metamorphose der Pflanzen» geschildert worden. Es ist kein Zufall, daß sich in seiner Beschreibung des Pflanzenwerdens sofort jene Zahl einstellt, welche das Raumesgeschehen dicht am Ufer des Zeitenflusses zeigt, die Zahl Sechs. Eine Sechsheit von aufeinanderfolgenden Zuständen wird durch die Pflanzenentwicklung dargeboten. Diese Sechsheit erscheint bei Goethe in Form der sogenannten drei «Doppelschritte», welche die Pflanze macht. Der erste Doppelschritt wird im Durchlaufen des Samen- und des Blattstadiums absolviert. Der zweite Doppelschritt umfaßt das Knospen- und das Blütenstadium. Der dritte und letzte Doppelschritt begreift in sich die Ausbildung der in der Blütenhülle enthaltenen Fadenorgane (Staubgefäße und Stempel) sowie das Fruchtstadium. Nach dem Durcheilen dieser sechs Stufen ist das Pflanzenwerden abgeschlossen. Durch ein dreifaches Ein- und Ausatmen oder, wie Goethe sich ausdrückt, durch eine dreifache Systole und Diastole ringt sich die Pflanze zu einem «tetelestai», einem «Es ist vollbracht» hindurch. Das Wort «ringt» ist hier ganz wörtlich zu nehmen; nach sechs Stufen ist der «Ring» des Pflanzenwerdens geschlossen.

Es ist reizvoll, diesem Geschehen einen figuralen Ausdruck zu verleihen. Im Goetheschen Sinne vollzieht sich alle Entwicklung nach dem Gesetz von Polarität und Steigerung. Anfangs ist die Polarität von Samen und Blattstadium vorhanden, natürlich nicht im räumlichen Nebeneinander, sondern im zeitlichen Nacheinander. Die Steigerung und damit zugleich Überwindung dieser Polarität wird durch das Erscheinen der Knospe angezeigt. Aus ihr entwickelt sich als zweite Polarität diejenige von Knospe und Blüte. Ihre Überwindung tritt uns in den Fadenorganen vor Augen. Mit ihnen ist die dritte und letzte Polarität veranlagt, jene von Fadenorganen und Frucht; ihre Überwindung erfolgt in der Erzeugung des neuen Samens. Von da an wiederholt sich das Spiel. Setzt man zum Zwecke der Verbildlichung die beiden Glieder einer Polarität paarhaft nebeneinander, und überhöht man das Paar durch eine Spitze, welche den die Polarität überwindenden Pflanzenzustand versinnbildlicht, so erscheint als das Bild von Polarität und Steigerung ein gleichseitiges oder gleichschenkliges Dreieck. Aus dessen Spitze schiebt sich dann die auf höherer Stufe stehende neue Polarität heraus, um wieder durch eine neue Spitze überhöht zu werden, und so fort. So türmen sich übereinander drei Dreiecke auf, an deren Eckpunkten die einzelnen Stationen des Pflanzenwerdens figurieren. So entsteht das folgende Gesamtbild:

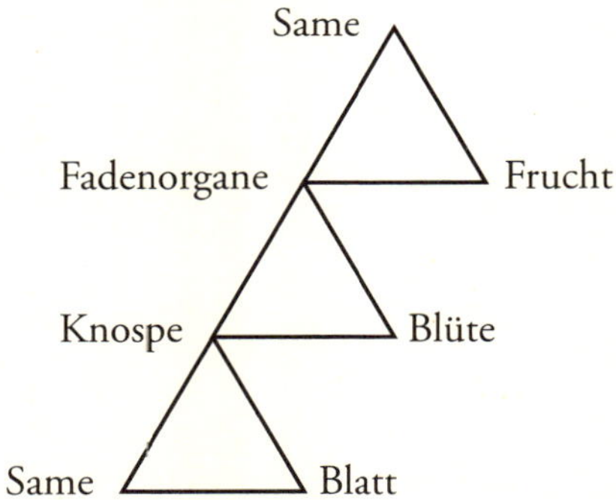

Figur 56

Die Figur leidet noch unter einem Mangel, daß nämlich der neue Same nicht am Ort des alten Samens erscheint. Die Darstellung wäre richtig, wenn der neue Same von höherer Natur als der alte wäre. Aber dies ist ja wegen der Zeitlosigkeit der Gattung gerade nicht der Fall; von Same zu Same schließt sich vielmehr der Ring des Werdens. Daher ist man genötigt, die Darstellung entsprechend zu korrigieren, so daß der neue Same an den Ort des alten zu liegen kommt. Die Bildumgestaltung kann dadurch geschehen, daß das schräge Aufsteigen der drei Dreiecke in eine ringförmige Rückkehr in den Anfangszustand verwandelt wird, so daß die bisher ungeknickte Linie am linken Rande, welche durch die Werdestufen von Same, Knospe, Fadenorganen und Same bezeichnet wurde, in eine dreieckige Knicklinie übergeführt wird. Es bleibt also das unterste Dreieck liegen, das mittlere dreht sich um den dritten Teil eines Vollwinkels, d. h. um 120 Grad, und das oberste Dreieck dreht sich um 240 Grad. Das korrigierte Bild sieht nun folgendermaßen aus:

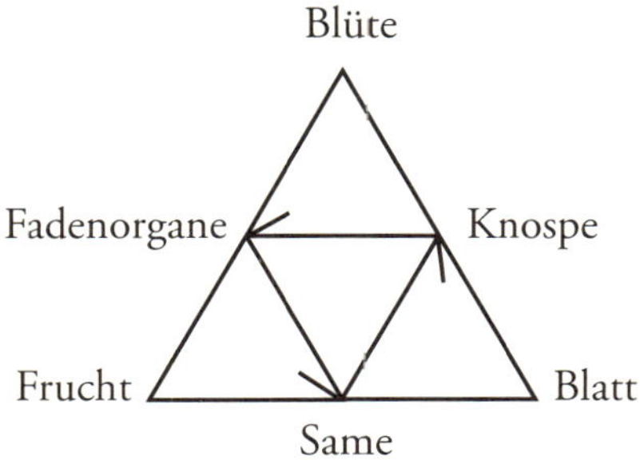

Figur 57

Zur Erzeugung größerer Deutlichkeit ist in jedem der drei Dreiecke der Winkel an der Spitze durch einen Strich markiert.

Die Figur kann uns, wenn wir sie recht beschauen, viel sagen. In ihm bilden die drei Systolen Same, Knospe und Fadenorgane die

Ecken des zusammengezogenen Dreiecks im Innern, die drei Diastolen Blatt, Blüte und Frucht die Ecken des äußeren Dreiecks. Bei der Überführung der Figur hat sich innen eine Art leerer Raum gebildet, eben das innere Dreieck, welches keine Verbildlichung von Polarität und Steigerung im Gegensatz zu den drei es umschließenden ist. In diesem leeren Raum ist symbolisch der geheimnisvolle Regent des ganzen Pflanzenwerdens anwesend zu denken, dort kann der Ort und Sitz der Urpflanze in Goethes Sinne angenommen werden. Man wird bereits bemerkt haben, daß die verwandelte Figur einem Hexagramm, einer Durchdringung zweier Dreiecke ähnelt; man braucht bloß das innere, zusammengezogene Dreieck entsprechend aufzuweiten, bis es mit dem äußeren gleiche Größe besitzt, und hat alsdann ein echtes Hexagramm vor sich.

Man kann sich noch fragen, ob es überhaupt eine *Steigerung* ist, wenn nach dreien solcher Teilsteigerungen nur wieder der Anfangszustand erreicht wird. Müßte nach ihnen nicht ein Neues zuwege gebracht sein? Müßte nicht, wenn der Ausdruck Steigerung wahr sein soll, der neue Same doch auf höherer Stufe als der alte stehen? Fragen wir uns jedoch einmal ganz nüchtern, was denn nach der dritten Steigerung erreicht worden ist! Nichts Geringeres als die Wiedererlangung der Samenfähigkeit. Das ist etwas ganz Außerordentliches, zu dem es eben dreier Teilsteigerungen bedarf. Es ist vielleicht ein logischer, aber damit noch lange nicht ein biologischer Widerspruch, wenn die dritte Steigerung in den Anfangszustand zurückführt.

Die Durchschreitung der geschilderten sechs Zustände wird von dem geheimnisvollen Wesen gelenkt, das Goethe als die Urpflanze bezeichnet hat. Sie ist es, die die Sechsheit von aufeinanderfolgenden Zuständen zu einer Einheit zusammenfaßt. Sofern sich die Einheit in jedem der sechs Zustände manifestiert, wird sie von Goethe als das Blatt bezeichnet. Alle sechs Pflanzengestaltungen sind nichts weiter als Blatt, aber verschiedene Metamorphosen des einen Blattwesens. Nun ist aber jenes, was eine Sechsheit zur Einheit bringt, immer ein Siebentes, und so steht das Wesen der Urpflanze mit der Zahl Sieben in einem inneren Zusammenhang, wogegen die physische Ausgestaltung dieses Wesens, die sichtbare Pflanze, sich als eine Sechsheit auslebt. In unseren Bildern ist das Siebente, wie wir es schon vom 9. Kapitel her wissen, das Zentrum der Figur, welche rein äußerlich eine Gestaltung der Zahl Sechs darstellt.

Wenn die Urpflanze mit der Zahl Sieben zu tun hat, nimmt sie auch an deren Geistigkeit teil. Wie Sieben die Zahl der Zeit ist, ist auch die Urpflanze in der Zeit verwurzelt; im zeitlichen Nacheinander manifestiert sich ihr Wesen. Man übersieht meist, daß es gerade sechs räumliche Zustände, gerade drei Polaritäten sein müssen. Weniger als drei Polaritäten durchschreiten hieße für das Pflanzenwesen, den Abschluß, die Vollkommenheit nicht erreichen. Mehr als drei Polaritäten durchschreiten hieße für es, den Raum überhaupt verlassen und in den Zustand der Vergeistigung übergehen. Was die eine Polarität zur nächsten hinauftreibt, hinaufsteigert, verfeinert, ist das verborgene Wirken der Sieben; Goethe nennt es eine geistige Anastomose. Die Sieben hat es in allem, so auch hier, damit zu tun, das im Raum Vorhandene durch die Zeit hindurch zu einem Abschluß, zu einer Vollkommenheit gelangen zu lassen. Vom Pflanzenwesen her begreift man überdies, daß Sieben nicht bloß die Zahl der Zeit, sondern auch der Verwandlung, der Metamorphose ist.

13. Kapitel
Die Zahlen Sechs und Sieben im Aufbau der Rechnungsarten

Es kann aufs höchste überraschen, wenn man entdeckt, daß auch in einem Gebiet, das mit dem Pflanzenwesen nichts zu tun zu haben scheint, dem Gebiet des Rechnens, der Rechnungsarten, die Zahlen Sechs und Sieben einen Aufbau ähnlicher Art bewirken. Auch hier gestaltet sich ein Ganzes durch drei Polaritäten hinauf, in drei Polaritäten schwingt sich die rechnende Gestaltung der Zahl empor. Sie ist zwar bereits in meinem Buch *Logarithmen für jedermann* dargestellt worden; jedoch ist hier der Blickpunkt der Betrachtung ein etwas anderer.

Die unterste Polarität wird durch die Additionsstufe gebildet. Daß diese Rechnungsart in sich polar gestaltet ist, wird meist nicht beachtet. An einem Beispiel sei die der Addition innewohnende Spannung erläutert. Betrachten wir etwa die Aufgabe 3 + 5. In ihr handelt es sich darum, daß die Zahl 3 *vermehrt wird,* wogegen die Zahl 5 nicht vermehrt wird, sondern *selber vermehrt.* Der Unterschied zwischen den Zahlen 3 und 5 ist der des Leidens und des Tuns, von Passiv und Aktiv. Man kann auch sagen, von der Zahl 3 aus gesehen, handelt es sich um eine Vermehrung, eine Auktion, von der Zahl 5 aus gesehen um eine Hinzufügung, eine Addition; deshalb kann man die Zahlen 3 und 5 auch als Augenden und Addenden unterscheiden. Was man demnach schlechtweg Addition nennt, ist in Wahrheit die Polarität von Auktion und Addition. Warum beachtet man nicht sonderlich diese Polarität? Weil es hinsichtlich des Ergebnisses, der Zahl 8, nicht auf die Reihenfolge der beiden Zahlen 3 und 5 ankommt, weil die Aufgabe 3 + 5 zu demselben Ergebnis führt wie die Aufgabe 5 + 3. Daher hat man auch einen gemeinsamen Namen für 3 und 5, man nennt sie

Summanden. So verleitet das Gesetz der Vertauschbarkeit, der Kommutation, dazu, den begrifflichen Unterschied zwischen den beiden Summanden gering zu achten.

Die Rückwendung des behandelten Rechenprozesses läßt die nachgewiesene Polarität noch klarer hervortreten. Es ist ein großer, meist übersehener Unterschied, ob die Zahl 8 mit 5 oder mit 3 verknüpft wird. Im ersteren Fall nimmt man die hinzugefügte 5 von der 8 wieder weg und kommt zu der Aufgabe 8 – 5 = 3. Da handelt es sich um eine echte Wegnahme, eine wirkliche Subtraktion. Im letzteren Fall liegt es wesentlich anders. Da nimmt man von der 8 die 3 nicht weg, sondern *vergleicht* die erhaltene 8 mit der anfänglichen 3 und schließt aus dem Vergleich, daß 5 weggenommen, subtrahiert sein muß. Man schreibt die Aufgabe am passendsten in der Form 3 = 8 – 5, in Worten: 3 verglichen mit 8 ergibt eine Wegnahme von 5. Das Gleichheitszeichen wird hier wieder zu dem, was es eigentlich sein sollte, zu einem Vergleichungszeichen.

Wenn auch zwischen den beiden Zahlen 3 und 5 der Gegensatz des Leidens und Tuns vorhanden ist, handelt es sich doch bei beiden um dieselbe Zahlenart, welche man durch das Wort «Größe» charakterisieren könnte: Die Größe 3 soll um die Größe 5 vermehrt werden.

Man überwindet die in der Aufgabe 3 + 5 enthaltene Polarität dadurch, daß man etwa zu der Aufgabe 3 + 3 übergeht. Jetzt ist das Vermehrte mit dem Vermehrenden identisch. Aber diese Überwindung der Polarität ist noch keine Steigerung, da man im Gebiet der Addition gefangen bleibt. Es ist, als würde der Schöpfergeist in der Natur die Polarität zwischen Same und Blatt dadurch überwinden, daß er in der Knospe einfach die Unterschiede zwischen Same und Blatt wegfallen ließe. Die Knospe ist zwar Same und Blatt zugleich und dennoch etwas Höheres. So liegt auch eine Steigerung zu etwas Höherem erst vor, wenn für die Aufgabe 3 + 3 eine neue Form gefunden wird. Wir kennen sie als die Aufgabe «3 zweimal». So steigert sich die Addition durch Überwindung der in ihr enthaltenen Polarität zur Stufe der Multiplikation.

Aber auch die neue Stufe ist in sich polar gestaltet, sogar intensiver als die Ausgangsstufe. Auch der Gegensatz zwischen Knospe und Blüte ist ja entschiedener als der zwischen Same und Blatt. In der Aufgabe 3 2mal stellt die Zahl 3 die Vervielfachte oder den Multiplikanden dar, die Zahl 2 die Vervielfacherin oder den Multiplikator; wieder hat man es mit dem Gegensatz des Passiven und des Aktiven zu tun. Der Multiplikand, also die 3, ist noch ein Rückbleibsel aus der Additionsstufe; dort handelte es sich um das Zusammenfügen von Größen, und somit kann man die 3 auch noch als Größe, eben als die zu vervielfachende Größe, ansehen. Dagegen stellt der Multiplikator, die 2, eine neue Zahlenart dar, wie sie auf der Stufe der Addition noch nicht möglich war. Man darf also die 2 nicht mehr als eine Größe ansprechen; ihr Charakter ist vielmehr der einer «Anzahl» geworden. Mit der 2 wird der bisherige Größenbereich der Zahl verlassen; man begibt sich mit ihr in ein angrenzendes Gebiet, in die An-zahl. Der begriffliche Unterschied zwischen 3 und 2 tritt auch darin zutage, daß die Zahl 3, der Multiplikand, als Größe für sich allein bestehen kann, wogegen die Zahl 2, der Multiplikator, nur im Dienste an der Größe 3 sinnvoll ist. «Zweimal» hat für sich allein keinen Sinn, sondern nur in Verbindung mit einem Etwas, das zweimal genommen werden soll, wogegen dieses Etwas eine eigene Existenz aufzuweisen vermag. Auch hier, auf der Multiplikationsstufe, müßte man eigentlich zwei verschiedene Namen für diese Rechnungsart haben je nachdem, ob man das Geschehen von der 3 oder von der 2 aus betrachtet. Daß nur ein Name gebraucht wird, zeigt nur, daß auch hier die vorhandene Polarität für gering erachtet wird. Der Grund dafür ist wieder darin zu suchen, daß hinsichtlich des Ergebnisses, der Zahl 6, es nicht auf die Reihenfolge ankommt: 3 2mal führt zum gleichen Ergebnis wie 2 3mal, obwohl es sich beide Male um ganz verschiedene Aufgaben handelt. Daher schreibt es sich auch, daß man den beiden Zahlen 3 und 2 den gemeinsamen Namen Faktoren beilegt. Wieder verleitet also das Gesetz der Vertauschbarkeit, der Kommutation, dazu, den begrifflichen Unterschied zwischen den beiden Zahlen zu übersehen.

Man möge bemerken, daß mit der Erhebung der Addition zur Multiplikation das Gesetz der Vertauschbarkeit eine Verfeinerung erfahren hat. Daß 3 + 2 = 2 + 3 ist, wird ohne weiteres eingesehen; auf dieser untersten Stufe ist die Vertauschbarkeit sozusagen in ihrem Element. Jedoch in der Multiplikation ist sie schon nicht mehr so durchsichtig; es ist nicht ohne weiteres ersichtlich, daß 3 2mal oder 3 + 3 zum selben Ergebnis führen soll wie 2 3mal oder 2 + 2 + 2. Man könnte sagen, hier gilt die Vertauschbarkeit «gerade noch», und man ist darauf gefaßt, daß sie auf der nächsthöheren Rechenstufe nicht mehr gilt.

Die in der Multiplikation enthaltene Spannung wird durch die Rückwendung dieses Rechenprozesses wieder noch deutlicher. Denn es ergeben sich hier zwei verschiedene, in ihrer Unterschiedlichkeit kaum mehr zu übersehende Rückwendungen. Bei der einen wird das Ergebnis, die Größe 6, mit dem Multiplikanden, der Größe 3, verknüpft. Es liegt hier die Aufgabe vor: Wie oft ist die Größe 3 in der Größe 6 enthalten? Die Antwort lautet: 2mal. Man gelangt so zur Rechnung des Enthaltenseins, des Sichverhaltens, des Vergleichens, des Messens – alles Bezeichnungen für denselben Vorgang. Die andere Rückwendung verbindet das Ergebnis, die Größe 6, mit dem Multiplikator 2, der Anzahl 2. Man steht hier vor der Aufgabe, die Größe 6 in 2 gleiche Teile zu zerlegen, und gelangt zur Größe 3 als Ergebnis. Hier handelt es sich also um ein echtes Teilen. Obwohl es sich begrifflich um zwei ganz verschiedene Vorgänge handelt, spricht man in beiden Fällen von der «Division», also von einer Teilung. Dieser Name paßt jedoch nur für die letzte Rückwendung, die erste müßte ein Vergleich heißen.

Wieder strebt man danach, die in der Aufgabe 3 2mal enthaltene Polarität zu überwinden. Dies würde durch den Übergang zu der Aufgabe 3 3mal erreicht werden; denn in ihr ist das Vervielfachte mit dem Vervielfachenden identisch geworden. Die auf diesem

Wege gewonnene Form bleibt jedoch noch auf der Multiplikationsstufe stehen, eine Steigerung zu etwas Neuem ist mit ihr noch nicht vollzogen. Das ist erst dann der Fall, wenn für die neue Aufgabe auch eine neue Form gefunden wird. Eine solche ist die Aufgabe 3 hoch 2, geschrieben 3^2 in Form der sogenannten Potenz. So steigert sich die Multiplikation durch Überwindung ihrer Polarität zur Potenz.

Auch die Potenz ist von innerer Spannung erfüllt, und zwar stärker, als es je zuvor der Fall war. In der Aufgabe 3 hoch 2 figuriert 3 als die potenzierte Zahl und steht somit im Zeichen des Erleidens, wogegen 2 als die potenzierende Zahl etwas mit der 3 tut. 3 heißt in der Potenzrechnung bekanntlich Basis oder Grundzahl und repräsentiert als Rückbleibsel aus der Multiplikations- und sogar Additionsstufe immer noch eine Größe. Wie bei der Pflanze das Unterste die Wurzel ist, wird die Basis einer Potenz auch geradezu als Wurzelzahl, als Radix, bezeichnet. Dagegen stellt die Zahl 2 ein ganz neues Zahlengebilde vor, so, wie es in den beiden vorigen Polaritäten noch nicht möglich war. Wir nennen es heute Hochzahl. Kepler schlug dafür den schönen Namen apex oder Gipfelzahl vor, der jedoch nicht heimisch geworden ist. Eulers Vorschlag eines numerus exponens hinterließ den noch heute gebräuchlichen Namen Exponent. Schließlich fand Lord Neper für das Wort Exponent die Bezeichnung Logarithmus, eine Komposition der beiden Worte Logos und Arithmos = Logoszahl. An der Vielfalt der Bezeichnungen kann man schon erkennen, daß diese neue Zahlenart die trefflichsten Geister stark beschäftigt hat. Schon in der Schreibweise kommt der besondere Charakter der Zahl 2 zur Geltung; sie wird nach oben gerückt – darum Hochzahl –, man möchte fast sagen «entrückt» und dementsprechend verkleinert geschrieben, wie auch ein Gegenstand, der sich in die Lüfte erhebt, den von unten ihm Nachblickenden kleiner und kleiner werdend erscheint. Der Unterschied für die Zahlen 2 und 3 drückt sich auch darin aus, daß die Größe 3 gut für sich allein bestehen kann, wogegen die

Hochzahl 2 ihr Dasein nur durch den Dienst an der 3 rechtfertigen kann.

Dennoch waltet gerade in dieser höchsten, gespanntesten Polarität ein Geheimnis. Jede der beiden vorangehenden Polaritäten verlangte danach, durch einen Aufstieg zu einem Höheren überwunden zu werden. Das ist hier, auf der obersten Stufe, nicht mehr der Fall. Denn wenn zwischen den Zahlen 3 und 2 auch eine mächtige Spannung besteht, sind sie doch beide miteinander ein Ganzes. Man möchte wagen zu sagen, die vorhandene Spannung werde dadurch überwunden, daß durch den opfervoll dienenden Charakter der Überzahl an der Grundzahl das Größenhafte der Grundzahl in die Kraft der Überzahl mit einbezogen wird. Daher auch der ausdrucksvolle Name für das entstandene Ganze, der Name Potenz, d. h. Macht oder Gewalt; der Grieche sprach hier von einer Dynamis, einer Kraft. Ein Ausgleich zwischen Grundzahl und Überzahl erscheint hier nicht mehr erforderlich, man braucht nicht etwa den Übergang zu der Aufgabe 3 hoch 3 zu suchen.

Die starke Spannung zwischen Grundzahl und Überzahl drückt sich auch darin aus, daß hier das Gesetz der Vertauschbarkeit nicht mehr gilt. Die Aufgabe 3 hoch 2 führt zu einem anderen Ergebnis als 2 hoch 3; 3 hoch 2 ergibt 9, und 2 hoch 3 ergibt 8. Solange noch eine Verwechslung der beiden Glieder der betreffenden Polarität möglich war, war die Spannung zwischen ihnen nicht erheblich genug, um ihren begrifflichen Unterschied offenkundig hervortreten zu lassen. Jetzt, auf der Potenzstufe, ist es soweit.

In der Rückwendung des Potenzprozesses ergibt sich das gleiche Bild. Der Rückschluß von der Potenzzahl 9 mit Hilfe der Überzahl 2 auf die Grundzahl 3 ist von gänzlich anderer Art als derjenige von der Potenzzahl 9 mit Hilfe der Grundzahl 3 auf die Überzahl 2. Im ersten Falle hat man es mit der Wurzelrechnung zu tun, im zweiten Falle mit der Logarithmenrechnung, weil das Ziel der Rückwendung im ersten Fall die Grund- oder Wurzelzahl ist, im zweiten Fall die Über- oder Logoszahl.

Die Ähnlichkeit des Aufbaues der Rechnungsarten mit dem Aufbau des Pflanzenwerdens wird bereits bemerkt worden sein. Wie die Pflanze in ihrem Werden nach drei Polaritätsstufen, zwischen denen zwei Steigerungen liegen, ihr Ziel erreicht hat, so auch das Rechnen. Gegenüber dieser Ähnlichkeit darf aber nicht der vorhandene Unterschied außer acht gelassen werden. Die Pflanze kehrt im erzeugten Samen in ihren Anfangszustand zurück, wogegen ein Gleiches im Rechnungswesen nicht der Fall ist. Denn hier handelt es sich um eine fortgesetzte Aufwärtsbewegung und nicht um einen sich schließenden Ring des Werdens. Dennoch tritt, je weiter man hinaufgelangt, eine Tendenz nach unten auf. Wie der erzeugte Same danach verlangt, sein inneres Licht in das Dunkel des Erdenschoßes hineinzusenken, haben auch die Überzahlen gleichsam den Drang nach unten in sich. So spielt sich ja eine Multiplikation der Potenzen in deren Überzahlen als Addition ab; z B. wird aus der Potenzaufgabe 3^5 mal $3^4 = 3^9$ die Logarithmenrechnung $5 + 4 = 9$. Eine Division der Potenzen wird in deren Überzahlen zur Subtraktion; aus 3^5 durch $3^4 = 3^1$ wird $5 - 4 = 1$. Das Potenzieren einer Potenz erscheint in den Überzahlen als Multiplikation; beispielsweise gestaltet sich die Potenzaufgabe $(3^5)^2 = 3^{10}$ zur Logarithmenrechnung 5 2mal = 10. Schließlich ergibt das Radizieren einer Potenz in den Überzahlen eine Subtraktion; etwa die Potenzaufgabe $\sqrt[4]{3^8} = 3^2$ wird zur Logarithmenaufgabe 8 durch $4 = 2$. In diesen Eigenschaften der Überzahlen ruht die Begründung der Überzahlenrechnung, der Logarithmenrechnung; man kann mit den Überzahlen immer eine Stufe tiefer als mit den Potenzen rechnen.

Durch eine Verbildlichung der beim Rechnen angetroffenen Verhältnisse wird deren Verwandtschaft mit den bei der Pflanze auftretenden Zuständen noch um ein Erhebliches deutlicher. Der Einfachheit halber sei das betreffende Bild sogleich an die Spitze der Betrachtungen gestellt:

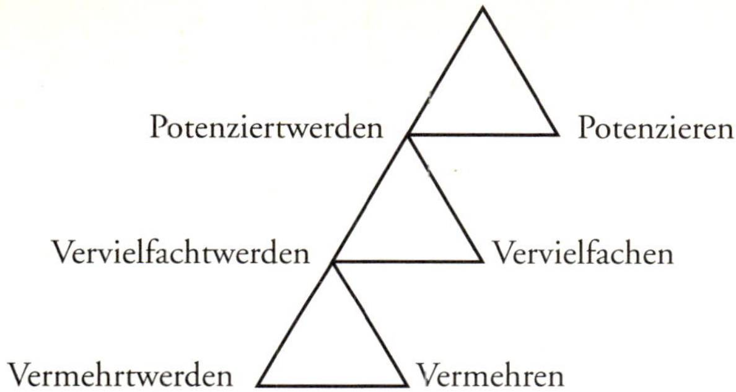

Figur 58

Nachdem das gleiche Bild als Figur 56 bereits vor unseren Augen stand, ist es unschwer zu verstehen, wie sein Aufbau gemeint ist. An der linken Seite erscheinen die drei Rechnungsarten der Addition, der Multiplikation und der Potenz in ihrer Passivität, an der rechten Seite in ihrer Aktivität. Handelt es sich um die Rückwendungen dieser drei Rechnungsstufen, so ergibt sich das gleiche Bild, nur mit entsprechenden anderen Beschriftungen.

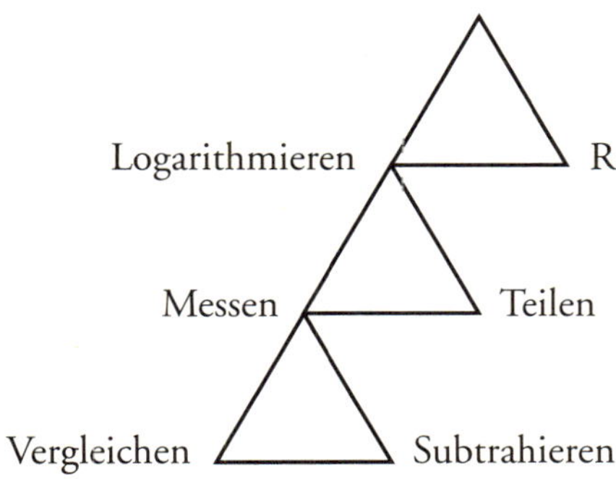

Figur 59

An der linken Seite der Figur erscheint stets diejenige Rückwendung, bei der die Ergebnisgröße mit der passiven Zahl, die ja auch Größencharakter besitzt – in den Beispielen war es stets die Zahl 3 –, verknüpft wird. Auf der rechten Seite stehen somit diejenigen Rückwendungen, in denen die Ergebnisgröße mit der aktiven Zahl verbunden ist. Noch auf eine dritte Art läßt sich die gleiche Figur beschriften, indem man nämlich an den Ecken der Dreiecke den Charakter der bei der Addition, der Multiplikation und der Potenz auftretenden beiden Zahlen vermerkt:

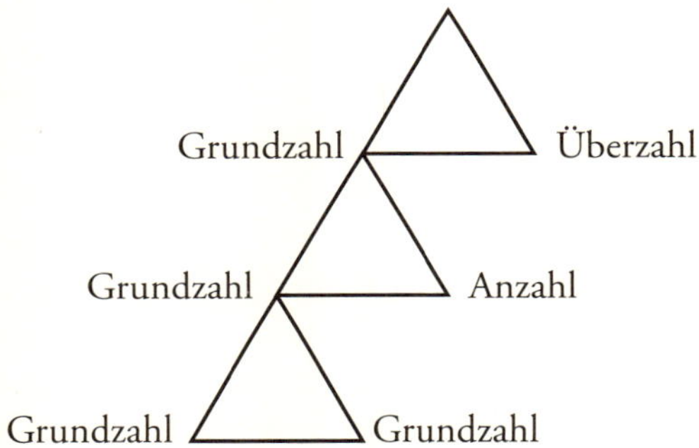

Figur 60

Nun zu dem Grundcharakter des Bildes selber! In keiner der drei Verwendungen desselben war es möglich, der obersten Spitze eine Benennung zu geben. Ohne diese Spitze hat man es im Bilde mit einer Sechsheit zu tun, die, von unten nach oben betrachtet, als eine dreifache Paarheit, von links nach rechts betrachtet, als eine zweifache Dreiheit erscheint. In dieser Sechsheit erscheint alles, was als Rechnen bekannt ist. Mit der unbenennbaren Spitze wird über alles dieses hinaus auf ein jenseitiges Siebentes gedeutet, als welches man sich etwa den dieses Rechnen hervorbringenden schöpferischen Geist vorstellen kann.

Durcheilte man das gleiche Bild von unten nach oben bei der Pflanze, so gelangte man von ihrem Blattzustand über den Blütenzustand in den Fruchtzustand. Die gesamten bisherigen Darlegungen über das Rechnen zeigen, daß man bei der Erhebung von der Addition über die Multiplikation zur Potenz vergleichsweise ebenfalls in ein Blühen und Fruchten hineingerät. Die Multiplikation erscheint wie eine Blüte im Ganzen des Rechnens, die Potenz wie eine uns in den Schoß fallende Frucht. Mit dem Aufblühen und Fruchten des Rechnens geht ein solches der Zahl Hand in Hand; mit einer Blüte des Zahlenwesens haben wir es in der Anzahl zu tun, wie eine reife Frucht nehmen wir die Überzahl entgegen.

Diese Anreicherung und Verfeinerung bezeugt sich auch in der Bildung ganz neuer Zahlenarten. Man betrachte zu diesem Zweck Figur 59, die sich auf die verschiedenen möglichen Rückwendungen des Rechenprozesses bezog. Darin gibt allemal die auf der rechten Seite verbildlichte Rückwendung Anlaß zur Entstehung einer neuen Zahlenart. Durch eine nicht ausführbare Subtraktion entstehen die negativen Zahlen, aus dem nicht aufgehenden Teilen kommen die gebrochenen Zahlen hervor, und das nicht aufgehende Radizieren zeugt die irrationalen Zahlen. Wie verhält sich demgegenüber die linke Seite der Figur? Auch hier enthüllt sich eine gesetzmäßige Stufenfolge. Das dem Subtrahieren nebengeordnete Vergleichen würde von sich aus noch nicht zur Entstehung der negativen Zahlen führen. Das dem Teilen nebengeordnete Messen führt ebenfalls in die gebrochenen Zahlen hinein. Das dem Radizieren nebengeordnete Logarithmieren erzeugt von sich aus sogar ein Irrationales höherer Art, das man in der Mathematik als Transzendentes, als die transzendenten Zahlen, bezeichnet. Ganz unten bleibt man also unterhalb der negativen Zahlen, in der Mitte erreicht man das Niveau der gebrochenen Zahlen, und ganz oben gelangt man über die irrationalen Zahlen hinaus.

Noch nach einer anderen Seite kommt durch diese Figur Ordnung in den Aufbau der Rechnungsarten. Sie sagt etwas über das

Verhalten der Zahlen zum Unendlichen aus. Ganz unten ist noch keine Beziehung zum Unendlichen wahrzunehmen; man bewegt sich hier ganz im Bereich des Endlichen. In der Mitte entsteht bereits ein Schein des Unendlichen, indem die gebrochenen Zahlen sich in unendliche, wenn auch noch periodische Dezimalzahlen verwandeln lassen. Ganz oben, wo sich das Irrationale und das Transzendente entsiegelt, ergibt sich die Wirklichkeit des Unendlichen, z.B. in Form unendlicher unperiodischer Dezimalzahlen oder unendlicher Kettenbrüche, wie uns ein solcher schon bei der Betrachtung der stetigen Teilung entgegentrat.

Wie Pforten, die einem etwas erschließen oder auch eröffnen, nehmen sich in diesem Aufbau die Rechnungsarten aus. Sie sind Tore, durch die man in immer neue Welten und Gestaltungen eintritt.

14. Kapitel
Die Zahl Sieben und der Mensch

Wesen und Werden des Menschen ist eng mit der Zahl Sieben verbunden, sowohl im ganzen wie auch im einzelnen. Allein schon die Gliederung der Sieben in zwei Dreiheiten, mitten zwischen welche sich ein Viertes schiebt, legt es nahe, daß sie mit dem Menschenwesen zu tun haben muß. Denn auch im Menschenwesen existiert ein mittelpunktbildendes Geistiges, das von der Ichwesenheit gebildet wird und dem zwei Dreiheiten zur Seite stehen. Es ist von einer dreifachen Leiblichkeit als Hüllennatur umgeben, einem physischen Leib, den auch die übrigen Naturwesen besitzen, einem Bildekräfte- oder Ätherleib, der das Physische zur Pflanzenstufe hinauforganisiert, und einem Begierden- oder Astralleib, welcher das Pflanzliche zum Tiersein aufruft. Mit dem Ich als viertem Wesensglied steht der Mensch durch seine drei Leibeshüllen den in Stein, Pflanze und Tier erscheinenden unter ihm befindlichen Naturreichen gegenüber. Das Menschen-Ich steht vor der Aufgabe, die ihm zu Gebote stehende dreifache Leiblichkeit in eine höhere, menschengemäßere Hüllendreiheit umzugestalten. Ohne diese Bemühung gäbe es weder im einzelnen Menschen noch in der Menschheit ein Fortschreiten zu höheren Entwicklungsstufen. Erst wenn es im Laufe der Erdenentwicklung dem Menschen gelungen sein wird, die Geistnatur seines Ich sogar seiner am wenigsten beeinflußbar scheinenden Leibeshülle, dem physischen Leib, einzuprägen, so daß sich der Leibesmensch vollständig in einen Geistesmenschen verwandelt haben wird, ist die auf den Menschen angelegte Erdenentwicklung an ihrem Ziel angelangt. Die das Leibeswesen umgestaltende Ichtätigkeit ist in der gegenwärtigen Erdenzeit erst bis zum Ergreifen der Begierdennatur des Menschen gediehen. Der Mensch ist innerhalb der ihm möglichen Siebenheit sozusagen erst bis zum fünften Grundteil seines Wesens vorgedrungen, indem es ihm mehr und mehr gelingt, das Begierdenhafte, das er mit dem Tier gemein hat, zu veredeln. So sind auch die Sätze zu verstehen, welche Rudolf Steiner in dem schon erwähnten Vortrag über «Das Geheimnis der Zahlen» über die Zahl Sieben und ihre Stellung zum Menschen geäußert hat: «Die Sieben ist die Zahl der Vollkommenheit. Sie können wiederum sich das am Menschen selber klarmachen. Er ist in der Vierzahl als Geschöpf, und er ist in der Fünfzahl, insofern er ein gutes oder ein böses Wesen sein kann. Wenn er alles ausgebildet haben wird, was im Keime in ihm enthalten ist, dann wird er ein siebengliedriges, in seiner Art vollkommenes Wesen sein.»

So überleuchtet die Siebenheit den Weg der Menschenwesenheit durch die Zeiten und metamorphosiert deren Bild von Etappe zu Etappe.

Aber auch im Zeitlichen des einzelnen Menschenlebens, nicht bloß in den großen Menschheitszusammenhängen, begegnen wir dieser Zahl. Auch dort wirkt sie als Zahl der Verwandlung, der Metamorphose. Man kann sie geradezu als die Regentin des menschlichen Lebenslaufes ansprechen, wobei dieser im weitesten, umfassendsten Sinne verstanden werden darf, nicht bloß innerhalb der engen Begrenzung, welche ihm durch die Schranken von Geburt und Tod gesetzt ist.

Da ist schon im vorgeburtlichen Dasein des Menschen, beim Werden des Menschenkeims im Leibe der Mutter, eine merkwürdige Erscheinung wahrzunehmen. Auf sie hat Heinrich Cornelius Agrippa in dem von der «Siebenheit und ihrer Leiter» handelnden 9. Kapitel seiner Schrift *Die Cabbala* hingewiesen: «So wird auch die Erzeugung des Menschen durch die Kraft der Siebenheit bewirkt, und durch sie allein wird er empfangen, gebildet, geboren, ernährt und sein Leben und Bestehen erhalten.»

Nachdem er dies durch eine ganze Reihe von Erscheinungen von zum Teil fragwürdiger Art zu belegen versucht hat, führt er auch dieses an, daß «nach sieben Monaten das Kind reif zur Welt kommen kann». Man hat es hier mit einer von ärztlicher Seite bestätigten Erfahrungstatsache zu tun. Die Zeitangabe von sieben Monaten ist dabei noch verhältnismäßig ungenau; genauer gesagt, ist eine Frühgeburt von der 28. Woche der Schwangerschaft an möglich. Aber welche Zeitangabe man in einem real begründeten astronomischen Maße auch immer nehmen mag, stets wird man hier die Siebenzahl hineinspielen sehen. So tritt das Abschlußbildende, die auf Abrundung und Vollendung zielende Kraft dieser Zahl auch hier, auf physiologischem Gebiet, in die Erscheinung. Solche frühgeborenen Kinder bleiben ja ihr Leben lang meist nicht bloß körperlich zart, sondern sind auch oft auf das echt Geistige hin veranlagt. Rudolf Steiner hat z. B. darauf aufmerksam gemacht, daß der Apostel Paulus das Ereignis von Damaskus dadurch hat wahrnehmen können, daß er eine unzeitige Geburt, eine Frühgeburt war. Paulus selber deutet darauf mit den Worten hin: «Am letzten nach allen ist er (Christus) auch von mir, als einer unzeitigen Geburt, gesehen worden.» (1. Korintherbrief, Kap. 15, Vers 8.) Man will festgestellt haben, daß die im siebenten Monat bereits erlangte Lebensfähigkeit im achten Monat wieder zurückgeht und erst mit neun Monaten wiedererlangt wird.

So wirkt sich die Zahl Sieben am Leibe des Menschen zeitlich schon vor seiner Geburt aus. Etwas Ähnliches findet statt, wenn das Leben diesen Leib im Sterben wieder verläßt. Dreieinhalb Tage hindurch steht vor dem geistigen Auge des Toten das soeben abgeschlossene Leben in einem panoramaartigen Rundbild. Was sich im Leben selber als ein zeitliches Nacheinander der einzelnen Lebensereignisse abspielte, gruppiert sich dreieinhalb Tage lang wie ein erstarrtes Räumliches um den Toten herum. Auf einen ähnlichen Vorgang, der wie der Tod ein Übergang von einem Physischen in ein Geistiges ist, deutet Richard Wagner im ersten Aufzuge seines *Parsifal*, als der jugendliche Held vom alten Gurnemanz in die Gralsburg zur Teilnahme an der heiligen Handlung geführt wird. In Form der sogenannten Wandeldekoration gleiten die Bilder der Bühne an dem schreitend stillestehenden Wanderer vorüber. Parsifal verwundert sich darüber gegen Gurnemanz mit den Worten: «Ich schreite kaum, doch wähn' ich mich schon weit.» Ihm antwortet Gurnemanz erklärend: «Du siehst, mein Sohn, zum Raum wird hier die Zeit.»

Die antike Menschheit wußte noch von jenem Todeserlebnis des Menschen, von dem Mysterium der dreieinhalb Tage, und suchte es im Leben selber in den Einweihungsstätten auf, in denen der Geistesschüler dreieinhalb Tage hindurch in einem todesähnlichen Schlaf gehalten wurde, währenddessen er eine Berührung mit dem göttlichen Geist erfuhr. Aus jenem alten Wissen heraus ist noch heute die dreitägige Frist zwischen dem Sterben und der Bestattung eingeschoben. Auch auf die Zahl Dreieinhalb findet sich in dem Vortrag Steiners über «Das Geheimnis der Zahlen» ein Hinweis: «In der siebenten Woche, am siebenten Tage oder in der siebenten Stunde – oder in einem bestimmten entsprechenden Zahlenverhältnis, zum Beispiel 3 ½, weil darin auch die Sieben steckt –, da geschieht immer etwas durch die Sache selbst, zum Beispiel wird das Fieber am siebenten Tage einer Krankheit einen bestimmten Charakter annehmen, oder auch am vierzehnten Tage. Es liegen immer Zahlenverhältnisse zugrunde, die die Struktur der Welt angeben. Wer sich in richtiger Weise in dasjenige vertieft, was man im pythagoreischen Sinne heißt: Studiere die Zahl –, der lernt aus dieser Zahlensymbolik heraus das Leben und die Welt verstehen.»

Im Leben zwischen Geburt und Tod ergibt sich von sieben zu sieben Jahren leiblich, seelisch und geistig eine immer wieder neue Situation. Auf diese beobachtbare Tatsache hat Rudolf Steiner wieder den Blick der zeitgenössischen Welt und besonders die Aufmerksamkeit der Erzieher gelenkt. Wieder! Denn bis zum Anbruch der Neuzeit hat man von den Siebenjahresperioden im Leben des Menschen noch eine deutliche Vorstellung gehabt, erst die Neuzeit hat darüber den Streusand ihrer abstrakten Kopfwissenschaft gebreitet. Noch von Martin Luther gibt es ein einwandfreies Zeugnis, durch welches er die Tatsache der Siebenjahresperioden wenigstens für das erste Lebensjahrsiebent bescheinigt. Anläßlich des sechsten Geburtstages seines Söhnchens Hans äußert er in seinen Tischreden: «Das siebente Jahr ist ein Stufenjahr. Am gleichen Tage Bonifatii ist mein Sohn Hans sechs Jahre alt und gehet in das siebente Jahr. Ich werde seinen Geburtstag besonders feiern, weil er schon das siebente Jahr beginnt, welches ein Stufenjahr, d. h. ein verwandelndes ist. Denn das siebente Jahr wandelt allezeit den Menschen. So ist das siebente Jahr eines jeden Menschen ein Stufenjahr, welches ein neues Leben, einen neuen Charakter und einen anderen Zustand herbeiführt.»

Ähnliche und noch weitergehende Angaben finden sich in den schon einmal erwähnten Äußerungen derjenigen Frau, welche unter dem Namen der «Seherin von Prevorst» im Gedächtnis der Nachwelt weiterlebt. Sie spürte alles zeitliche Geschehen ihres Lebens ganz konkret bis ins Organische hinein und – mußte dabei auf die Siebenzahl stoßen. Wie nahmen sich ihre Erlebnisse im einzelnen aus? Da sprach sie stets von einem Kreis, welchen sie in der Herzgegend lokalisiert empfand und den sie den Sonnenkreis nannte. Er war ihr der geistig-organische Ausdruck für das in ihrem Menschenwesen waltende Jahresgeschehen; denn er war wie das äußere Jahr zwölfgliedrig und in 365 Abschnitte unterteilt. Sie hat einen solchen Sonnenkreis, den des Jahres 1827, das zugleich ihr 26. Lebensjahr umfaßte, in allen Einzelheiten aufgezeichnet. Über die Art, wie dies geschah, berichtet uns ihr Arzt Justinus Kerner:

«Sie entwarf die ganze Zeichnung selbst in unglaublich kurzer Zeit und gebrauchte zu den mehreren hundert Punkten, in die dieser Kreis geteilt werden mußte, keinen Zirkel oder sonstiges Instrument. Sie machte das Ganze mit freier Hand und fehlte nicht um einen Punkt. Bei dieser Arbeit kam sie mir wie eine Spinne vor, die auch ohne sichtbares Instrument ihre künstlichen

Kreise macht. Sobald sie sich eines Zirkels bedienen wollte, den ich ihr, weil ich ihr das Geschäft dadurch zu erleichtern glaubte, anbot, machte sie Fehler.»

Aber jener Sonnenkreis war bei der Seherin nur einer von sieben: «Ich fühle unter diesem Ringe noch fünf solcher Ringe, und über ihm noch einen leeren.»

Die fünf erwähnten Ringe bezogen sich auf die vorangegangenen fünf Jahre (1822 – 1826), der in allen Einzelheiten von ihr beschriebene sechste Ring bezog sich auf das Jahr 1827 und der als leer bezeichnete auf das ihr noch bevorstehende Jahr 1828. Skizzenhaft hat sie auch diese sich auf einen Siebenjahreszyklus gründende Siebenheit von Sonnenkreisen aufgezeichnet; sie wird hier in vereinfachter Form wiedergegeben:

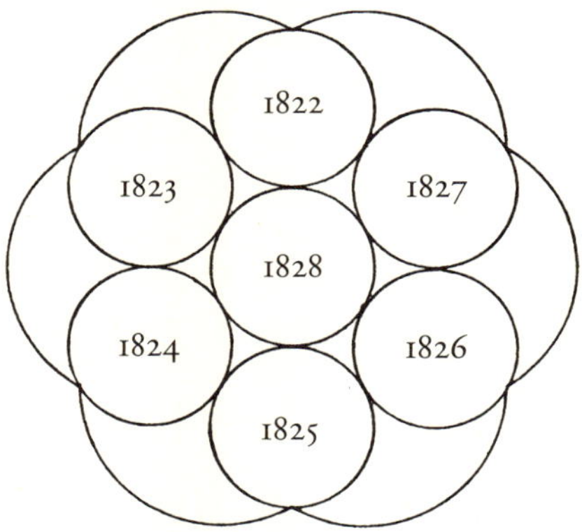

Figur 61

Die Figur zeigt sechs Kreise rund um einen siebenten. Die zentrale Lage des siebenten entspricht der zentralen Bedeutung des ihm zugehörigen Jahres innerhalb eines Jahrsiebentes, das nach sechs Jahren als ein besonderes das «Stufenjahr» aufweist. So, wie die Seherin jeden der sieben Kreise hinzeichnete, hat man mehr den Eindruck von sieben sich drehenden Rädern als von sieben ruhenden Kreisen. Denn jeder Kreis weist in seiner Mitte drei kleine konzentrische Kreise nach Art einer Radnabe auf, zu welcher zwölf Speichen exzentrisch führen, wie es die folgende Figur verdeutlicht:

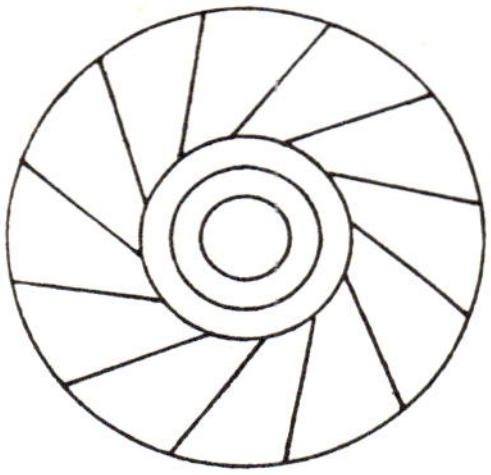

Figur 62

Auf diese Weise kommt das Zeit-Element eines jeden Sonnenkreises besser zur Geltung. Dabei zeigt der siebente Sonnenkreis eine Besonderheit, welche von der Seherin mit den Worten beschrieben wurde: «Noch fühle ich auf diesem sechsten Ring einen siebenten leeren (ein kommendes Jahr) liegen, von dem ich aber fühle, daß er nicht wie die anderen ist; denn an diesem fühle ich den letzten Strich der Abteilungen, der mir eigentlich weh tut, in den Mittelpunkt *gerade* laufend, was ich in mir immer bei je einem siebenten Ringe sehe, wo sich mein Sonnenkreis jedesmal schließt und wieder neue sieben Jahre anfangen.»

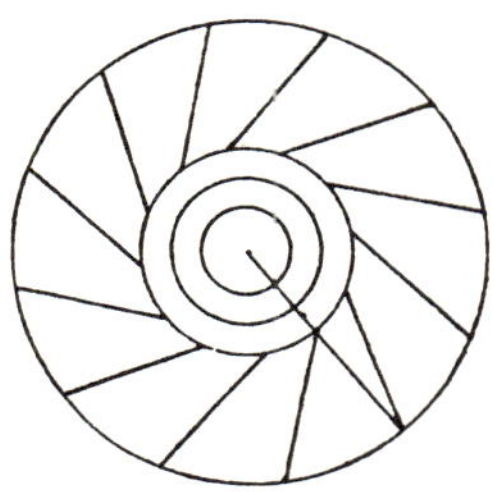

Figur 63

Auch sie bezeichnete das siebente Jahr wörtlich als ein «Stufenjahr». Alle sieben Jahre fielen bei ihr die sieben Sonnenkreise ab. So wird mit nicht zu überbietender Deutlichkeit die alte Weisheitslehre von den Siebenjahresperioden von jener Seele bestätigt, welche anachronistisch ein altes, vergangenes Bewußtsein in der Neuzeit darlebte.

Unter Zugrundelegung der Siebenjahresperioden kann das menschliche Leben als eine Totalität von *zehn* solcher Perioden erscheinen. Auch hier gelangt etwas nach Durchschreitung einer Zehnheit an ein Ende. Heinrich Cornelius Agrippa charakterisiert die zehn Jahrsiebente folgendermaßen:

«Nach sieben Jahren fallen die ersten Zähne aus, wachsen neue, stärkere für härtere Nahrungsmittel und wird die Sprache vollkommen.

Nach zweimal sieben Jahren fangen die Knaben an, mannbar zu werden, und tritt die Zeugungskraft ein.

Bis zu dreimal sieben Jahren wächst der Mensch in die Länge; Blüten und Bart haben sich gezeigt, und starke kräftige Kinder werden gezeugt.

Bis zu viermal sieben Jahren nimmt der Mensch in die Breite zu; von hier ab hört das Wachstum des Körpers auf.

Während der fünften sieben Jahre gelangt der Mensch zu seiner höchsten Kraft und Stärke, welche ihm während der sechsten sieben Jahre verbleibt.

Ist die Siebenheit durch die vollkommene Zahl hindurchgegangen und zur Zehnheit gelangt, dann hat die Zahl unserer Jahre, wie der Prophet sagt, mit 70 Jahren das gemeinschaftliche Ziel erreicht.»

Die konkrete Schilderung wird also bis zum sechsten Jahrsiebent versucht; was darüber hinaus liegt, verschwimmt für Agrippa.

In der Gegenwart war die Lehre von den Siebenjahresperioden in Gefahr, in Vergessenheit zu geraten, und es ist das große Verdienst Rudolf Steiners, sie dieser Gefahr entrissen zu haben. Er gibt eine ähnliche Gliederung wie Agrippa. In den ersten drei Jahrsiebenten gestalte sich die dreifache Leiblichkeit des Menschen aus; gleichsam drei Geburten mache der Mensch am Beginn eines jeden der ersten drei Jahrsiebente durch. In drei weiteren Jahrsiebenten erfolge die Ausbildung der entsprechenden drei Seelenglieder, die Steiner als Empfindungsseele, Verstandesseele und Bewußtseinsseele schildert. Was nach dem sechsten Jahrsiebent, nach dem 42. Lebensjahr, liege, verlaufe nicht mehr so wahrnehmbar; da könne sich der Mensch, wenn er seinen Willen auf das Geistige richtet, seinen höheren Wesensgliedern ahnend zuwenden, jenem Teile seiner Gesamtwesenheit, der sich erst in der Zukunft der Erdenmenschheit entfalten wird, und dessen unterste Manifestation das Geistselbst sei.

Man hat mehrfach versucht, die Biographien großer Persönlichkeiten unter dem Gesichtspunkt der aufeinanderfolgenden Siebenjahresperioden ihres Lebens zu betrachten. Der überraschende Erfolg, den diese Betrachtungsweise gezeitigt hat, kann ebenfalls als eine Bestätigung für die Wirksamkeit der Siebenzahl im Leben des Menschen gewertet werden.

15. Kapitel
Das septimale Zahlensystem und die Zahlen 666 und 1000 der Apokalypse

Dadurch, daß Sieben die Zahl der Zeit und des Fortschrittes in der Zeit ist, erscheint sie besonders geeignet, die Basis einer Zahlenordnung abzugeben, welche die zeitliche Entwicklung zu schildern unternimmt. Es käme also darauf an, die uns geläufige Zahlenordnung auf der Basis Zehn in eine solche auf der Basis Sieben umzuwandeln. Zunächst sei die Technik dieses Verfahrens auseinandergesetzt und alsdann die Beziehung der Siebenerordnung zur zeitlichen Entwicklung ins Auge gefaßt.

In unserem Zehnersystem behelfen wir uns mit zehn Zahlsymbolen oder Ziffern, den Zeichen 0, 1, 2, 3, 4, 5, 6, 7, 8 und 9. Die Zahl Zehn bekommt kein eigenes Zeichen mehr zugewiesen; sie stellt eine höhere Eins dar, deren erhöhter Rang durch eine Verschiebung des Zahlzeichens Eins um eine Stelle nach links ausgedrückt wird. Der rechts davon frei gewordene Raum wird entweder durch «Einer» oder, wenn kein («nullus») Einer vorhanden ist, durch das Zahlzeichen Null ausgefüllt. So kommt die Zahl Zehn zu dem Symbol 10. Solcher Zehner oder höheren Einsen werden dann wieder insgesamt neun gezählt, die Zahlen 10, 20, 30, 40, 50, 60, 70, 80 und 90; statt der Nullen sind, wie gesagt, in diesen Zahlen dann noch die gewöhnlichen Einer möglich. Die nächsthöhere Einheit wird durch zehn Zehner gebildet. Wieder tritt in der Schreibung eine Verschiebung um eine weitere Stelle nach links ein, so daß jetzt rechts davon zwei freie Räume vorhanden sind, die entweder durch Zehner und Einer oder, wenn keine vorhanden sind, durch Nullen ausgefüllt werden. So bekommt die neue Rangzahl zehnmalzehn oder einhundert das Zeichen 100.

Wieder werden solcher noch höheren Einsen neun gezählt, die Zahlen 100, 200, 300, 400, 500, 600, 700, 800 und 900. So geht es zu höheren und höheren Stufen beliebig fort.

Bei einem Siebenersystem dürfte es nach der vorigen Überlegung nur noch die Zahlzeichen 0, 1, 2, 3, 4, 5 und 6 geben; die Zahlzeichen 7, 8 und 9 müßten verschwinden. Die höheren Rangstufen würden dann nicht mehr von den Zehnern, den Zehnmalzehnern usw. eingenommen, sondern von den Siebenern, den Siebenmalsiebenern usw. Sieben selber wäre die höhere Eins und müßte entsprechend wie vorher Zehn durch das Zahlzeichen 10 ausgedrückt werden. Siebenmalsieben wäre eine noch höhere Eins und bekäme das Zahlzeichen 100 zugewiesen. In der folgenden Übersicht seien dieselben Zahlen das eine Mal im Siebenersystem, das andere Mal im gewohnten dezimalen Zahlsystem geschrieben:

Septimal	Dezimal	Septimal	Dezimal	Septimal	Dezimal	
0	0	10	7	20	14	
1	1	11	8	21	15	
2	2	12	9	22	16	
3	3	13	10	23	17	usw.
4	4	14	11	24	18	
5	5	15	12	25	19	
6	6	16	13	26	20	

Die Rolle der Zehner im dezimalen System wird jetzt von den verschiedenen «Siebenern» übernommen, deren septimale Schreibweise und dezimale Schreibweise wiederum im folgenden gegenübergestellt sind:

Septimal	Dezimal	Septimal	Dezimal
10	$7 = 1 \cdot 7$	40	$28 = 4 \cdot 7$
20	$14 = 2 \cdot 7$	50	$35 = 5 \cdot 7$
30	$21 = 3 \cdot 7$	60	$42 = 6 \cdot 7$

Auf die den Zehnern entsprechenden Siebener folgen die den Hundertern oder Zehnmalzehnern entsprechenden Siebenmalsiebener:

Septimal	Dezimal
100	$49 = 1 \cdot 7 \cdot 7$
200	$98 = 2 \cdot 7 \cdot 7$
300	$147 = 3 \cdot 7 \cdot 7$
400	$196 = 4 \cdot 7 \cdot 7$
500	$245 = 5 \cdot 7 \cdot 7$
600	$294 = 6 \cdot 7 \cdot 7$

Besondere Aufmerksamkeit sei den beiden septimalen Zahlen 666 und 1000 gewidmet. Die septimale 666 umfaßt 6 Einer, 6 Siebener und 6 Siebenmalsiebener; ihr dezimaler Wert ist daher:

$$6 \cdot 1 + 6 \cdot 7 + 6 \cdot 7 \cdot 7 \text{ oder}$$
$$6 + 42 + 294 = 342$$

Die septimale Zahl 1000 ist der erste Siebenmalsiebenmalsiebener oder dezimal $7 \cdot 7 \cdot 7 = 343$. Die beiden septimalen Zahlen 666 und 1000 sind also zwei unmittelbar aufeinanderfolgende Zahlen. Wie der dezimalen Zahl 1000 die dezimale Zahl 999 vorangeht, geht der septimalen Zahl 1000 die septimale Zahl 666 voran.

Die letztgenannten beiden septimalen Zahlen haben in den Zeitbetrachtungen, welche in alter Zeit in den Mysterien angestellt wurden, eine bedeutende Rolle gespielt. Sofern man dort die fortschreitende Entwicklung, das geschichtliche Werden im Lichte des in die Sinneswelt hineinwirkenden Übersinnlichen anschaute, bot sich als Grundlage der Betrachtung die Siebenzahl dar. Nur die wirkliche «Geistesgeschichte» fordert diese Grundlage. Die gewöhnliche Geschichtsbehandlung, welche sich auf dem bloßen Niveau des Menschlichen hält, hat zu ihrer Grundlage die Zehn.

Eine echte Geistesgeschichte liegt z. B. in der Apokalypse des Johannes vor. Dort handelt es sich um lauter Siebenheiten von

Entwicklungsstufen, um die Folge der sieben Siegeleröffnungen, diejenige der sieben Posaunenstöße und die nacheinander erfolgende Ausgießung der sieben Zornesschalen. Alles zeitliche Geschehen stuft sich dort potentiell hinauf. Sieben untere kurze Entwicklungsstufen bilden miteinander eine höhere längere Stufe und sieben von diesen wiederum eine noch höhere Stufe. Verfolgen wir einmal diesen Aufbau an dem Beispiel der Zahl 666. Sie zeigt als Ganzes die Absolvierung von dezimal 342 unteren Entwicklungsstufen an und deutet damit auf den vorletzten von dezimal 343 oder siebenmalsiebenmalsieben oder septimal 1000 Zuständen. In ihrer Schreibweise drückt sich die potentielle Rangordnung ihres Aufbaues aus. Die vordere 6 besagt, daß schon 6 höchstrangige Stufen absolviert sind und daß man sich in der siebenten befindet. Innerhalb ihrer sind jedoch, wie die mittlere 6 anzeigt, schon 6 Stufen mittleren Ranges durchlaufen, so daß man sich schon in der siebenten dieser Art aufhält. In ihr sind wiederum, wie die hintere 6 anzeigt, 6 untere Stufen durchschritten. Die septimale 1000 zeigt die Vollendung von sieben höchsten Rangstufen an.

Gerade in der Apokalypse trifft man die beiden behandelten Zahlen an bedeutsamer Stelle an. Im 5. Kapitel wurde bei der Behandlung des umgekehrten Fünfsterns auf das Vorkommen der Zahl 666 in der Apokalypse schon eingegangen, ohne dabei auf die zeitliche Bedeutung der Zahl zu schauen. Dort stand das Wesen, dem sie beigelegt wurde, das «zweihörnige Tier», das zur Verführung der Menschheit aus dem Erdreich emporsteigt, im Vordergrund. Jetzt handle es sich um die Beziehung dieser Zahl auf die Siebenerordnung und das in derselben sich abzeichnende Geistesgeschehen.

In den okkulten Strömungen der verschiedensten Art ist die «apokalyptische» Zahl 666 Gegenstand des Nachsinnens gewesen. Auch berühmte Mathematiker haben sich mit ihr abgegeben, so am Beginn der Neuzeit der Erfinder der Logarithmen, Lord

Neper. Unter den geheimen Figuren der Rosenkreuzer aus dem 16. und 17. Jahrhundert findet sich folgende Darstellung:

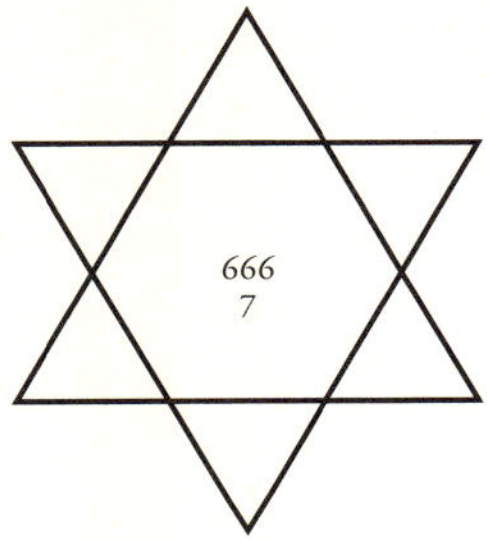

Figur 64

Hier erscheint also die Zahl 666 mit der Zahl 7 im Bilde der Zahl Sechs, das ja zugleich auch ein Bild der Sieben ist. Die Figur sollte offenbar den Betrachter auffordern, die Zahl 666 im septimalen Sinn zu erfassen.

«Wer Verstand besitzt, der suche den Sinn, den die Zahl des Tieres hat!» So wird ja in der Apokalypse die Zahl 666 eingeführt. Sich aus dem gewohnten dezimalen Zahlensystem herauszureißen und in ein anderes, eben das septimale, überzugehen erfordert Verstand, und der Sinn, den es hat, gerade dieses Zahlensystem zu wählen, liegt darin, daß man durch es in die Rhythmen, in welchen das Irdische vom Geistigen her schwingt, einzudringen vermag. Im Jahre 1908 hielt Rudolf Steiner eine Vortragsreihe über *Die Apokalypse des Johannes* (GA 104); dort kam er im 11. Vortrag auch auf die Zahl 666 zu sprechen und setzte dabei den septimalen Charakter der Zahl und ihre damit gegebene zeitliche Deutung auseinander. Sie wird auch dadurch bestätigt, daß auf die Zahl 666 die 1000 folgt. In den ersten sechs Versen des 20. Kapitels heißt es:

«Und ich sah einen Engel aus dem Himmel herniedersteigen. Er trug in seiner Hand den Schlüssel des Abgrundes und eine große Kette.

Und er ergriff den Drachen, die Schlange des Urbeginnes, die zugleich Luzifer und Ahriman ist, und fesselte ihn auf tausend Jahre.

Und stürzte ihn in den Abgrund und verschloß und versiegelte denselben. Der Drache sollte die Völker nicht mehr verführen, bis sich die tausend Jahre vollendet haben. Nach Ablauf derselben soll er für eine kurze Zeit der Fesseln ledig sein.

Und ich sah Throne. Auf ihnen saßen Wesen, denen das Richteramt übertragen wurde. Weiter sah ich die Seelen derer, die, weil sie eintraten für den Weg Jesu und für das göttliche Weltenwort, enthauptet worden waren. Das sind diejenigen, welche nicht das Tier oder sein Bildnis angebetet und nicht das Zeichen des Tieres auf ihrer Stirn oder ihrer Hand getragen haben. Diese lebten und herrschten mit dem Christus tausend Jahre lang.

Die übrigen Toten kamen erst wieder zum Leben, als die tausend Jahre vollendet waren. Das ist die erste Auferstehung.

Selig und geisterfüllt ist, wer an dieser ersten Auferstehung Anteil hat. Über sie hat der zweite Tod, der Seelentod, keine Gewalt. Sie werden Priester Gottes und Priester des Christus sein, und tausend Jahre lang werden sie mit ihm die Königswürde teilen.»

Auch diese «tausend Jahre» sind offenbar nicht als ein dezimaler Zeitraum zu nehmen, sondern als eine auf die Stufe 666 folgende Entwicklungsstufe, deren Anfang die soeben geschilderte «erste Auferstehung» bildet. Am Ende dieser Entwicklungsstufe steht das Jüngste Gericht, in welchem «der zweite Tod» über die Abtrünnigen verhängt wird; es wird uns in den sogleich darauf folgenden Versen 7 bis 15 des 20. Kapitels geschildert:

«Und wenn die tausend Jahre vollendet sind, wird die satanische Macht von ihren Fesseln und aus ihrem Kerker frei.

Sie wird hervortreten als Verführer der Völker in allen vier Regionen der Erde. Gog und Magog wird sie aus ihnen machen und wird sie versammeln, um sie in einen Krieg zu führen. Ihre Zahl wird sein wie die des Sandes am Meer.

Und sie zogen herauf auf dem ganzen Erdenrund und belagerten die Burg der geistergebenen Menschen und die Stadt der göttlichen Liebe. Da aber fuhren Feuerflammen aus dem Himmel hernieder und verzehrten sie.

Die luziferische Macht, die sie verführt hatte, wurde in die Sümpfe des Abgrundes gestürzt, aus denen die schwefligen Flammen des Abgrundes lodern. Dorthin wurden auch das Tier und der falsche Prophet gestürzt. Tag und Nacht haben sie nunmehr Qualen zu erdulden durch alle Zeitenkreise.

Und ich sah einen weißen Thron, und vor dem Antlitz des Thronenden flohen die Erde und der Himmel und verloren ihr festes Gefüge.

Und ich sah die Toten, die Großen und die Kleinen, vor dem Throne stehen. Alle Bücher wurden aufgeschlagen, und noch ein anderes Buch wurde aufgeschlagen: das Buch des Lebens. Und die Schicksale der Toten wurden bestimmt nach dem, was in den Büchern stand und nach ihren Werken.

Und das Meer gab seine Toten her, und das Reich des Todes und der Schatten gab auch die Toten her, die in ihm waren, und eines jeden Schicksal wurde nach seinen Werken bestimmt.

Und der Tod und das Reich der Schatten wurden in die Feuersümpfe gestürzt.

Das ist der zweite Tod, der Seelentod, die feuerschwelende sumpfige Tiefe. Alle, deren Namen nicht im Buche des Lebens zu lesen sind, wurden in die feuerschwelende sumpfige Tiefe gestürzt.»

So ist die Entwicklungsstufe 1000 in diesem septimalen Geschehen ein Letztes. Nach ihr beginnt ein neues Tausend. Der folgende Vers, der zugleich der Anfang eines neuen Kapitels ist, schildert diesen Neubeginn:

«Und ich sah den neuen Himmel und die neue Erde. Der alte Himmel und die alte Erde waren vergangen, und das Meer war verschwunden.»

So stellt die Zahl 666 eine bestimmte Seinsstufe des Erdenplaneten unmittelbar vor seinem Ende dar. Zugleich ist sie nach den Worten des Apokalyptikers die Zahl des Tieres und auch des Menschen, eben desjenigen, der sich der Gewalt des Tieres in jenem Zeitabschnitt überläßt, da das Tier seine größten Anstrengungen entfaltet, um die Erde nicht an ihr von den guten Mächten vorbestimmtes Ziel gelangen zu lassen. Im 5. Kapitel stand bei der Besprechung des verkehrten Fünfsterns jener Menschentyp uns bereits vor Augen, die unpersönliche, durch den Haß auf alles Geistige geeinte Masse, welche in ihrem niederen Menschentum ihr Genüge findet und in dieser Haltung durch die Verführermacht des Tieres bestärkt wird, die gleichsam von unten herauf ihre Impulse in die Menschenseelen legt. Sorath war in der hebräischen Geheimlehre ihr Name, ein Wort, das gerade aus denjenigen vier Buchstaben besteht, welche in der hebräischen Sprache den vier niederen Wesensgliedern des Menschen entsprechen. In dem Zeitalter 666 wird diese Macht, welche den Menschen in seiner niederen Natur gefangenhalten will, ihn nicht aufsteigen lassen will zu einem neuen Himmel, einer neuen Erde, ihre letzte große Anstrengung entfalten. In den geheimen Figuren der Rosenkreuzer wird darauf durch die Figur 65 angespielt.

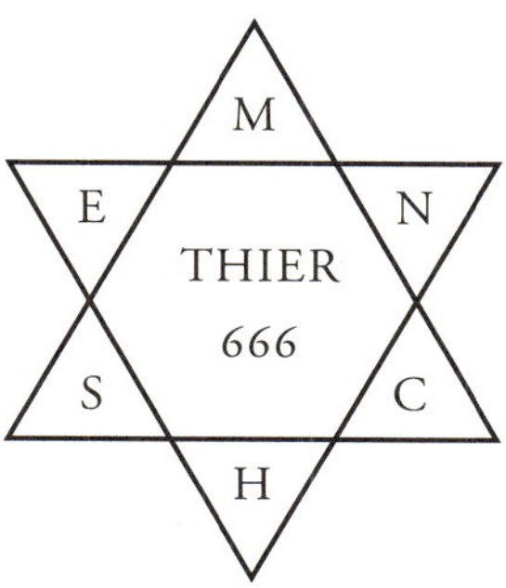

Figur 65

Als ein gewaltiges Warnungszeichen sollte diese Figur vor dem betrachtenden Blicke stehen. In ihrer Mitte finden sich der Name der Verführermacht und die Zahl ihres Namens, wogegen der Rand in Gestalt der sechs Dreieckszipfel von den sechs Buchstaben des Wortes Mensch eingenommen wird. Hier steht im Symbol der Mensch vor uns, welcher von der Macht des Tieres ergriffen wird. Während sich sonst diese Verführerkräfte in der figurativen Darstellung mit der Gestalt des Pentagramms verbunden finden, tritt uns hier die Gestalt des Hexagramms im Zeichen dieser Kräfte entgegen. Nicht die Zahl Fünf, sondern die Zahl Sechs wird hier zum Schauplatz der den Menschen verführenden Mächte, d. h. jene Zahl, welche als Sephira im Hebräischen den Namen Tiphereth trug. Dieser Name weist auf die Attribute der Schönheit, der Zierde hin. Darin besteht ja gerade die Macht des Verführers über die Menschen, daß er sich mit dem gleißenden Schimmer der Schönheit umkleidet. Auf die Sephira Tiphereth folgt als die siebente der zehn heiligen Sephiroth Nezah oder Sieg. Tiphereth und Nezah stehen einander wie die Zahlen 666 und 1000 gegenüber.

In dem aus sieben Bitten bestehenden christlichen Zentralgebet, dem Vaterunser, das ebenfalls in Mysterientraditionen wurzelt, tragen die einzelnen Bitten einen Charakter, der genau den Qualitäten der ersten sieben Zahlen entspricht. Man würde sich einer guten geistigen Führung überlassen, wenn man die Wesensart der ersten sieben Zahlen aus den entsprechenden Bitten dieses Kernstückes christlicher Weisheit ablesen würde. In ihm lautet die sechste Bitte: «Und führe uns nicht in Versuchung!» und die siebente und zugleich letzte: «Sondern erlöse uns von dem Bösen!» Mit ihnen beiden befinden wir uns in ebenderselben Geistigkeit, die aus der Schilderung der beiden Seinsstufen 666 und 1000 der Apokalypse zu uns spricht. Was dann als der neue Himmel und die neue Erde vor unser geistiges Auge gerückt wird, klingt auch in den auf die siebente Bitte folgenden Schlußworten des christlichen Hochgebetes an.

16. Kapitel
Sieben in der alten Zahlenweisheit

Nun, nachdem wir uns von allen möglichen Seiten her einen Überblick über die Natur der Zahl Sieben verschafft haben, können wir es mit Aussicht auf Gewinn unternehmen, uns mit der Stellung dieser Zahl innerhalb der alten Zahlenweisheit zu befassen. In der Einstellung der Menschheit gegenüber der Sieben ist eine gewisse Linie der Entwicklung erkennbar. Anfänglich nahm diese Zahl im Erleben und Bewußtsein des Menschen eine zentrale Stellung ein. Dann entrückte sie für eine lange Zeit dem Blick, bzw. ihre Pflege erfolgte nur noch mehr oder weniger traditionell. Erst mit dem Beginn der christlichen Ära rückte sie wieder in ihre alte Position ein. Diese Linie entspricht auch dem Menschheitswege, der aus geistigen Höhen in das Tal der Sinnenwelt hinunterführte, um von da aus wieder emporzusteigen.

Im Ägyptertum findet sich noch ein lebendiges Verhältnis zur Zahl Sieben. Das drückt sich allein schon in dem ihr zuerkannten mystischen Schriftzeichen aus, das in einem Menschenkopf bestand. Überall im Menschenwesen und im Menschenleben fand man sie gegenwärtig. Zumal im Totenkult spielte sie eine wichtige Rolle. Gerade der Übergang vom Leben zum Tode wurde als ein Schreiten von der Sechs zur Sieben aufgefaßt. Der Ägypter schildert den Weg des Toten so, daß dieser vor Osiris, den Herrscher im Totenreich, gelangt, um dort im Totengericht beurteilt zu werden. Das Gericht findet in einer der Hallen der Duat, der Fünfheit, statt. Osiris ist von 42 oder sechsmalsieben Totenrichtern umgeben, schrecklichen Dämonen, deren jeder für eine bestimmte Art von Sünde bestellt ist. Vor ihnen legt der Tote, rückblickend auf seine sinnlich-physische Existenz, eine moralische Lebensbeichte ab.

Ein Kronzeugnis für die Wichtigkeit der Sieben im Erleben des Ägypters ist seine Baukunst. In einem der besterhaltenen ägyptischen Tempel, dem des Horus zu Edfu, hat sich bei eingehendem Studium seiner Dimensionierung diese Zahl als maßverleihend nachweisen lassen. Zwar ist dieser Tempel erst 237 v. Chr. von Ptolemäus III. - Euergetes I. angelegt worden; aber «nach dem großen Plan des Buches, wie es herabgekommen war vom Himmel nördlich von Memphis» – so heißt es in einer Inschrift – wurde er als Ersatzbau eines eben solchen sehr alten Horustempels aufgeführt. In ihm ist das Sanctuarium, das Allerheiligste, ganz und gar aus den Formen der Siebenzahl bestritten. Es stellt einen rechteckigen Raum vor, dessen Länge, Breite und Höhe folgendermaßen gewonnen werden können: Man konstruiere ein regelmäßiges Vierzehneck und gehe darin durch Überspringung je einer Ecke zu dem entsprechenden regelmäßigen Siebeneck über. In dieses zeichne man dann noch denjenigen regelmäßigen Siebenstern, der wiederum durch Überspringung je einer Ecke des Siebenecks zustande kommt:

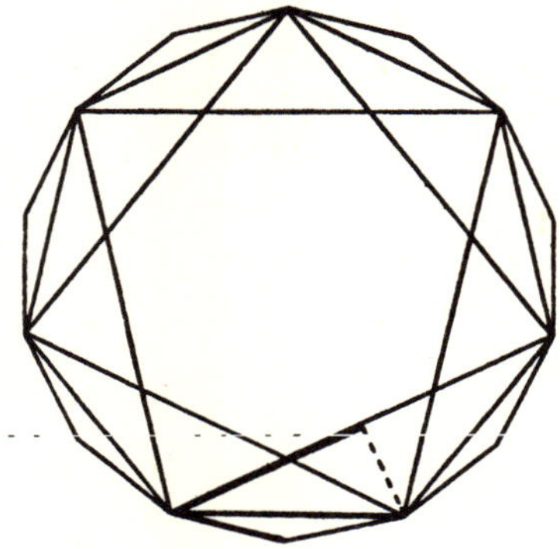

Figur 66

In der Figur sind die Vierzehneckseite, die Siebeneckseite und die halbe Siebensternseite, die von einer Ecke des Vierzehnecks unten links ausgehen, stärker ausgezogen. Das Verhältnis dieser drei Längen ist in größter Annäherung mit dem Verhältnis der drei Längenausdehnungen des Sanctuariums identisch, und zwar entspricht die Vierzehneckseite der Breite des Raums, die Siebeneckseite seiner Länge und die halbe Siebensternseite seiner Höhe.

Bei aller Verwendung und Verehrung der Zahl Sieben als Zahl der Zeit gewährt der Anblick der ägyptischen Kultur dennoch den Eindruck einer gewissen Zeitlosigkeit und Starrheit. Dies wird anders in der vom Ägyptertum ausgehenden hebräischen Kulturströmung. Hier tritt auch zum erstenmal in der Menschheitsgeschichte entschieden der Sinn für historische Entwicklung auf. Rudolf Steiner beschreibt dies im 6. Vortrag seiner Vortragsreihe über das Markus-Evangelium (20.9.1912, GA 139): «Nun vergleichen wir mit diesen Weltanschauungen in ihrer tiefsten Struktur, in ihrer Zeitlosigkeit, dasjenige, was uns gleich im Alten Testament entgegentritt. (...) Da sehen wir, wie eine fortlaufende, reale Zeitlinie sich einlagert. Erst werden wir hingeführt zur Genesis, zur Schöpfung, und angegliedert wird an die Schöpfung die Menschheitsgeschichte. Wir sehen einen fortlaufenden Gang durch die sieben Schöpfungstage hindurch, durch die Patriarchenzeit hindurch; von Abraham herunter durch Isaak und Jakob – alles Werden, alles Geschichte. Wo wiederholt sich etwas? Nicht wird der erste Schöpfungstag in abstrakter Weise wiederholt in dem zweiten. Nicht werden die Patriarchen wiederholt in den Propheten. Die Königszeit wiederholt nicht die Richterzeit und so weiter. Dann tritt die Zeit der Gefangenschaft ein. Überall werden wir hingeführt in den ganzen dramatischen Fortgang, wo die Zeit eine reale Rolle spielt wie im einzelnen Menschenleben. Durch das ganze Alte Testament wird uns die Zeit als ein realer Faktor des Geschehens gezeigt, abgesehen von dem, was sich wiederholt. Der Fortschritt ist das, was als ein besonderes Element eintritt in die

Darstellung des Alten Testamentes. Das erste große Beispiel einer historischen Betrachtungsweise ist dieses Alte Testament. Dadurch wird dem Abendlande das Vermächtnis übergeben zur historischen Betrachtungsweise. Langsam und allmählich lernen erst die Menschen, was ihnen geoffenbart wird im Laufe der Zeit.»

Das Element der Unräumlichkeit und Bildlosigkeit, welches der Sieben innewohnt, kam dem Wesen des jüdischen Volkes, das den Makrokosmos der Außenwelt in den Mikrokosmos der Innenwelt zu verwandeln die Aufgabe hatte, entgegen. «Du sollst dir kein Bildnis noch irgend ein Gleichnis machen!», so heißt es schon im Dekalog. Welche Verehrung der Sieben gezollt wurde, mag auch daraus hervorgehen, daß die Hebräer das Schwören «Siebenen» nannten; der Schwur als der Anruf der höheren Welt bediente sich auch der Zahl dieser höheren Welt.

Im Zuge dieser Entwicklung liegt es, daß die Zeitmessung der Hebräer vorwiegend auf der Sieben beruhte. Schon bei den Babyloniern hatte es ein siebentägiges Intervall für Sühne- und Bußhandlungen gegeben. Nun wurde es allgemeine Zeiteinteilung. Auf sechs Werktage folgte als andersartiger Tag der siebente Tag, welcher den Namen Sabbat oder Ruhetag erhielt. Statt der zehntägigen Woche der Ägypter entstand so die noch heute im Gebrauch befindliche siebentägige Woche. Besonders wichtig war die Osterwoche, welche das Fest der mazzoth, der ungesäuerten Brote, genannt wurde; sieben Tage lang aß man ungesäuerte Gerstenbrote. Von gleicher Bedeutung war der siebenwöchige Zeitraum nach Ostern. Er schloß mit einem unserem heutigen Pfingstfest entsprechenden Fest ab, dem Fest der schabuoth. Es war zugleich das Fest der qazir, d. h. der Getreideernte, da mit ihm die Weizenernte vollendet war.

Auch der Jahresbeginn stand im Zeichen der Zahl Sieben. Das hebräische Jahr war kein Sonnenjahr wie das unsrige, sondern ein Mondjahr, das auf der Dauer des Mondumlaufs um die Erde von Neumond zu Neumond beruhte. Der Mond benötigt zu einem solchen Umlauf rund 29 ½ Tage; zwölf dieser Umläufe ergeben die Dauer des Mondjahres im Betrag von 354 Tagen, dessen zwölf Monate abwechselnd zu 30 und 29 Tagen gerechnet wurden; denn 6 · 30 + 6 · 29 = 354. Das hebräische Jahr begann nun nicht etwa mit dem ersten Tag des ersten Monats, sondern mit dem Neumond des siebenten Monats. Dieser wurde durch Posaunenklänge gefeiert und hieß daher auch Posaunenfest. Alle sieben Jahre war ein sogenanntes Sabbatjahr, das auch Erlaßjahr hieß; in ihm sollten Äcker und Güter brachliegen, Schulden erlassen und Sklaven frei werden.

Die Frage entsteht, wie das Mondjahr mit dem Sonnenjahr in Einklang gebracht wurde. Nach siebenmalsieben oder 49 Mondjahren war der Rückstand gegen das Sonnenjahr, der pro Jahr 11 ¼ Tage betrug, auf rund 49mal 11 ¼ Tage oder rund 550 Tage angewachsen. Die Folge war, daß das 50. Mondjahr zu einem großen Teil in das 49. Sonnenjahr hineinfiel. Wieder wurde durch Posaunenblasen das 50. Mondjahr ausgerufen und erhielt vom Worte Jobel für Posaune den Namen Jubeljahr. In ihm sollte in gesteigertem Maß alles das stattfinden, was schon im Sabbatjahr hatte erfolgen sollen, so wie Siebenmalsieben auch eine Steigerung, eine Potenz der bloßen Sieben ist.

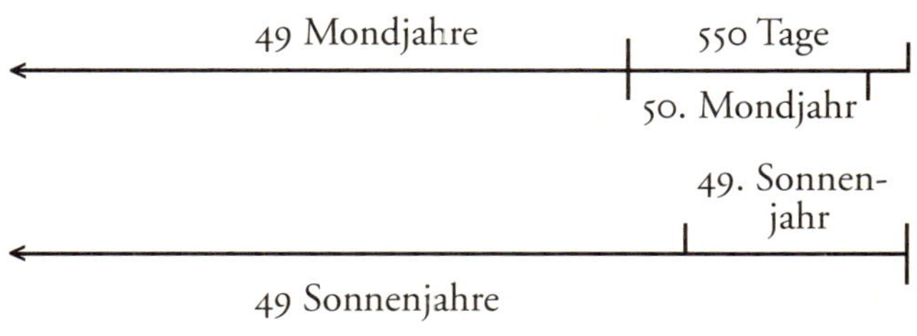

Ehe das weitere Schicksal der Sieben im menschheitlichen Bewußtsein verfolgt wird, sei noch der Rolle gedacht, welche diese Zahl im Leben der Seherin von Prevorst gespielt hat. Eigentlich haben wir ja bei ihr noch die alte Bewußtseinsstufe des Ägypters bzw. des Hebräers vorliegen. Auch ihre Erlebnisse an der Sieben weisen in jene Vergangenheit zurück. Sie kam zu all ihrer Weisheit in einem dämmerig halbwachen Zustand, der auch das alte, vergangene Bewußtsein kennzeichnet, nur mit dem Unterschied, daß bei ihr zu Abnormität und Krankheit wurde, was einstmals zeitgemäß und gesund gewesen war. Kerner berichtet über ihre Stellung zur Sieben:

«Sie erkannte die Zahl Sieben als die für ihr Individuum gesetzte Zahl, und aus dieser gingen alle ihre Berechnungen, auch für das Heilverfahren, das sie für sich anordnete, hervor. Immer war die siebente Stunde des Tages für sie die bedeutungsvollste, daher fand auch in dieser nur ihr Schauen ins Innere, ihr magnetischer Schlaf statt. Die erfühlten Heilmittel, besonders Pflanzenstoffe, ließ sie sich immer in der Siebenzahl reichen. ‹Alles›, sagte sie, ‹ist für mich die Siebenzahl. Diese Zahl liegt in mir wie jene Sprache. Hätte ich die Zahl Drei, würde ich wohl eher gesund werden.›»

In diesen Worten liegt, daß sie der in ihr waltenden Siebenzahl sogar ihre Nichtgenesung zuschreibt. Man möchte sagen, durch das Vorherrschen der Siebenergesetzmäßigkeit in ihrem Organismus war sie zu geistig, als daß sie sich in ihrem Körper noch genügend stark festzuhalten vermochte. Das geht auch aus der Charakteristik hervor, welche Kerner von ihr gibt:

«Sie war ein im Augenblicke des Sterbens, durch irgend eine Fixierung, zwischen Sterben und Leben zurückgehaltener Mensch, der schon mehr in die Welt, die nun vor ihm, als in die, die hinter ihm liegt, zu sehen fähig ist. Das ist nicht nur ein poetischer Ausdruck, sondern wirklich wahr. Wir sehen, daß Menschen in Momenten des Todes oft wie schon in eine andere Welt hinüberschauen, uns von dieser Kunde geben. Wir sehen, wie ihr Geist da oft, schon wie aus dem Körper getreten, sich in Entfernungen hin zu offenbaren vermag, während er die Hülle doch noch nicht völlig verlassen hat. Kann man sich einen Menschen in diesen Momenten (die bei Sterbenden oft nur wie Blitze sind) jahrelang hingehalten denken, so haben wir das Bild dieser Seherin, und hierin sehe ich nur buchstäbliche Wahrheit, keine Dichtung.»

Ihr Krankwerden und Sterben stand ebenfalls im Zeichen der Sieben: sie erkrankte zu ihrem Sehertume in ihrem 21. Lebensjahr und starb an ihm im 28. Lebensjahr.

Ein deutliches Verblassen der Zahl Sieben ist im griechischen Kulturkreis wahrzunehmen. Zwar findet sich im Buch des Pythagoräers Philolaos über die Natur, das die ganze Lehre des Pythagoras zusammengefaßt haben soll, noch eine Art Hymnus auf die Sieben. Dennoch tritt diese mehr und mehr gegenüber der aufsteigenden Fünf zurück. Die starke Bildhaftigkeit, welche der Fünf eigen ist, kam dem griechischen Wesen auch mehr entgegen als die Bildlosigkeit der Sieben. In Plutarchs Schrift *Über das EI zu Delphi* wird dies geradezu ausgesprochen: «Die (griechischen) Weisen sind mit dem allgemeinen Gesetz und der langen Vorzeit in Zwiespalt, weil sie die Siebenzahl von ihrem Vorrang verdrängt und die Fünfheit der Gottheit geweiht haben, weil diese sich besser für sie schicke.» (17. Abschnitt.)

Mit der Sieben tritt auch das Hexagramm als der zugängliche Bildausdruck der Sieben in den Hintergrund, an seine Stelle tritt das Pentagramm. In seinen *Elementen* erwähnt Euklid das regelmäßige Siebeneck nicht einmal mehr andeutungsweise. Auch in der griechischen Baukunst hat man bisher meines Wissens das Siebeneck weder direkt noch indirekt zu finden vermocht.

Die Geistigkeit der Sieben war vom Griechentum her in Gefahr, verlorenzugehen. Vom Judentum her drohte eine andere Gefahr, die Erstarrung in der Dogmatik. Verstöße gegen die Sabbatruhe galten als Todsünde. Christus selber ist es gewesen, der gegen das Starrwerden innerhalb des Judentums angekämpft hat. Seine Worte und Handlungen sind in ihrem Aufbau lebendig durchpulst von der Siebenergesetzmäßigkeit, besonders im Johannes-Evangelium. Vor allem richtet sich sein Kampf gegen die Übertreibung, welche die Innehaltung der Sabbatruhe angenommen hatte. Fast immer sind es Krankenheilungen, die er an jenem Tage der Siebenzahl vornimmt und durch welche er die alte Satzung durchbricht. An seine vermeintlichen Verletzungen des Gesetzes knüpfen sich immer Zusammenstöße zwischen ihm und den dogmatischen Hütern der alten Ordnung. Im 5. Vers des 6. Kapitels des Lukas-Evangeliums spricht er dann geradezu aus: «Der Geistesmensch ist ein Herr über den Sabbat.»

Wie das Leben wurde auch das Sterben Christi vom Geiste der Siebenzahl durchwoben. In bedeutsamer Form tritt dies in dem Organismus der sieben Kreuzesworte zutage, von denen eines sich bei Matthäus und Markus und je drei weitere sich bei Lukas und Johannes finden. Die innere Ordnung entspricht tief der Gliederung der Siebenzahl in zwei Dreiheiten mit einer Einheit in der Mitte.

Das Liegen im Grabe vollzog sich hauptsächlich am siebenten Tage selber, am Sabbat, wogegen die Auferstehung am ersten Tage der neuen Woche, am Beginn einer neuen Siebenheit, stattfand. Mit diesem Tage, dem Feste der Ostern, ist auch der Anbruch eines neuen Lebens der Siebenheit bezeichnet. Was bei den Juden zu Satzung und Gebot verknöchert war, erfüllte sich nun mit einem neuen Geiste. Dieser kam über die Jünger an dem Tage, welcher in der Reihe der christlichen Feste geradezu aus der Kraft der Sieben seinen Namen hat, am Tage der Pfingsten. Dieses Wort ist von dem griechischen Zahlwort für 50, pentekoste, hergenommen. Pfingsten fällt auf den siebenmalsiebenten oder 49. Tag nach Ostern. Was im Judentum das Fest der Wochen, der schabuoth, gewesen war, verwandelte sich durch die Ausgießung des Heiligen Geistes in das christliche Pfingstfest. Alles weitere Geistesgeschehen wird ebenfalls im Zeichen der Sieben stehen. Ihr Wellenschlag ist nach den Schauungen des Apokalyptikers bis ans Ende der Erdenentwick lung maßgebend.

Eine ähnliche Linienführung kündigt sich prophetisch in der

ahnungsvollen hebräischen Lehre von den zehn heiligen Sephiroth an. In ihrer Aufeinanderfolge und Namengebung ist eigentlich schon alles das enthalten, was dann durch das Christentum zur Wirklichkeit geworden ist. So konnte schon anläßlich der Betrachtung der Siebenzahl im 9. Kapitel der siebenten Sephira Nezah gedacht werden. Mit ihr ist auch der Sieg des Lebens über den Tod gemeint. Auf ihn folgt nach hebräischer Hoffnung ein Zeitalter des Ruhmes und der Herrlichkeit im Zeichen der achten Sephira, deren Name Hod war; man hat ihn im Lateinischen mit Gloria oder Magnificentia wiedergegeben. Die Zahl Acht, mit der unsere künftigen Betrachtungen schließen werden, stellt im septimalen System den Beginn einer neuen Siebenheit dar.

17. Kapitel
Die Zahl Sieben in der Rosenkreuzerströmung

In einer Geistesströmung, die das esoterische Weisheitsgut des Christentums besonders tief erfaßt hat, ist die Geistigkeit der Zahl Sieben auch besonders stark empfunden worden. Es handelt sich um das Rosenkreuzertum. Vieles, wenn nicht gar das meiste von dieser Strömung ist unter der Oberfläche der bekannten und wahrnehmbaren Geistesgeschichte dahingeflossen. Was von ihr an die Oberfläche getreten ist, besteht aus wenigen literarischen Dokumenten ernsthafter Art und vielen schiefen Berichten über sie. Das Urdokument, auf welches sich das allgemeinere Bekanntwerden des Rosenkreuzertums gründet, ist das merkwürdige Buch, das von dem erst 17jährigen Johann Valentin Andreae unter dem Titel *Chymische Hochzeit Christiani Rosencreutz Anno Domini 1459* im Jahre 1603 verfaßt und im Jahre 1616, kurz vor Ausbruch des Dreißigjährigen Krieges, veröffentlicht worden ist. Schon der Titel weist darauf hin, daß im Buche von Vorgängen die Rede ist, die bereits vor dem Beginn der Reformation spielen. Tatsächlich ist das Symbol des Rosenkreuzes auch schon weit vor der Zeit der Entstehung des Buches zu finden. So dürfte nicht allgemein bekannt sein, daß Luthers Wappen aus einer fünfblättrigen Rose bestand, in deren Mitte ein mit einem Kreuz versehenes Herz zu erblicken war; darunter findet sich der Spruch:

Des Christen Herz auf Rosen geht,
wenn's mitten unterm Kreuze steht.

Ohne jedoch hier auf die schwierige Frage einzugehen, wie weit dieser geistige Orden schon vor dem Buch des Andreae vorhanden war, sei der Blick lediglich auf die offen zutageliegenden literarischen Zeugnisse und zunächst auf das genannte Buch selber gerichtet.

Schon der Grundplan der Schrift ist auf der Zahl Sieben aufgebaut. Sie gliedert sich in die Beschreibung von geistigen Vorgängen, die hintereinander an sieben Tagen stattfinden, wobei die Geschehnisse des ersten Tages an dem Abend vor Ostern spielen. Die Ereignisse jedes einzelnen Tages tragen innerlich das Gepräge derjenigen Zahl, welche über dem betreffenden Tage steht. Was bis zum dritten Tag vor sich geht, ist mehr die Vorbereitung auf die eigentliche Handlung, welche erst am vierten Tag beginnt und die Läuterung der zu ihr Zugelassenen bezweckt. Bei der in den nächsten Kapiteln erfolgenden Betrachtung der drei ersten Zahlen und der Zahl Vier wird sich ergeben, daß die drei ersten Zahlen in der Zahlenwelt eine Ausnahmestellung einnehmen und daß hinter ihnen erst die auf den Menschen weisende Entwicklung anhebt. Was vor der Vier liegt, ist noch übermenschlich-göttlich.

Am dritten Tag, ehe «der Bruder vom Rosenkreuz» die auf sein Menschentum zielende Umschmelzung und Alchimie des vierten, fünften, sechsten und siebenten Tages erfährt, findet ein Vorgang statt, der dem Totengericht im alten Ägyptertum ähnelt. Dort wird der Tote von den sechsmalsieben Totenrichtern verhört, wobei die Gottheit Thoth die Richtigkeit der Aussagen an dem Verhalten des Züngleins einer Waage prüft, auf deren einer Schale das Herz des Toten und auf deren anderer eine Vogelfeder liegt. Die Feder als ein Stück aus dem luftgewobenen Kleid der himmelsverwandten Vogelwelt, als ein Gebilde, das die Schwere des Erdenleibes zu überwinden vermag, galt als ein Symbolum der von den Göttern anerkannten und vor ihnen bestehenden Wahrheit. Auch in der Schrift Andreaes wird am Eingang des dritten Tages eine Wägung der Seelen, die sich zum Gang in die geistige Welt und damit zu ihrer Verwandlung durch deren Kräfte anschicken, veranstaltet. Wirklich wird eine Art Gericht über diejenigen abgehalten, welche der Sinnenwelt abgestorben zu sein vorgeben und den

Wagemut, wenn nicht gar den Frevelmut aufbringen, die Gefilde der geistigen Welt zu betreten. Aber hier wird nicht bloß das Herz auf die eine Waagschale gelegt, sondern der ganze Mensch muß sich daraufstellen, und auf der anderen Waagschale befinden sich statt einer leichten Vogelfeder regelrechte Gewichte von ganz besonderer Schwere in einem Satz von sieben Stück. Sie werden als voneinander verschieden beschrieben:

«Zunächst stand da ein ziemlich großes, dann vier kleine besonders und endlich noch zwei große, wiederum für sich. Und diese Gewichte waren im Verhältnis zu ihrer Größe so schwer, daß es kein Mensch glauben noch begreifen kann.»

Man muß sich aber gemäß den folgenden Ausführungen *alle* Gewichte voneinander verschieden denken. Die Absicht der ganzen Prozedur wird durchsichtig, wenn man die Funktion jedes einzelnen Gewichts durchschaut. Da wird an einer Stelle der Schleier, der über sie gebreitet ist, gelüftet, wenn es heißt, das vierte Gewicht sei wider die Hoffart. Jedes der sieben Gewichte dient nämlich zur Feststellung eines bestimmten Lasters, deren es in der alten Morallehre gerade sieben gab. Wer das betreffende Gewicht aushielt, verfügte über die dem betreffenden Laster entgegengesetzte Tugend. Daß die Gewichte samt und sonders im Verhältnis zu ihrer Größe so schwer, so unglaublich schwer waren, soll doch wohl ein Hinweis darauf sein, wie schwer das Vorhandensein eines Lasters ins Gewicht fiel bzw. wie verdienstvoll der Besitz der ihm entgegengesetzten Tugend war.

Als die Wägung der vielen Anwärter beginnen soll, treten eine ganze Anzahl von ihnen schon beiseite, weil sie das mit ihr verbundene ernste Gericht scheuen; Andreae charakterisiert sie ironisch als «die frommen Herren Landbetrüger». Jeder der Zurückbleibenden wird vermittelst der sieben Gewichte auf seine moralischen Qualitäten hin geprüft. Dabei zeigt sich, daß sieben von ihnen schon beim Auflegen des ersten Gewichts versagen; sie sind von allen Gewogenen die Untauglichsten, Unwürdigsten. Weitere einundzwanzig halten zwar das erste Gewicht aus, versagen aber beim Auflegen eines zweiten Gewichts. Eine dritte Gruppe versagt erst beim Auflegen eines dritten Gewichts; sie besteht aus fünfunddreißig Anwärtern. Eine vierte Gruppe, ebenfalls aus fünfunddreißig Anwärtern bestehend, versagt erst beim Auflegen eines vierten Gewichtes. Eine fünfte, wieder aus bloß einundzwanzig Gewogenen bestehend, scheitert erst am fünften Gewicht, eine sechste von nur sieben Anwärtern wird durch das sechste Gewicht als immer noch untauglich entlarvt. Nur ein Anwärter ist es, dem erst das siebente Gewicht den Hals bricht, obwohl er doch beinahe die Prüfung bestanden hätte. Ganz wenige, zu denen auch der Bruder vom Rosenkreuz gehört, werden, weil sie alle sieben Gewichte ausgestanden haben, als würdig zu den Weihen der folgenden Tage zugelassen. Der Bruder vom Rosenkreuz schneidet besonders gut ab und erhält die Vergünstigung, aus Gnade jenen einzigen, der beinahe die Wägung bestanden hätte, aus der Vielheit der Durchgefallenen zu «erlösen»; er wird in der Schrift als ein Kaiser geschildert. Die übrigen, einhundertsechsundzwanzig an der Zahl ($7 + 21 + 35 + 35 + 21 + 7 = 126$), sind von den nächsten Tagewerken ausgeschlossen und werden mit allen möglichen mehr oder minder schweren Strafen belegt. Sie sind, wie der Bruder vom Rosenkreuz feststellt, «zum höchsten Wunder keiner dem anderen gleich». Er würde, wenn es ihm die Zeit erlauben würde, imstande sein, jeden in seiner Eigenart zu beschreiben.

Die von Andreae geschilderte Wägung läßt summarisch vor unser Auge alle nur möglichen Mischungen von Tugenden und Lastern hintreten. Die 126 Gefangenen stellen die hinsichtlich der moralischen Beschaffenheit überhaupt möglichen verschiedenen Menschentypen dar. Wie es dabei zu den genannten Anzahlen in den einzelnen Gruppen und somit zu deren Gesamtzahl kommt, sei, um den Leser nicht unnötig zu ermüden, in einem diesem Kapitel beigefügten Anhang näher ausgeführt. Mit der ausführlichen Betrachtung der von Andreae geschilderten Wägung sollte ein überzeugendes Beispiel für die überragende Wichtigkeit hingestellt werden, welche in dem ganzen Gewebe von geistigen Bildern die Zahl Sieben besitzt, sind doch auch die Anzahlen 7, 21 und 35 in den einzelnen Gruppen auf ihr aufgebaut. Dem weiteren Vorkommen der Sieben in jener merkwürdigen Schrift nachzuspüren, versagen wir uns und legen uns lediglich noch die Frage vor, welche Entwicklung und Umgestaltung das Symbol durchgemacht hat, nach welchem die ganze Strömung ihren Namen hat, das Symbol des Rosenkreuzes. Es war ja, wie schon der Name sagt, ursprünglich die Verbindung der Rose mit einem Kreuz. Die Rosenblüte ist nach der Zahl Fünf gebildet, sowohl ihre Kelchzipfel wie auch ihre Blütenhüllblätter bilden miteinander einen Fünfstern, und so kam es, daß das Rosenkreuz sich zu dem rein geometrischen Zeichen eines Pentagramms mit einem Kreuz in der Mitte umgestaltete. Die Hinzufügung des Kreuzes ist nichts Willkürliches, würde es doch gar nicht möglich sein, ein Pentagramm zu konstruieren, ohne einen rechten Winkel und damit ein Kreuz zu Hilfe zu nehmen. Eine neue Gestalt des Symbols erscheint in einem Gedichtfragment Goethes, das er «Die Geheimnisse» betitelt. Dort wird am Beginn geschildert, wie ein auf der Wanderschaft befindlicher Bruder namens Markus am Abend, ermüdet von des Tages langer Reise, an einem Kloster ankommt. An der Klosterpforte leuchtet ihm als Symbol ein Rosenkreuz entgegen:

> Schon sieht er dicht sich vor dem stillen Orte,
> der seinen Geist mit Ruh' und Hoffnung füllt,
> und auf dem Bogen der geschloss'nen Pforte
> erblickt er ein geheimnisvolles Bild.
> Er steht und sinnt und lispelt leise Worte
> der Andacht, die in seinem Herzen quillt;
> er steht und sinnt: was hat das zu bedeuten?
> Die Sonne sinkt, und es verklingt das Läuten.

Das Zeichen sieht er prächtig aufgerichtet,
das aller Welt zu Trost und Hoffnung steht,
zu dem viel tausend Geister sich verpflichtet,
zu dem viel tausend Herzen warm gefleht,
das die Gewalt des bittren Tod's vernichtet,
das in so mancher Siegesfahne weht:
Ein Labequell durchdringt die matten Glieder,
er sieht das Kreuz und schlägt die Augen nieder.

Er fühlet neu, was dort für Heil entsprungen,
den Glauben fühlt er einer halben Welt;
doch von ganz neuem Sinn wird er durchdrungen,
wie sich das Bild ihm hier vor Augen stellt:
Es steht das Kreuz mit Rosen dicht umschlungen.
Wer hat dem Kreuze Rosen zugesellt?
Es schwillt der Kranz, um recht von allen Seiten
das schroffe Holz mit Weichheit zu begleiten.

Und leichte Silber-Himmelswolken schweben,
mit Kreuz und Rosen sich empor zu schwingen,
und aus der Mitte quillt ein heilig Leben
dreifacher Strahlen, die aus einem Punkte dringen;
von keinen Worten ist das Bild umgeben,
die dem Geheimnis Sinn und Klarheit bringen.
Im Dämmerschein, der immer tiefer grauet,
steht er und sinnt und fühlet sich erbauet.

Dann wird des Symbols noch einmal mehr gegen Ende des Gedichts Erwähnung getan, bei der Beschreibung des großen Saals im Kloster:

So müd er ist, wünscht er noch fort zu wachen,
denn kräftig reizt ihn manch und manches Bild:
Hier sieht er einen feuerfarbnen Drachen,
der seinen Durst in wilden Flammen stillt;
hier einen Arm in eines Bären Rachen,
von dem das Blut in heißen Strömen quillt;
die beiden Schilder hingen gleicher Weite
beim Rosenkreuz zur recht- und linken Seite.

Durch die geschilderten beiden Seitenbilder wird der Sinn des Mittelbildes erhellt. Sie wollen auf die beiden Gefahren und Abirrungen hindeuten, welche dem Menschen drohen, auf das verzehrende Feuer der Begierden und auf die plumpe Trägheit, welche seinen zum Handeln geschaffenen Arm zu umklammern vermag. Das Mittelbild zeigt den Weg mitten durch die beiden Gefahren hindurch: die Vereinigung der ruhenden Besinnlichkeit des Kreuzes mit der reinen Liebesglut der Rose. So hat sich die bisherige Form des Symbols bei Goethe bemerkenswert gewandelt. Aus der das Kreuz umgebenden Rose, aus dem das Kreuz umgebenden Pentagramm ist eine Vielheit von Rosen geworden, welche im Kreise herum angeordnet das Kreuz umschlingen; im Kreuzmittelpunkt selber erscheint in Form von Strahlen die Zahl Drei.

Eine weitere Umbildung ist von Rudolf Steiner vorgenommen worden: Um den Mittelpunkt eines Kreuzes soll man sich sieben im Kreise angeordnete leuchtend rote Rosen vorstellen, statt deren auch sieben Pentagramme zu denken sind. So wird zu der im Symbol vorhandenen Vierzahl und Fünfzahl die Siebenzahl hinzugefügt. In seinem Buch *Die Geheimwissenschaft im Umriß* und auch an anderer Stelle schildert Steiner, welche geistweckende Kraft von einer meditativen Versenkung in dieses Sinnbild auszugehen vermag.

Die Frage kam auf, wie viele Zusammenstellungen von Gewichten aus einem aus sieben verschiedenen Gewichten bestehenden Satz überhaupt möglich sind. Zur schnelleren Verständigung mögen die sieben Gewichte kurzerhand durch die sieben ersten Buchstaben a, b, c, d, e, f und g des Alphabets bezeichnet werden. In wie vielen Kombinationen können die sieben Buchstaben zusammentreten? Die Frage beantwortet sich leicht, wenn auf der Waagschale nur ein Gewicht liegt; dann gibt es eben sieben Möglichkeiten, da jedes der sieben Gewichte das eine Gewicht sein kann. Wenn jedoch auf der Waagschale zwei Gewichte liegen, tritt zu dem vorhandenen einen Gewicht eines der sechs übrigen als zweites hinzu. Dadurch ergeben sich siebenmalsechs Zusammenstellungen von Gewichtspaaren:

ab	ba	ca	da	ea	fa	ga
ac	bc	cb	db	eb	fb	gb
ad	bd	cd	dc	ec	fc	gc
ae	be	ce	de	ed	fd	gd
af	bf	cf	df	ef	fe	ge
ag	bg	cg	dg	eg	fg	gf

Unter diesen siebenmalsechs oder 42 Paaren erscheint aber jedes doppelt; so kommt ab auch als ba vor, ac auch als ca usw. In Wirklichkeit existieren also nur 21 Kombinationen der sieben Gewichte zu je zweien. Die Zahl 21 ist hier durch die Rechnung «siebenmalsechs geteilt durch zwei» entstanden. Fragen wir uns noch, um das hier waltende Gesetz zu überschauen, wie viele Kombinationen von dreien der sieben Gewichte möglich sind! Um deren Anzahl abzählen zu können, lassen wir zu jedem der 42 Paare noch eins der fünf übrigen Gewichte als drittes hinzutreten.

So kann zu dem Paar ab jedes der fünf Gewichte c, d, e, f und g als drittes dazukommen, so daß aus der einen Zusammenstellung ab die fünf folgenden entstehen:

abc
abd
abe
abf
abg

Da dieses Verfahren bei jedem Paar möglich ist, ergeben sich insgesamt 5mal 42 oder 210 oder siebenmalsechsmalfünf Zusammenstellungen von drei Gewichten aus einem Satz von sieben. Unter ihnen erscheint aber jede sechsfach oder zweimaldreifach; denn es kommt z.B. die Zusammenstellung abc in folgenden sechs Formen vor:

abc
acb
bac
bca
cab
cba

Insgesamt sind es nicht 210 oder siebenmalsechsmalfünf Kombinationen von dreien der sieben Gewichte, sondern nur deren sechster Teil oder 35; dabei ist diese Zahl durch die Rechnung «siebenmalsechsmalfünf geteilt durch zweimaldrei» entstanden.

Das hier waltende Gesetz wird durchsichtig, wenn die behandelten drei Fälle, wonach entweder ein Gewicht oder zwei oder drei auf der Waagschale liegen sollen, zusammengestellt werden. Dabei entstehen entweder «sieben geteilt durch eins» oder «siebenmalsechs geteilt durch einmalzwei» oder «siebenmalsechsmalfünf geteilt durch einmalzweimaldrei» Kombinationen. Es läßt sich voraussehen, wie es weitergeht. Sollen von den sieben

Gewichten vier auf die Waagschale kommen, so gibt es insgesamt «siebenmalsechsmalfünfmalvier geteilt durch einmalzweimaldreimalvier» oder 35 Möglichkeiten. Auf diese Weise ergibt sich die Übersicht:

									Kombinationen
bei	1	von	7	Gewichten:	7	geteilt	durch	1	= 7
»	2	»	7	»	7·6	»	»	1·2	= 21
»	3	»	7	»	7·6·5	»	»	1·2·3	= 35
»	4	»	7	»	7·6·5·4	»	»	1·2·3·4	= 35
»	5	»	7	»	7·6·5·4·3		»	1·2·3·4·5	= 21
»	6	»	7	»	7·6·5·4·3·2		»	1·2·3·4·5·6	= 7
»	7	»	7	»	7·6·5·4·3·2·1		»	1·2·3·4·5·6·7	= 1

18. Kapitel
Siebzehn als Vereinigung von Zehn und Sieben

Zwei Zahlenpaare sind bisher ausführlich behandelt worden, einerseits das Paar Fünf und Zehn, andererseits das Paar Sechs und Sieben. Man kann sich die Aufgabe stellen, das Zusammenspiel beider Paare ins Auge zu fassen. Für die beiden Zahlen Fünf und Sieben ist dies bereits im 11. Kapitel geschehen, als es sich um die Zahl Zwölf handelte. Für die beiden Zahlen Zehn und Sieben, welche sich zur Siebzehn vereinigen, steht eine solche Untersuchung noch aus.

Es lassen sich eine ganze Reihe von Erscheinungen aufzeigen, welche die Bedeutung der Zahl Siebzehn dartun. Wir beginnen mit einer Bemerkung Plutarchs im 42. Abschnitt seiner Schrift *Über Isis und Osiris*, worin er über die Stellung der Pythagoräer zu dieser Zahl berichtet. Diese sollen vor der Siebzehn eine Abscheu gehegt haben, weil sie in die Mitte zwischen die Zahlen 16 als Quadratzahl und 18 als Zahl eines Doppelquadrats falle, welchen beiden Zahlen allein die Eigenschaft zukomme, daß die Umfänge der ihnen entsprechenden Figuren ihren Flächenräumen gleich seien. Die Figur der Zahl 16 ist ein Quadrat von der Seitenlänge 4; ihr Umfang beträgt $4 + 4 + 4 + 4 = 16$, ihre Fläche $4 \cdot 4 = 16$. Die Figur der Zahl 18 ist das Doppelte eines Quadrats von der Seitenlänge 3 oder, was auf dasselbe hinauskommt, ein Rechteck von den Seitenlängen 3 und 6; ihr Umfang beträgt $3 + 6 + 3 + 6 = 18$, ihre Fläche $3 \cdot 6 = 18$. Man könnte leicht zeigen, daß die eine Figur das einzige Quadrat und die andere Figur das einzige Doppelquadrat ist, wo sich Umfang und Fläche in derselben Zahl begegnen. Der Grieche hatte an solchen Zahlenspielereien eine große Freude. Die Zahlen 16 und 18 erfüllten sich für ihn von dort her mit einem besonderen Glanz. Zwischen beiden stand

17 wie eine lästige Scheidewand; das war auch der Name, welchen er der 17 beilegte, indem er sie Antiphraxis nannte.

Die Abneigung der Pythagoräer gegen die Zahl Siebzehn ist einigermaßen überraschend. Denn sonst hat dieselbe überall eine hohe Verehrung genossen. So kann man sie an einer Stelle des Evangeliums finden, wo man sie auf den ersten Blick gar nicht vermutet, und zwar wirkt sie dort in die wichtigsten und heiligsten Vorgänge hinein. Es ist der im Schlußkapitel des Johannes-Evangeliums geschilderte Fischzug gemeint, den Petrus auf das Geheiß des Auferstandenen ausführt. In den ersten 13 Versen wird dieser Vorgang, der nicht als ein physisches Geschehen verstanden werden darf, sondern als ein Gewebe von geistigen Bild-Erlebnissen zu gelten hat, folgendermaßen beschrieben:

«Danach offenbarte sich Jesus den Jüngern von neuem am Gestade des Meeres von Tiberias. Diese Offenbarung kam so zustande.

Es waren beisammen Simon Petrus, Thomas, den man den Zwilling nannte, Nathanael aus Kana in Galiläa, die Zebedäussöhne und noch zwei andere von seinen Jüngern.

Da sprach Simon Petrus zu ihnen: Ich will gehen, um die Netze auszuwerfen. Und sie antworteten: Wir wollen mit dir gehen. Und sie verließen das Haus und stiegen in das Schiff. Aber in dieser Nacht fingen sie nichts. Als schon der Morgen heraufstieg, stand Jesus am Gestade. Die Jünger jedoch erkannten nicht, daß er es war.

Da sprach Jesus zu ihnen: Kindlein, habt ihr die Speise, die ihr braucht? Sie antworteten ihm: Nein.

Und er sprach zu ihnen: Werfet auf der rechten Seite des Schiffes euer Netz aus, und ihr werdet die Speise finden. Und als sie das Netz auswarfen, vermochten sie kaum mehr es zu ziehen, so groß war die Fülle der Fische.

Da sprach jener Jünger, den Jesus liebte, zu Petrus: Es ist der Herr. Und als Simon Petrus hörte, daß es der Herr sei, fuhr er in sein Gewand und gürtete es um, denn er war nackt, und warf sich in das Meer.

Die anderen Jünger kamen mit dem Schiffe nach. Sie waren nur noch 200 Ellen vom Lande entfernt und zogen das Netz mit den Fischen heran.

Als sie nun an Land stiegen, sahen sie ein Kohlenfeuer angelegt und Fisch und Brot darauf.

Und Jesus sprach zu ihnen: Bringet herbei von den Fischen, die ihr eben jetzt gefangen habt.

Da stieg Simon Petrus hinan und zog das volle Netz ans Land mit 153 großen Fischen. Trotz der großen Zahl zerriß das Netz nicht.

Und Jesus sprach zu ihnen: Kommt zum Mahle. Keiner von den Jüngern wagte es, ihn auszuforschen: Wer bist du? Sehend erkannten sie, daß es der Christus war.

Und Jesus kommt und nimmt das Brot und gibt es ihnen. Das gleiche tat er mit den Fischen.»

Bedeutsam ist an diesem Bildergeschehen, daß der Auferstandene den Jüngern vom Ufer her, vom festen Lande aus, entgegentritt, und dies gerade zur Morgenzeit, wogegen die Jünger zu dieser Zeit noch auf dem Meere weilen. Festes Land und Meer figurieren hier symbolisch-bildhaft für den Gegensatz zwischen physischer und geistiger Welt. Von ihrem nächtlichen Zug in das Meer der geistigen Welt, der ergebnislos, beutelos geblieben ist, kehren die Jünger bei Morgengrauen zu den Gestaden der physisch-sinnlichen Welt zurück und finden dort bereits die Gestalt des Auferstandenen. Mit seiner Kraft bringen sie nun 153 Fische vom Meer ans Land. Das Geheimnis dieses Vorganges ruht offenbar in der Zahl 153. Warum gerade diese Zahl? Darauf gibt Thomas von Aquino in seiner «Catena aurea» (goldene Kette) eine erleuchtende Antwort. Die Zahl 153 sei die Summe aller Zahlen bis zur Siebzehn, und diese Zahl wiederum setze sich aus der Zahl der Vollkommenheit, der Zehn, und der Zahl der Offenbarung, der Sieben, zusammen. Eine solche Erklärung darf nicht wundernehmen. Wollte man im Altertum die Wirksamkeit einer Zahl besonders hervorkehren, so nannte man sie nicht selber, sondern gab statt ihrer die Summe aller Zahlen bis zu ihr hin an; statt der Zahl 17 erschien so die Summe

$$1 + 2 + 3 + 4 + \ldots\ldots\ldots\ldots + 15 + 16 + 17 = 153.$$

Man nannte dies eine Addition im Sinne der göttlichen Weisheit. Der Rückschluß von der Zahl 153 auf die Zahl 17 hat also für damalige Zeiten durchaus nichts Erzwungenes an sich. Die Erklärung des Thomas von Aquin trifft auch den Nerv des ganzen Geschehens. Denn hier, wo Himmlisches und Irdisches in zarter Weise ineinanderspielen, stellt sich auch ein Zusammenwirken der Zahl des Himmlischen, der Sieben, und der Zahl des Irdischen, der Zehn, her.

Die Anschauung des Thomas von Aquin vom Wesen der Zahl Siebzehn als einer Synthese der beiden Zahlen Zehn und Sieben trifft sich mit dem Zeugnis, das die Seherin von Prevorst von ihr ablegt. In dem historischen Überblick des 16. Kapitels wurde schon der Rolle gedacht, welche die Zahl Sieben im Leben der Seherin gespielt hat. Sie bezeichnete die Sieben als die ihrem Individuum gesetzte Zahl und gab an, ihre vergeistigende Wirkung in sich so stark zu spüren, daß sie deswegen nicht gesund zu werden vermöge. Daneben nahm sie aber auch die Zahl Zehn in sich wahr, von der sie behauptete, daß sie als Grundzahl jedem Menschen zukomme, insofern er ein Bürger dieser Erde sei. Die Vereinigung beider Zahlen zur Siebzehn war ihr ebenfalls unmittelbares Erlebnis. Dieselbe wurde ihr zum Zeugnis, daß der Mensch an beiden Welten, der himmlischen wie der irdischen, Anteil habe. Blickte sie in ihr Inneres, so gewahrte sie in jedem der zwölf Sektoren ihres Sonnenkreises drei kleine konzentrische Kreise, in deren Mittelpunkt sie jedesmal die drei Ziffern 1 7 0 aufleuchten sah; zwischen die beiden Ziffern der Zehn schob sich die der Sieben hinein. Die beigegebene Figur beschreibt das ihr sich darstellende Bild der Einfachheit halber nur für einen der zwölf Sektoren:

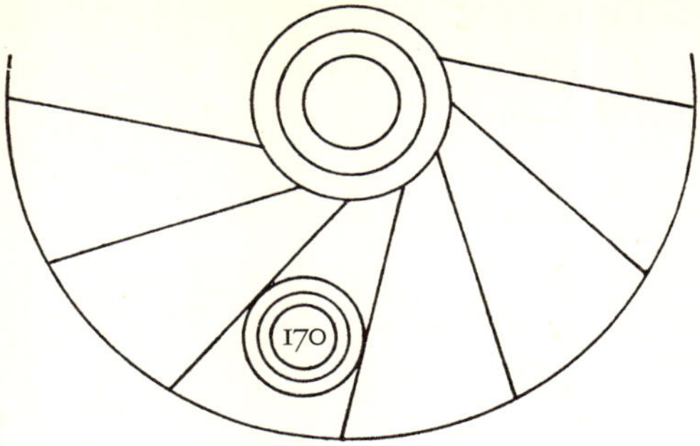

Figur 67

Es ist ein merkwürdiges Zusammentreffen, daß in demselben Jahr, in welchem die Seherin geboren wurde, 1801, auch eine großartige Entdeckung über die Siebzehn veröffentlicht wurde. Sie geschah durch den jungen Karl Friedrich Gauß in seinem Werk *Disquisitiones arithmeticae*. Er erbrachte darin den Beweis, *daß ein regelmäßiges Siebzehneck mit Zirkel und Lineal konstruierbar sei.* In derselben Veröffentlichung findet sich auch der Nachweis, daß ein regelmäßiges Siebeneck mit Zirkel und Lineal nicht konstruiert werden könne. Die auf die Zahl Siebzehn bezügliche Entdeckung war von Gauß schon fünf Jahre vorher gemacht worden; sie findet sich als die allererste Eintragung in seinem Tagebuch unter dem Datum des 30. März 1796, kurz vor seinem 19. Geburtstag, vermerkt. Ohne sie hätte es vielleicht für die Mitwelt und Nachwelt den Mathematiker Gauß, den princeps mathematicorum, nicht gegeben. Denn bevor er sie machte, schwankte er, ob er sich dem Studium der alten Sprachen oder dem der Mathematik zuwenden sollte, zu denen beiden er sich gleichermaßen hingezogen fühlte. Erst seine bedeutende Entdeckung über das regelmäßige Siebzehneck führte ihn dann der Mathematik endgültig zu.

Verweilen wir einen Augenblick bei der Frage, welche regelmäßigen Vielecke überhaupt mit Zirkel und Lineal konstruierbar sind und welche nicht. Vom Altertum her wußte man nur, daß diejenigen regelmäßigen Vielecke eine solche Konstruktion zulassen, deren Seitenanzahl der Verdoppelungsreihe der Zahlen 2, 3, 5 und $15 = 3 \cdot 5$ angehört. Mit Zirkel und Lineal sind also konstruierbar:

1. Das regelmäßige 2-Eck, 4-Eck, 8-Eck, 16-Eck, …
2. das regelmäßige 3-Eck, 6-Eck, 12-Eck, 24-Eck, …
3. das regelmäßige 5-Eck, 10-Eck,20-Eck, 40-Eck, …
4. das regelmäßige 15-Eck, 30-Eck, 60-Eck, 120-Eck …

Auf diesem Punkt blieb das Problem bis zu Gauß hin stehen. Er erweiterte die bisherige Kenntnis dahin, daß auch noch die regelmäßigen Vielecke konstruierbar sind, deren Seitenzahl durch den Zahlenausdruck

$$2^{2^k} + 1$$

dargestellt werden kann, sofern darin k eine der natürlichen Zahlen 0, 1, 2, 3, 4, … und der ganze Zahlenausdruck eine Primzahl ist. Gauß fand ferner, daß für Primzahlen, welche *nicht* durch den besagten Zahlenausdruck dargestellt werden können, wie es z. B. für die Zahl 7 der Fall ist, eine Unkonstruierbarkeit die Folge ist. Untersuchen wir einmal den Wert des obigen Zahlenausdruckes für $k = 0, 1, 2, 3, 4, \ldots$!

$$\begin{array}{llllll}
k = 0 & 2^{2^0} + 1 = 2^1 + 1 & = & 2 + 1 = & 3 & (2^0 = 1!) \\
k = 1 & 2^{2^1} + 1 = 2^2 + 1 & = & 4 + 1 = & 5 & \\
k = 2 & 2^{2^2} + 1 = 2^4 + 1 & = & 16 + 1 = & 17 & \\
k = 3 & 2^{2^3} + 1 = 2^8 + 1 & = & 256 + 1 = & 257 & \\
k = 4 & 2^{2^4} + 1 = 2^{16} + 1 & = & 65\,536 + 1 = & 65\,537 &
\end{array}$$

Bis hierher sind alle herauskommenden Zahlen Primzahlen, so daß also ihre regelmäßigen Vielecke, unter denen auch das 17-Eck figuriert, konstruierbar sind. Es lag die Versuchung nahe, zu meinen, daß für *jeden* Wert von k der Ausdruck $2^{2^k} + 1$ eine Primzahl sei. Ihr war ein bedeutender Vorgänger von Gauß, Pierre de

Fermat (1601 – 1665) erlegen; in einem Brief an Pascal schreibt er über den Primzahlcharakter des Ausdrucks:

«Es ist das eine Eigenschaft, für deren Wahrheit ich einstehe; der Beweis ist sehr unangenehm, und ich bekenne, daß ich ihn noch nicht vollständig zu erledigen imstande war. Ich würde Ihnen nicht vorschlagen, einen Beweis zu suchen, wenn ich damit zu Rande gekommen wäre.»

Der Beweis war auch gar nicht zu erbringen, da schon der auf unsere Aufzählung folgende Fall für k = 5 keine Primzahl mehr ergibt. Dies gefunden zu haben ist das Verdienst von Leonhard Euler (1707 – 1783). Er fand:

$$k = 5 \qquad 2^{2^5} + 1 = 2^{32} + 1 = 4\,294\,967\,296 + 1 = 4\,294\,967\,297$$
$$= 641 \text{ mal } 6\,700\,417$$

Man ersieht aus allem, daß mit dem vorigen Ausdruck sowie mit der Zahl Siebzehn, die ein besonderer Fall desselben ist, Bedeutsames sowohl nach der Seite des Irrtums wie auch nach der der Wahrheit bis in das Lebensschicksal hervorragender Persönlichkeiten hinein verknüpft gewesen ist.

19. Kapitel
Zahl und Sprache

Ein Rückblick auf das Ganze der bisherigen Untersuchungen über die einzelnen Zahlen und ihren Zusammenhang kann das Erlebnis vermitteln, daß die Zahlen eigentlich eine Art Sprache reden. Es ist nicht immer leicht, sie auf Anhieb zu verstehen, man muß sich vielmehr an sie erst langsam gewöhnen und in sich ein Aufnahmeorgan für sie heranbilden, ehe einem ihr Sinn aufgeht. Im Altertum muß man mit ihr noch verhältnismäßig mühelos haben umgehen können. Zwecks leichterer und schnellerer Erlernung dieser Sprache konnte man sich daher von den Alten da und dort aus ihr etwas vorsprechen lassen. Wenn man gefragt würde, was ihr Hauptkennzeichen sei, müßte man ihre Objektivität rühmen, die jenseits aller Sprachverwirrung liegt, so daß sie über alle Völker und Zeiten hinweg verstanden werden kann. Nur eine Sprache reicht noch heute an die Objektivität der Zahlensprache heran, die der Musik, welche ebenfalls wenig an die volkshaften Begrenzungen gebunden ist.

Auch die Wortsprache muß einst diese Objektivität besessen haben. Ihr Verlust wird ja durch den Mythos der babylonischen Sprachverwirrung angedeutet. Vor diesem muß eine Ursprache bestanden haben, welche von allen verstanden werden konnte. Rudolf Steiner weist mehrfach auf sie hin. Er erwähnt da besonders die Sumerer, ein Volk in den Gegenden von Euphrat und Tigris, das vor den eigentlichen Babyloniern dort seßhaft gewesen ist. Die Sumerer hatten nach seiner Angabe noch eine Art Ursprache, weil sie in der Lage waren, ihrer Gefühlswelt einen objektiven Ausdruck im Laut zu verleihen. Sie empfanden sowohl beim Laut wie auch bei ihren Gedanken, die sie in den Laut umgossen, noch etwas ganz Bestimmtes. Mitlaute und Selbstlaute bezogen sich bei ihnen in eindeutiger unverwechselbarer Weise auf ein Ding oder einen Gedankeninhalt, so daß sie beides durch eine ganz bestimmte Lautverbindung bezeichnen mußten. Noch im altbabylonischen Gilgamesch-Epos seien Namen wie Ischtar oder Ischulan, die bestimmte göttliche Wesenheiten bezeichnen sollten, ihnen genau entsprechend gewesen. Die Dinge und Wesenheiten entsprachen wortwörtlich dem Menschen nach ihrem Namen.

In abgeschwächtem Maß hat sich das Hebräische noch solchen ursprachlichen Charakter bewahrt, jene Sprache, die zu Zeiten Christi schon eine tote Sprache war und nur in den heiligen Schriften weiterlebte. In einem noch geringeren Grade gilt das gleiche für die griechische Sprache. Daher wird das Verhältnis der Zahlensprache zu den Wortsprachen am besten am Hebräischen und auch noch am Griechischen studiert werden können.

Daß die Zahlensprache und die Wortsprachen überhaupt miteinander etwas zu tun haben müssen, leuchtet sogar noch durch die heutigen, einem Ursprachlichen entfallenen Umgangssprachen hindurch. So bezeichnete das mittelhochdeutsche «zal» gleichzeitig die Zahl und die Rede; etwas «erzählen» ist noch heute gleichbedeutend damit, daß man von einem Geschehnis einen Wortbericht geben will. Im Niederländischen wird die Sprache durch dasselbe Wort wie die Zahl bezeichnet, durch das Wort «taal», welchem das englische «tale» für Erzählung verwandt ist. Dementsprechend sagt man im Niederdeutschen und auch im Plattdeutschen tellen für erzählen, dem das englische «to tell» entspricht. Selbst in dem französischen «raconter» für erzählen ist ein Hinweis auf das Wort «compter» für zählen enthalten, das sich aus dem lateinischen «computare» herleitet. Der Verwandtschaft der Zahl mit dem Sprachlichen steht eine des Rechnens mit dem Lesen zur Seite. Lesen ist ein Sammeln von Buchstaben zu Worten, gleichwie man Ähren zu Garben sammelt oder liest. Das Sammeln auf dem Felde kann mit einem Rechen geschehen. So sammelt man auch Zahlen mit einem geistigen Rechen und nennt die Tätigkeit Rechenen oder Rechnen.

An alle diese Probleme des Zusammenhangs zwischen Zahl und Sprache schließt sich die Frage, welcher Art von Schriftzeichen sich die Menschheit in den aufeinanderfolgenden Epochen ihrer Entwicklung für die Zahlen bedient hat. Ganz im Anfang, zu Zeiten, da das Schrifttum erst entstanden war, besaß man für die Zahlen noch besondere Schriftzeichen, die also von den Lautzeichen der Sprache noch verschieden waren. So tritt es uns noch in der Schrift der alten Ägypter oder der alten Babylonier entgegen. Später wurde dies anders, wenigstens bei einzelnen Völkern; dort verschmolz allmählich die Zahlenschrift mit der Lautschrift. Dies geschah nach der Ablösung der ägyptisch-babylonischen Kultur-Epoche durch die griechisch-römische und zwar gerade bei denjenigen Völkern, die am Beginn der neuen Epoche die kulturelle Führung in die Hand nahmen, bei den Griechen und auch bei den Hebräern. Mit dem Ausscheiden beider Völker aus dem aktiven Kulturwirken und dem Übergang der Führung an die Römer verschwand auch wieder die eigenartige Erscheinung der Identifikation von Zahlenschrift und Lautschrift; es kam wieder die von der Lautschrift abgesonderte Zahlenschrift zur Geltung. Die römischen Zahlzeichen für 1 bis 10 haben ja keine Beziehung zu den Lautzeichen mehr. Die Hernahme des Zeichens L von Lustrum für 50, C von Centum für 100 und M von Mille für 1000 spricht nicht dagegen. Die römischen Zahlzeichen herrschten im europäischen Kulturraum bis gegen Ende des Mittelalters, bis sie von den indisch-arabischen Zahlzeichen, die der Lautschrift noch ferner stehen, abgelöst wurden; der letzteren bedienen wir uns noch heute. Will man den Zusammenhang zwischen Zahl und Sprache studieren, so muß man seine Aufmerksamkeit jener vergangenen Epoche zuwenden, in der einmal die Zahlenschrift mit der Lautschrift eines gewesen ist.

Betrachten wir zunächst die Verhältnisse im Griechentum. Dort hat man zu den verschiedenen Zeiten ganz verschiedene Zahlenschreibweisen gepflegt. Eine von ihnen, welche in der perikleischen Zeit in amtlichem Gebrauch war, verwendet eine Anzahl von Zahlzeichen, die nichts weiter als die Anfangsbuchstaben der betreffenden Zahlworte darstellen. Diese Zahlsymbole sind dann von dem spätgriechischen Grammatiker Herodian (um 200 n. Chr.) beschrieben worden und heißen seitdem herodianische Ziffern. Die Griechen befolgten also für die Schreibung der Zahlen zu gewissen Zeiten das Verfahren, welches auch die Römer für die höheren Zahleneinheiten angewendet haben.

Diese Schreibweise wurde vom 5. vorchristlichen Jahrhundert an nach und nach durch eine andere verdrängt. Von nun an begann man, die Zahlen durch sämtliche Buchstaben des griechischen Alphabets auszudrücken. Ehe wir uns dieser neuen Zahlenschrift betrachtend zuwenden, müssen wir uns über den Charakter und die Herkunft jenes Alphabets im klaren sein. Nach dem heutigen Stand der Forschung ist das griechische Alphabet um 1000 v. Chr. aus dem phönizischen entstanden, dessen Ursprung wiederum in dem hieroglyphischen Alphabet der Ägypter vermutet wird. Die phönizische Schrift ist eine von rechts nach links gerichtete Buchstabenschrift, in welcher nur die Konsonanten und nicht die Vokale geschrieben wurden. Insgesamt waren es 22 solcher Konsonantenzeichen, deren Namen in der nachstehenden Übersicht nebst den entsprechenden lateinischen Buchstaben aufgeführt sind:

1. aleph	a	9. teth	–	17. pe	p
2. beth	b	10. jod	i	18. zade	–
3. gimel	c (g)	11. kaph	k	19. qoph	q
4. daleth	d	12. lamed	l	20. resch	r
5. he	e	13. mem	m	21. schin	s
6. waw	f	14. nun	n	22. taw	t
7. zajin	z	15. samekh	x		
8. cheth	h	16. ajin	o		

Es ist nicht immer leicht, den entsprechenden Laut der lateinischen Sprache anzugeben, da im phönizischen Alphabet eine Reihe von Lauten, besonders Kehllauten, vorkommt, welche im Lateinischen nicht ihr Analogon haben. Die oben angegebenen lateinischen Vokale haben in jenem altsemitischen Alphabet noch mehr konsonantischen Charakter.

Die Griechen übernahmen nun diese 22 Buchstaben und benutzten die für sie unverwendbaren Kehllautzeichen zur Bezeichnung der Vokale a, ĕ, ē und ŏ. Dazu kam sofort als 23. Buchstabe der Vokalbuchstabe υ (ypsilon). Später traten noch die vier Buchstaben φ (phi), χ (chi), ψ (psi) und ω (omega) hinzu. So entstand ein Alphabet von 27 Buchstaben, das folgendermaßen lautete:

1. alpha	(aleph)	10. jota	(jod)	19. koppa	(qoph)
2. beta	(beth)	11. kappa	(kaph)	20. rho	(resch)
3. gamma	(gimel)	12. lambda	(lamed)	21. sigma	(schin)
4. delta	(daleth)	13. my	(mem)	22. tau	(taw)
5. epsilon	(he)	14. ny	(nun)	23. ypsilon	
6. digamma	(waw)	15. xi	(samekh)	24. phi	
7. zeta	(zajin)	16. omikron	(ajin)	25. chi	
8. heta	(cheth)	17. pi	(pe)	26. psi	
9. theta	(teth)	18. san	(zade)	27. omega	

Durch Wegfall dreier Buchstaben, der Buchstaben digamma (Nr.6), san (Nr. 18) und koppa (Nr. 19), reduzierte sich das Schriftalphabet mit der Zeit auf 24 Buchstaben, diejenigen, welche wir noch heute als das griechische Alphabet kennen.

Für die Zwecke der Zahlschreibung blieb jedoch das aus 27 Buchstaben bestehende altertümliche Alphabet intakt. Nur vollzog sich in ihm insofern eine Änderung, als der Buchstabe san (Nr. 18) an letzte Stelle rückte, also zur Nr. 27 wurde. So kam für die Zwecke der Zahlschreibung folgendes Zahlenalphabet zustande:

alpha	1	jota	10	rho	100
beta	2	kappa	20	sigma	200
gamma	3	lambda	30	tau	300
delta	4	my	40	ypsilon	400
epsilon	5	ny	50	phi	500
digamma	6	xi	60	chi	600
zeta	7	omikron	70	psi	700
eta	8	pi	80	omega	800
theta	9	koppa	90	san	900

Die den einzelnen Buchstaben beigefügten Zahlen sind diejenigen, für welche der betreffende Buchstabe zum Schriftzeichen wurde. Die Griechen hatten nun die Möglichkeit, leicht jede Zahl unter 1000 zu schreiben, da für sämtliche Einer, Zehner und Hunderter je ein Zeichen vorhanden war. Sollte eine solche Zusammenstellung von Buchstaben statt eines Wortes eine Zahl bezeichnen, so setzte man über die Buchstabenzusammenstellung einen Strich. Wir wollen hier übergehen, wie man sich behalf, wenn man die Zahlen über 1000 schreiben mußte.

Von den Griechen haben einige semitische Völker, die Juden, die Syrer und die Araber, die Zahlbezeichnung durch Buchstaben des Alphabets wahrscheinlich übernommen; denn erst sehr spät, auf hebräisch geprägten Münzen aus dem Jahre 137 v. Chr., ist diese Zahlschreibung erstmalig wahrzunehmen. Auf altsemitischen Handschriften findet sich davon noch nichts. Das aus den 22 Buchstaben des phönizischen Alphabets bestehende hebräische Alphabet ordnet den einzelnen Buchstaben die Zahlen folgendermaßen zu:

aleph	1	jod	10	qoph	100
beth	2	kaph	20	resch	200
gimel	3	lamed	30	schin	300
daleth	4	mem	40	taw	400
he	5	nun	50		
waw	6	samekh	60		
zajin	7	ajin	70		
cheth	8	pe	80		
teth	9	zade	90		

Man sieht, es fehlen hier für die Hunderter nach 400 die Buchstabenzeichen; man behalf sich für diese mit den Finalformen einiger Buchstaben:

kaph fin.	500
mem fin.	600
nun fin.	700
pe fin.	800
zade fin.	900

Dadurch, daß man über einen Buchstaben einen oder zwei Punkte setzte, drückte man aus, daß sich sein Zahlenwert vertausendfachte. So war man in der Lage, mühelos alle Zahlen bis zu einer Million schreibbar zu machen. Um einen Unterschied gegenüber den geschriebenen Worten der Sprache zu schaffen, setzte man beim Schreiben von Zahlen über den letzten Buchstaben zwei Häkchen. Im Gegensatz zu den Griechen wurde von rechts nach links geschrieben.

Aus allem erkennt man, daß in solche Art Gleichsetzung von Zahl und Buchstabe mancherlei Konvention eingeflossen ist. Zumal im Griechentum tritt dies stark hervor, so bei der Einordnung des Buchstabens san (zade). Obwohl das Hebräertum später als das Griechentum diese Zahlbezeichnung vornahm, erscheint bei ihm das konventionelle Element in geringerem Maß, weil hier das

Alphabet noch näher an den Quellen des Ursprachlichen lag. Es wäre verfehlt, das Hereinragen einer Übereinkunft zu übersehen oder gar wegzuleugnen und alles als tiefe Weisheit anzusprechen. Aber ebenso falsch wäre es, zu behaupten, daß alles bloße Übereinkunft, bloße Zweckmäßigkeit gewesen sei und keine besonderen Geheimnisse dahinterstecken. Denn die Zuordnung von Zahl und Laut ist in den Tiefen berechtigt und wahr. Was man davon im Hebräischen und auch im Griechischen beobachtet, sind die aus den Tiefen an die Oberfläche geworfenen Wellen. Man kann in diesem Zusammenhang sich sogar einmal fragen, woher denn die Reihenfolge der Laute, welche Alphabet heißt und uns in Fleisch und Blut übergegangen ist, stammt. Sie erscheint auf den ersten Blick als recht willkürlich, und ebenso willkürlich kann es dann erscheinen, wenn die Zahlen in der Reihenfolge ihrer Größe der alphabetischen Reihenfolge eingelagert werden. Könnte es aber nicht etwa sein, daß der Laut, welcher mit dem Zahlenwert 1 verbunden erscheint, deswegen an erster Stelle im Alphabet figuriert, weil ihm die Zahl 1 innerlich zugehört? Daß also Alpha (aleph) deswegen an der Spitze marschiert, weil es seinem tieferen Lautwesen nach mit dem Zahlenwesen der Eins zu tun hat? Die Frage sei hier nur einmal gestellt, ohne daß auf der ausgesprochenen Vermutung bestanden wird. Wenn diese grundlos wäre, müßte man wenigstens in der Lage sein, die alphabetische Reihenfolge der Laute von einer anderen Seite her zu erklären.

20. Kapitel
Zeugnisse der Seherin von Prevorst über Zahl und Sprache

Dafür, daß Zahl und Laut miteinander in der Tiefe verbunden sind, bieten die Schilderungen, welche die Seherin von Prevorst von dem Wesen beider und ihren Beziehungen zueinander gibt und welche sie aus abgründigen Erinnerungsschächten heraufholt, ein überraschendes Zeugnis. In ihr lebte auf rätselhafte Art eine Sprache urtümlichen Charakters, von der uns Justinus Kerner berichtet:

«In ihrem halbwachen Zustand sprach Frau Hauffe öfters eine Sprache, die einer orientalischen Sprache ähnlich zu sein schien. Sie sagte im halbschlafwachen Zustand, diese Sprache liege von Natur in ihr, und es sei eine Sprache, ähnlich der, die zu Zeiten Jakobs gesprochen worden. (…)

Diese Sprache war äußerst sonorisch. Sie blieb sich in ihren Ausdrücken für das, was sie in ihr sagen wollte, ganz konsequent, so daß Menschen, die längere Zeit um sie waren, sie nach und nach verstehen lernten. Sie sagte öfters: in dieser Sprache könne sie ihre innersten Gefühle ganz ausdrücken, und sie müsse, wenn sie etwas deutsch sagen wolle, es erst aus dieser ihrer inneren Sprache übertragen; sie denke diese Sprache aber nicht mit dem Kopfe, sie komme eben so aus ihr hervor, es sei keine Sprache des Kopfes, sondern eine des inneren Lebens, das von der Herzgrube ausgehe. Daher konnte sie Namen, Würden usw., die sie in jener Sprache nicht fand, auch nur schwer oder gar nicht aussprechen.

Sie konnte sie nur im halbwachen Zustand sprechen und schreiben, im wachen wußte sie von dieser Sprache durchaus nichts. Auch nur während sie schrieb, wußte sie die Bedeutung der Worte, blieb sich aber in deren Schreibung immer völlig konsequent.

Sollte das Wort für eine Sache in dieser Sprache aus ihr hervorgehen, ohne daß es innere Anregung war, wenn man sie bloß danach fragte, so mußte sie die Sache vorher ansehen, und dann löste sich aus ihr das Wort. Sie sagte dann: ‹In diesem Wort liegt nun auch zugleich Wert und Eigenschaft dieser Sache, was im gewöhnlichen Wort nicht liegt.› So gab sie auch Personen in dieser ihrer inneren Sprache Namen, in denen dann zugleich Wert und Eigenschaft dieser Person lag. (...)

Sprachkenner fanden in dieser Sprache auch wirklich hier und da den koptischen, arabischen und hebräischen Worten ähnliche Worte.»

Diese Ausführungen sind so monumental, so unsere vorangehenden Ausführungen bestätigend, daß ihnen nicht viel hinzugefügt zu werden braucht.

Das Bedeutsame besteht hier darin, daß die Schriftzeichen für diese Sprache bei ihr mit Zahlen verbunden wurden:

«Sie sagte: Will ich diese in mir liegende Sprache schreiben, ohne dadurch etwas Tieferes, etwas, das mich recht innig angeht, auszudrücken, so schreibe ich sie ohne Zahlzeichen, aber ich brauche alsdann längere Worte und muß mehr Häkchen machen. Das Wort, zu dem ich kein Zahlzeichen setze, ist mir von weniger Bedeutung, es drückt wohl das Wort aus, aber ohne tieferen Sinn. Gott ohne Zahlzeichen heißt mir schlechtweg Gott, aber mit Zahlzeichen drückt es mir das ganze Wesen Gottes aus, es wird durch die Zahlen gleichsam erleuchtet, man wird in seine Tiefe eingeführt. Die Zahlen ohne Schriftzeichen sind mir im Grunde heiliger als die Worte, aber zum ganzen Vollständigen muß ich mich der Schriftzeichen in Verbindung mit den Zahlen bedienen.»

Aus allem geht hervor, daß bei ihr die Schriftzeichen von den Zahlzeichen verschieden waren, auch wenn sie da, wo es für sie tief wurde, zueinander hinstrebten. Aber auch die Schriftzeichen für sich bedeuteten ihr bereits Zahlen, wenn auch solche von niederem Rang; so sagt Kerner:

«Jeder Buchstabe aber war ihr auch gleichsam eine Zahl, aber eine andere unbedeutendere, die erst durch andere darüber und darunter gesetzte in ihrem Rang erhöht werden mußte.»

Neben der Zahlzeichenreihe für ihr Inneres besaß die Seherin, um das Maß des uns Fremdartigen voll zu machen, auch eine Reihe von Zahlzeichen für die Außenwelt, in denen man zum Teil unsere indisch-arabischen Ziffern wiedererkennen kann. Diese leistete ihr nicht entfernt dasselbe wie die Reihe der inneren Zahlzeichen, die mit ihrer inneren Schriftsprache in tiefer Relation stand und den Worten zu ihrer Erhöhung und Erleuchtung beigegeben wurde. Eine ganze Anzahl der inneren Zahlzeichen ähnelt bei näherem Zusehen den hieratischen Zahlzeichen der alten Ägypter.

Man muß sich darüber klar sein, daß wir uns auch in der Schreibung der Zahlen von einer inspirierenden geistigen Welt, mit der älteste Zeiten in einer natürlichen Kommunion standen, abgeschnürt haben. Unser ganzer physischer, seelischer und geistiger Organismus hat sich infolge der Abschnürung verändert und würde auch eine plötzliche Wiederanknüpfung an die abgerissenen Verbindungsfäden nicht ohne weiteres zulassen, ja nicht einmal ertragen. Wie anders in dieser Hinsicht der Organismus der Menschen ältester Zeiten gewesen sein muß, kann auch der Schilderung entnommen werden, welche die Seherin von sich selber bei der Produktion der inneren Zahlen und der inneren Schrift gibt. Als Entstehungsort beider wird von ihr die Herzgrube, d. h. doch wohl die Partie des Sonnengeflechts, genannt. Dort erspürte sie auch den geheimnisvoll wirksamen Sonnenkreis und einen dahinter gelagerten noch magischer tätigen Lebenskreis, von dem sie sagt:

«Im Mittelpunkt dieses Kreises aber sitzt etwas, das Zahlen und Worte setzt, und das ist der Geist. Wie im Sonnenkreis diese Welt liegt, so liegt in diesem Lebenszirkel eine ganz andere, höhere; daher die Ahnungen, die in jedem Menschen von einer höheren Welt liegen. Wie auf dem äußeren Ring, dem Sonnenring, ich meine Gefühle mit gewöhnlichen Worten aussprach, so sehe ich sie auf diesem inneren Ring, von dem ich sie deutsch auf den andern übertrug, als Zahl und Zeichen stehen. Die Schriftzeichen sind auch zugleich Zahlen.»

Speziell von den Zahlen fügt sie noch hinzu:

«Die äußeren Zahlen, die von diesem immerwährenden Lebensring auf den Sonnenring übergehen, sind den gewöhnlichen ähnlichere Zahlen, weil sie gleichsam in die Außenwelt übergehen müssen. Die inneren Zahlen, die mit Worten verbunden sind, sind andere, von ihnen ganz verschiedene Zahlen.»

Was als Tätigkeit des «Geistes» aus dem Mittelpunkt des Lebenskreises in Gestalt des Produzierens von Worten und Zahlen hervorquoll, kann einen schon aufs tiefste berühren:

«Ich fühle, daß für jede Sünde, jeden bösen Willen, Gedanken dem Menschen auch eine Zahl im Innern gesetzt wird. Das Innere im Menschen notiert das, der Geist, der nichts Böses duldet, tut das, und nach dem Erwachen im Mittelreiche (nach dem Tode), wo man gerade so isoliert dasteht wie ich jetzt (...), liegt dann alles klar vor einem und ist dann der eigene Geist des Menschen Richter. Es ist mir auch, als hätte jeder Mensch solchen Ring von der Geburt an in sich und auch solche Zahlen und solche Sprache.»

Das, was heute unser Sprach- und Zahlengeschehen organisch fundiert, war bei der geistigen Herztätigkeit der Seherin ausdrücklich ausgeschaltet. Alle möglichen Einzelheiten deuten darauf hin, daß auch in den Zeiten, welche noch ein tiefgehendes Zahlen- und Worterleben besaßen, etwa in der altägyptischen Zeit, noch viel mehr mit den sonnenhaften Kräften des Herzens als mit den Kräften des Gehirns gearbeitet worden ist. Treffend nennt Kerner, der verständnisvolle Biograph der Seherin, das Gehirn die isolierende Glastafel im Menschen; durch das immer stärker erwachende Gehirnleben hat sich auch tatsächlich die Menschheit von einem Miterleben der Vorgänge in einer göttlich-geistigen Welt abgeriegelt. Studiert man das Ägyptertum hinsichtlich der Rolle, welche in ihm Herz und Hirn spielen, so rundet sich das Bild nach allen Seiten ab. So wurde im Totenkult allem, was das Herz anging, die größte Bedeutung beigelegt, wogegen man dem Gehirn keine besondere Aufmerksamkeit schenkte. Beim Einbalsamieren des Leichnams wurde das Herz besonders sorgfältig behandelt und als kostbarstes Organ des Menschen angesehen, das Gehirn hingegen aus dem Kopf entfernt und weggetan. In dieser Hinsicht erging es dem Gehirn noch schlechter als den Eingeweiden, die in einem besonderen Gefäß, mit wohlriechenden Spezereien versehen, der Mumie beigegeben wurden. Das Herz galt auch als Behältnis aller moralischen Qualitäten; alle guten und bösen Eigenschaften hatten in ihm ihren Ort. Von seiner Wägung im Totengericht vor Osiris im Beisein von Thoth wurde schon gesprochen. Erstaunlich ist auch, daß ein Terminus für das Gehirn erst um das Jahr 1700 v. Chr. in Ägypten aufgetaucht ist. In keiner anderen Sprache des alten Orients findet sich sonst ein Wort für jenes Organ. Erst rund 1400 Jahre später, um das Jahr 300 v. Chr., wurde die Funktion des Gehirns von dem Atomistiker Demokrit erkannt und beschrieben. So kann man durch ein Studium alles dessen, was von der Seherin beschrieben wird, konkret in die Seelenhaftigkeit und sogar auch in das organische Gefüge der alten Menschheit hineinschauen. Was die Seherin über die Zusammenhänge von Zahl und Sprache berichtet, war einmal allgemeines Menschheitsgut, das nach und nach verlorengegangen ist. Man spricht zuweilen angesichts der eingetretenen babylonischen Sprachverwirrung vom verlorengegangenen Wort. Mit ihm ist auch die Zahl in diesem hohen Sinn verlorengegangen. Denn beide bildeten in alten Zeiten eine unlösliche Einheit, und von beiden hat man heute nur noch leere oder mangelhaft gefüllte Hülsen in der Hand.

21. Kapitel
Kabbala und Gematria

Die bisherigen Ausführungen über Zahl und Sprache bzw. über Zahl und Laut legen für diejenigen Zeiten und Völker, in denen die Zahlen durch die Buchstaben des Alphabets wiedergegeben wurden, eine bisher noch unberücksichtigt gebliebene Frage nahe. Aus den Buchstaben entsteht durch deren Zusammenfügung ein Wort. Entspricht dann auch dem Wort eine Zahl, da man ja auch die seinen Buchstaben entsprechenden Zahlenwerte zu einer einzigen Zahl zusammenfügen kann? Diese Summenzahl würde alsdann die Zahl des Wortes sein müssen. Es handelt sich dabei hauptsächlich um das Griechische und das Hebräische. Haben die griechischen und die hebräischen Wörter auch einen Zahlencharakter, eine Zahlenbedeutung gehabt? Die Geschichte beider Sprachen lehrt, daß dies der Fall gewesen ist. Sie lehrt auch, daß man in ihnen mit den Zahlen, welche von den Wörtern der Sprache herkamen, ein sinnvolles Spiel getrieben hat, das deshalb sinnvoll zu werden vermochte, weil die beiden Sprachen sich einen noch mehr oder minder ursprachlichen Charakter bewahrt hatten.

Es gab also in den beiden Sprachen zwei Arten von Lautzusammensetzungen, solche, die nur zum Zwecke der Zahlschreibung vorgenommen wurden, und solche, die zu einem Wort der Sprache führten, das dann nebenbei durch seine Laute auch noch eine Zahlbedeutung besaß. Die ersteren wurden von den letzteren, wie schon erwähnt, im Griechischen durch einen darübergesetzten Strich, im Hebräischen durch zwei Häkchen über der letzten Ziffer unterschieden. Zu diesem künstlichen, willkürlichen Unterschied kam noch ein anderer, natürlicher hinzu: In den mit mehreren Buchstaben geschriebenen Zahlen, also solchen mindestens über 10, stand etwa im Hebräischen ganz rechts der Einerbuchstabe, links davon der Zehnerbuchstabe, zu dessen Linken der Hunderterbuchstabe usw., d. h. die Reihenfolge der Buchstaben gehorchte dem Gesetz wachsender Größe. In einem Wort dagegen nahm ja die Reihenfolge der Buchstaben auf deren Zahlenwert keine Rücksicht.

Das Verfahren, die Zahl eines Wortes aus den Zahlen seiner Buchstaben zu ermitteln, darf seinem Werte nach weder über- noch unterschätzt werden. Eine Überschätzung würde es sein, wenn man darüber hinwegsähe, daß der Zahlenwert der Buchstaben nur von einem untergeordneten Charakter ist und daß in die Bezeichnung der Zahlen durch Buchstaben doch mancherlei Konvention eingeflossen ist. Eine Unterschätzung des Verfahrens würde vorliegen, wenn man übersähe, daß zwischen Zahl und Buchstabe ein wirklicher geistiger Zusammenhang besteht.

Wir wollen das Verfahren und einige Resultate desselben anhand des Hebräischen kennenlernen. Da diese Sprache dem Ursprachlichen noch verhältnismäßig nahestand und sich bei ihr das Zahlenalphabet – im Gegensatz zum Griechischen – eng an das Lautalphabet anlehnte, führt das Verfahren in ihr zu reineren und aufschlußreicheren Ergebnissen. Es wurde im Hebräischen als die *Gematria* bezeichnet, ein Wort, das wahrscheinlich aus dem griechischen Wort «grammateia» durch Buchstabenverstellung entstanden ist. Die Gematria ist also ein Zweig jenes Baumes, der in dem Zusammenhang zwischen Zahl und Sprache überhaupt vor uns steht. Jenes Ganze selber, das weisheitsvolle Ineinanderspiel von Zahl und Laut, trägt im Hebräischen den Namen *Kabbala.*

Man hat sich gefragt, welche Bedeutung denn dieses Wort habe. Die Erklärungen, welche dafür gegeben worden sind, lauten verschieden je nach dem, welche Schreibweise dem Worte zugrunde gelegt wird. Schreibt man es mit einem Qoph am Anfang – und so wird es von den Juden im allgemeinen geschrieben –, so bekommt es die Bedeutung von Übertragung, Überlieferung. Man deutet dies Wort dahin, daß hier eine Überlieferung aus der Zeit des babylonischen Exils vorliege, währenddessen eine geistige Berührung zwischen den führenden Geistern des Judentumes und den chaldäischen Magiern stattgefunden habe; die Magier hätten die Juden die Beziehungen, welche zwischen Zahl und Laut obwalten, gelehrt. Eine andere Erklärung des Wortes Kabbala setzt voraus, daß es mit dem Buchstaben Kaph anfängt, und erklärt es als «die Macht der 22», weil die Zahlbedeutung von Kaph 20, von Beth 2 und das Wort La am Ende das hebräische Wort für Macht ist. Die Kabbala handle demnach von der inneren Gewalt des 22buchstabigen Alphabets.

Im folgenden sollen einige charakteristische Beispiele für das durch das Wort Gematria bezeichnete Verfahren innerhalb des Gebiets der hebräischen Kabbala geboten werden, d.h. es sollen einige Worte der hebräischen Sprache daraufhin untersucht werden, was sie uns zu erzählen vermögen. Die Ergebnisse der Gematria sind besonders frappant, wenn es sich um Eigennamen handelt. Diese wurden ja den Menschen nicht etwa willkürlich beigelegt, sondern von der geistigen Welt zugesprochen, besonders dann, wenn es sich um geistig hochstehende, zur Führung berufene Persönlichkeiten handelte. Man denke an die Verheißung des Engels Gabriel an die Jungfrau Maria: «Siehe, du wirst schwanger werden im Leibe und einen Sohn gebären, deß Namen sollst du Jesus heißen.» Auch möge der Worte gedacht werden, die Justinus Kerner von der Seherin sagt: «So gab sie auch Personen in dieser ihrer inneren Sprache Namen, in denen zugleich Wert und Eigenschaft der Person lag.» So wird der Zusammenhang zwischen Wort und Zahl bei den Eigennamen besonders innig. Zahl und Name stehen noch näher beieinander als Zahl und Wort. Das wird in einigen Sprachen auch durch die Wörter bekräftigt, welche man für Namen und Zahl geprägt hat. Man denke an die lateinischen Wörter Nomen (Name) und Numerus (Zahl), denen sich als ein Drittes, Dazugehöriges das Wort Numen (Gottheit) beigesellt. In den französischen Wörtern le nom und le nombre wird der Zusammenhang besonders deutlich.

Es folgen nun einige Gruppen hebräischer Wörter und Namen, die innerlich ein Ganzes bilden und dazu auffordern, dieses Ganze auch in ihren Zahlen zu erkennen. Es handle sich zunächst um die Wortgruppe:

1. Jahveh	Jod	He	Waw	He		
	10	5	6	5		Summe 26
2. Mose	Mem	Waw	Schin	He		
	40	6	300	5		Summe 351
3. Sinai	Samekh		Jod	Nun	Jod	
	60		10	50	10	Summe 130
4. Thora	Taw	Waw	Resch	He		
	400	6	200	5		Summe 611

Wie ersichtlich, liegt in dieser Namengruppe ein Ganzes vor: zuoberst der Name der göttlichen Wesenheit des Jahveh, darunter der Name derjenigen Erdenpersönlichkeit, welcher sie sich offenbarte, alsdann der Name des Ortes, wo diese Offenbarung stattfand, und zuletzt die Bezeichnung dessen, was dort inhaltlich geoffenbart wurde, die Thora, die Welt des Gesetzes. Es erhebt sich die Frage, ob auch die den Worten entsprechenden Zahlen ein Ganzes bilden. Was verbindet die vier Zahlen 26, 351, 130 und 611 miteinander? Dieses, daß sie sämtlich Vielfache der Zahl 13 sind:

26	=	2 mal 13
351	=	27 mal 13
130	=	10 mal 13
611	=	47 mal 13

Betrachten wir in ähnlicher Weise eine zweite solche Namengruppe, die der Erzväter des Volkes Israel:

1. Ab-Hamon	Aleph	Bet –	He	Mem	Waw	Nun	
	1	2	5	40	6	50	Summe 104

Ab-Hamon stellt die Erklärung des Namens Abraham vor; denn von ihm heißt es im 1. Buch Moses, Kap. 17, Vers 5: «Darum sollst du nicht mehr Abram heißen, sondern Abraham soll dein Name sein; denn ich habe dich gemacht zum *Vater der Menge* (Ab-Hamon).»

2. Isaak	Jod	Zade	Cheth	Qoph	
	10	90	8	100	Summe 208

Der Name Isaak, welcher eigentlich «der Lachende» heißt, wurde dem Sohn des Abraham und der Sara deshalb verliehen, weil die Mutter Sara bei der Ankündigung des Herrn, daß ihr in ihrem hohen Alter noch ein Sohn beschieden sei, ungläubig lachte (siehe 1. Buch Moses, Kap. 18, Vers 10-15).

3. Jakob	Jod	Ajin	Qoph	Bet	
	10	70	100	2	Summe 182

4. Israel	Jod	Schin	Resch	He –	Aleph	Lamed	
	10	300	200	5	1	30	Summe 546

Das Wort Israel bedeutet Gotteskämpfer oder Gottesstreiter (kämpft Gott = Isra El) und ist ein Ehrenname, welcher Jakob beigelegt wurde, nachdem er mit dem Engel Gottes gerungen hatte: «Er sprach: Du sollst nicht mehr Jakob heißen, sondern Israel; denn du hast mit Gott und mit Menschen gekämpft und bist obgelegen.» (1. Buch Moses, Kap. 32, Vers 28.)

5. Joseph	Jod	Waw	Samekh	Pe	
	10	6	60	80	Summe 156

Wieder ist ohne weiteres ersichtlich, daß in der Namengruppe ein zusammengehöriges Ganzes vorliegt, und wieder entsteht die Frage, ob auch die den Namen entsprechenden Zahlen ein solches

Ganzes bilden. Wieder läßt sich die Frage bejahen, da alle Zahlen den Teiler 13 gemeinsam haben, Vielfache der Zahl 13 sind:

104 = 8 mal 13
208 = 16 mal 13
182 = 14 mal 13
546 = 42 mal 13
156 = 12 mal 13

Diese Art Beispiele ließe sich vermehren. Die in den Gruppen zusammengestellten Wörter und Namen sind der Abhandlung von Oskar Fischer über *Orientalische und griechische Zahlensymbolik* (Leipzig 1918) entnommen. Fischer schreibt über die Zusammenhänge, welche sich hier aufgetan haben: «Durch Addition der Werte der einzelnen Buchstaben erhält man den Zahlenwert des ganzen Wortes. Hat man diesen gefunden, so ist er in seine Faktoren zu zerlegen. Das Auftreten eines bestimmten Faktors scheint in dem an solche Rechenoperationen gewöhnten Israeliten die gleiche Vorstellung ausgelöst zu haben. Den tieferen Sinn der einzelnen Faktoren, der auch sprachbildend gewirkt hat, weist das Buch (Fischer meint sein Buch *Der Ursprung des Judentums im Lichte alttestamentlicher Zahlensymbolik*) an einer stattlichen Anzahl von Beispielen (...) nach.»

In diesen Ausführungen ist der Gedanke, daß die einzelnen Faktoren sprachbildend gewirkt haben, so daß die Mathematik fast eher dagewesen zu sein scheint als die Sprache, bedeutungsvoll. Die Sprache ist nichts anderes als der Ausdruck, die Verlautbarung des Denkens, das wiederum seine Impulse aus der Welt der Ideen empfängt, die in unser Denken auch als die Zahlenwesen hereinleuchten. Die einzelnen Zahlenwesen untersuchen heißt auch, einzelne dieser Ideen zugrunde legen, die ihre Wirkung bis ins Sprachliche hineinsenken. Will man daher etwa an das Wesen der Zahl 13 herankommen, so suche man den Ort auf, wo die Zahl auch sprachbildend gewirkt hat. Als solcher Ort wurden die Wortgruppen erkannt, welche in der hebräischen Sprache von der Wesenheit Jahvehs inspiriert worden sind. Fischer nennt deshalb die Zahl 13 den Jahveh-Faktor.

Wir wollen uns bei diesen interessanten Untersuchungen nicht länger aufhalten und uns damit begnügen, nur einen gewissen Begriff davon bekommen zu haben.

22. Kapitel
Gematria der apokalyptischen Zahl 666

Wenn es zu sinnvollen Ergebnissen führen kann, die Summenzahlen zu ermitteln, welche einzelnen Wörtern entsprechen, kann es vielleicht auch von Bedeutung sein, einmal das umgekehrte Verfahren einzuschlagen und gewisse vorliegende Zahlen in ihrer Buchstabenschreibung zu Wörtern zu machen oder mit Wörtern des gleichen Zahlenwerts zu verbinden. Dieses umgekehrte Verfahren, eine gegebene Zahl zu einem Wort zu gestalten, ist, wie sogleich ein Beispiel zeigen wird, vieldeutig und benötigt Verstand und Scharfsinn. Zu einem solchen Verfahren fordert der Evangelist Johannes in seiner Apokalypse auf, als er von dem Tier mit den zwei Hörnern spricht. In den Versen 16 und 17 des 13. Kapitels heißt es:

«Weiterhin bewirkt es, daß alle, Kleine und Große, Reiche und Arme, Freie und Unfreie, sich ein Zeichen auf ihre rechte Hand oder ihre Stirne machen.

Es soll keiner kaufen oder verkaufen können, wenn er nicht den *Namen* des Tieres *als* Zeichen oder *Zahl* an sich trägt.»

Den Namen als Zahl! Im folgenden wird dann nicht etwa der Name angegeben, von welchem aus ja die Zahl eindeutig bestimmbar wäre, sondern es wird die Zahl genannt, von der aus der Name rückwärts erschlossen werden muß, was wegen der vorhandenen Vieldeutigkeit Verstand erfordert:

«Hier spricht die Weisheit selbst. Wer Verstand besitzt, der suche den Sinn, den die Zahl des Tieres hat. Es ist die Zahl des Menschen. Und seine Zahl ist 666.»

Mit der Zahl 666 haben wir uns seinerzeit beschäftigt, als wir das septimale Zahlensystem behandelten (siehe 15. Kapitel). Hier, bei dieser Aufforderung zur Gematria, werden wir auf das dezimale Zahlensystem verwiesen; denn die alten Buchstabenzahlen gründen sich auf das dezimale System. Somit hätte die Zahl 666 eine Bedeutung sowohl mit Rücksicht auf die Zahl 7 als auch mit Rücksicht auf die Zahl 10. Versuche, der Aufforderung des Evangelisten durch Ermittlung des der Zahl 666 entsprechenden Namens nachzukommen, sind viele gemacht worden, und ebenso vielfältig sind die Ergebnisse, zu welchen die Bemühungen entsprechend der Vieldeutigkeit einer rückwärts vorgenommenen Gematria geführt haben. Bei den Deutungsversuchen hat es eine Rolle gespielt, wie man die Worte des griechischen Textes aufgefaßt hat, ob man unter 666 «die Zahl *eines* Menschen» oder «die Zahl *des* Menschen» verstanden hat. Im ersteren Fall sah man sich veranlaßt, nach einer bestimmten historischen Persönlichkeit zu suchen, im letzteren Falle suchte man mehr nach einem bestimmten Menschentyp.

Die materialistisch eingestellte Forschung von heute nimmt an, daß der Apokalyptiker verschwiegen auf den Cäsar Nero habe hinweisen wollen. Denn die hebräische Schreibweise dieses Namens ist die folgende:

N	R	U	N	K	S	R	(Nerun Kesar)
Nun	Resch	Waw	Nun	Qoph	Samekh	Resch	
50	200	6	50	100	60	200	Summe 666

Steiner erwähnt diese Deutung und lehnt sie als falsch ab. Eine andere Deutung stammt von Irenäus, dem berühmten Kirchenlehrer aus dem 2. Jahrhundert n. Chr. Er führte die Gematria mit Hilfe des griechischen Zahlenalphabets durch und suchte im Gegensatz zu der ebengenannten Deutung, welche auf einen bestimmten einzelnen Menschen abzielte, nach einem Menschentyp, für den die Schilderung der Apokalypse nach seiner Meinung zutraf, und er fand dafür den Typ des Römers, des Lateiners:

L	A	T	E	I	N	O	S	
Lambda	Alpha	Tau	Epsilon	Jota	Ny	Omikron	Sigma	(Lateinos)
30	1	300	5	10	50	70	200	Summe 666

Im 11. Vortrage seiner Vortragsreihe über *Die Apokalypse des Johannes* gibt Steiner eine Deutung, welche er als die von den Mysterien ausgehende bezeichnet. Ja, aus diesen Mysterien habe der Apokalyptiker selber geschöpft. Man habe an diesen Mysterienstätten allen Grund gehabt, die mit der Zahl 666 verbundene Zukunftsperspektive der Menschheit mit dem Schleier des Geheimnisses zu umhüllen. «In den Mysterien, aus denen der Apokalyptiker seine Einweihung erhalten hat, schrieb man 400 200 6 60. Das ist durchaus in einer Weise geschrieben, daß es der Laie nicht erkennen kann. Man hat verborgen diese 666; als ein Geheimnis sollte es bewahrt bleiben, indem Sie hier 400 200 6 60 haben. Und dadurch, daß alles umgestellt wird, ist ein Blendwerk geschaffen.»

Nun nimmt er das hebräische Alphabet zu Hilfe. Dann ergibt sich folgende Deutung:

Taw	*Resch*	*Waw*	*Samekh*	=	*Sorath.*
400	200	6	60		

Von rechts nach links gelesen, erscheint das Wort *Sorath*. Von dem Wesen, welches durch den Namen Sorath bezeichnet worden ist, ist im 5. Kapitel bei der Betrachtung der Qualitäten der Zahl Fünf bereits gesprochen. Man wolle das dort Gesagte noch einmal durchlesen, damit sich die hier mitgeteilte Gematria der Zahl 666 mit den damaligen Ausführungen zu einem Ganzen zusammenschließen kann. Man wolle auch das im 15. Kapitel Gesagte, welches von der Stellung der Zahl 666 im septimalen Zahlensystem handelte, noch hinzunehmen. Mit einem Hinweis auf eine mathematische Eigenschaft der Zahl 666 seien die da und dort verstreuten Betrachtungen abgeschlossen. Er basiert auf dem magischen Quadrat, das der Sechsheit zugehört.

Das Problem der magischen Quadrate war schon im 3. Kapitel

angeschnitten. Dort wurden die auf der Dreizahl, der Vierzahl und der Fünfzahl aufgebauten magischen Quadrate behandelt. Nun kommt das auf der Sechszahl beruhende zu ihnen hinzu. Es muß die Zahlen 1 bis 36 in einer solchen Anordnung enthalten, daß die Summe der Zahlen jeder Zeile, jeder Spalte und jeder der beiden Diagonalreihen denselben Wert ergibt. Dieser ist offenbar der sechste Teil des Wertes, den die Summe aller Zahlen von 1 bis 36 besitzt. Bemerkenswerterweise hat letztere den Wert 666:

$$1 + 2 + 3 + 4 + \dots\dots\dots + 36 = 666$$

Somit ist die überall erscheinende Teilsumme als 6. Teil von 666 die Zahl 111. Das magische Quadrat hat folgende Gestalt:

6	32	3	34	35	1
7	11	27	28	8	30
19	14	16	15	23	24
18	20	22	21	17	13
25	29	10	9	26	12
36	5	33	4	2	31

Agrippa behandelt es in seiner Schrift *De occulta philosophia* aus dem Jahr 1533. Wie jedes wird auch dieses magische Quadrat von ihm einem der sieben mittelalterlichen Planeten zugeordnet, und zwar der Sonne selber. Die Gesamtsumme 666 wird dort dem als Sorath bezeichneten Sonnendämonium zugeteilt, wogegen die Summe 111 zur Zahl der Sonnenintelligenz wird.

Bis in den Anbruch der Neuzeit hinein hat die Kabbala und ihr hauptsächlicher Zweig, die Gematria, die Gemüter der Menschen beschäftigt. Nicht zuletzt waren es die Mathematiker selber, welche sich ihr hingaben, z. B. Michael Stifel (1487 bis 1567). Unter seinen Händen entartete die Gematria zur bloßen Spielerei. Er war anfangs

Mönch im Augustinerkloster zu Esslingen und ging während der Reformation zu Luther über, unter dem er bis zu seinem Tode wirkte. Im Jahr 1544 brachte er ein mathematisch bedeutsames Werk heraus, die *Arithmetica integra* («Die ganze Arithmetik»), in welchem er sich bis zur Ahnung der erst 60 Jahre später entdeckten Logarithmen aufschwang; Melanchthon selber zeichnete das Buch durch eine Vorrede aus. Bald darauf, 1553, veröffentlichte er eine sogenannte Wortrechnung, der er die größte Wichtigkeit beimaß. Auf den ersten acht Seiten berichtet er darüber, wie sie entstanden sei, nämlich durch ein Herumrätseln an der geheimnisvollen 666. «Daß die Zahl 666 nur auf Leo X., der von 1513 bis 1521 den päpstlichen Thron innehatte, gehen könne, war ihm klar; nur bildeten die in *L*EO *D*E*C*I*MV*S enthaltenen Zahlenbuchstaben MDCLVI = 1656 eine Zahl, welche um 1000 zu groß und um 10 zu klein war. Daran erkannte er die Notwendigkeit, dem Wort decimus noch das Zahlzeichen X folgen zu lassen, und las man nun M nicht als 1000, sondern als *M*ysterium, so war die Sache im Reinen» (nach Cantors Wiedergabe). Jetzt stürzte er sich auch auf die übrigen Zahlen der Apokalypse und auf die prophetischen Zahlen des Buches Daniel und entwickelte für deren Deutung ein neues Zahlenalphabet. Er ordnete den Buchstaben A, B, C, D, ... nicht mehr die Zahlen 1, 2, 3, 4, ..., sondern andere Zahlen zu, die man in der Mathematik als Dreieckszahlen kennt, die Zahlen 1, 3, 6, 10, ... Man braucht nur folgende dreiecksartige Anordnung von Einsen aufzustellen, um jene Zahlen zu gewinnen:

1
1 1
1 1 1
1 1 1 1
1 1 1 1 1
1 1 1 1 1 1
1 1 1 1 1 1 1
....

Rückt man von der an der Spitze stehenden Eins aus immer zu einer neuen Reihe von Einsen vor, so entsteht die Zahlenfolge

1 = 1

  1
1 1 = 3

    1
  1 1 = 6
1 1 1

und so weiter. Auf diesem Wege ergab sich das Zahlenalphabet:

A	1	N	91
B	3	O	105
C	6	P	120
D	10	Q	136
E	15	R	153
F	21	S	171
G	28	T	190
H	36	V	210
I	45	....	
K	55	....	
L	66	....	
M	78	....	

Luther, dem er seine Rechnungen zeigte, meinte, es wäre daran nichts Gewisses. Dadurch nicht abgehalten, gab er schon 1532 anonym ein Büchlein heraus, in welchem nach den Zahlen des Propheten Daniel der Weltuntergang auf eine bestimmte Stunde vorausgesagt war. Das Mißgeschick, daß dieser dann nicht stattfand, ließ ihn seine Wortrechnungen auf lange Zeit unterbrechen. Erst 1546 nahm er sie wieder auf. Er erkannte nämlich, im Bade sitzend, daß die Buchstaben des Satzes «Vae tibi, papa, vae tibi!» (Weh dir, Papst, weh dir!) in seinen Dreieckszahlen die Summe 1260 ergaben:

V	A	E	/	T	I	B	I	/	P	A	P	A	/	V	A	E	/	T	I	B	I			
210	1	15		190	45	3	45		120	1	120	1		210	1	15		190	45	3	45			

= 1260

Die Zahl 1260 war aber eine von den rätselvollen Zahlen der Apokalypse (Kap. 11, Vers 3 und Kap. 12, Vers 6). Nun gab es für ihn kein Halten mehr. Er prägte ganze Blätter voll von mehr oder weniger zusammenhängenden Sätzen, deren Buchstabensumme stets Zahlen der Heiligen Schrift ergab, und veröffentlichte das Ganze eben in der eingangs erwähnten Wortrechnung im Jahre 1553.

Als letztes Beispiel einer Gematria sei ihr Vorkommen in der *Chymischen Hochzeit* Andreaes angeführt. Am dritten Tage, nachdem die Geistsucher auf ihre moralischen Qualitäten hin gewogen sind, fragt der Bruder vom Rosenkreuz die Jungfrau, welche ihn durch das ganze Siebentagewerk durchzuführen hat, nach ihrem Namen.

«Da lächelte die Jungfrau über meinen Fürwitz, ließ sich aber nicht beirren, sondern antwortete:

Mein Name enthält fünfundfünfzig und hat doch nur acht Buchstaben; der dritte ist des fünften dritter Teil; kommt jener dritte dann zu dem sechsten, so wird daraus eine Zahl, deren Wurzel schon um den ersten Buchstaben größer wird, als der dritte selbst ist, und er ist des vierten Hälfte. Sind aber der fünfte und der siebente gleich, so ist auch der letzte dem ersten gleich, und die letzteren machen mit dem zweiten so viel, als der sechste hat, der doch nur um vier mehr als der dritte dreimal hat. Nun sagt mir, mein Herr, wie heiße ich?

Das Rätsel kam mir kraus genug vor; trotzdem ließ ich nicht nach, sondern fragte:

Edle und tugendsame Jungfrau, darf ich nicht wenigstens einen einzigen Buchstaben erfahren?

Jawohl, sprach sie, das läßt sich wohl machen. – Was mag denn, antwortete ich wieder, der siebente enthalten? – Er hat, sagte sie, so viel der Herren hier sind. Damit war ich zufrieden und fand ihren Namen mit Leichtigkeit. Darüber freute sie sich und meinte, es sollte uns bald noch mehr enthüllt werden.» (Übertragung von Walter Weber.)

Man findet sich in dem Labyrinth der gestellten Aufgabe nur zurecht, wenn man das folgende Zahlenalphabet benutzt:

A	1	H	8
B	2	I	9
C	3	K	10
D	4	L	11
E	5	M	13 (nicht 12!)
F	6	....	
G	7	....	

Man kommt dann zu dem Namen «Alchimia», der als Lösung schon von Leibniz angegeben ist:

1)	2)	3)	4)	5)	6)	7)	8)
A	L	C	H	I	M	I	A
1	11	3	8	9	13	9	1

Es sei dem Leser überlassen, die Probe auf die gegebene Lösung zu machen.

23. Kapitel
Die Sonderstellung der drei ersten Zahlen

Wenn man im Geiste der quantitativen Zahlbehandlung die Reihe der Zahlen durcheilt, stößt man nirgends auf Hindernisse, welche den Lauf hemmen könnten, nirgends auf Gräben, welche zu überqueren wären; wie die Bäume einer Allee stehen die einzelnen Zahlen schön hintereinander ausgerichtet, während der Weg an ihnen gleichmäßig und wohlgepflegt vorbeiführt. In einer qualitativen Zahlbehandlung hingegen nimmt sich der Weg anders aus. Da wird der Lauf durch Hindernisse verschiedener Art unterbrochen, da stellen sich einem mehr oder minder breite Gräben entgegen, welche im Sprung zu nehmen sind. Ein solches Hindernis, ein solcher Graben war bereits zu überwinden, als der Übergang von der Zahl Sechs zur Zahl Sieben gesucht wurde. Aber schon bevor man an die Sechs gelangt, stellt sich dem Lauf ein beträchtliches Hindernis in den Weg. Es liegt hinter den drei ersten Zahlen, die durch einen breiten Graben von allen folgenden Zahlen getrennt sind.

Diese Sonderstellung der Zahlen Eins, Zwei und Drei vor allen übrigen Zahlen beruht darauf, daß sie für sich ein zusammengehöriges Ganzes, eine eigene Welt bilden. Mit dem Übergang zur Vier wird diese in sich abgeschlossene Welt verlassen, ein Neues tut sich vor dem Blick auf. Schon unser in Raum und Zeit eingeschlossenes Dasein kann davon zeugen. Dreifach dimensioniert ist der Raum mit allem, was in ihm ist; dreifach ist die Zeit nach Vergangenheit, Gegenwart und Zukunft gegliedert. Wer sich mit seinem Bewußtsein über diese Dreiheit erhebt, begibt sich in eine «vierte Dimension». Die innere Geschlossenheit der drei ersten Zahlen ist ein Phänomen, das einfach vorliegt und dem man sich begreifend nur dadurch nähern kann, daß man es von verschiedenen Seiten her beschreibt.

In dem schon mehrfach herangezogenen Vortrag über «Das Geheimnis der Zahlen» äußert sich Rudolf Steiner über das Verhältnis der Drei zur Zwei und auch zur Eins. Nachdem er davon gesprochen hat, daß die Zahl Zwei überall da auftritt, wo etwas in der Wahrnehmungssphäre offenbar wird, etwa als Licht und Finsternis oder als Leben und Tod oder als Gutes und Böses, und nachdem er aus diesem Grund die Zwei als die Zahl der Offenbarung bezeichnet hat, setzt er hinzu: «Aber es gibt keine Offenbarung, ohne daß hinter ihr das Göttliche waltet. Daher ist hinter jeder Zweiheit noch eine Einheit verborgen. Die Zahl Drei ist deshalb nichts anderes als die Zwei und die Eins, nämlich die Offenbarung und die hinter ihr stehende Göttlichkeit. Eins ist die Zahl der Einheit Gottes, Drei ist die Zahl der sich offenbarenden Göttlichkeit.»

In der Beziehung 3 = 2 + 1 hätten wir somit den banalen Rechenausdruck für diese erhabenen Verhältnisse. Darin vertritt die Zwei die Welt der Offenbarung *ohne* das dahinter waltende Göttliche, welches erst durch Hinzufügung der Eins mitberücksichtigt wird. So bekräftigt es auch Steiner: «Niemals kann die Zwei eine Zahl für die Göttlichkeit sein. Die Eins ist eine Zahl für das Göttliche, und die Drei ist eine Zahl für das Göttliche.»

Beide unterscheiden sich dadurch, daß die Drei gleichsam eine Eins ist, welche etwas durchgemacht hat, indem sie durch die Entzwei-ung hindurchgegangen ist; die Eins stellt die Einheit vor ihrer Entzweiung dar, die Drei zeigt sie nach derselben.

Mehr noch als der Rechenausdruck 3 = 2 + 1 spricht zu unserem Gemüt der geometrische Bildausdruck dieser Beziehungen, wie er in der Figur eines die Spitze nach oben kehrenden gleichseitigen Dreiecks vor uns steht:

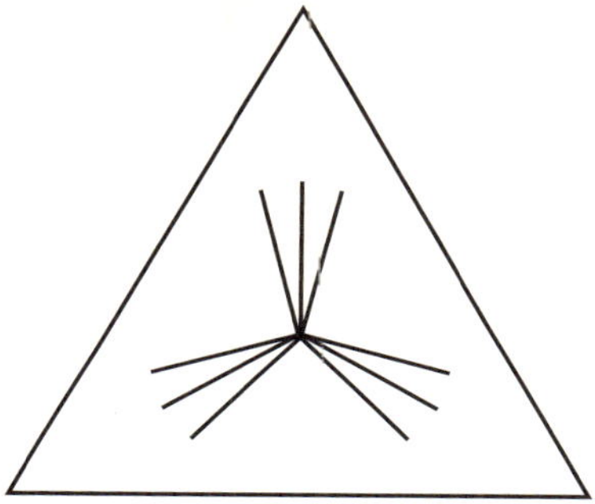

Figur 68

Unten in der Basis erscheint die Zweiheit als die Welt des sinnesmäßig Offenbarwerdenden, oben in der Spitze wohnt das dahinter stehende, das darüber waltende vereinheitlichende Göttliche, und das Ganze stellt sich als ein Bild der zur Drei gewordenen Eins dar. Besonders geheimnisbeladen erscheint im Bilde der Mittelpunkt, in welchem sich umgekehrt die zur Einheit gewordene Dreiheit versinnlicht. Ein ahnendes Verstehen hat im Mittelpunkt eines gleichseitigen Dreiecks ein göttliches Auge erschaut, das nach allen Seiten hin strahlendes Licht aussendet.

Im griechischen Altertum hat man von dem gleichseitigen Dreieck als dem «demiurgischen» Dreieck gesprochen; der Demiurgos, der Weltbaumeister, schien daraus hervorzublicken, wie er das dem Weltenwerden zugrundeliegende Gesetz, den der Weltentwicklung vorgezeichneten Plan ersann. Dieser Plan hält sich an die Dynamik der drei ersten Zahlen. Er geht von der undifferenzierten Einheit aus, gliedert sie in die Zweiheit, damit das Eine in die Erscheinung treten kann, und läßt dann in dieser Gliederung und Trennung die zugrundeliegende Einheit wieder aufleuchten. Dieser Weg durch die drei ersten Zahlen birgt das überzeitliche Gesetz aller Entwicklung in sich, er ist der überzeitliche Grundplan, dem alle Entwicklung in der Zeit folgen muß. Götter und Menschen müssen ihn gehen, wenn sie in ihrer Entwicklung vorwärtskommen wollen.

In den verschiedenen Mythen und Sagen tritt der Weg von der Eins über die Zwei zur Drei zu mächtigen Bildern geformt vor uns hin. So wird in der germanischen Mythologie geschildert, wie einst der Lichtgott Baldur herrschte und wie ihn dann Loki, der Geist der Lüge, im Bunde mit Hödur, dem Geiste des Haders und der Blindheit, tötete. Aus der Einheit des Baldur geht die Zweiheit von Loki und Hödur hervor. Die Tötung Baldurs gelingt nur durch einen dem Hödur von Loki in die Hand gedrückten Mistelzweig, mit dem er nach Baldur wirft. Die Mistel ist das reine Bild der Zweizahl, da ihre Verästelung stets eine reine Ver-zwei-gung, eine reine Dichotomie, zeigt.

In großen Lettern zeichnet auch das Parzival-Gedicht Wolframs von Eschenbach diesen Entwicklungsgang. Sogleich in den Eingangsworten ist von den Wirkungen der Zahl Zwei die Rede:

«Wem Zweifel an dem Herzen nagt,
dem ist der Seele Ruh versagt.
Geziert ist und zugleich entstellt,
wo Unlaut'res sich gesellt
zu des kühnen Mannes Preis:
wie bei der Elster schwarz und weiß.

Doch oft gelangt er noch zum Heil;
denn beide haben an ihm teil,
der Himmel und der Hölle Schlund.
Wer Untreu hegt im Herzensgrund,
wird schwarzer Farbe ganz und gar
und trägt sich nach der finstern Schar.
Doch fest hält an der blanken
der mit stetigen Gedanken.»

(Übersetzung von Karl Simrock)

Parzivals Weg geht von der Dumpfheit (Tumbheit) über den Zweifel zur Saelde. Die Dumpfheit kommt noch nicht über das Erleben der undifferenzierten Einheit hinaus. Im Zwei-fel geht dem Menschen die ursprüngliche Einheit verloren; wer sich in diesem Zustand verfängt, gerät in die Ver-zwei-felung. In dem, was das Parzival-Epos die Saelde nennt, wird der Zweifel überwunden und eine Seligkeit errungen, die wieder das Erlebnis von Gott und Welt in sich schließt, aber nun auf höherer Stufe als der bloßen Dumpfheit.

Wenn man sich in dem Bereich der drei ersten Zahlen aufhält, fühlt man sich in ein rein göttliches Weben eingebettet. Hier wird man im Grunde noch nicht von derjenigen Welt berührt, in welche der Mensch eingetreten ist, nachdem er seinen Fall getan hat. Alles atmet noch Unschuld und Größe und unterliegt göttlicher Führung und Zielsetzung. Nicht umsonst heißt es im Volksmund «Aller guten Dinge sind drei». Zwar erscheint mitten unter den drei ersten Zahlen auch die Zwei als Zahl des Zwists, der Entzweiung und des Zweifels. Aber hier hat sie noch die Aufgabe, die fruchtbaren und fördernden Spannungen hervorzurufen, die zum Ausgleich und zur Harmonisierung nach der Drei hindrängen. Wie eine schützende Hülle legen sich die beiden Zahlen des Göttlichen, die Eins und die Drei, um jene Zahl, welche «niemals eine Zahl für die Göttlichkeit sein kann».

Ein geistiger Instinkt für diese Relationen muß es gewesen sein, welcher die Menschen älterer Zeiten veranlaßte, auf eine bestimmte Pflanzengestaltung mit besonderer Ehrfurcht zu schauen, weil in ihr die drei ersten Zahlen und nur diese in völliger Klarheit wirksam sind. Es handelt sich um die Gruppe der einsamenlappigen Pflanzen, der Monokotyledonen. Eine Hauptordnung bilden darin die Liliengewächse; sie stellen diese Gruppe auf der Höhe ihrer Entwicklung dar. Aus der Einheit des Samens, die noch dadurch bekräftigt wird, daß nur ein Keimblatt ihm entwächst, entwickelt sich dort die sichtbare Pflanze nach dem Gesetz der Dreizahl.

Es tritt aufs herrlichste in der Blumenkrone in die Erscheinung, aber dort im Bund mit der Zweizahl, und zwar so, daß nicht etwa ein dreiblättriger Kelch und eine dreiblättrige Blumenkrone erscheinen, sondern kelchlos eine aus zwei dreiblättrigen Hüllkreisen bestehende Blumenkrone sichtbar wird. Es wäre falsch, zu behaupten, daß dann eben die Blumenkrone nach dem Gesetz der Sechszahl gestaltet sei; denn die beiden Hüllkreise sind in der Anlage voneinander verschieden gehalten. In dem einen treibt das Bild der Dreizahl mehr nach außen, im andern mehr nach innen. So bietet der Grund eines Tulpenblütenkelchs den folgenden Anblick:

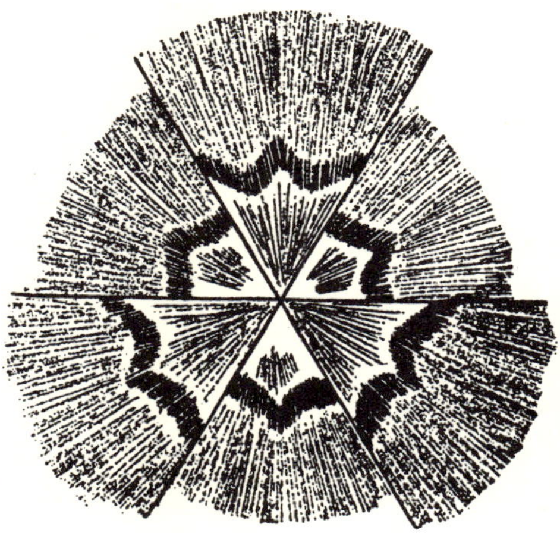

Figur 69

Dieselbe Erscheinung wiederholt sich in der Anordnung der Staubgefäße, da dort wieder eine zusammengezogene Dreiheit mit einer ausgedehnten wetteifert. Noch ein drittes Mal tritt das Gesetz in der Formung des Stempels auf, welcher drei Spitzen und drei Einschnürungen aufweist. Staubgefäße und Stempel zeigen sich in folgendem Bild:

Figur 70

Beim Anblick besonders der letzten Figur erinnere man sich an die im 12. Kapitel auftretende Figur 57, die damals von einem anderen Gesichtspunkt aus entwickelt wurde. Das Weben der Liliengewächse im Banne der drei ersten Zahlen liegt für den Beschauer offen zutage. Der Glanz, welcher die drei ersten Zahlen umleuchtet, hat sich auf die mit ihnen verbundenen Pflanzenwesen übertragen und sie zu einem Sinnbild und Gleichnis für die göttliche Reinheit und Schönheit werden lassen:

«Lernet von den Lilien des Feldes! Sehet, wie sie wachsen, ohne sich zu mühen und ihr Gewand zu weben! Ich sage euch: Salomo in all seinem Hoheitsglanz war nicht gekleidet wie eine von ihnen.» (Matthäus, Kap. 6, Vers 28/29.)

Auf eine schon am Anfang des 5. Kapitels angestellte Betrachtung, die sich an die Figuren 14, 15 und 16 anschloß, möge hier, wo es sich um die drei ersten Zahlen handelt, wiederholend und zugleich fortführend zurückgegriffen werden. Um dem Leser ein Zurückblättern zu ersparen, seien die dortigen Figuren noch einmal in einer Nebeneinanderstellung vorgeführt:

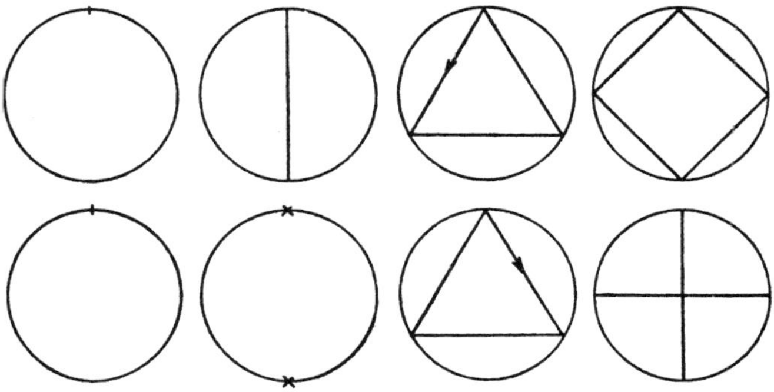

Figur 71 a *Figur 71 b* *Figur 71 c* *Figur 71 d*

Schon im 2. Kapitel wurden die Methoden entwickelt, durch die es möglich wird, das Wesen der einzelnen Zahlen anschauungsmäßig zu ergreifen. Es wurde dort auseinandergesetzt, wie den einzelnen Zahlen geometrische Figuren entsprechen, in denen sich das Wesen derselben mehr oder minder deutlich ausspricht. Mehr oder minder! Den höchsten Grad der Ausdrucksfähigkeit erreicht man, wenn man weniger das regelmäßige Vieleck als vielmehr das betreffende Sternvieleck zu Hilfe nimmt. Die Sternvielecke entstehen aus den regelmäßigen Vielecken durch Überspringung immer derselben Anzahl von Eckpunkten. Die obige Figurenreihe stellt den regelmäßigen Vielecken der ersten vier Zahlen in der oberen Reihe die entsprechenden Sternvielecke in der unteren Reihe gegenüber. In dem Figurenpaar der Zahl Eins gibt es noch keinen Unterschied zwischen regelmäßigem Vieleck und Sternvieleck; sogar die Bezeichnung Vieleck ist hier noch nicht am Platz. Im Figurenpaar der Zahl Zwei besteht das «regelmäßige Zweieck» – wenn man überhaupt diesen Ausdruck gelten lassen will – aus dem Hin- und Herzug eines Kreisdurchmessers, das «Sternzweieck» aus zwei diametral entgegengesetzten Kreispunkten. Ein Auseinanderfallen in eine Polarität wird man hier gewahr; etwas Gefahrdrohendes mag man beim Anblick dieser Figur empfinden, wenn man sie nicht bloß mit den Augen des Kopfes, sondern auch mit denen des Herzens anschaut. Bei den beiden Figuren der Drei kehren die Verhältnisse wieder, welche schon beim Figurenpaar der Eins auftraten; denn das regelmäßige Dreieck unterscheidet sich äußerlich in nichts von dem Sterndreieck. Nur das macht beide voneinander verschieden, daß letzteres bei seiner Entstehung aus dem ersteren im umgekehrten Sinn umlaufen wird. Die innere Erfülltheit und Abgeschlossenheit, die den Alten bei der Zahl Drei zum Erlebnis wurde, kommt auch in dem Insichberuhen beim Übergang vom regelmäßigen Dreieck zum Sterndreieck zur Geltung. Aus dem regelmäßigen Viereck, dem Quadrat, entsteht als Sternviereck das Kreuz. Als solches hat es den Charakter zweier sich rechtwinklig schneidender Zweiecke gemäß der Rechenbeziehung $4 = 2 \cdot 2$. Wie das Sternzweieck fällt also auch das Sternviereck in zwei getrennte Einheiten auseinander, auf höherer Stufe kehrt wieder, was schon bei der Zwei geschah. Auch in diesem Bildgeschehen bewährt sich Vier als Steigerung, als Potenz von Zwei. Mit dem Kreuz ist der Übergang von den bloß nominellen Sternfiguren zu den eigentlichen, welche diesen Namen auch verdienen, vorbereitet; das erste eigentliche Sternvieleck baut sich ja auf der Fünf auf. Auch das Sternfünfeck hängt innerlich noch mit der Zweizahl zusammen. Denn in dem gleichschenkligen Dreieck, das seine Form bestimmt, verteilen sich die drei Winkel dermaßen, daß der Winkel an der Spitze mit seinen 36 Grad ein Fünftel des gesamten Winkelinhalts von 180 Grad einnimmt, wogegen jeder Basiswinkel mit seinen 72 Grad zwei Fünftel mißt. Das Dreieck verdeutlicht also winkelmäßig die Rechenbeziehung

$$5 = 2 + 1 + 2$$

Die Überschau des Ganzen läßt die Verwandtschaft der Drei mit der Eins und der Vier und der Fünf mit der Zwei erkennen. Es ist, als ob die Natur da, wo sie aus dem Born der Zahlen schöpft, diese Verwandtschaften bestätigen wollte. Denn da, wo der Same ein einziges Keimblatt hervortreibt, rüstet sich die sichtbare Pflanze zur Hervorbringung der Dreizahl, vor allem in der Blüte. Wo jedoch aus dem Samen eine Zweiheit von Keimblättern hervorgeht, bei den sogenannten Dikotyledonen oder zweisamenlappigen Pflanzen, gewährt die Blüte entweder den Anblick der Vierheit wie bei den Kreuzblütlern oder der Fünfheit wie bei den rosenartigen Gewächsen.

Man muß wieder lernen, beim Durchlaufen der Zahlenreihe ein Gefühl für die individuellen Unterschiede zwischen den einzelnen Zahlen zu entwickeln. Alles das muß beim Zählen mitschwingen, was als Gesamtanschauung von jeder einzelnen Zahl sich in einem gebildet hat. Insbesondere muß man sich wieder ein Gefühl dafür aneignen, welche Zahlen innerlich zusammengehören und welche nicht, oder, bildlich gesprochen, wie sich im Terrain der Zahlen die Brücken und die Gräben verteilen. Um in diese Verhältnisse einzudringen, genügt es nicht, bloß bei demjenigen stehenzubleiben, was im heutigen engen Sinn Mathematik genannt wird. Was das Wesen der einzelnen Zahlen ist, bezeugt sich ebensogut durch alles, was auch auf anderen Gebieten des Lebens und der Welt an der Zahl Anteil nimmt. Der Hauch der Zahl weht nach allen möglichen Seiten hin. Er erfaßt die Pflanzengestaltungen, aber auch alles, was aus einem intimen und instinktiven Umgang mit dem Geistigen vom Menschen geschaffen worden ist.

Mit einer Sicherheit ohnegleichen bewegte man sich in alten Zeiten durch das Terrain der Zahlen hindurch. Das konnte an mehreren Stellen der Betrachtungen in der Gestaltung von Mythen und Sagen oder in Weisheitsaussprüchen der Alten über die Natur der einzelnen Zahlen deutlich werden. Aber auch da, wo es sich um eine Aufzählung bedeutsamen Inhalts handelte und demgemäß Reihenfolge und Anordnung von Wichtigkeit waren, wirkte im Menschen alter Zeiten der Geist der Zahl objektiv schaffend. Jedes Glied der Aufzählung nahm dann auch sogleich den Charakter der ihm die Stelle zuweisenden Zahl an. Als ein Beispiel dafür ist bereits an anderer Stelle das Vaterunser-Gebet angeführt worden. In der Anordnung seiner «Bitten» leuchtet zugleich das Wesen der anordnenden Zahlen auf. Auch die Sonderstellung der drei ersten Zahlen gegenüber den folgenden wird darin sichtbar. Denn in ihm gehören die drei ersten Bitten aufs engste zusammen. Sie bekunden dies allein schon durch eine gemeinsame sprachliche Form, indem sie im Gegensatz zu den folgenden Bitten in einer durchaus unpersönlichen Art vorgebracht werden. Erst von der vierten Bitte an spricht der einzelne, persönliche Mensch zur Gottheit. In jeder der drei ersten Bitten erkennt man aber auch die ihre Anordnung bewirkende Zahl wieder, bis in die Bildung des betreffenden Gedankens hinein. So wird die Heiligung des Gottesnamens in der ersten Bitte ausgesprochen; es ist der Grundton, der das Ganze durchhallen soll. In der zweiten Bitte stehen einander bereits Gotteswelt und Menschenwelt gegenüber, aber so, daß das Reich der Gotteswelt zu unserer Menschenwelt herabgebeten wird. In der dritten Bitte wird der göttliche Wille als maßgeblich für diese beiden Welten, die Himmelswelt und die Erdenwelt, ersehnt; die Einheit nach vorübergehender Trennung soll wiederhergestellt werden. Auch ein solches Gebet kann innerlich von Mathematik erfüllt sein, und es ist sicher nicht die schlechteste, welche sich in ihm ausspricht.

Für die mit der Einheit verbundene Zweiheit gibt es in den verschiedenen Sprachen ein besonderes Wort, im Deutschen das Wort Paar. Zwei sind allein nicht ohne weiteres ein Paar, es muß erst ein verbindendes Drittes hinzukommen. Man könnte sagen, ein Paar sind überhaupt nicht zwei, sondern eigentlich drei, nämlich die zwei und das Höhere, Dritte, welches sie erst zu einer Einheit macht. Mit dem Begriff des Paares ist also ebenfalls das Thema der drei ersten Zahlen angeschlagen. Es sei nun eine Art von Zahlenpaaren ins Auge gefaßt, bei denen der Paarcharakter geradezu imponierend ist, die Paare befreundeter Zahlen, die schon im 2. Kapitel neben den vollkommenen Zahlen erwähnt wurden. Vollkommen nannte der Grieche eine Zahl, die gleich der Summe ihrer Teiler ist, wie es erstmalig bei der Sechs der Fall ist. Sein Bemühen war nun, den Begriff der Vollkommenheit von der einzelnen Zahl auf ein Zahlenpaar zu übertragen. Es galt, zwei Zahlen zu finden, deren jede für sich «unvollkommen» ist, wogegen beide miteinander vollkommen sind, indem sie beide dieselbe Teilersumme aufweisen. Zwei solche Zahlen sind beispielsweise 16 und 33; denn 16 besitzt die Teiler 1, 2, 4 und 8, deren Summe 15 ergibt, und 33 enthält die Teiler 1, 3 und 11 mit derselben Teilersumme 15. Was 16 und 33 zu einem Paar macht, ist der gemeinsame «Inhalt» 15. Jedoch die Paarung läßt sich noch weiter treiben, noch intensiver gestalten. 16 und 33 werden erst ein Paar durch etwas außer ihnen Liegendes, durch die Zahl 15. Die Paarung wäre noch inniger, wenn der Bereich der beiden Zahlen, die ein Paar bilden sollen, nicht erst durch Hinzunahme einer dritten, die ihren gemeinsamen Inhalt bilden soll, überschritten zu werden brauchte. Diese Forderung wäre erfüllt, wenn sich Zahlenpaare aufzeigen ließen, in denen die Teilersumme der einen von beiden Zahlen immer die andere ergäbe, wenn also, um in unserem Beispiel zu bleiben, die Teilersumme der 16 die 33 und die Teilersumme der 33 die 16 wäre. Das ist natürlich bei den genannten beiden Zahlen nicht der Fall, und es erhebt sich die Frage, ob es überhaupt Zahlenpaare gibt, von denen die gestellte Forderung erfüllt wird. Daß es deren gibt, davon wußte man bereits zur Zeit der Pythagoräer, indem man dort auf das Paar der beiden Zahlen 220 und 284 hinwies; denn 220 besitzt die Teiler 1, 2, 4, 5, 10, 11, 20, 22, 44, 55 und 110, deren Summe die Zahl 284 ergibt, und 284 besitzt die Teiler 1, 2, 4, 71 und 142, deren Summe die Zahl 220 ergibt. Solchen Zahlenpaaren legte man den Namen philoi arithmoi oder befreundete Zahlen bei. Um dieses Zahlenpaar und noch andere gleichen Charakters auffinden zu können, muß man einen Weg einschlagen, der sich an die Dynamik der drei ersten Zahlen hält. Man ergreife nämlich die Zahlen 1, 2 und 3 in ihrer Totalität, in ihrer Vereinheitlichung, d.h. man gehe von der Zahl 6 aus. Alsdann benutze man als weiteres Material die auf der 6 aufgebaute Verdoppelungsreihe 6, 12, 24, 48, 96, 192 ..., indem man daraus immer zwei aufeinanderfolgende Zahlen herausgreift: dies führt zu den Zweiheiten 6, 12 oder 12, 24 oder 24, 48 oder 48, 96 oder 96, 192 usw. Darauf füge man zu jeder Zweiheit von Zahlen eine dritte Zahl hinzu, in welcher jede der beiden Zahlen enthalten ist, nämlich ihr Produkt; dadurch ergeben sich die Zahlentripel

6 12   12 24   24 48   48 96   96 192 usw.
72   288   1152   4608   18432

Merkwürdigerweise muß man nun jedes Tripel zu einem neuen Tripel dadurch umformen, daß man jede Zahl des Tripels um 1 vermindert; man erhält so die Tripel:

5 11   11 23   23 47   47 95   95 191 usw.
71   287   1151   4607   18431

Von hier an behandelt man nur diejenigen Tripel weiter, deren drei Zahlen sämtlich Primzahlen sind; dann bleiben von den aufgezählten Tripeln nur die Tripel übrig:

5 11   23 47
71   1151

Alsdann schließe man die beiden oberen Zahlen wieder zu einem Produkt zusammen:

55   1081
71   1151

Nun schreibe man unter alle Tripel die auf der Zahl 4 aufgebaute Verdoppelungsreihe

4   8   16   32   64

und multipliziere die übriggebliebenen Zahlenpaare mit dem betreffenden Vielfachen von 4:

220	17296
284	18416

Die auf diesem Wege entstandenen Zahlenpaare sind dann Paare befreundeter Zahlen. Der Gedankengang, welcher zu dieser Aufstellung von Paaren befreundeter Zahlen führt, ist nebst seiner Begründung, die wir uns hier versagen, erst von dem feingeschliffenen Intellekt arabischer Mathematiker entwickelt worden; der Griechengeist erkannte zwar das vorliegende Problem, vermochte es jedoch gedanklich noch nicht genügend zu meistern.
Was ist aus der Lehre von den befreundeten Zahlen in der Neuzeit geworden? Nicht viele Mathematiker haben sich mit ihr abgegeben; die mathematischen Interessen gingen andere Wege. Michael Stifel, dessen im vorigen Kapitel gedacht wurde, sagt von ihnen: «Es ist lustig zu sehen, wieso eben alle partes aliquote von 220 machen 284 und wiederumb alle partes aliquote von 284 so eben machen 220.»
Was im Altertum ein Gegenstand der Ehrfurcht gewesen war, wurde hier zum Objekt der bloßen Neugier. Später wendete sich Leonhard Euler, der ebenfalls schon erwähnt wurde, den befreundeten Zahlen von neuem zu, aber jetzt vom Standpunkt des rein logischen Interesses. Es gelang ihm, die Problemstellung bedeutend zu erweitern, wodurch er auf nicht weniger als 61 Paare befreundeter Zahlen geführt wurde. Dennoch hat auch er das Problem, welches eigentlich in der Entwicklung einer Methode zur Auffindung aller Paare befreundeter Zahlen besteht, nicht zu lösen vermocht. Meines Wissens ist dies bis heute noch nicht gelungen. So kamen die Bemühungen um die befreundeten Zahlen an ein vorläufiges Ende. An deren Anfang stand wie ein hervorbringender Mutterschoß die staunende Ehrfurcht, an deren Ende die bloße Klugheit.

Ein weiteres Beispiel, welche beherrschende Stellung im Geiste der Alten die drei ersten Zahlen einnahmen, findet sich in Platons Dialog *Timaios*. Wenn die drei ersten Zahlen den Demiurgos kennzeichneten, der aus ihnen den Plan der Weltentwicklung ersann, was lag dann näher als anzunehmen, daß der Weltenbaumeister den Bau des Weltalls nach dem Maß der drei ersten Zahlen fügte! In dem erwähnten Dialog macht Platon, auf altpythagoräischen Anschauungen fußend, wirklich den Versuch, aus den drei ersten Zahlen und ihren drei ersten Potenzen den Weltenbau zu erklären. Welches sind die Abstände der einzelnen Wandelsterne von der im Mittelpunkt angenommenen Erde, das war für ihn die Frage. Hier taucht also schon das später immer wiederkehrende und von den bedeutendsten Geistern wie z. B. Kepler behandelte Problem auf, die Planetenabstände in eine gesetzmäßige Zahlenfolge zu bringen. Sieben Planeten umstanden und umkreisten nach der Anschauung der Pythagoräer und Platons die Erde; ihre Reihenfolge war, von der Erde als Mittelpunkt aus gesehen, der Mond, die Sonne, die Venus, der Merkur, der Mars, der Jupiter und der Saturn. Mißt man ihre Abstände von der Erde mit dem Abstand des Mondes von der Erde, d. h. schreibt man der Entfernung des Mondes von der Erde die Zahl 1 zu, so ergibt sich nach Platon für die einzelnen Planetenabstände folgende Zahlenreihe:

Mond	Sonne	Venus	Merkur	Mars	Jupiter	Saturn
1	2	3	4	8	9	27

Diese Zahlen sind genau die drei ersten Potenzen der drei ersten Zahlen:

1

2 3

4 9

8 27

Platon gibt dann diesen Zahlen noch eine musikalische Bedeutung, indem er sie auch als Intervallzahlen interpretiert. Es kommt natürlich hier gar nicht darauf an, ob mit diesen Zahlen die astronomische Wirklichkeit getroffen ist; sie ist es selbstverständlich nicht. Vielmehr muß uns hier der Versuch eines der besten Denker des Altertums interessieren, das ganze Weltgebäude in seiner Struktur auf die drei ersten Zahlen zurückzuführen.

Manches, was noch mit der Frage der drei ersten Zahlen zusammenhängt, ist im Verfolg dieser Ausführungen nicht erwähnt worden, so z. B. alles, was über die mit ihnen zusammenhängende Symbolzahl 123 zu sagen wäre. Wer sich dafür besonders interessiert, wird auf mein Buch über die ägyptischen Pyramiden verwiesen.

24. Kapitel
Das vierte Blatt im Buch des Menschen

Wie eingangs dieses Buches geschildert, hat der französische Weise und Mystiker St. Martin seine Einsichten in Welt und Mensch in dem Symbol des Buches vom Menschen niedergelegt. Es weist nach altem Wissen zehn Blätter auf, deren Inhalt alles umfaßt, was von der Welt und vom Menschen überhaupt erfahren und gewußt werden kann. Manches vom Inhalt der Blätter ist schon behandelt worden, nur wenige sind bisher unbeachtet geblieben, zu denen das vierte Blatt zählt. Ihm und dem mit ihm zusammenhängenden fünften Blatt seien die folgenden Betrachtungen gewidmet. Der Leser möge dabei die Fremdartigkeit mancher Gedankengänge in Kauf nehmen.

Vom vierten Blatt wird bei der Inhaltsangabe der zehn Blätter gesagt, daß es «von allem, was tätig ist, von dem Prinzipio aller Sprachen, so derer, die zeitlich, als die außer der Zeit sind, von der Religion und dem Gottesdienst des Menschen» handle. Später kommt St. Martin noch ausführlicher auf das vierte Blatt zu sprechen, weil von seinem richtigen Verständnis sehr viel abhänge. Denn die Quelle der meisten Leiden, denen der Mensch unterworfen ist, sei in einem Mißverstehen oder Mißbrauch des vierten Blatts gelegen; es heißt da: «Wir kommen auf den Teil des Buches, den man, wie ich geäußert habe, am meisten mißbraucht hat. Der nun ist jenes vierte Blatt, das, wie wir gesehen haben, mit dem Menschen die meiste Beziehung hatte, indem hier seine Pflichten und die wahren Gesetze seines denkenden Wesens sowie die Vorschriften seiner Religion und seines Gottesdienstes geschrieben waren. (...)

Da (...) an diesem vierten Blatt so mächtige Hilfsmittel hafteten, so mußten auch (...) seine Irrtümer über diesen Teil des Buchs von der alleräußersten Wichtigkeit sein, und wahrlich, wenn der Mensch die Vorteile desselben nicht vernachlässigt hätte, so wäre noch alles glücklich und in Frieden auf Erden.»

St. Martin zählt nun die verschiedenen Irrtümer und Mißbräuche, welche jenes vierte Blatt hat erdulden müssen, auf: «Der erste von diesen Irrtümern war der: daß sie dies vierte Blatt anderswohin, und das fünfte oder was von der Abgötterei handelt, an seine Stelle setzten; denn nun, da der Mensch die Gesetze seiner Religion verungestaltete, mochte er daher nicht eben die Früchte noch eben die Hilfe erhalten, als wenn er in dem wahren Dienst beharret wäre. Hingegen hatte er nichts als Finsternis zum Lohn, und er versank darein so tief, daß er auch des Lichts nicht mehr begehrte.»

Hier ist es am Platz, einer merkwürdigen Tafel zu gedenken, die am Beginn des 17. Jahrhunderts, 1608, etwa zur selben Zeit, als Andreae seine *Chymische Hochzeit* schrieb, von Heinrich Khunrath veröffentlicht wurde. Mit ihrer Schilderung habe ich mein Buch über die ägyptischen Pyramiden geschlossen. Sie soll auch hier, wenn auch weniger ausführlich, beschrieben werden. Das Zentrum der Tafel wird von der Gestalt des gekreuzigten Gottessohnes eingenommen, der von einem flammenden Fünfstern umgeben ist. Dieses Bild weist in die Rosenkreuzerströmung, in welcher, in der Sprache St. Martins, danach gestrebt worden ist, das fünfte Blatt gegenüber dem vierten wieder zurechtzurücken, indem in den Mittelpunkt der Fünfheit wieder die Vierheit in Gestalt des Kreuzes gestellt wurde.

St. Martin muß wohl die Khunrathschen Gedankengänge gekannt haben, oder zumindest müssen sie in den Kreisen der christlichen Mystiker, zu denen er gehörte, Allgemeinbesitz gewesen sein. Ein besonderer Umstand legt diese Vermutung nahe: In den Spitzen des Fünfsterns finden sich die hebräischen Buchstaben Jod, He, Schin, Waw und He, die miteinander den Namen «Jeschweh» bilden. Läßt man darin den Mittellaut Schin der obersten Pentagrammspitze fort, so entsteht der vierbuchstabige Name «Jehweh» (Jod, He, Waw, He), der «Tetragrammaton», welcher dem höchsten Gotteswesen des Alten Bundes zukam und profan nicht ausgesprochen werden durfte. Das Problem der beiden Namen Jeschweh und Jehweh ist zugleich das der beiden Zahlen Fünf und Vier. Indem zu der göttlichen Vierheit des Namens Jehweh oder Jahweh das Prinzip des Lautes Schin trat, wurde der Alte Bund in den Neuen übergeführt, aus dem Zeitalter des Gesetzes wurde das der Gnade. So drückt es Agrippa in seiner *Cabbala* aus: «Mit fünf Buchstaben wird zur Zeit der Gnade der Name der allmächtigen Gottheit angerufen. (...) Zur Zeit der Gnade ist Gottes Name das unaussprechliche Jeschweh.»

Denselben Vorgang behandelt St. Martin in einer anderen seiner Schriften, der *Von den Zahlen*, wo es im 40. Paragraphen unter der Überschrift «Ergänzung des großen Namens» heißt: «Das Gesetz und die Wahl der Juden sind durch den großen göttlichen Namen gelenkt worden, der aus vier Buchstaben besteht. (...) Nun sind dieselben als Konsonanten nur der Ausdruck der Sinneswahrnehmungen. Deshalb war das Gesetz der Hebräer ganz sinnenfällig, und deshalb war das Volk so häufig ohne Intelligenz und von hartem Sinn. (...) Als aber die Zeit des Verständnisses herankam, stieg ein mächtiger Buchstabe herab und gliederte sich dem großen Namen ein, um dessen Preis und Wert zu ergänzen. Dieser Buchstabe trägt in den hebräischen Alphabeten die Zahl 21 (er ist der vorletzte der 22 Buchstaben) und ist durch seine Form Ψ dreifaltig. Man könnte in ihm sogar eine Art Ähnlichkeit mit einer Zunge herausfinden und spüren, warum der Heilige Geist in der Form einer feurigen Zunge über die Apostel herabkam. Er ist ein Zischlaut. Es erhob sich damals auch ein starkes Brausen wie von einem heftigen und stürmischen Wind, der vom Himmel kam. Darin liegen sehr viele charakteristische Eigenschaften, die ihn bedeutend machen. (...) Die dreiheitliche Form des Buchstabens zeigt die drei ewigen Einheiten. Er ist zischend wie der Rauch oder

der Geist. Er ist also gekommen, um die höhere Intelligenz mit dem sinnlichen Gesetz zu verbinden, das die Hebräer genossen hatten, und dadurch hat er die Ergänzung aller Dinge gebildet und alles vergeistigt.»

Mit dieser Schilderung stimmt es überein, daß zu Füßen des Gekreuzigten, gegenüber dem Laut Schin, auf der Khunrathschen Tafel das Symbol des Heiligen Geistes, die Taube, zu finden ist.

Wie eine Beschreibung dieser Tafel nehmen sich die Ausführungen St. Martins aus. Es handelte sich eben bei dem Problem der beiden göttlichen Namen um ein allgemein bekanntes und weit verbreitetes Gedankengut. Ob man die Schriften Agrippas aus dem Beginn des 16. Jahrhunderts oder die Darstellung Khunraths aus dem Beginn des 17. Jahrhunderts oder die Schilderung St. Martins aus dem Ende des 18. Jahrhunderts hernimmt, überall der gleiche Grundton! Auch auf Amuletten aus jener Zeit finden sich ähnliche Bildsymbole. So zeigt ein Amulett, das in meinem Pyramidenbuch wiedergegeben ist, als Hauptfigur einen Fünfstern, um den das Wort «Tetragrammaton» geschrieben steht. Man wollte damit ausdrücken, daß das wahre Heil nur in einem rechten Zusammenwirken der beiden Wesenheiten, die sich auch in den beiden Zahlenwesen Vier und Fünf manifestieren, gefunden werden könne. Nicht sollte sich das fünfte Blatt einfach an die Stelle des vierten setzen. Ebendasselbe liegt ja in dem Worte der Bergpredigt ausgesprochen: «Ihr sollt nicht denken, ich sei gekommen, um das Gesetz und die Propheten aufzulösen. Meine Aufgabe ist nicht, aufzulösen, sondern zu erfüllen. Ja, ich sage euch: bis zum Untergang des Himmels und der Erde wird kein Buchstabe und kein Strichelchen aus dem Gesetz seine Geltung verlieren. Es muß erst alles erfüllt werden.» (Matthäus, Kapitel 5, Vers 17 und 18.)

Die bloße Auflösung des Gesetzes würde es sein, wenn sich das fünfte Blatt an die Stelle des vierten setzen würde. Eine solche Handhabung der Kräfte, die in der Zahl Fünf liegen, würde zwar zur Freiheit führen, aber nur zu einer Freiheit der Zerstörung. Die

Menschheit würde der Abgötterei und der Gottlosigkeit verfallen. In einer recht verstandenen Freiheit ist als ein Kernstück die Zahl Vier enthalten; sie verbürgt die Verantwortung des Freien gegenüber der Gottheit. Wo im Symbol des Pentagramms das Kreuz fehlt, ist die Gefahr, einer atheistischen Weltansicht zu verfallen. Die Folgen einer solchen Außerachtlassung des vierten Blatts sind nach St. Martin außerordentlich schwerwiegend: «Dies ist der Irrtum oder das Verbrechen, das nicht Vergebung hat, und das im Gegenteil unausbleiblich untergeht, die allerstrengste Bestrafung.» Allerdings setzt er halb tröstend, halb anklagend hinzu: «Aber die meisten Menschen sind vor diesen Fehltritten sicher; denn man fällt nur im Gehen, und der allergrößte Teil geht nicht; indes, wie kann man, ohne zu gehen, vorwärtskommen?»

Man kann nur bewundern, wie mit einer Art Hellsichtigkeit St. Martin Gefahren vorausgesehen hat, die zu seiner Zeit noch nicht so akut waren, aber unheilschwanger die nähere und fernere Zukunft bedrohten. So spricht er von einem zweiten Mißbrauch des vierten Blatts, der darin bestehe, daß die Menschen nur eine unbestimmte Idee von den an dem vierten Blatt haftenden Eigenschaften gefaßt haben und glauben, sie auf alles Mögliche anwenden zu können, «denn indem man sie Gegenständen zueignete, denen sie nicht zukommen konnten, war es unmöglich, etwas zu finden». Wenn es allerdings bloß bei diesem Irrtum bleibe, sei es noch nicht so schlimm; «die Anhänger desselben werden nur mit Unwissenheit bestraft». Freilich könne dieser zweite Irrtum, der in einem Mißverstehen der Vier bestehe, noch einen dritten, weit gefährlicheren nach sich ziehen:

«Es ist noch ein dritter Irrtum, da nämlich der Mensch sehr leichtfertig sich in dem Besitz heiliger Vorzüge geglaubt hat, die ihm dies vierte Blatt in der Tat hätte mitteilen können; in dieser Idee hat er nun die unsicheren Begriffe, die er sich von der Wahrheit gemacht hat, unter seinesgleichen ausgebreitet, und hat auf sich gezogen die Augen der Völker, die sie nur allein richten sollten auf das erste Wesen (gemeint ist Gott), auf die physische, tätige und verständige Ursache (gemeint ist Christus) und auf die, so durch ihre Arbeiten und ihre *Tugenden* das Recht erworben haben, sie auf Erden vorzustellen.

Dieser Irrtum ist nicht so schädlich als der erste, aber doch unendlich gefährlicher als der zweite, weil er den Menschen einen falschen und kindischen Begriff gibt von dem Urheber der Dinge und von den Wegen, die zu ihm führen; weil endlich ein jeder von denen, welche die Unklugheit und Vermessenheit hatten, sich so anzukündigen, gleichsam sein eigen System, seine eigene Lehre und seine eigene Religion eingesetzt hat. Diese Stiftungen nun, die schon an und für sich selbst und durch ihre fehlerhafte Einsetzung wenig taugten, mußten noch unfehlbar allerhand Veränderungen erfahren, so daß sie, die dunkel und finster waren von dem Augenblick ihres Ursprunges an, mit der Zeit zu Ungeheuern aufgewachsen sind und ihre kohlschwarze scheußliche Gestalt weit und breit gezeigt haben.»

Deutlicher als in dem zweiten der beiden zitierten Abschnitte hätte wohl das Unheil, das mit dem Beginn des Jahres 1933 unter der Hakenkreuzfahne über Deutschland hereinbrach und durch die Technik aufeinanderfolgender «Vierjahrespläne» bis zur Katastrophe gesteigert wurde, nicht gekennzeichnet werden können.

25. Kapitel
Die Zahl Vier und der Mensch. Der rechte Winkel

Kraft und Wesen einer Zahl verraten sich in den Formen, durch welche sie sich kundtut. Vermöge der Vierzahl entstehen das Quadrat als regelmäßiges Viereck und das Kreuz als regelmäßiger Vierstern. Beiden ist das viermalige Vorkommen des rechten Winkels gemeinsam, der im Quadrat peripher, im Kreuz zentral angeordnet ist. Das die Zahl Vier Offenbarende ist somit der rechte Winkel. Er trägt seinen Namen mit Fug und Recht, ist er doch wahrhaftig der «rechte» Winkel. Kein anderer Winkel als er, der der vierte Teil eines Vollwinkels ist, ist von einer solchen Bedeutung, einer solchen Fruchtbarkeit. Durch ihn wird der Mensch über die unter ihm befindlichen Naturreiche hinausgehoben. Auf-recht, im rechten Winkel gegen die Erdoberfläche, schreitet die Menschengestalt dahin. Zwar orientiert sich auch die Mehrzahl der Pflanzen senkrecht; aber sie sind mit ihrem rechten Winkel an einen bestimmten Erdort gebannt. Nicht bloß in der Gesamtgestalt des Menschen herrscht der rechte Winkel vor, auch den Richtungen und Bewegungen seiner Teile und Glieder gibt er Maß und Ordnung. Im rechten Winkel zur aufrechten Haltung richtet sich sein Blick, Blickrichtung und Gestalt bilden selber miteinander einen Rechten.

In Abschwächung manifestiert sich in jedem Winkel die Vierzahl; nur muß er im Zusammenhang mit der Totalität des Vollwinkels ergriffen werden. Dann gesellen sich zu ihm zwei Nebenwinkel und ein Scheitelwinkel. Alle vier miteinander bilden zwei sich überkreuzende Geraden. Die Halbierenden ihrer vier schiefen Winkel lagern in die beiden sich schneidenden Geraden ein rechtwinkliges Kreuz hinein, wie Figur 72 zeigt.

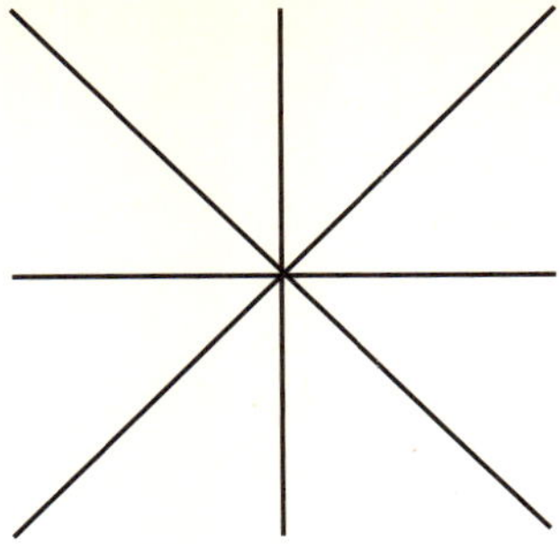

Figur 72

In dem Überkreuzungsphänomen ist wieder etwas gegeben, was für den Menschen von hoher Bedeutung ist und ihm im Unterschied zu den anderen Naturwesen in erhöhtem Maß zukommt. Die Biologie und Anatomie des Menschen spricht hier in Anlehnung an die Form des griechischen Buchstabens chi von einem Chiasmus bzw. Chiasma. Die Blickrichtungen beider Augen und damit auch die beiden Augachsen winkeln sich am angeblickten Gegenstand, wenn er in deutliche Sehweite gerückt wird. Um dies zu können, betätigt sich zwecks Akkomodation des Auges ein besonderer, um die Augenlinse herum ringförmig gelagerter Muskel, der Ziliarmuskel. Das Chiasma des Blicks setzt sich nach innen in den Nervenbahnen fort; denn die Augennerven überkreuzen sich, bevor sie in das Gehirn eintreten. Die beiden Gehirnhälften sind wiederum überkreuz mit den beiden Körperhälften verbunden. Das sind nur einzelne Beispiele aus dem auf der Zahl Vier beruhenden Chiasma der menschlichen Leibesorganisation.

Zu den echt menschlichen Funktionen gehört in erster Linie das Denken. Seine Tätigkeit ist mit der Handhabung des rechten Winkels aufs engste gekoppelt. Um das zu verstehen, sei der Blick auf dasjenige Gebiet gerichtet, wo das Denken sich am ungestörtesten ausleben kann, auf die Mathematik. Kann man im Reiche der

Formen und Figuren überhaupt ohne den rechten Winkel auskommen? In dem denkenden Durchdringen der Figurenwelt gibt es kein Vorankommen, wenn man sich nicht des rechten Winkels bedient. Ein Durchdenken der Geometrie findet sich in der Geschichte zum erstenmal bei den alten Griechen. Ihnen wurde der rechte Winkel zum Hebel, mit dem sie das mathematische Erkenntnisgut aus den Angeln hoben. Er erhielt bei ihnen den Namen Gnomon, d. h. Erkenner, weil sie sich bewußt waren, in ihm das innerliche Erkenntnisinstrument zu besitzen. Noch heute betrachten wir mit den Griechen die Figurenwelt mit Hilfe des rechten Winkels in seiner Gestalt als rechtwinkliges Dreieck. Dessen Eigenschaften zu ergründen steht am Anfang aller Geometrie. Unter diesen nimmt der pythagoräische Lehrsatz die erste Stelle ein; er handelt ja von der Gesetzmäßigkeit der Quadrate, welche über jeder der drei Seiten errichtet werden können, und untersucht, wie das Bild der Vier, eben das Quadrat, mit der Form des rechtwinkligen Dreiecks zusammenhängt. Das rechtwinklige Dreieck ist selbst nichts anderes als die Hälfte einer Figur, welche wiederum die Zahl Vier anschaulich macht, des Rechtecks. Dieses Hervorgehen des rechtwinkligen Dreiecks aus dem Rechteck macht seinerseits verständlich, daß der Winkel im Halbkreis ein Rechter sein muß, ein Satz, den schon der alte Thales gefunden hat und dessen einfachster, weil evidenter Beweis in der nachstehenden Figur liegt:

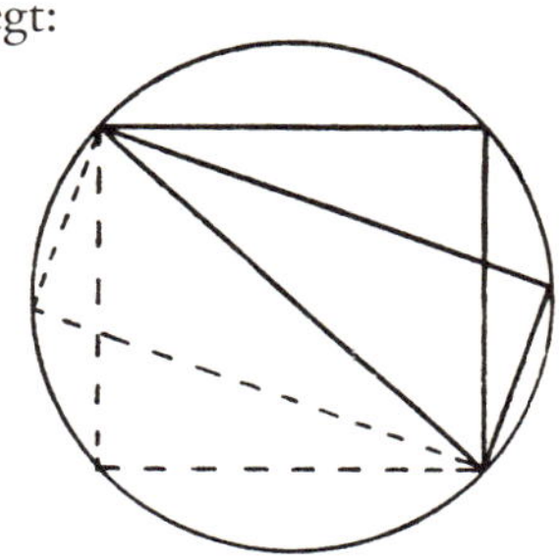

Figur 73

Unzerstörbar, fest in sich gegründet ist der rechte Winkel in der Gestalt eines rechtwinkligen Dreiecks. Denn die den Rechten durchteilende Dreieckshöhe zerlegt das ursprüngliche Dreieck in zwei neue, die einander und dem ganzen Dreieck ähnlich sind. Die daraus gezogenen Folgerungen machen wieder andere Eigenschaften des rechtwinkligen Dreiecks verständlich, diejenigen, welche sich in der Gestalt der beiden Euklidischen Sätze, des Höhensatzes und des Kathetensatzes, aussprechen lassen.

So drehen sich die vier wichtigsten Lehrsätze über das rechtwinklige Dreieck, der des Pythagoras, des Thales und die beiden Sätze des Euklid, um Eigenschaften, die im Grunde die Zahl Vier und ihre Formen betreffen. Auf der Lehre von den rechtwinkligen Dreiecken wird diejenige von den gleichschenkligen und den beliebigen Dreiecken aufgebaut und auf dieser wiederum die von den regelmäßigen und den unregelmäßigen Vielecken. Wie ein Kartenhaus würde das ganze Lehrgebäude zusammenfallen, wenn man ihm die durch den rechten Winkel verliehene Erkenntnisgrundlage entzöge. Ja, es hat in der Geschichte der Mathematik einen Vorgang gegeben, wo man ein bestimmtes Gebiet statt auf dem rechtwinkligen Dreieck auf einem anderen Grundbestandteil, dem gleichschenkligen Dreieck, aufzurichten versucht hat. Es war der große Ptolemäus, der mit Hilfe des gleichschenkligen Dreiecks eine Trigonometrie zu schaffen versuchte. Was er zustande brachte, blieb mühsam und war des Ausbaues nicht fähig, bis nach ihm die indischen Mathematiker eine auf dem rechtwinkligen Dreieck beruhende Trigonometrie ersannen und nun das bisher nur halb geöffnete Tor ganz aufstießen. Erst mit dem rechten Winkel kommt das Denken in Fluß. Der Mensch als vernunftbegabtes, über der Tierwelt stehendes Wesen ist wahrlich innerlichst mit der Zahl Vier verbunden.

Daß die Vierzahl so bedeutsam und richtungweisend in das spezifisch menschliche Tun eingreift, hängt auch damit zusammen, daß der Mensch nur als eine Vierheit von schaffenden Prinzipien begriffen werden kann, so daß die Vierheit von da her geradezu als die Zahl des Menschen zu gelten hat. Als eine solche wird sie von St. Martin auch ausdrücklich bezeichnet. Drei Naturreiche bauen sich unterhalb des Menschen stufenweise auf, die Reiche von Stein, Pflanze und Tier. Er selber faßt sie in sich zusammen und bildet das vierte, über ihnen stehende Reich. Der Vierheit von Stein, Pflanze, Tier und Mensch entspricht eine Vierheit von wesenschaffenden Prinzipien. Sie konfigurieren miteinander die Menschenwesenheit und lassen sie aus vier Wesensgliedern bestehen, aus der physischen Leiblichkeit als der Trägerin der Stoffesvorgänge, der ätherischen als Trägerin der Lebensvorgänge, der triebhaften als Trägerin der Bewußtseinsvorgänge und dem Ich als Träger des darüber hinausliegenden echt Menschlichen. Mit diesen vier Wesensgliedern ist gleichsam der Bezirk des Menschen abgeschritten, sofern er ein denkendes, vernunftbegabtes Wesen ist.

Das eigentlich Menschliche am Menschen, das Ich, erscheint besonders mit dem Geheimnis des rechten Winkels verbunden. Aus ihm begreift sich die aufrechte Gestalt des Menschenleibes und auch das Chiasma der Richtungen innerhalb der Gestalt. Ja, die Durchdringung der drei erwähnten Leibeshüllen durch ein Viertes, das selber im Zeichen des rechten Winkels steht, bringt auch die gesamte viergliedrige Menschenwesenheit in ein Verhältnis zu diesem Winkel. Wenn man von einem Wesensglied zum nächsten aufsteigt, ist es, bildlich gesprochen, so, wie wenn man die bisherige Richtung verläßt und in die dazu senkrechte übergeht; man geht sozusagen von einem Wesensglied zum nächsten im rechten Winkel, indem man es überwindet und umbiegt, umknickt.

Wäre nicht der viergliedrige Aufbau der Menschenwesenheit mit der Zeit in Vergessenheit geraten, so wäre auch die Beziehung des Menschen zu den Figuren des Kreuzes und des Quadrats stärker in seinem Bewußtsein geblieben. Starr und leblos ist unsere

Vorstellung von diesen Figuren geworden. Beim Quadrat denken wir keineswegs mehr an einen Bezug desselben auf uns, und das Kreuz ragt in unser Denken und Empfinden nur noch als ein Zeuge einer früheren, in der Vergangenheit lebendigen Verbundenheit hinein. Der Zusammenhang des Kreuzes gerade mit dem viergliedrigen Menschenwesen war alten Zeiten hell bewußt. Die Gnostiker sollen ihn durch vier menschliche Beine, die in Kreuzesform angeordnet waren, dargestellt haben.

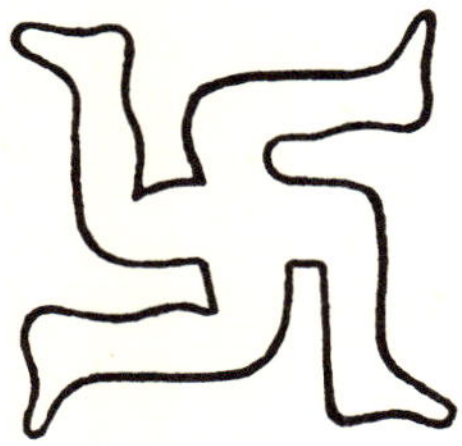

Figur 74

Durch die dem Symbol gegebene Form wurde noch die innere Bewegung betont, welche die Vierheit belebt. Die gleiche Tendenz, das Kreuz dynamisch zu gestalten, findet sich auch in einer anderen Form, der sogenannten Swastika, die in grausiger Verkennung ihrer hohen Bedeutung zum politischen Symbol des Hakenkreuzes verunstaltet wurde. Die Swastika erscheint schon im alten Indien als Glückszeichen und hat dort auch ihren Namen erhalten. Auch auf den Grabplatten der ersten Christen in den Katakomben kann man sie finden, dort meist zusammen mit einem anderen, dem Urchristentum teuren Symbol, den Fischen. Rudolf Steiner hat seinem Mysteriendrama *Der Hüter der Schwelle* ebenfalls eine Kreuzform vorangestellt, die voll von innerer Bewegung ist:

Figur 75

In seinem Buch *Es läuten die Glocken* hat der Arzt und Denker Carl Ludwig Schleich eine Betrachtung angestellt, die die Figur des Quadrats zum beherrschenden Mittelpunkt aller seiner Phantasien über den Sinn des Lebens macht. Ein Geistwesen, dort Luftpeterchen genannt, belehrt ein Mädchen namens Else über die Herkunft der verschiedenen Zahl- und Schriftzeichen: «Er setzte sich auf einen Chausseestein, nahm ein trockenes Reis und zeichnete etwas in den Sand (...) (es war ein einfaches Quadrat). Sieh, Else! Mit diesen vier Linien ist es eine geheimnisvolle Sache. In ihnen ist jede Zahl und jedes Wort, jegliche Ordnung und jeglicher Sinn, das Höchste und das Herrlichste, das Schlimme wie das Gute enthalten.»

Dann vervollständigt das Geistwesen das Quadrat durch seine Aufteilung in vier kleine Quadrate von halber Seitenlänge und zaubert aus dieser Figur nacheinander durch Weglassung von Linien bzw. Hervorhebung anderer alle Ziffern von der Null bis zur Neun hervor. Nicht genug damit! Auch alle Buchstaben holt er vor der erstaunten Else aus ihr heraus und schließt mit den Worten: «Du wirst jetzt jeden Buchstaben und folglich jeden Namen, Anfang, Ende, Welt, Gott, Tod und Leben in diesem Rahmen finden.»

Was Schleich hier in spielerisch-anmutiger Form vorbringt, ist jedoch mehr als bloße Phantasie. Zu einer Menschheitszeit, in welcher die mit der Vierheit zusammenhängenden Kräfte stark wirksam waren, in der danach benennbaren vierten Kultur-Epoche, dem Zeitalter der 4000, sehen wir die Schriftzeichen der maßgebenden Alphabete zielbewußt in die Form der Rechtwinkligkeit einbiegen. Besonders deutlich wird dieser Vorgang im lateinischen Alphabet und auch in den Schriftzügen, welche die Handschriften des Alten Testaments aufweisen und welche deshalb geradezu Quadratschrift genannt worden sind. Verfolgt man die Entwicklung der Quadratschrift rückwärts bis zur althebräischen und phönizischen Schrift hin, so wird der Verlust der Rechtwinkligkeit besonders augenfällig. Es treten dann mehr gerundete und dreieckige Formen auf.

26. Kapitel
Erden- und Weltentwicklung im Licht der Vierheit*

Wie der einzelne Mensch durchläuft auch der Erdenplanet nacheinander eine Reihe von Verkörperungen, zwischen denen er in ein geistigeres Dasein zurückgenommen wird. Drei von ihnen hat er bereits hinter sich, so daß die gegenwärtige Menschheit in einer vierten Verkörperung ihres Wohnplatzes lebt. Die vergangenen drei Daseinszustände sind von Rudolf Steiner in seiner *Geheimwissenschaft im Umriß* in ihren Einzelheiten beschrieben und von ihm dort als der alte Saturn, die alte Sonne und der alte Mond bezeichnet. In ihnen ist nacheinander der Grund zu den heutigen drei Leibeshüllen des Menschen gelegt worden. Auf dem alten Saturn entstand als älteste Hülle der Keim des heutigen physischen Leibes in allerfeinster Substantialität. Auf der alten Sonne fügte sich ihm als zweite Hülle mehr geistiger Art ein Äther- oder Bildekräfteleib ein, wogegen die physische Substanz um einen Grad dichter wurde. Diese verdichtete sich auf dem alten Mond um eine weitere Stufe, während sich die bisherige Doppelhülle um eine dritte in Gestalt eines Begierdenleibes erweiterte. Erst innerhalb der vierten planetarischen Verkörperung, des eigentlichen Erdenzustands, wurde dem Menschen als jüngstes Glied seiner Wesenheit das Ich als Geisteskern eingepflanzt, wogegen die Stofflichkeit sich von ihrer anfänglichen allerfeinsten Materialität bis zu einem solchen Grade verdichtete, daß die allerschwersten Substanzen sich nicht mehr halten können und zerfallen.

Es soll niemandem zugemutet werden, diesen Abriß eines übri-

* Eine Erweiterung der in diesem Kapitel behandelten Gesichtspunkte findet sich in den beiden letzten Kapiteln, S. 324ff.

gens äußerst komplizierten Gesamtvorgangs einfach zu glauben, auch wenn er sich als eine brauchbare Hypothese über die Erdenentwicklung vielleicht empfehlen könnte. Die heute üblichen, sich wissenschaftlich gebenden Annahmen über die Entwicklung unseres Erdenplaneten bilden zudem für die aus geistiger Forschung stammenden, oben wiedergegebenen Mitteilungen eine schlechte Stütze. Dennoch ist es möglich, die letzteren von einer bestimmten Seite her wenigstens wahrscheinlich zu machen. Dies soll in großen Zügen versucht werden.

Man hatte seit den Entdeckungen des Russen Mendelejeff und des Deutschen Lothar Meyer in den Kreisen der Chemiker gelernt, die chemischen Elemente in eine Ordnung zu bringen, die den Namen Periodisches System trug. In ihr stand der Wasserstoff mit seinem geringsten Atomgewicht an erster und das Uran mit seinem höchsten an letzter Stelle; so gelangte der Wasserstoff zur Ordnungszahl 1 und das Uran zur Ordnungszahl 92, weil man, beide eingerechnet, 92 chemische Elemente kannte oder voraussetzte. So war es bis kurz nach dem Beginn des 20. Jahrhunderts. Seitdem gelang es, über diese in der Natur vorkommenden Elemente hinaus in den chemischen Laboratorien künstliche herzustellen, die sogenannten Transurane, deren Atomgewicht höher als das des Urans ist und deren Ordnungszahl die Zahl 92 überschreitet. So ging etwa durch die Fachpresse die Nachricht, daß man ein Transuran mit dem nun höchsten Atomgewicht von der Ordnungszahl 102 hergestellt habe; man hat es Nobelium genannt. Der Name Periodisches System deutet schon darauf hin, daß die bis jetzt 102 Elemente nicht bloß in einer geradlinigen Reihe ansteigenden Atomgewichts zu denken sind, sondern daß es darin Zäsuren gibt, die die 102 Elemente zu Untergruppen oder Perioden zusammenfassen. Als solche Zäsuren haben sich die sogenannten Edelgase entpuppt, denen man erst spät, seit dem Jahr 1895, auf die Spur gekommen ist. Das bekannteste und leichteste ist das Helium mit der Ordnungszahl 2, das also sogleich hinter dem Wasserstoff rangiert und mit ihm die allererste Periode von nur zwei Elementen bildet. Das zweite Edelgas ist das heute ja auch hinreichend bekannte Neon mit der Ordnungszahl 10, welches also hinter der allerersten Periode eine zweite von 8 Elementen abschließt. Weitere 8 Elemente mit dem Edelgas Argon von der Ordnungszahl 18 am Ende bilden wieder eine Periode, und so geht es fort bis zum letzten, schwersten Edelgas Radon oder Radium-Emanation mit der Ordnungszahl 86. Eine Aufzählung der aufeinanderfolgenden Perioden liefert folgende Übersicht:

Periode	Ordnungszahlen	Elemente	Abschluß
Ib	1 bis 2	2	Helium
IIa	3 bis 10	8	Neon
IIb	11 bis 18	8	Argon
IIIa	19 bis 36	18	Krypton
IIIb	37 bis 54	18	Xenon
IVa	55 bis 86	32	Radon
IVb	87 bis ?	?	?

Faßt man diese Aufstellung als eine Entwicklung auf, so zeigt sie, daß sie auf vier Doppelperioden veranlagt ist, nämlich Ia und Ib mit je 2 Elementen, zusammen 4 Elementen, IIa und IIb mit je 8 Elementen, zusammen 16 Elementen, IIIa und IIIb mit je 18 Elementen, zusammen 36 Elementen und IVa und IVb mit je 32 Elementen, zusammen 64 Elementen. Jedoch bleibt der Anfang der Entwicklung noch verhüllt, weil eine Periode Ia nicht existiert, und bei der Einzelperiode IVb bricht die Entwicklung ab, da sie von der Ordnungszahl 87 bis zur Ordnungszahl 118 reichen müßte, aber von der Natur bloß bis zur Ordnungszahl 92 und vom Menschen darüber hinaus jetzt bis zur Ordnungszahl 102 getrieben werden konnte. Die Gesamtzahlen jeder Doppelperiode ohne die Diskrepanzen am Beginn und am Schluß der Gesamtentwicklung sind durch die Vierheit der Quadratzahlen 4, 16, 36 und 64 als Anzahlen der in jeder Doppelperiode anwesenden irdischen Elemente bezeichnet. Löst man den gemeinsamen Faktor 4 aus ihnen heraus, so reduzieren sie sich auf die Vierheit 1, 4, 9 und 16 oder 1^2, 2^2, 3^2 und 4^2 – ein geradezu faszinierendes Ergebnis, das in der folgenden Figur veranschaulicht werden kann:

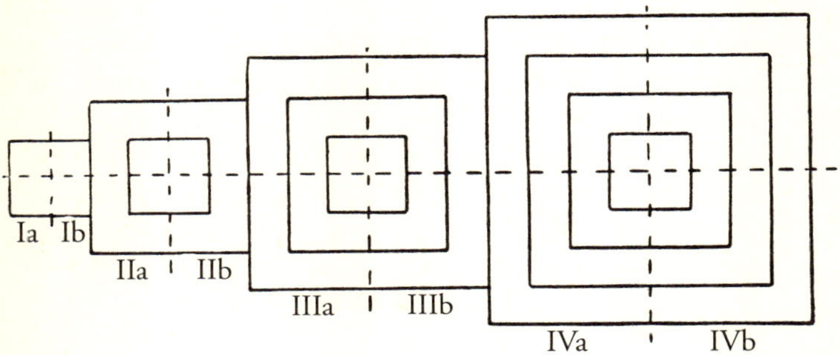

Figur 76

Was spricht dieses Entwicklungsschema, das die Stoffeswelt selber nahelegt, in aller Deutlichkeit aus? Es weist auf vier große Doppelschritte hin, von denen der erste und der letzte verkümmert sind. Von Doppelperiode zu Doppelperiode und innerhalb jeder von Einzelperiode zu Einzelperiode stehen wie Mahnzeichen die Edelgase, die sich dadurch kennzeichnen, daß sie sich mit keinem anderen Element und auch nicht mit ihresgleichen chemisch verbinden, sich auch ungeheuer schwer verflüssigen oder gar verfestigen lassen. Sie fallen aus dem Chemismus völlig heraus und sind gleichsam Ruhestellen in der stofflichen Entwicklung, die von einer Periode zur nächsten hinüberleiten, dazwischen eine Ruhepause markierend.

Diese formalistische Betrachtung des Periodenaufbaus läßt den Schluß zu, daß man es im periodischen System mit dem stofflichen

Niederschlag einer Entwicklung, eines evolutionellen Ablaufs im Bereiche der Stoffeswelt zu tun hat, also mit einer Art Urkunde, welche die weltschöpferischen Mächte selber geschrieben haben. Man könnte der überlieferten mythologischen Schöpfungsberichte entraten, wenn man in dieser von der Weltenweisheit selber geschenkten Genesis zu lesen verstünde. Nachdem Ernst Haeckel bei seinen biologischen Forschungen das biogenetische Grundgesetz aller organischen Entwicklung entdeckte, welches aussagt, daß die Ontogenesis eine zusammengedrängte Phylogenesis ist, daß also das Einzelwesen in seiner Keimesgeschichte die Stammesentwicklung rekapituliert, läßt die offen zutageliegende Gliederung des periodischen Systems auf eine Art kosmogenetisches Grundgesetz schließen. Was von den irdischen Organismen gilt, warum sollte es nicht erst recht für den diese Organismen tragenden und hervorbringenden Gesamtorganismus Erde in seinen verschiedenen Entwicklungsphasen gültig sein?

Mit dieser im periodischen System uns übergebenen Zurüstung sei die eingangs dieses Kapitels erwähnte Schilderung des Erdenwerdens noch einmal vor den inneren Blick gerückt. Ein urferner Anfangszustand leitete die planetarische Entwicklung ein. Aus rein geistigen, überstofflichen Seinsbereichen gebar sich damals ein stoffliches Werden von allerzartester Gestaltung. Als es seine Entwicklung abgeschlossen hatte, kehrte es in die zeugenden Geistessphären zurück, eine Art Weltenschlaf antretend. Aus diesem erwachte es zu einem neuen Weltentag, eine zweite Entwicklungsphase durchlaufend. Die alsdann einsetzende Verstofflichung bestand in einer zunehmenden Verdichtung. Nach ihrem Abschluß wurde alles wieder in einen geistigen Ruhezustand zurückgenommen, um sich neugerüstet zu einer dritten planetarischen Verkörperung anschicken zu können. Wieder kehrte alles Gewordene an ihrem Abschluß in einen von der altindischen Weisheit als Pralaya bezeichneten geistigen Ruhezustand zurück, nach dessen Aufhören unsere gegenwärtige Erdenentwicklung als vierte Phase begann. Mit diesem Überblick im großen ist es freilich nicht getan. Es türmen sich im Anschluß daran eine ganze Reihe von Einzelfragen auf, die in den beiden letzten Kapiteln dieses Buches behandelt werden.

Ganz ungezwungen hat sich das eine ergeben, daß die Vierzahl und ihre Figur, das Quadrat, mit unserer heutigen Erde und ihren Stoffen in intimster Weise verbunden ist und man sich ihre Entstehung aus Uranfängen gar nicht anders vorstellen kann, als daß die Quadrate der ersten vier Zahlen dabei eine Rolle spielen.

In der unbestimmten fluktuierenden Bildersprache der alten Mythologie wird der Ursprungsort, von dem der Mensch am Beginn der Erdenentwicklung ausging, als etwas Vierheitliches beschrieben. So heißt es in dem altbiblischen Schöpfungsbericht:

«Und Gott der Herr pflanzte einen Garten in Eden gegen Morgen und setzte den Menschen hinein, den er gemacht hatte.

Und Gott der Herr ließ aufwachsen aus der Erde allerlei Bäume, lustig anzusehen, und gut zu essen, und den Baum des Lebens mitten im Garten und den Baum der Erkenntnis des Guten und Bösen.

Und es ging aus von Eden ein Strom, zu wässern den Garten, und teilte sich von da in vier Hauptwasser.» (1. Buch Moses, Kap. 2, Vers 8-10.)

St. Martin schildert gegen Ende seines Buches *Irrtümer und Wahrheit* die Form jenes Ortes geradezu als Quadrat: «Man kann demnach nicht mehr zweifeln, daß nicht das mehrgenannte Quadrat das wahre Zeichen jenes Ortes der Wonne sei, der in unseren Religionen unter dem Namen des irdischen Paradieses bekannt ist, d. i. des Ortes, davon alle Nationen eine Idee gehabt, und den sie, eine jede von ihnen, unter verschiedenen Fabeln und Allegorien, je nach dem sie weise erleuchtet oder verblendet waren, vorgestellt, und den die ehrlichen Geographen in allem Ernst auf der Erde gesucht haben.»

Innerhalb der Entwicklung der Erdenmenschheit seit der großen Flutkatastrophe ist wiederum eine bestimmte Kulturepoche mit der Zahl Vier besonders verknüpft, eben diejenige, welche der Reihenfolge nach die vierte Kulturepoche bildet. Innerhalb ihrer sowie der ihr unmittelbar vorangehenden dritten Kulturepoche und der ihr unmittelbar folgenden fünften nimmt naturgemäß die Zahl Vier mit allem, was zu ihr gehört, eine Mittelstellung ein. Für die genannten drei Epochen bildet diese Zahl nacheinander die unmittelbare Zukunft, die Gegenwart und die unmittelbare Vergangenheit. Wie gebannt schaut der alte Ägypter auf dieses Zahlenwesen und seine Formen, die ihm die bevorstehende Zukunft künden. Mit Jubel und Lust erfühlt sich in ihm als der ihm zuteil gewordenen Gegenwart der Grieche. Mit Zähigkeit hält unser gegenwärtiges Zeitalter an der Vier fest, so wie man sich im Strudel des Neuen an das Vergangene klammert.

Sogleich am Beginn der ägyptischen Kulturepoche, in den gigantischen Pyramiden, tritt uns das Quadrat als Kultform entgegen. Das Quadrat der größten von ihnen, der des Cheops, ist mit einer Sorgfalt ohnegleichen angelegt; dieser Tatbestand ist durch die von Borchardt und Cole in den Jahren 1923 bis 1926 vorgenommenen Messungen erwiesen. Einem ebenen horizontalen Pflaster, dessen Horizontalität geradezu bewunderungswürdig ist, wurde mit einer ebenso bewundernswerten Präzision das Grundflächenquadrat der Pyramide eingelagert. Der Umfang dieses Quadrates beträgt rund 922 Meter. Die Niveauschwankungen des Pflasters betragen auf diese enorme Länge maximal nur 23 Millimeter. Die rechten Winkel des Quadrats sind so genau ausgerichtet, daß einer von ihnen nur 2 Winkelsekunden von der ihm zukommenden Größe von 90 Grad abweicht; das macht auf die rund 230 Meter Kantenlänge des Quadrats eine Abweichung von nur rund 2 mm aus.

Ein wahrer Denkkultus ist mit der Vier und ihren Formen dann von den alten Griechen getrieben worden. Die griechische Mathematik ist in weitem Umfang eine solche des Quadrats. Den rechten Winkel nannten sie, wie schon erwähnt, einen Gnomon oder Erkenner. Die Kraft der Vierheit war nun gleichsam in sie eingezogen. Dem entsprach auch die Verehrung, welche sie, zumal im Kreis der Pythagoräer, genoß. Man nannte sie die heilige Tetraktys, die heilige Vierfaltigkeit. So heißt es in dem *Hieros Logos*, der «heiligen Sage» der Pythagoräer:

«Gnad' uns, gepriesene Zahl, die du Götter und Menschen erzeuget,
heil'ge Vierfaltigkeit du, die der ewig strömenden Schöpfung
Wurzel enthält und Quell! Denn es gehet die göttliche Urzahl
aus von der Einheit Tiefen, der unvermischten, bis daß sie
kommt zu der heiligen Vier ...»

Mit der Zahl Vier und ihretwegen wurde von den Griechen auch die Zahl Zehn verehrt, weil sich die Zehn aus der Vier auf bedeutsame Weise, durch eine Addition im Sinne der göttlichen Weisheit, gewinnen läßt. Zehn kommt durch Addition der ersten vier Zahlen zustande:

$$1 + 2 + 3 + 4 = 10$$

Wie die Sechs von den drei ersten Zahlen ihre Weihe empfing, so die Zehn von den vier ersten Zahlen. Auch diese Beziehung wurde zuweilen als heilige Tetraktys angesprochen. Für die quantitative Betrachtungsweise ist Zehn als zweimalfünf und als Summe der vier ersten Zahlen ein und dasselbe. Sobald den Zahlen Symbolcharakter verliehen wird, ist es etwas Verschiedenes, ob Zehn auf die eine oder die andere Art gewonnen wird. Man könnte da geradezu von zwei verschiedenen Arten der Zehn sprechen.

Die Summierung der vier ersten Zahlen zur Zehn kann auch als Hinweis auf eine Wirklichkeit verstanden werden. Betrachten wir einmal das Ganze der vier menschlichen Wesensglieder. Sie bestehen nicht einfach nebeneinander, sondern durchdringen einander, sind in einer bestimmten Ordnung ineinandergefügt. Dabei drückt sich jedes höhere Glied in den unter ihm befindlichen Gliedern ab. So trägt der physische Leib als das niederste Glied außer seiner eigenen Gesetzmäßigkeit noch die der drei über ihm befindlichen Wesensglieder im Abdruck in sich. Indem ihn ein ätherischer Leib belebt, nimmt er Zellenstruktur an. Indem ein Bewußtsein ihn durchleuchtet, lagert sich ihm ein Nervensystem ein. Indem ein Ich ihn bewohnt, wird er von rotem warmem Blut durchpulst. So wird aus dem niedersten Glied der viergliedrigen Menschenwesenheit bereits eine Vierheit von Gesetzmäßigkeiten. Ebenso wird aus dem nächsthöheren Glied, dem ätherischen Leib, durch Einwohnung zweier noch höherer Wesensglieder eine Dreiheit usw., bis man zum Ich als Einheit, die über allem thront, gelangt. So betrachtet, ist der viergliedrige Mensch wegen der Art, wie die vier Wesensglieder ineinandergreifen, auch eine Zehnheit, und die Beziehung $1 + 2 + 3 + 4 = 10$ wird zu einer Formel für den Menschen selber.

Erstaunlich ist, wie sehr sich die zentralen Weisheitslehren des Hebräertums mit den griechischen berühren. Was bei den Griechen die heilige Tetraktys war, erschien den Hebräern als das göttliche Wesen des Tetragrammaton, als die heilig gehaltene Vierheit der Buchstaben Jod, He, Waw und He. Mit ihnen wurde das gleiche vorgenommen, was aus der Vierheit eine Zehnheit machte. Dies geschah sinnvoll dadurch, daß man den Buchstaben Jod viermal, das He dreimal, das Waw zweimal und das letzte He nur einmal schrieb und alles miteinander in den Rahmen eines gleichseitigen Dreiecks fügte:

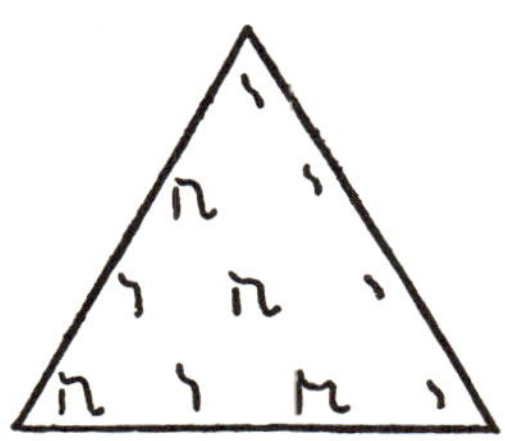

Figur 77

In dieser Form findet sich der Jahveh-Name auch zu Häupten der ganzen Khunrath-Tafel. Er ist, «als die Zeit des Verständnisses herankam», durch den Buchstaben Schin ergänzt worden und im Zeitalter der Gnade zum Namen der allmächtigen Gottheit geworden. In dieselbe geistige Richtung deutet der Name, welchen im Hebräischen die vierte Sephira getragen hat. Er lautet Hesed (He Samekh Daleth) und ist in den lateinischen Übersetzungen durch Misericordia (Barmherzigkeit) wiedergegeben worden; man hat ihn auch mit Gnade, Gunst, Liebe, Wohlwollen und Liebeserweis übersetzt.

Das Zeitalter der Gnade, mit welchem die Zeit des Verständnisses herankam, war dasjenige der Viertausend, die vierte Kulturepoche. Sie begann um die Mitte des 8. vorchristlichen Jahrhunderts mit der Gründung der «ewigen Stadt», ab urbe condita. Dieses älteste Rom lag als sogenannte Roma quadrata, als ein Quadrat, auf dem Palatinhügel; sein sagenhafter Gründer umfurchte es mit einem aus einem weißen Stier und einer weißen Kuh bestehenden Gespann. Auch hier nimmt also ein Zeitalter der Vier seinen Ursprung von einem Quadrat, so wie das große Zeitalter der Vier, der eigentliche Erdenzustand, auch im Zeichen eines Quadrats zu denken ist.

Der vierbuchstabige Name der ewigen Stadt birgt ebenfalls ein Geheimnis in sich. Man darf solche Namen der antiken Welt nicht als bloße Zufälligkeiten ansehen; in irgendeiner Form ist jedesmal das Wesen und die Mission dessen, was durch sie bezeichnet werden sollte, darin enthalten. Mit dem Namen der von Romulus gegründeten Stadt hat sich besonders Ernst von Lasaulx, der geistvolle Altertumsforscher aus der ersten Hälfte des vorigen Jahrhunderts, beschäftigt. In seiner letzten vollendeten Arbeit, welche 1860 unter dem Titel *Zur Philosophie der römischen Geschichte* erschien, kommt er ausführlich auf diese Namensfrage zu sprechen. Er bemerkt dort zunächst, daß nach der Behauptung der Alten der Name Roms von dem griechischen Worte «rome» abgeleitet sei, welches wie das lateinische «robur» Stärke und kriegerische Macht bedeute. Dieser Name drücke den Charakter des *alten* Rom, das durch Romulus repräsentierte Prinzip des Schwertes, sehr angemessen aus. Dann sagt er: «Es wird uns aber aus guten Quellen berichtet, daß Rom außer dem griechischen Namen noch einen lateinischen gehabt habe, der nicht ausgesprochen werden durfte (...), und es ist dieses Gebot auch so strenge gehalten worden, daß wir bis heute nicht imstande sind, jenes mit den Schrecken des Todes umgebene Geheimnis mit *voller Sicherheit* zu enthüllen.»

Nachdem er alle möglichen Versuche, diesem geheimnisvollen Namen auf die Spur zu kommen, kritisch beleuchtet hat, findet er die meiste Wahrscheinlichkeit in der Mitteilung zweier späten byzantinischen Gelehrten, gemäß der der geheimgehaltene Name «Amor» geheißen habe. Ernst von Lasaulx begleitet diese Entdekkung mit den Worten: «Und seltsamerweise ist diese Auflösung des Rätsels in dem *Worte Roma* selbst enthalten; lesen wir dieses abendländisch, von der Linken zur Rechten, so heißt es Rome, kriegerische Kraft und Macht; lesen wir den Namen aber morgenländisch, von der Rechten zur Linken, so heißt er Amor, himmlische Liebe. Freilich sieht dies fast wie eine Spielerei aus, aber es ist einmal so, und dieser sonderbare Zufall enthält in Wahrheit den besten Aufschluß über die wahre Bedeutung Roms in der Weltgeschichte. Kraft ist ja die Basis der Liebe, nur ein kräftiger Geist, der auch hassen kann, vermag zu lieben; ja selbst die weltschöpferische Liebe hat ihre Grundlage in der allvermögenden Kraft, weshalb auch römische Dichter mit Recht den Amor den Sohn des Mars und den Gott des Friedens nennen.»

In der unter der Herrschaft Roms stehenden vierten Kulturepoche hat sich dann das Ereignis abgespielt, welches ein Zeugnis des Amor Dei, der Liebe Gottes, war und dessen historische Auswirkung in erster Linie in das damalige Römertum einmündete.

Dem Römertum hat es vor allem obgelegen, den Menschen ganz mit der Erde zu verbinden und so ihn und die Erde zu zwei aufeinander angewiesenen Gliedern einer Paarheit zu machen. Ohne das Christusereignis hätte es diese Verbindung nur bis zum Charakter der Rome gebracht. Ihr wurde durch das Christusereignis der Amor in dem Maß eingefügt, daß mit ihm der Mensch in den Stand gesetzt wird, nicht bloß seinesgleichen, sondern auch der unter ihm stehenden Kreatur und letztlich der ganzen Erde in Liebe zu dienen, so daß am Ende der Erdenentwicklung alles auf ihr von der Liebe, welche der Mensch hineingewirkt hat, zeugen wird.

Wenn der Mensch seine Erdenmission erfüllt haben wird, wird er auch, in der Sprache St. Martins, in seine alten Rechte, die ihm bei seinem Falle genommen wurden, wieder eingesetzt werden. Er wird, bildlich gesprochen, in das Quadrat zurückkehren, aus dem er einstmals vertrieben worden ist. Die Rettung und Rückkehr des Menschen in sein Hoheitsgebiet wird von St. Martin mit den folgenden Worten ausgesprochen: «Es müssen uns auch die Rettungsmittel, die dem Menschen nach seiner Vergehung übriggeblieben sind, nicht wundernehmen; es war die Hand eines Vaters, die ihn strafte, und es war auch eines Vaters Zärtlichkeit, die über ihn wachte, selbst da noch, als seine Gerechtigkeit ihn von seiner Gegenwart entfernte. Denn der Ort, wo der Mensch ausgegangen, ist mit so vieler Weisheit angelegt, daß der Mensch, wenn er wieder zurückgeht, durch eben die Wege, die ihn verführt haben, unfehlbar wieder gelangt zu dem mittelsten Punkte des Waldes, in dem er allein den Genuß einiger Kraft und einiger Ruhe haben kann.

In der Tat, er ist auf Abwege geraten, indem er von Vier zu Neun ging, und er wird sich immer nicht wiederfinden können, als wenn er von Neun zu Vier geht.»

Das sind Worte, die nicht ohne weiteres verständlich sind und nur dadurch lichtvoll werden können, daß man sich an das Wesen der Zahl Neun heranarbeitet.

27. Kapitel
Von der Vier zur Neun.
Vom Figurenwerk der Neunzahl

Einst lebte das Menschenwesen im Schoß der schaffenden göttlichen Mächte, wohlbehütet und selber mit hohen Aufgaben betraut. Der Ort, an dem es sich aufhalten durfte, besaß Eigenschaften, von denen man sich heute einen Begriff machen kann, wenn man sich in ein Quadrat vertieft. Da trat ein Ereignis ein, das allem ein Ende machte: Der Mensch verging sich im Bund mit einer bösen Macht gegen die heiligen Ordnungen. Seine Vergehen waren so entsetzlich, daß man vor Scham erröten müßte, wollte man sie näher beschreiben. Der Größe seines Verbrechens entsprach die Wirkung, die es auf ihn hatte: «Der Mensch ward schmählich aller seiner Rechte beraubt und hinabgeworfen in die Region der Väter und Mütter, wo er seitdem lebt und den Gram und die Demütigung hat, unter allen den übrigen Wesen der Natur verkannt und wie eines von ihnen geachtet zu werden. (...)

Sogleich in dem Augenblick seiner körperlichen Geburt sieht man die Mühseligkeiten, die auf ihn warten, ihren Anfang nehmen. Gleich da zeigt er alle Wahrzeichen der schmählichsten Verwerfung; er wird geboren wie ein niedriges Insekt, in der Fäule und im Schlamm; er wird geboren mitten unter Schmerzen und dem Geschrei seiner Mutter, als wäre es eine Schmach für sie, ihn an das Tageslicht zu bringen; welch eine Lektion für ihn, zu sehen, daß von allen Müttern das Weib die Mutter sei, für welche das Gebären am schmerzlichsten und gefährlichsten ist. Aber kaum fängt er an, Atem zu schöpfen, so strömen Tränen über sein Gesicht, und Schmerzen nagen in seinem Eingeweide. Die ersten Schritte also, die der Mensch ins Leben tut, kündigen an, daß er nur komme, zu leiden, und daß er wahrhaftig der Sohn der Sünde und des Schmerzes sei.»

Dennoch ist vor die Augen des Menschen ein gütiger Schleier gezogen, damit er sich nicht in seiner wirklichen Gestalt erkenne; «denn würde er das Prinzip seiner leiblichen Körperlichkeit kennen, so würde er vor Schamgefühl niemals einen entblößten Menschen sehen können». Dieser sündige Leib ist dazu bestimmt, von Krankheit und Siechtum allmählich aufgezehrt zu werden, bis er im Tode zerfällt und den Würmern zur Nahrung wird. Der dem Menschen ursprünglich eigene Leib stand auf ungleich höherer Stufe. Krankheit und Tod konnten ihm noch nichts anhaben. Er war gleich einer undurchdringlichen Wehr, welche gegen alle Anfälligkeiten gefeit war.

«Das Wiedersuchen dieser unvergleichlichen Wehr hat der Menschen großes Geschäft seitdem sein müssen und muß es noch alle Tage sein, denn durch diese Wehr allein können sie in ihre Rechte wieder eintreten und alle die Gunst und Gnaden, die ihnen bestimmt sind, wieder erhalten.»

Es muß das Erdenziel des Menschen sein, den verweslich und morsch gewordenen Leib wieder allmählich in einen unverweslichen und geistigen Leib zu verwandeln. Aber wie soll der Mensch dieses zuwege bringen? Da bietet sich ihm dieselbe Hand zur Hilfe dar, welche ihn einst gestraft hat. Dieselbe Macht, aus deren Mund einst der Fluch der Erbsünde über die Menschheit ausgesprochen wurde, ist nun bereit zur gnadevollen Erlösung: «Es war die Hand eines Vaters, die ihn strafte, und es war auch eines Vaters Zärtlichkeit, die über ihn wachte, selbst da noch, als seine Gerechtigkeit ihn von seiner Gegenwart entfernte.»

Wodurch aber bringt jene väterlich sorgende Macht dieses Wunder der Gnade und Erlösung zustande? Dadurch, daß sie «den Ort, von wo der Mensch einst ausgegangen ist, mit so vieler Weisheit angelegt hat, daß der Mensch, wenn er wieder zurückgeht, wo er hergekommen ist, *durch eben die Wege, die ihn verführt haben,* unfehlbar wieder gelangt zu dem mittelsten Punkte des Waldes, in dem er allein den Genuß einiger Kraft und einiger Ruhe haben kann.»

«In der Tat, er ist auf Abwege geraten, indem er von *Vier* zu *Neun* ging, und er wird sich immer nicht wiederfinden können, als wenn er von *Neun* zu *Vier* geht. (...) So und nicht anders ist das Gesetz, das allen den Wesen, welche die Region der Väter und Mütter bewohnen, auferlegt ist.»

Mit diesen Worten oder in diesem Geist schildert St. Martin Ursprung, Weg und Ziel der Menschheit, und es obliegt uns nun vor allem, die Rolle, welche in dem Ganzen seiner Schilderung die *Zahl Neun* spielt, klarzustellen. Sie wird – das läßt sich deutlich erkennen – von ihm mit allem verbunden, was den Menschen in seinen Fall hineingeführt hat und was ihn darin festhalten will. Sollte man noch daran zweifeln, so braucht man nur nachzulesen, was St. Martin über das neunte Blatt im Buch des Menschen sagt: Dasselbe handle «von der Bildung des körperlichen Menschen im Leibe des Weibes», von dem also, was er anderenorts den Hinabstieg des Menschen in die Region der Väter und Mütter nennt. Unzweifelhaft spielt in diese Schilderung und Charakteristik des neunten Blatts auch die Tatsache hinein, daß der Aufenthalt des Menschenkeims im Leib der Mutter normalerweise eine Zeitdauer von *neun* Monaten umfaßt. Aber es kann keineswegs genügen, allein von daher diese Zahl in die Finsternis gestoßen zu sehen. Es müßten schon zahlreichere und beweiskräftigere Argumente beigebracht werden können, damit die Eingliederung, die St. Martin der Neun zuteil werden läßt, zu überzeugen vermag. Er versucht auch, sie zusammenzutragen, und widmet ihnen ein ganzes Kapitel seines Werks, das sechste. Läßt man sich auf die darin enthaltenen Gedankengänge ein, so bleibt einem eine Enttäuschung nicht erspart. Sogleich die Einführung kann bedenklich stimmen:

«Ich will hauptsächlich die mathematische Wissenschaft untersuchen, da an sie alle die hohen Wissenschaften gebunden sind und sie unter den Gegenständen des Vernünftelns oder der verständigen Fähigkeit des Menschen den ersten Rang hat; und damit niemand durch das Wort mathematische Wissenschaft abgeschreckt werde, will ich vorläufig sagen, daß man in dieser Wissenschaft nicht allein nicht tief eingedrungen sein dürfe, um mir in meinen Beobachtungen über sie zu folgen, sondern daß man dazu kaum halbwege Begriffe von ihr zu haben brauche und daß die Art, wie ich davon handle, für alle Leser sein könne.»

Bei Licht besehen, dreht sich das sechste Kapitel um nichts anderes als um das Verhältnis der beiden Zahlen Vier und Neun zueinander. Zwischen ihnen reißt St. Martin einen unüberbrückbaren Abgrund auf. Er bemüht sich, alle Lichtfülle, die ihm zu Gebote steht, auf die Vier zu häufen und alle Dunkelheit, die er zu ertasten vermag, auf die Neun abzuladen. Die ganze Beweisführung steht jedoch auf sehr schwachen Füßen und muß von einem modern denkenden Menschen sogar als abstrus und völlig unmathematisch abgelehnt werden. Dem Leser bleibe es deshalb erspart, den windigen Beweisgründen St. Martins und ihrer Widerlegung folgen zu müssen.

Dennoch behält sein Wort von dem Weg des Menschen von der Vier zur Neun und der Notwendigkeit, ihn wieder rückwärts durchlaufen zu müssen, seine tiefe Bedeutung. Nur müssen dafür bessere Argumente beigebracht werden. Sie können allein dadurch gewonnen werden, daß man die mathematischen Eigenschaften der Zahl Neun kennenlernt und ihnen eine symbolische Deutung gibt.

Will man einen Kreis in neun gleiche Teile teilen, um ein regelmäßiges Neuneck und die dazugehörigen Sternneunecke zeichnen zu können, so fragt es sich, ob die Teilung mit den Hilfsmitteln von Zirkel und Lineal möglich ist. Die Frage scheint bejaht werden zu können. Man kann den Kreis ja leicht in drei gleiche Teile von je 120 Grad Winkelung teilen und braucht jeden Winkel nur noch zu dritteln. Bei oberflächlicher Überlegung denkt man sich die Drittelung eines Kreisbogens vielleicht auf folgende Weise. Man schließt den Winkel, dessen beide Schenkel vom Kreisradius gebildet werden, durch die zugehörige Kreissehne ab und teilt diese in drei gleiche Teile. Die Radien durch die gewonnenen Teilpunkte dritteln dann auch den Winkel und den zum Winkel gehörenden Kreisbogen. Gedrittelt sind auf diese Weise allerdings der Winkel und sein Bogen, aber leider nicht in drei *gleiche* Teile, wovon man sich beim Anblick der entsprechenden Figur mühelos überzeugt:

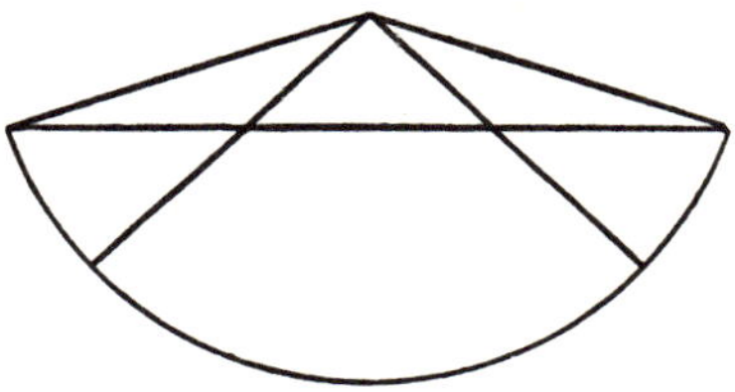

Figur 78

In der Dreiteilung eines Winkels liegt ein mathematisches Problem vor, das die klügsten Geister schon immer beschäftigt hat und ähnliche Schwierigkeiten bietet wie z. B. die Einzeichnung eines regelmäßigen Siebenecks in einen Kreis. Wie hier das Problem allein mit Zirkel und Lineal nicht zu bewältigen ist, so auch dort. Geht man jedoch über diese beiden Konstruktionsmittel hinaus, so wird die «Trisektion» des Winkels möglich, sogar auf verschiedene Weise. Eine solche, die sich durch ihre Einfachheit auszeichnet und deren Richtigkeit leicht zu durchschauen ist, stammt von Archimedes. Man zeichnet den zu teilenden Winkel in einen Halbkreis so ein, daß er darin ein Mittelpunktswinkel wird (siehe in Figur 79 Winkel AMB). Dann verlängert man den Schenkel AM über M hinaus und setzt die Verlängerung über den Halbkreis, also über C hinaus, fort. Nun denkt man sich den Kreisradius aus dem Kreis herausgelöst und wie eine starre Stange zwischen die Verlängerung von AC und den Halbkreis eingeklemmt. Solcher Klemmlagen gibt es unendlich viele. Eine von ihnen gilt es zu erhaschen, diejenige, bei der die Verlängerung des eingeklemmten Radius durch B geht. Das ist bei einer bestimmten Schräge des Radius der Fall. Der die Schrägheit messende Winkel ist genau der dritte Teil des Ausgangswinkels AMB. In dem Erhaschen der bestimmten Schräglage des eingeklemmten Radius liegt das neue, über die Verwendung von Zirkel und Lineal hinausgehende Konstruktionselement, man könnte auch geradezu sagen, Antikonstruktionselement.

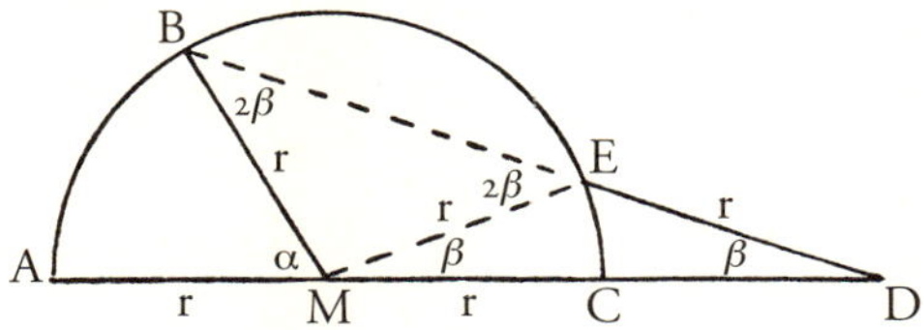

Figur 79

Beweis: Die beiden Dreiecke EMD und MBE sind gleichschenklig mit den Spitzen E bzw. M. Nennt man Winkel EDM β, so ist auch Winkel EMD von der Größe β. Also ist der Winkel BEM als Außenwinkel an der Spitze von der Größe 2β, mit ihm daher auch der Winkel MBE. Nunmehr betrachtet man das nicht mehr gleichschenklige Dreieck BMD. Bei seiner Ecke B befindet sich der Winkel 2β und bei seiner Ecke D der Winkel β. Der Winkel α ist Außenwinkel dieses Dreiecks an der Ecke M. Nach dem allgemeinen Satz, daß bei jedem Dreieck ein Außenwinkel ebensogroß wie die Summe der beiden ihm nicht benachbarten Innenwinkel ist, muß sein:

$$\alpha = 2\beta + \beta = 3\beta$$

oder

$$\beta = \alpha : 3$$

Nun ist man in der Lage, in einen Kreis ein regelmäßiges Neuneck einzuzeichnen. Man trägt den Radius auf dem Umfang ab und gelangt so zum regelmäßigen Sechseck. Durch Überspringung einer Ecke erhält man das regelmäßige Dreieck, dessen Seite am Kreismittelpunkt unter einem Winkel von 120 Grad erscheint. Einen von ihnen denkt man sich nach der archimedischen Methode gedrittelt und gewinnt so den Winkel von 40 Grad, der der 9. Teil des Vollwinkels ist.

Das regelmäßige Neuneck ist noch schneller konstruiert, wenn man den Umweg über das regelmäßige Dreieck vermeidet und direkt vom regelmäßigen Sechseck ausgeht. Man zeichne ein solches in einen Kreis ein und versehe es mit seinen drei Kreisdurchmessern. Den waagerechten Durchmesser verlängert man nach rechts und klemmt zwischen die Verlängerung und den Kreis den Radius beiderseits der Verlängerung ein, aber so, daß die beiden Klemmradien die Ecken A und B des Sechsecks anvisieren. Dann bilden diese beiden Radien miteinander den Winkel von 40 Grad, wie man sich leicht klarmachen kann.

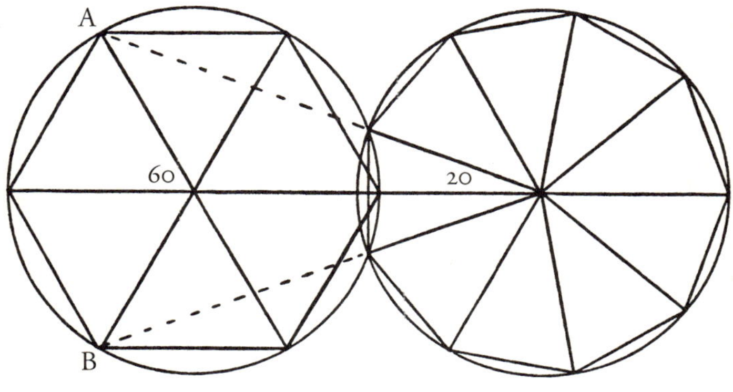

Figur 80

Diese Figur ist wert, genauer betrachtet zu werden. Löst man ihr Kernstück aus ihr heraus, so stellt sich dieses als die Dreiteilung des Winkels eines regelmäßigen Dreiecks, eines Winkels von 60 Grad, dar:

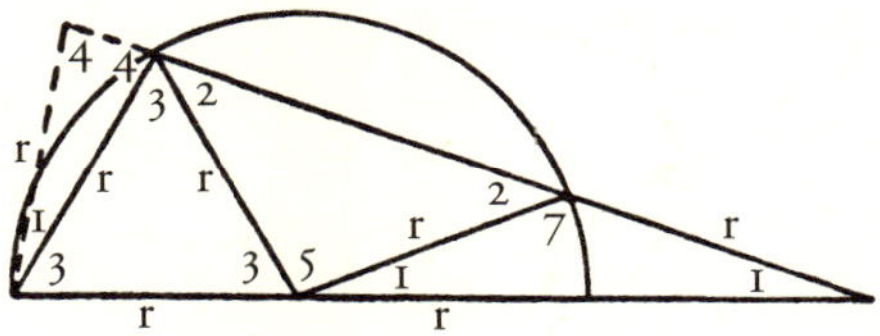

Figur 81

Die Figur bedarf nur weniger Erläuterungen. In ihr ist der Winkel des gleichseitigen Dreiecks mit seinen 60 Grad durch die Maßzahl 3 bezeichnet, so daß die Maßzahl 1 den Winkel von 20 Grad meint. Alle vorkommenden Winkelmaßzahlen vertreten demnach Vielfache von 20 Grad. Der Kreisradius ist überall, wo er vorkommt, mit r beschriftet. Links außen ist noch ein gestrichelt gezeichnetes gleichschenkliges Dreieck mit den Winkelzahlen 1, 4 und 4 angeflickt, das in Figur 79 noch unsichtbar blieb. Es ergänzt die übrige Figur zu einem liegenden großen gleichschenkligen Dreieck mit dem Winkel 1 an der ganz rechts liegenden Spitze und der ganz links gelegenen gestrichelten Basis, die nun ebenfalls die Länge r hat. Die beiden Winkel an der Basis sind oben der mit der Maßzahl 4 und unten der mit der Maßzahl 1 + 3 = 4. Den Inhalt der Gesamtfigur bilden vier gleichschenklige Dreiecke, deren Schenkel sämtlich von der gleichen Länge r sind. Diese durchzuckt das große Dreieck fünfmal nach Art eines Blitzes, mit der linken Basis beginnend und in der rechten Spitze endend, dabei eben die Gesamtfläche in die vier gleichschenkligen Teilflächen aufgliedernd. Deren vier Winkel an der Spitze durchlaufen die Reihe der ersten vier ungeraden Zahlen 1, 3, 5 und 7, und ihre

Basiswinkelpaare durchlaufen die ersten vier geraden Zahlen 2, 4, 6 und 8.

Nun ist das Terrain geebnet, um das regelmäßige Neuneck und seine Sternfiguren betrachten zu können. Hier treten drei mögliche Neunsterne auf, je nachdem, ob im regelmäßigen Neuneck nur eine Ecke übersprungen wird oder zwei oder gar drei.

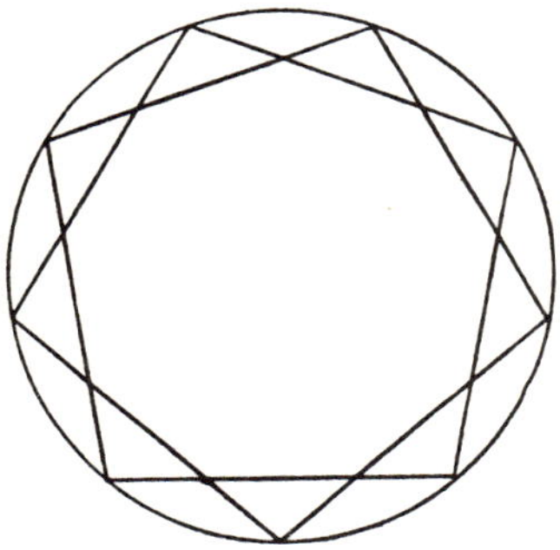

Figur 82

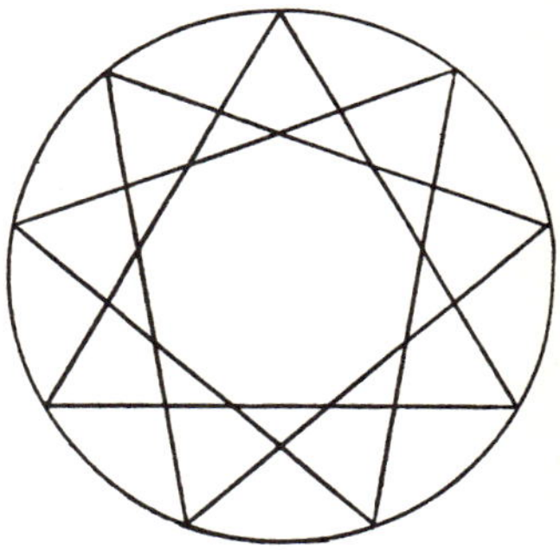

Figur 83

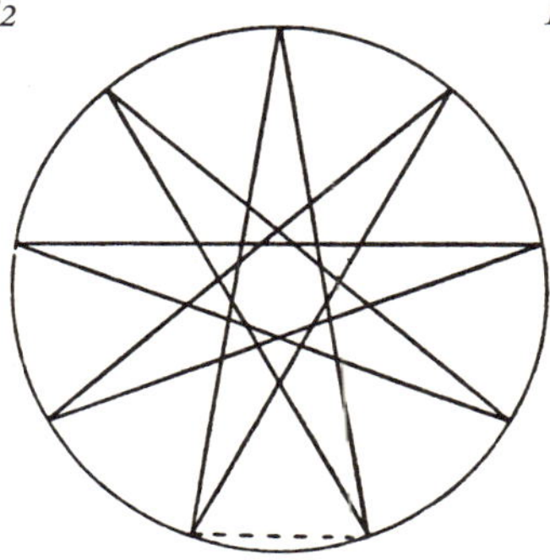

Figur 84

Von den drei Neunsternen ist der linke obere, welcher durch Überspringung nur einer Ecke entsteht, der einfachste, weil er im Kern der beiden anderen enthalten ist. Der rechte obere entsteht durch Überspringung zweier Ecken und fällt in drei gleichseitige Dreiecke auseinander gemäß der Rechenbeziehung 9 = 3 mal 3. Überspringt man je drei Ecken, so entsteht als der reichhaltigste Neunstern der untere. Er enthält ganz im Innern ein regelmäßiges Neuneck, darum herum den linken oberen Neunstern, um diesen herum die Dreiheit gleichseitiger Dreiecke. Man braucht sich daher nur mit ihm zu beschäftigen. Sein konstituierendes Dreieck ist durch Hinzunahme der unteren Neuneckseite sichtbar gemacht. Es ist ein sehr spitzes gleichschenkliges Dreieck, dessen Winkel an der Spitze 20 Grad mißt und dessen beide Basiswinkel daher je 80 Grad betragen. Ersetzt man 20 Grad durch die Maßzahl 1, so kommt jedem Basiswinkel die Maßzahl 4 zu, und man hat demnach in dem konstituierenden Neunsterndreieck den Umriß von Figur 81 ohne den dortigen Halbkreis vor sich. Es liegt nahe, dem Neunstern das Dreieck der Figur 81 samt seinem aus den vier gleichschenkligen Dreiecken bestehenden Inhalt einzufügen, wodurch die folgende Figur entsteht:

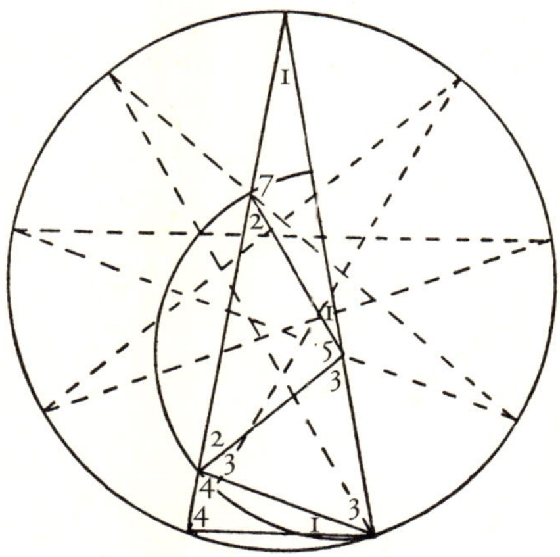

Figur 85

Auch der die Figur 81 konstituierende Halbkreis ist dem Neunstern einbeschrieben. Man erkennt, daß sämtliche Stücke des Linienblitzes parallel zu Neunsternseiten verlaufen.

An diesem Punkte der Betrachtung lohnt es sich, einen Augenblick innezuhalten und den Blick in die Vergangenheit zurückschweifen zu lassen. Da existiert ein Ausspruch Plutarchs in seiner Schrift *Über Isis und Osiris*, in deren 76. Abschnitt von der schon im 26. Kapitel behandelten Tetraktys die Rede ist; Plutarch verleiht ihr darin jedoch eine noch höhere Würde: «Die Pythagoräer beehrten Zahlen und mathematische Figuren mit den Namen von Gottheiten. (...) Die sogenannte Tetraktys, die aus 36 besteht, galt bekanntlich als der höchste Eidschwur und war Welt genannt, weil sie aus der Verbindung der vier ersten geraden und ungeraden Zahlen entsteht.» Dem Griechen verriet die Beziehung

$$(1 + 3 + 5 + 7) + (2 + 4 + 6 + 8) = 36$$

weit mehr, als sie uns heute im Bann unserer quantitativen Betrachtungsweise noch zu sagen vermag. Er nahm sie symbolisch und, indem er in den Gegensatz der ungeraden und der geraden Zahlen, wie schon im 3. Kapitel verständlich gemacht wurde, die Polarität des Männlichen und des Weiblichen hineinschaute, vereinigte sich ihm hier eine männliche Vierheit mit einer weiblichen, gleichsam vier Götter mit vier Göttinnen, zum Weltschöpfungsakt und ließ die Welt im Zahlengewand der Sechsunddreißig daraus hervorgehen. Man mag über diesen Symbolismus heute lächeln, wie man später auch einmal über uns lächeln mag, den Pythagoräern war er jedoch nach dem Bericht Plutarchs eine ernste Angelegenheit.

In dem Grunddreieck des Neunsterns steht diejenige mathematische Figur vor Augen, welche die vier ersten ungeraden und die vier ersten geraden Zahlen als Winkelmaßzahlen anschaulich und in durchsichtiger Klarheit zusammenfügt. Das Spiel der ersten acht Zahlen schlingt sich wie ein Reigen durch die Figur hindurch.

In jedem der vier gleichschenkligen Dreiecke des Neunstern-Grunddreiecks ist eine Neunheit anwesend, im ersten die Neunheit 1 + 4 + 4 = 1 + 8, im zweiten 3 + 3 + 3 = 3 + 6, im dritten 5 + 2 + 2 = 5 + 4, im vierten 7 + 1 + 1 = 7 + 2. Vier Male die Neun oder insgesamt Sechsunddreißig enthält das Grunddreieck des Neunsterns und veranschaulicht damit den von St. Martin angedeuteten Weg von der Vier zur Neun. Dabei ist die Komposition 1 + 4 + 4 tonangebend, weil das Grunddreieck als Ganzes ihr den Vorzug gibt.

28. Kapitel
Die Neunheit in der Symbolik

Ein Füllhorn von Einsichten schüttet sich über uns aus, wenn wir die Grundform desjenigen Dreiecks, das als Baustein des Neunsterns zu gelten hat, symbolisch nehmen. In ihm stehen an der Basis zwei polare und doch wieder durch die Gesamtfigur miteinander verbundene Vierheiten gegenüber, aus deren Zusammenwirken die Einheit an der Spitze der Figur entsteht. Man möchte der Figur die Symbolzahl $\begin{smallmatrix} & 1 & \\ 4 & & 4 \end{smallmatrix}$ oder 144 geben, in der die Vorderstellung der 1 ihren Vorrang kennzeichnet. Ist die Figur mit ihrer Gliederung der Neunzahl Bild und Symbol für einen Vorgang in der Menschenwelt? Auf diese Frage wird man besonders dann geführt, wenn man die Betrachtungen über die Zahl Vier hinzunimmt. Diese sollten erweisen, daß die Vierheit auf die Erde selber und den auf ihr und für sie wirkenden Menschen Bezug hat. Der Mensch ist in seiner Erdenform die Vier. Aber sie bietet sich gegenwärtig in der Gestalt einer Polarität dar, derjenigen des Männlichen und des Weiblichen. Es läßt sich bereits ahnen, wofür die Figur, welche das Zusammenwirken zweier polarer Vierheiten anschaulich macht, zum Bild und Symbol werden kann. Damit nähert man sich wieder dem Ausspruch St. Martins: «In der Tat, der Mensch ist auf Abwege geraten, indem er von Vier zu Neun ging, und er wird sich immer nicht wiederfinden können, als wenn er von Neun zu Vier geht.»

Man versteht nun auch besser sein Wort vom neunten Blatt im Buch des Menschen, daß es «von der Bildung des körperlichen Menschen im Leibe des Weibes» handle.

Aus diesen Worten und Aussprüchen geht unzweifelhaft hervor, daß er einen Anfangszustand des Menschen im Auge hat, wo dieser noch in der einfachen, ungeteilten Vierheit verharrte, und so heißt es auch bei ihm: «Was ihn (den Menschen) weit über alle Wesen erhob, ist das: sie mußten von einem Vater und einer Mutter entstehen, und der Mensch hatte keine Mutter.»

Damit ist unzweideutig ausgesprochen, daß der Gang des Menschen von der Vier zur Neun darin bestanden habe, in die Geschlechtertrennung zu fallen und sich damit «in die Region der Väter und Mütter» hinabzubegeben. In dieser Schilderung steht St. Martin nicht allein. Die Mythen, welche von der Entstehung des Menschen handeln, hat er auf seiner Seite. So heißt es von der Erschaffung des Menschen im ersten Kapitel der Genesis: «Und die Elohim schufen den Menschen ihnen zum Bilde, zum Bilde der Elohim schufen sie ihn, und sie schufen ihn männlich-weiblich.»

Luthers Wiedergabe des hebräischen Textes ist irreführend: «Und Gott schuf den Menschen ihm zum Bilde, zum Bilde Gottes schuf er ihn; und schuf sie einen Mann und ein Weib.»

Die Polarität des Vierheitlichen war hier noch nicht auseinandergetreten, und gerade darin, daß es so war, bestand die in jenem großen Wort so stark unterstrichene Ebenbildlichkeit des Menschen mit der Gottheit. Von der Erschaffung des Weibes ist erst im zweiten Kapitel der Genesis die Rede, indem sich Eva aus dem Leibe des Adam abspaltet.

Auch das Studium der Embryologie, welche nach der Entdekkung Haeckels im Werden des Einzelmenschen dasjenige der Menschenform im Laufe der unendlichen Zeiträume der Vergangenheit abzulesen gestattet, läßt einen vorgeschlechtlichen Zustand des Menschenwesens ahnen. Im embryologischen Werden differenzieren sich aus dem geheimnisvollen Organ der Urniere erst mit der Zeit die Geschlechtsorgane heraus; bis zum Beginn dieses Differenzierungsvorgangs sind die Menschenkeime noch übergeschlechtlich angelegt.

Aber wiederum ist es eine einseitige negative Schilderung bei St. Martin, wenn er nun die Zahl Neun bloß zur Zahl des Falles des Menschen in Sünde und Schuld macht. Man möchte da gegen ihn seine eigenen Worte anführen, die von einer erstaunlichen Tiefe sind und dem über diese geheimnisvollen Vorgänge nachsinnenden Betrachter immer wieder ein Licht auf den Weg sein können:

«Der Ort, von wo der Mensch ausgegangen ist, ist mit so vieler Weisheit angelegt, daß der Mensch, wenn er wieder zurückgeht, wo er hergekommen ist, *durch eben die Wege, die ihn verführt haben,* unfehlbar wieder gelangt zu dem mittelsten Punkte des Waldes, in dem er allein den Genuß einiger Kraft und einiger Ruhe haben kann.»

Also muß es doch wohl darauf ankommen, *wie* der Mensch die Neun als die Zahl der Zeugung und Paarung handhabt. Bei dem Bilde des Waldes, in den der Mensch zurückgelangen soll, ertönen vor dem geistigen Ohr auch die Worte, welche Gott der Herr im Paradiesesgarten zum Menschen spricht, als «seine Gerechtigkeit ihn von seiner Gegenwart entfernte», und welche das, wodurch des Menschen Verfehlung eingetreten ist, doch nicht bloß als negativ hinstellen: «Siehe, Adam ist geworden wie unsereiner und weiß, was gut und böse ist.» (1. Buch Moses, 3. Kap., Vers 22.)

Es war seinerzeit bei der Betrachtung der Zahl Fünf eine Hilfe, die Form des Fünfsterns in zwei verschiedenen Lagen anzuschauen, in der aufrechten Lage, wo die Spitze des Ganzen nach oben weist, und in der Verkehrung, und es konnte gezeigt werden, wie außerordentlich ernst die beiden Lagen als Gegensymbole in der Menschheit genommen worden sind. Denselben Prozeß möchte man auch der Figur der Neun und ihrem Grunddreieck angedeihen lassen, indem man das eine Mal die beiden an der Basis liegenden Vieren nach oben zur neuen Einheit zusammenwachsen läßt, das andere Mal nach unten. Der unheiligen Paarung beider Vierheiten, die nur um der Paarung willen erfolgt und der zu erzeugenden Einheit nicht achtet, läßt sich eine heilige Paarung entgegenstellen, der es nur auf die hervorzubringende Einheit ankommt. Je nachdem, wie die nun einmal in die Polarität des Männlichen und des Weiblichen gespaltene Menschheit dieselbe wendet, vermag aus ihr Heil oder Unheil hervorzugehen; dieselben Wege, welche den Menschen von seinem Urstand hinweggeführt haben, können ihn auch wieder zurückführen, wenn er eben nur die umgekehrte Richtung einschlägt.

Die Positivität der Neunheit wird in den verschiedenen Zweigen des indogermanischen Sprachstamms herausgekehrt. In einer ganzen Reihe dieser Sprachen ist das Wort für die Zahl Neun in der Nähe des Wortes für Neu. Im Griechischen heißt das Zahlwort neun ennea, das Eigenschaftswort neu neos. Im Lateinischen steht dem Zahlwort novem das Eigenschaftswort novus zur Seite. Das Französische leitet wiederum seine Verwandtschaft beider Wörter aus dem Lateinischen ab. Den gewissenhaften Sprachforschern ist der Zusammenhang ebenfalls nicht entgangen; so schreibt Kluge in seinem *Etymologischen Wörterbuch der deutschen Sprache* unter der Rubrik des Zahlworts neun:

«Man hat Beziehung des gemein-indogermanischen Wortes für neun (néwn) zu dem Adj. neu (néwo-) vermutet, indem man die neun als ‹neue Zahl› der dritten Tetrade (Vierheit!) faßt. Tetradenrechnung ist für das älteste Indogermanische anzunehmen aufgrund des Zahlwortes acht, das formell ein Dual ist.»

Gerade die letzten Worte sind besonders aufschlußreich, indem sie von dem Zahlwort acht aussagen, daß es ein Dual, also eine Paarform sei. Die Acht ist eine Vierpaarheit, eine Vierzwei. Wiederum zeigt das die Form dieses Zahlworts in den verschiedenen Sprachen, so Kluge:

«Acht, Zahlwort, mittelhochdeutsch ahte, althochdeutsch ahto = gotisch ahtau, angelsächsisch eahta, englisch eight, altsächsisch ahto; ein gemein-germanisches und weiterhin indogermanisches Zahlwort mit der ursprünglich dualen Grundform oktou; vergleiche sanskrit astau, griechisch okto, lateinisch octo, altirisch ocht, litauisch asztuni.»

Wieder sind wir hier auch ganz nahe der Dreiecksform, die als das Bild der Neun eine Vierzwei oder Acht mit einer sie überhöhenden Einheit zeigt. Es kann ein starkes Erlebnis sein, hier das Mathematische und das Sprachliche harmonisch zusammenklingen zu hören.

Von dem Neuen, dem der Mensch entgegenzugehen hat, wenn er die Wege, die ihn einstmals verführt haben, zurückgeht, ist ganz am Ende des Neuen Testaments, im vorletzten Kapitel der Apokalypse, die Rede, wo in einer gewaltigen Zukunftsschau das Ziel der gegenwärtigen Erdenentwicklung vor uns hingestellt wird. Dort spricht derjenige, welcher der Erste und der Letzte, der Urbeginn und das Weltenziel, das Alpha und das Omega, ist:

«Siehe, ich erschaffe das neue All!»

Nachdem der alte Himmel und die alte Erde vergangen sind, erstehen vor dem schauenden Auge des Apokalyptikers ein neuer Himmel und eine neue Erde. Sie werden als eine Stadt geschildert, die ihren Lichtschein in sich selber trägt. Ihr Name ist das himmlische, das heilige, das neue Jerusalem. Aus einem Garten, der von vier Strömen durchwässert war, wurde der Mensch einstmals vertrieben. Am Ende der Zeiten wird er in eine Stadt eingehen, sie ist das Neue, das an die Stelle des Alten treten wird.

Merkwürdig ist die Schilderung, welche der Apokalyptiker von dieser Stadt entwirft. Eigentümliche mathematische Symbole verhüllen und enthüllen zugleich ihren Charakter. Der Mensch, der in die Stadt eingeht, ist nach St. Martins Worten von der Neun zur Vier zurückgekehrt. Inwiefern seine Worte eine geistige Wirklichkeit bezeichnen, vermögen die mathematischen Symbole der himmlischen Stadt zu zeigen. Ihre Gesamtform wird als ein Würfel beschrieben: «Als ein Vierkant liegt die Stadt da. (...) Ihre Länge und ihre Breite und ihre Höhe sind einander gleich.» (Kap. 21, Vers 16.)

Von einem Quadrat nahm der Mensch seinen Ausgang, in einen Kubus kehrt er zurück; eine Vierheitsform mußte er verlassen, in eine andere tritt er wieder ein. Aus dem Quellend-Lebendigen des Gartens ist das Hart-Mineralische der Stadt geworden. Der Kubus hat von altersher als die Symbolgestalt der Stofflichkeit gegolten, welche am härtesten und sprödesten ist und den Geist des Widerstands und der Schwere am meisten in sich trägt; mit ihm deutete man auf die Verfestigungskräfte und machte ihn nach griechischem Vorgang zum Träger des Elements Erde. Nun soll seine mathematische Form am Ende der Erdenentwicklung als ein Sinnbild des neuen Himmels und der neuen Erde stehen, aber nicht in finsterer Undurchschaubarkeit, sondern kristallen hell und innerlich selbstleuchtend.

Der Kubus ist der einzige Körper, welcher zwei Vierheiten zur Einheit bringt. Der unteren Vierheit der Bodenfläche liegt die obere Vierheit der Deckfläche gegenüber. Beide werden durch den dazwischen befindlichen Raum vereinigt. Bei einer freizügigen Handhabung der Zahlen könnte man den Würfel ebenfalls mit der Symbolzahl 1 4 4 verbinden. Was beide Vierheiten zur Einheit macht, ist das zwischen dem unteren und dem oberen Quadrat Befindliche, sozusagen die Mauer des himmlischen Kubus. Ein Engel mißt sie vor den Augen des Apokalyptikers aus: «Und er nahm das Maß der Mauer; hundertvierundvierzig Ellen. Das ist das Maß des Menschen und zugleich das des Engels.» (Kap. 21, Vers 17.)

Das Mauermaß wird ausdrücklich als das Maß des Menschen und zugleich als das des Engels, in dessen Rang der Mensch hinaufrücken wird, bezeichnet. Damit ist klar ausgesprochen, daß die Höhe der Mauer mit ihrem Maß dasjenige symbolisiert, was zum Wesen des bisherigen Menschen am Ende der Erdentwicklung als seine Erhöhung hinzukommt. Das bisherige Menschenwesen, der alte Adam, war im Bilde ein Quadrat, ebenso der Ort, von dem er ausgegangen ist. Daraus wird nun ein Würfel. Was ihn vom Quadrat unterscheidet, ist seine Höhe, welche zur Länge und Breite des Quadrats hinzukommt; die bloße Fläche gewinnt Tiefe. Das Verbleiben der Menschheit im Quadrat hätte sie in der Oberflächlichkeit festgehalten. Die Ausweisung aus dem Quadrat war zwar ein Hinabstoßen in die Tiefe mit allen ihren Leiden und Schrecknissen. Aber im Gange der Zeiten verwandelt sich der Abstieg in einen Wiederaufstieg, in ein Wiedergewinnen der Höhe, wenn einmal die Wegrichtung umgekehrt wird. Die Vertiefung zieht eine Erhöhung nach sich.

Abstieg wie Aufstieg stehen im Zeichen der Neun. Sie ist gleichzeitig die Zahl der Tiefe wie der Höhe. Als der Mensch den Garten seiner unschuldigen Herkunft verlassen mußte, kehrte sich für ihn gleichsam jenes Dreieck, das der Zahl Neun entstammt, mit seiner Spitze nach unten. Der Cherub mit dem hauenden Schwert wies das Menschenpaar in die Tiefe hinab, in die Region der Väter und Mütter. Hinter dem Weibe her tönte noch das Wort: «Ich will dir viel Schmerzen schaffen, wenn du schwanger wirst; du sollst mit Schmerzen Kinder gebären, und dein Verlangen soll nach deinem Manne sein, und er soll dein Herr sein.» (1. Buch Moses, 3. Kap., Vers 16.)

Das Maß des Menschen war nun 4 4 1 geworden. Die Bildung des Leibes kam durch eine unheilige Vereinigung zweier getrennter Vierheiten zustande. Neun wurde zur Zahl der Bildung des körperlichen Menschen im Leibe des Weibes. Aber eben die Wege, welche den Menschen hinuntergeführt haben, können ihn wieder aufwärts leiten, wenn er nur seine Gehrichtung umkehrt. An der Talsohle des Abstiegs stand das Himmelswesen bereit, das die Umkehr ins Werk setzen würde. Seine Geburt, die eine jungfräuliche war, machte aus der Zahl 4 4 1 die Zahl 1 4 4. Diejenigen, welche seine Tat für sich fruchtbar werden lassen, werden einst die Bewohner der Stadt werden, die den alten Himmel und die alte Erde ablöst.

Im 7. Kapitel der Apokalypse wird die Zahl dieser Menschen

genannt, es sind die 1 4 4 0 0 0. Hohe Engelwesen versehen dort die, welche dem göttlichen Weltengrund dienen, mit einem Siegelabdruck. Zwölf mal Zwölftausend empfangen das Siegel an ihrer Stirn. Das ist zwar eine andere Deutung der Zahlen 144 und 144 000. Aber man würde von den Symbolen zu klein denken, wenn man an sie mit dem Entweder-Oder-Denken heranträte. Es kommt auf den Standpunkt an, den man ihnen gegenüber einnimmt. Von der einen Stelle aus betrachtet, vermögen sie, wie alle Dinge der Wirklichkeit, einen ganz anderen Anblick zu gewähren als von einer anderen Stelle aus. Im 14. Kapitel werden die 144 000 wieder erwähnt, diesmal von einem anderen Standpunkt aus. Dort heißt es in der Luther-Übersetzung:

«Und ich sah das Lamm stehen auf dem Berg Zion und mit ihm 144 000, die hatten seinen Namen und den Namen seines Vaters geschrieben an ihrer Stirn.

Und ich hörte eine Stimme vom Himmel wie eines großen Wassers und wie eine Stimme eines großen Donners; und die Stimme, die ich hörte, war wie von Harfenspielern, die auf ihren Harfen spielen.

Und sie sangen wie ein neues Lied vor dem Stuhl und vor den vier Tieren und den Ältesten; und niemand konnte das Lied lernen denn die 144 000, die erkauft sind von der Erde.

Diese sind's, die mit Weibern nicht befleckt sind – denn sie sind Jungfrauen – und folgen dem Lamme nach, wo es hin geht. Diese sind erkauft aus den Menschen zu Erstlingen Gott und dem Lamm.

Und in ihrem Munde ist kein Falsch gefunden; denn sie sind unsträflich vor dem Stuhl Gottes.»

Diese Übersetzung wendet das Problem der Auserwählung mehr ins Physisch-Organische: «Diese sind's, die mit Weibern nicht befleckt sind; denn sie sind Jungfrauen.»

Die Übersetzung von Emil Bock kehrt den Sinn wohl mit Recht mehr ins Geistig-Seelische: «Das sind diejenigen, die nicht durch das bloßseelische Wesen ihr geistiges Wesen verunreinigt haben.

Jungfräulichen Geistes sind sie. (...) Sie sind aus der Menschheit herausgelöst als der Urbeginn einer neuen Menschheit, die dem göttlichen Weltengrunde und dem Lamme angehört.»

Es wäre einseitig, den Begriffen Mann und Weib bloß eine organisch-körperliche Bedeutung zu geben und sie nicht darüber hinaus zu Trägern von seelisch-geistigen Konfigurationen zu machen.

In den Gott und dem Lamm erkauften Erstlingen hat sich die Neun geheiligt und geläutert, hat sich eine Menschheitsgruppe durch das Tal der Schuld wieder zur Unschuld emporgearbeitet. In diese ganze Bildwelt fügt es sich ohne Widerspruch ein, daß das himmlische Jerusalem auch als die Braut des Lamms bezeichnet wird. Wie seltsam wäre es ohne den Sinn für Symbolik, eine Stadt zu einer Braut zu machen! Vergängliches wird hier zum Gleichnis für ewige Werte. Auch das düstere Gegenbild dieser erkämpften Lichtwelt fehlt nicht. Als dem Unheil auf der Erde durch göttliche Vollmacht ein Ende gesetzt ist, erhebt sich ein lauter Jubel über den Fall der großen Hure Babylon, die mit ihrer Unzucht die Erde verdorben hat, und es wird zur Hochzeit des Lamms gerufen, indem beide, der Geist und die Braut, zum Menschen sprechen: Komm! Die, welche der Einladung Folge leisten, sind die 144 000. An der grundverschiedenen Art der verwendeten Bilder läßt sich erleben, daß im Geistigen die Wahrheiten trotzdem einander tragen. Nicht ruht das eine auf dem andern, sondern alles trägt und stützt sich gegenseitig.

Der Aspekt, welcher die Zahl Neun als die Vereinigung zweier polarer Vierheiten erscheinen läßt, ist nicht der einzig mögliche und allein ergiebige. Von ähnlicher Wichtigkeit und Fruchtbarkeit wäre die Betrachtung der Neun als gesteigerte, potenzierte Dreiheit, wie sie sich bildlich in dem Auseinanderfallen des Neunecks in drei Dreiecke darlebt. Doch möge es bei der Beschränkung auf den ausführlich behandelten ersten Aspekt bewendet bleiben.

29. Kapitel
Vom Figurenwerk der Achtzahl. Die Achtheit in der Symbolik

Eigentlich ist die Neunheit nicht ohne die Achtheit ganz verständlich. Das sprach sich schon darin aus, daß die Etymologie des Wortes Neun im Zusammenhang mit der des Wortes Acht gestreift werden mußte. Neun und Acht stehen zueinander in einer ähnlich engen Beziehung wie Sieben und Sechs. Wie das Hexagramm stellvertretend als ein Bildausdruck der Sieben genommen werden konnte, würde auch eine der noch zu besprechenden Achterfiguren schon als ein Hinweis auf die Neunheit gelten können. Ferner spricht sich auch darin eine Ähnlichkeit des einen Zahlenpaares mit dem anderen aus, daß sowohl der Schritt von der Sechs zur Sieben als auch der von der Acht zur Neun von der Konstruierbarkeit in die Unkonstruierbarkeit hinüberführt. Ebenso mühelos, wie sich die Sechsheit dem Kreise einverleiben läßt, ist das bei der Achtheit der Fall. Acht ist die dritte Potenz der Zwei: $8 = 2 \cdot 2 \cdot 2$. Demgemäß erzeugt sich die Achtteilung des Kreises durch dreimalige Halbierung. Die erste Halbierung geschieht durch Ziehen eines Durchmessers, die zweite durch Ziehen des dazu senkrechten Durchmessers, die dritte durch Halbierung der entstandenen vier rechten Winkel. Der halbe Rechte ist der Bestimmungswinkel des regelmäßigen Achtecks, acht halbe Rechte sind um einen gemeinsamen Mittelpunkt geschart.

Eine schöne genaue Achteckkonstruktion findet sich in der *Geometria deutsch*, dem Werk eines unbekannten Verfassers aus unbekannter Zeit, das in einem alten Sammelband der Nürnberger Stadtbibliothek aufgefunden wurde. Man zeichne ein Quadrat mit seinen beiden Diagonalen und übertrage die halben Diagonalen durch Kreisbögen von den vier Ecken aus auf die Quadratseiten.

Dann entstehen auf diesen insgesamt acht Teilpunkte, welche, nacheinander verbunden, ein regelmäßiges Achteck ergeben, wie Figur 86 zeigt. Der Nachweis der Richtigkeit sei hier übergangen.

Im einzelnen folgt die Reihe der möglichen Achterfiguren der Teilbarkeit oder Unteilbarkeit der Acht durch die vier ersten Zahlen.

Figur 86

1.) 8 = 1 · 8 liefert das regelmäßige Achteck, wie es in der letzten Figur vor Augen steht.

2.) 8 = 2 · 4 zeigt die Achterfigur als Verschlingung zweier Quadrate, die gegeneinander unter einem halben Rechten gewinkelt sind:

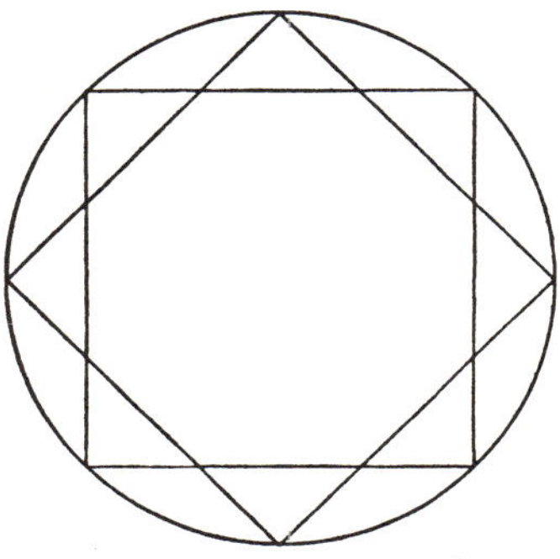

Figur 87

3.) Die Unteilbarkeit von 8 durch 3 drückt sich in dem einzigen echten Achtstern aus:

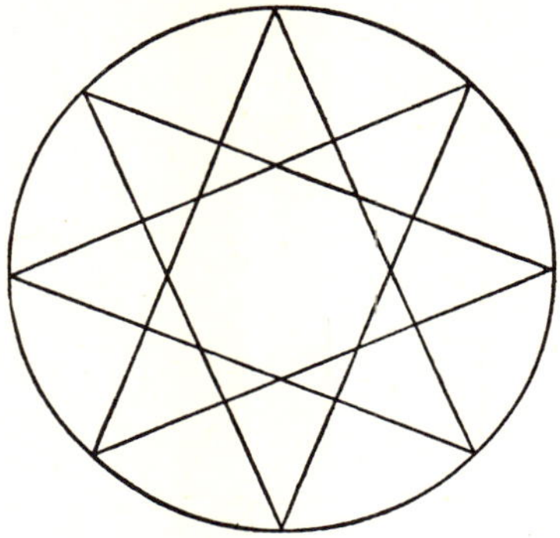

Figur 88

In seinem Innern sind das regelmäßige Achteck und das Paar der ineinander verschlungenen Quadrate sichtbar. Die Spitzen zeigen überall den halben Rechten.

4.) 8 = 4 · 2 zeigt vier regelmäßige Zweiecke in Gestalt von vier Kreisdurchmessern.

Aus diesen Kreisfiguren lassen sich weitere mit der Acht zusammenhängende Figuren bilden. Legt man die beiden ineinander verflochtenen Quadrate mit einer Seite nebeneinander oder mit einer Ecke gegeneinander, so ergeben sich Doppelquadrate, die dem heutigen Zahlzeichen für Acht nahekommen:

Figur 89 a

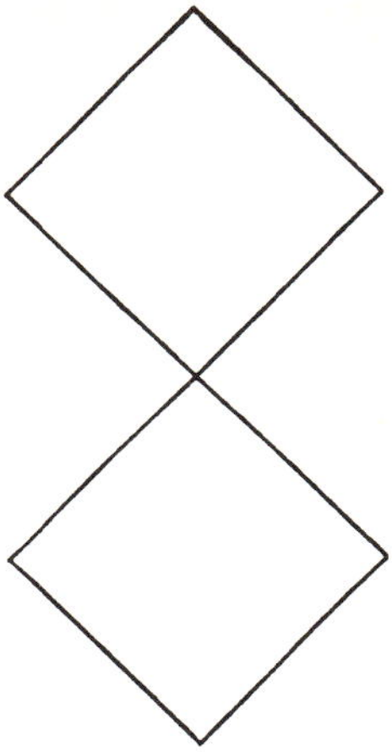

Figur 89 b

Welche hervorragende Bedeutung das linke der beiden Doppelquadrate sowohl für die Gesamtform der Cheopspyramide wie auch für die Gestaltung ihrer Gänge und der ihr Herz bildenden sogenannten Königskammer hat, ist in meinem Pyramidenbuch ausführlich dargelegt und soll hier nicht wiederholt werden.

Ein Überblick über die Eindrücke, welche von der Achtheit ausgegangen sind, zeigt vom grauen Altertum bis in die Neuzeit hinein ein einheitliches Gepräge, in das naturgemäß die Symbolik der Neunheit mitbestimmend hineingewirkt hat. Dies bewahrheitet sich sogleich an der altägyptischen Götterlehre. In einer ganzen Reihe von Lokalkulten wird eine Neunheit von Götterwesen, die miteinander einen Götterkreis bilden, verehrt. Ein Urgrund, dem alle möglichen schmückenden Beiwörter beigelegt werden, wie etwa Urgewässer, Uranfang oder «Vater der Väter, Mutter der Mütter», läßt aus sich eine Achtheit göttlicher Wesen hervorgehen, die sich in eine männliche oder väterliche und eine weibliche oder mütterliche Vierheit gliedern: Dem geheimnisvollen Abgrund des schöpferischen Nichts entspringen vier Götter und vier Göttinnen. Je nachdem, ob das Urwesen als Einheit der Achtheit besonders gezählt wird oder nicht, haben es die Ägypter in ihren Kulten mit einer göttlichen Neunheit oder Achtheit zu tun, mit einer Enneas oder Ogdoas von Götterwesen. Hier werden also die Zahlen Neun und Acht von vornherein in der göttlich-geistigen Welt verankert. Das eine Mal, bei der Neun, tritt die schöpferische Urkraft in das Ganze mit hinein, das andere Mal, bei der Acht, hält sie sich mehr im Hintergrund, und im Vordergrund stehen die aus ihr hervorgegangenen Werke, die zugleich noch göttliche Wesenheiten sind.

Innerhalb dieser gottgewollten und gotterfüllten Welt schaffender Wesen wirkt als integrierender Faktor das Prinzip des Väterlichen und des Mütterlichen, des Zeugenden und des Empfangenden, aber hier noch im Stande der Unschuld, der unegoistischen liebenden Hingabe. Die Achterfigur, welche im Bilde zweier ineinander verflochtener Quadrate auftritt, konnte zum adäquaten Ausdruck des geeinten väterlich-mütterlichen Schaffens werden. Der umhüllende Kreis deutete auf das dahinter verborgene Neunte:

Figur 90

Dem Urgrund selber wurden an den einzelnen Kultstätten die verschiedensten Namen beigelegt, je nachdem, welche Seite des weltschöpferischen Prinzips dort ins Auge gefaßt wurde. Einer der Namen war Thoth, jene Gottheit, welche die Griechen als Hermes übernahmen. Thoth residierte gleichsam in Hermopolis Magna, der großen Hermesstadt, einer ganzen Tempelstadt, deren ägyptischer Name einfach Schmun, d. h. nichts weiter als Acht, war. Noch heute liegt in diesem völlig zerstörten Tempelbezirk ein arabisches Dorf ähnlichen Namens, Aschmunein. Thoth selber wurde der Herr der Acht genannt. Mit ihm sprach man die Weisheitsfülle an, welche das große Urwesen in die Weltschöpfung hineingewoben hat. Alles, was menschliche Weisheit und menschliche Wissenschaft ist, erschien dem alten Ägypter als ein Geschenk Thoths. Unter den Tieren war ihm der Vogel Ibis heilig, welcher mit dem Wiederansteigen des Nils in Ägypten erschien. Er selber wurde im Bilde eines hundsköpfigen Affen dargestellt. Beide Symbole, das Kopfbild Thoths wie auch der schreitende Ibis, wurden zugleich auch als mystische Zeichen für die Zahl Acht verwendet.

Die Tempelstadt Schmun galt als das irdische Abbild einer geistigen Stadt Schmun, gleichwie später dem irdischen Jerusalem ein himmlisches zur Seite gestellt worden ist. Sie bildete die Stätte, in der die Weisheitskräfte ihren Urstand haben. Weisheit leuchtet uns in der sichtbaren Welt überall da entgegen, wo die aufbauenden Tendenzen am Werk sind und über die abbauenden, zerstörenden triumphieren. Nur im Aufbau offenbart sich Weisheit, auch noch da, wo ein Abbau die Grundlage eines Aufbaues wird; wo nur Abbau und Zerstörung waltet, zieht sich die Weisheit zurück. Solange in unserem Leib noch die aufbauenden Kräfte das Übergewicht haben, bewahrt er das Leben in sich. Beim Überhandnehmen der Abbaukräfte, im Tode, wird er zum zerfallenden Leichnam und gibt die Weisheit, die ihn zu Lebzeiten durchwirkte, an den Kosmos zurück. Die weisheitsvollen Aufbaukräfte, welche die physische Substanz gestalten, stammen nicht aus ihr selber, sondern aus einer höheren Welt, der Bildekräftewelt. Rudolf Steiner nennt sie in Übereinstimmung mit einer okkulten Tradition die elementarische oder ätherische Welt. An sie kann gedacht werden, wenn von der himmlischen Stadt Schmun erzählt wird.

Wenn in unserem Leib der weisheitsvolle Kosmos der Bildekräfte ungestört waltet, sind wir von Leben und Gesundheit erfüllt. Wenn uns an ihnen etwas fehlt, nistet sich in uns die Krankheit und der Tod ein. Nur die heilende Arznei, welche die fehlenden Bildekräfte in sich birgt, vermag das gestörte Gleichgewicht wiederherzustellen. Es ist daher nur konsequent, wenn der alte Ägypter den Herrn der Stadt Schmun auch als den Bringer der Heilkunst und den Schirmherrn der Ärzte erlebte, und es kann als ein denkwürdiges Zusammentreffen erscheinen, daß der Herr der himmlischen Bildekräfte vom Ägypter mit demselben Namen angeredet wurde, mit dessen Buchstaben in der deutschen Sprache der Zustand des Fehlens der Bildekräfte bezeichnet wird.

Auf dieselbe Kraft des Heilens weist ein Name, den die Urgottheit an anderen Kultstätten Ägyptens trug, wo sie als der große Nun verehrt wurde. Das Wort entspricht dem griechischen Neon und bedeutet so viel wie der Neumachende, Verjüngende. Mit ihm treffen wir auch die Zahl Neun, deren Bezeichnung in den verschiedensten Sprachen so verwandt mit dem Wort neu ist. Zwar gab der Ägypter der Neun einen anderen Namen, indem er sie als paut oder Kreis bezeichnete. Aber mit dem Gottesnamen Nun grüßte er dennoch zu der anderen Bezeichnungsweise hinüber. Nun ist auch der große Neunte oder Erste, welcher die Welt der elementarischen Kräfte in Gestalt von vier männlichen und vier weiblichen Gotteswesen aus sich hervorgehen ließ. Er ist das große Kreiswesen, das in sich gleichsam ein männliches und ein weibliches Quadrat trägt.

In einem bestimmten mathematischen Problem, das den Menschengeist seit undenklichen Zeiten intensiv beschäftigt hat, tritt der Kreis mit dem Quadrat in eine gedankliche Verbindung, da, wo es sich darum handelt, die Kreisfläche meßbar zu machen. Meßbar ist alles Flächenhafte, dessen Form sich ohne Änderung des Flächeninhalts in ein Quadrat überführen läßt. Die Kreisfläche meßbar machen heißt, sie in eine Quadratfläche verwandeln. Der Ägypter vollzog diese «Quadratur» des Kreises, indem er den Kreisdurchmesser in neun gleiche Teile teilte und über acht derselben das Quadrat errichtete:

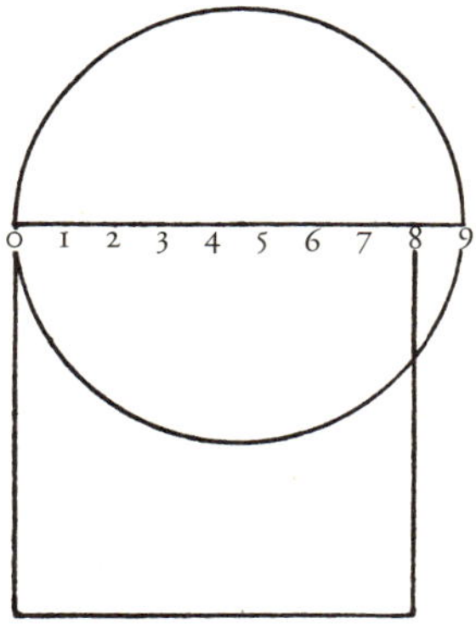

Figur 91

Bis zu welchem Grad damit die Wirklichkeit getroffen worden ist, zeigt die folgende Überlegung. Hat der Kreisdurchmesser die Länge d, so besitzt die Quadratseite die Länge $^8/_9$ d, die Quadratfläche mithin den Inhalt $^{64}/_{81}$ d^2. Der Flächeninhalt des Kreises berechnet sich nach der Formel $^{d^2}/_4\,\pi$, so daß sich gemäß der ägyptischen Vornahme ergibt:

$$\frac{d^2}{4} \cdot \pi = \frac{64}{81} \cdot d^2 \qquad \frac{\pi}{4} = \frac{64}{81} \qquad \pi = \frac{256}{81} = 3{,}160\ \ldots$$

Diese Berechnung findet sich schon in dem ältesten Rechenbuch der Menschheit, das als Papyrus Rhind im Britischen Museum in

London aufbewahrt wird und dessen Verfasser sich als Ahmes (Mondgeborener) bezeichnet; seine Abfassung wird um das 17. vorchristliche Jahrhundert datiert. Erstaunlich ist dabei zweierlei: einmal, daß hier mit den beiden Zahlen 8 und 9 gearbeitet wird, und dann, daß der damit erreichte Näherungswert für die Kreiszahl π verhältnismäßig genau ist (π = 3,141592 ...). Mit welchen Gefühlen mag wohl der alte Ägypter eine solche Überführung des Kreises in ein Quadrat vorgenommen haben, wenn ihm dabei die Zahlen Neun und Acht so bedeutsam entgegentraten, die Neun als Maß des Kreisdurchmessers und damit des Kreises selber und die Acht als Maß der Quadratseite! Ihm war dabei sicherlich noch nicht so nüchtern, ja so antipathisch zumute wie uns heute. War es ihm nicht, als ob bei ihr die Gottheit selber zu Wort kam, als ob hier Nun sich in die große Achtheit hineinopferte oder als ob hier Thoth die Stadt Schmun aus sich hervorgehen ließ?

In allen diesen mit den Zahlen Acht und Neun zusammenhängenden Mysterien zeigte sich das frühe Griechentum als der gelehrige, verständnisvolle Schüler des Ägyptertums. Es war schon im 27. Kapitel von der Verehrung die Rede, welche man z. B. in den Kreisen der Pythagoräer der Summe der vier ersten geraden und der vier ersten ungeraden Zahlen entgegenbrachte. Mit Ehrfurcht nahm man dort die Summe

$$(1 + 3 + 5 + 7) + (2 + 4 + 6 + 8)$$

in die Seele auf. Der Grieche war es gewohnt, Zahlen als Gottheiten anzuschauen und sogar mit dem Namen von Gottheiten zu belegen (Plutarch, *Über Isis und Osiris*, 76. Abschnitt). Nimmt man noch hinzu, daß ihm, wie schon ausgeführt, die ungeraden Zahlen als ein Ausdruck des die Welt gestaltenden Zeugend-Männlichen und die geraden Zahlen als ein Bild des diese Zeugungskräfte in sich aufnehmenden Empfangend-Weiblichen erschienen, so vermag man seine Gefühle vor der obigen Tetraktys nachzuempfinden; auch sie wurde ihm zum Sinnbild für das

Zusammenwirken von vier Göttern und vier Göttinnen, aus welchem die Welt hervorging. Man ahnt nun, welche Welt, welche Seite der Welt ihm vor das innere Auge getreten sein mag: die Welt der bildenden Kräfte, in denen er sich ja als schaffender Künstler so tief verwurzelt wußte, die Welt als ein wohlgeordnetes Ganzes, als ein Kosmos, das aus dem Chaos kraft der göttlichen Bildegewalt hervorging. Das durch die Magie der Zahl zum Kosmos gebändigte Chaos war ja eine spezifisch pythagoräische Gedankenschöpfung. In der Tetraktys stand den Pythagoräern der Kosmos vor Augen. Aber welche Zahl war der Herr dieser Achtheit, der in ihrem Hintergrund wirkte? Die Antwort darauf sei zunächst noch zurückgeschoben.

Die Lehre von der doppelten Vierheit als dem der sichtbaren Welt Zugrundeliegenden nahm bei einem unmittelbar auf Pythagoras folgenden griechischen Weisen eine besonders klare und durchsichtige Gestalt an, bei dem um das Jahr 490 v. Chr. geborenen Philosophen Empedokles. Er führte die Erscheinungswelt auf die vier Elemente des Feurigen, Luftigen, Wäßrigen und Erdigen zurück, in deren Verbindung und Trennung sich alles abspiele. Seine «Elemente» haben nichts mit dem zu tun, was die heutige Chemie als Elemente beschreibt, sondern sind durchaus noch die hinter den stofflichen Elementen stehenden ätherischen Wirksamkeiten. Er unterscheidet dabei vier Weltepochen. In der ersten herrscht die Liebe allein, die Welt ist eine Kugel, es gibt noch keine Einzeldinge. In der zweiten tritt der Haß auf und trennt, es gibt Einzeldinge. In der dritten herrscht der Haß allein, es entsteht völlige Trennung. In der vierten kommt die Liebe von neuem zur Herrschaft und waltet zwischen den Einzeldingen.

Nun sei an die Beantwortung der Frage herangegangen, wo der Herr der Tetraktys zu suchen sei bzw. in welchem Zahlengewande er sich dargestellt haben mag. Da sei zunächst das Augenmerk auf die der Zahl 36 folgende Primzahl 37 gerichtet. Ganz allgemein kann man sagen, daß jede Zahl die ihr unmittelbar vorhergehende auf höherer Ebene wiederholt, indem sie als die zusammenfassende Einheit der in der vorangehenden Zahl enthaltenen Vielheit angesehen werden kann. So ist die Sechsheit eine gewisse Vielheit, deren Vereinheitlichung durch die Sieben erfolgt. Wir unterschieden ja auch zwei Arten, die Zahl Sieben zu verbildlichen; das eine Bild war schon mit dem Hexagramm gegeben, das andere durch das unverhüllte Bild der Sieben in Gestalt einer Siebenerfigur. Man könnte die Beziehung zweier aufeinanderfolgender Zahlen durch die Denkkategorien Erscheinung und Wesen beschreiben. Hinter der Zahl Sechs als Erscheinung steht die Zahl Sieben als Wesen. Ebenso könnte man mit dem Paar der Zahlen Acht und Neun verfahren. Das Figurenwerk der Achtheit läßt in seinem Hintergrund die Neunheit ahnen. Die eine Zahl ist gleichsam der Regent der ihr unmittelbar vorhergehenden.

Auf die Tetraktys in Gestalt der Zahl 36 angewendet, würde das heißen, die Zahl 37 steht über ihr als die zusammenfassende Einheit. Damit wird dieser Primzahl eine Würde verliehen, die sich auch mathematisch in mancher Seltsamkeit äußert. In ihr hält der Mathematiker eine besonders interessante Primzahl in seiner Hand. Man unterscheidet nämlich in der mathematischen Wissenschaft zwei Arten von Primzahlen, die regulären und die Primzahlen von besonderer Art, die irregulären. Ihr Unterschied läßt sich leider nicht in elementarer Weise klarmachen; man mag ihn daher als eine denkerische Gegebenheit einfach hinnehmen, sich damit begnügend, *daß* es solche zwei Arten von Primzahlen überhaupt gibt. Wenn man nun die Gesamtheit der Primzahlen daraufhin untersucht, welche von ihnen in der Größenfolge die erste irreguläre Primzahl ist, stößt man auf die Zahl 37. Alle Primzahlen vor ihr sind noch regulär. Weitere irreguläre Primzahlen unter 100 sind dann noch 59 und 67.

Es ist freilich nicht zu erwarten, daß die Alten von diesen diffizilen Beziehungen gewußt haben. Aber ihr geistiger Spürsinn hatte es nicht nötig, sich des geistigen Charakters einer Zahl auf solchen

Wegen zu bemächtigen. Sie sprach zu ihnen noch unmittelbar. Ein heute abhanden gekommenes und auch mit vieler Skepsis aufgenommenes Instrument war ihnen die Gematria, die kabbalistische Behandlung von Namen und Zahlen, die besonders dann Erfolg versprach, wenn es sich um bedeutungsschwere, mit geistiger Fracht beladene Namen handelte. Wenn man sich ihrer für die Ergründung der Zahl 37 bedient, kommt man allerdings nicht aus dem Verwundern heraus. Ein hierher gehöriges Kronbeispiel ist die Gematria des Namens Christos. Er bedeutet soviel wie «der Gesalbte» und knüpft an die Messiashoffnungen des hebräischen Volkes an. In den Evangelien wird er zuerst durch den Mund des Petrus ausgesprochen. Besonders eindrucksvoll schildert das Matthäus-Evangelium den Vorgang:

«Er (Jesus) sprach: Und für wen haltet ihr mich? Da antwortete Simon Petrus: Du bist der Christus, der Sohn des lebendigen Gottes. Und Jesus sprach: Selig bist du, Simon, Sohn des Juda; aus der Welt der Sinne hast du diese Offenbarung nicht, sondern aus der Welt meines Vaters in den Himmeln.» (16. Kap, Vers 15 bis 17.)

Wir fragen uns, welches die Zahl dieses Namens ist. Er setzt sich aus den Buchstaben chi, rho, jota, sigma, tau, omikron und sigma zusammen, deren Zahlenwerte nacheinander sind (siehe 19. Kapitel!):

chi	rho	jota	sigma	tau	omikron	sigma
600	100	10	200	300	70	200

Die Summe aller dieser Zahlen ist 1480 = 40 mal 37. Zu Ergebnissen, die damit in Zusammenhang stehen, käme man durch die Gematria der Namen Logos und Johannes. Aber es steht zu befürchten, daß dem gutmeinenden Leser damit zu viel zugemutet wird. Daher sei der Faden da wieder aufgenommen, wo er scheinbar abgerissen wurde, bei der Erörterung der Symbolik der Zahl Acht.

Es ist eindrucksvoll, mit welcher Konsequenz durch die Jahrhunderte und Jahrtausende hindurch der Charakter der Acht als einer Bringerin der Heilungskräfte, des Verjüngenden, Erquickenden, Aufbauenden und Schöpferisch-Machenden festgehalten worden ist. Von ihren Formen spürte man stark den Hauch jungfräulicher Reinheit und Unberührtheit ausgehen. Mit seiner Seele und auch mit seinem Leibe tauchte man in eine Art Jungbrunnen, wenn man sich in diese Formen vertiefte. Bis in die nachchristliche Zeit hinein hat sich diese Empfindungswelt erhalten. Für die christlichen Taufkapellen und Taufbecken war die Bauform des regelmäßigen Achtecks wie geschaffen. So ist in der Comburg bei Schwäbisch-Hall die im romanischen Baustil gehaltene Taufkapelle als ein Oktogon gestaltet. Ein eindringliches Beispiel hat man auch in der karolingischen Kapelle zu Aachen vor sich, die im Kern ein regelmäßiges Achteck bildet, das von einem Sechzehneck umgeben ist. Karl der Große weihte das Bauwerk der Jungfrau Maria. An einem dritten und letzten Beispiel der Verwendung der Achtzahl in besonderer Schönheit sei nicht vorübergegangen, an der Gestaltung der Brunnenkapelle des Klosters zu Maulbronn in Württemberg, jenes berühmten und noch bestens erhaltenen Zisterzienserklosters aus dem 12. Jahrhundert. In der Figur 92 sind einige der Schönheiten dieser Kapelle zeichnerisch festgehalten. Man tritt durch ein Portal, das an der linken Seite der Figur zu denken ist, in einen *neuneckig* geformten, mit gotischen Spitzbogenöffnungen versehenen Raum ein (siehe in der Zeichnung das Neuneck ganz außen). Der Fußboden des Raumes ist kreisrund und weist einen Durchmesser von genau 6 m auf (siehe den äußeren der beiden Kreise). Die ihn bedeckenden Steinfliesen bilden miteinander eine Figur, welche ganz außen *sechzehnzipflig* gestaltet ist und sich nach innen zu über zwei Reihen von je *acht* symmetrischen Fünfecken hinweg in ein regelmäßiges Achteck umbildet. Dieses, in der Zeichnung schraffiert, bildet den Rand eines massiven Steinsockels, welcher drei übereinandergetürmte gewaltige kreisrunde Steinschalen trägt. Die untere besitzt einen

Durchmesser von genau 3 m; die mittlere und die obere sind entsprechend schmaler gehalten. Aus der oberen fließt das Wasser über die mittlere in die untere hinab. Die Zeichnung ist von mir an Ort und Stelle aufgenommen. Das Zusammenspiel der beiden Zahlen Neun und Acht in dem im Zeichen des unaufhörlich herabströmenden Wassers stehenden Raum ist überwältigend. Im Wäßrigen lebt sich auf der Erde alle zeugende Kraft aus, und auf die zeugende Kraft weisen wiederum sowohl die Acht wie die Neun:

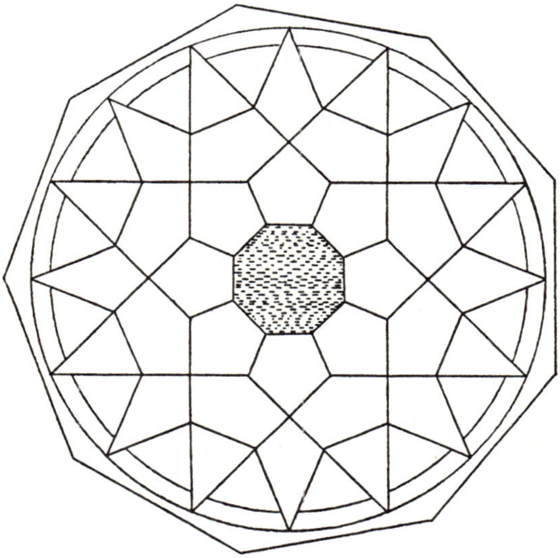

Figur 92

Die vorchristlich-heidnische Vorstellungswelt bezog die Zahl Acht und ihre Formen noch mehr auf die göttlichen Vaterkräfte. In der nachchristlichen Ära diente sie auch zur Verherrlichung des «eingeborenen» Sohnes. Es darf daher nicht verwundern, wenn bald nach der Zeitenwende das Wesen Jesu Christi im Lichte der Achtheit gesehen wurde. Die Zahl, welche der Mensch schon immer auf die gesund machenden Heilkräfte bezogen hatte, wurde zum Attribut des der Menschheit und der Erde erstandenen Heilands. Schon gegen Ende des zweiten nachchristlichen Jahrhunderts heißt es aus dem Munde des Kirchenlehrers Clemens von Alexandria: «Wen Christus wieder zum Leben gebiert, der wird in die Achtheit versetzt.»

Man sah sich in dieser Überzeugung durch das Zahlengeheimnis bestärkt und bestätigt, das sich in dem aus der Gotteswelt zugesprochenen Namen des Erlösers verbarg. Eigentlich lagen hier zwei Zahlenwunder vor, deren eines dem Christusnamen innewohnte, wogegen das andere das irdische Gefäß betraf, welches das Christuswesen in sich aufnahm. Der Name Jesus ist uns durch das Evangelium in der griechischen Sprache überliefert und tritt dort in der Schreibung «Jesous» (Jota eta sigma omikron ypsilon sigma) auf. Seine Gematria ergibt das folgende Bild:

Jota	eta	sigma	omikron	ypsilon	sigma
10	8	200	70	400	200

Die Summe aller Zahlenbuchstaben ist 888. Ein überwältigendes Ergebnis für den, der nicht alles dem bloßen Zufall zuschreibt, sondern davon überzeugt ist, daß Zahl und Sprache in einer gemeinsamen geistigen Wirklichkeitssphäre urständen, so daß Name wie Zahl an das Wesensgeheimnis rühren! In der Tat deutet der Name Jesus auf das gleiche Wirklichkeitsgebiet, das sich auch in der Zahl Acht manifestiert, auf die Welt der heilenden Bildekräfte. Über den Ursprung des Namens Jesus läßt sich Rudolf Steiner im 10. Vortrag seiner Vortragsreihe über *Das Matthäus-Evangelium* (GA 123) aus: «In einer gewissen Mundart Vorderasiens, in welcher sich besonders diejenigen ausgedrückt haben, aus welchen das Christentum hervorgewachsen ist, ist die Übersetzung dessen, was wir bezeichnen würden als ‹geistigen Heiler›, das Wort Jesus. ‹Jesus› bedeutet im Grunde genommen ‹geistiger Arzt›. Das ist eine ziemlich richtige Übersetzung, namentlich, wenn man auf die Gefühlswerte geht. Und damit könnten sie zu gleicher Zeit auch ein Licht werfen auf alles, was man bei solchen Namen empfand in einer Zeit, wo man bei Namen noch etwas fühlte.»

Mit der Zahl 888 hat es mancherlei auf sich, dem man sich nur schrittweise nähern kann. Als einmal Christian Morgenstern über das Geheimnis des Menschenwesens und der Menschheit auf der Erde nachsann, trat wie in einer Art geistiger Schau gerade diese Zahl vor sein inneres Auge. Es war im Jahr 1907, als er die seltsamen Worte hinschrieb: «Menschheiten können immer nur als Nachblüte auf einem Planeten auftreten. Erst wenn er abstirbt, können Menschen auf ihm gedeihen. Wenn ein Planet etwa 1000 Jahre eine bestimmte Art zu leben hätte, so würde die Geschichte seiner Menschheit (samt all ihren Perioden, auch der Eiszeit) etwa die Geschichte seines 888. Jahres sein.»

Als Morgenstern diese Sätze niederschrieb, war er Rudolf Steiner noch nicht begegnet.

In der Zahl 888 steckt ebensosehr die Zahl 8 wie auch die Zahl 111, welche wiederum das Dreifache der Zahl 37 ist, so daß in 888 beides, sowohl 8 wie 37, enthalten ist. Nimmt man 111 rein als Symbol, ohne damit irgendwelche Größenvorstellungen im Sinne irgendeiner Zahlenordnung zu verknüpfen, so gestaltet sie sich zum erhabenen Bildausdruck der Heiligen Dreieinigkeit. Als Größenhaftes ist 111 im Dezimalsystem das Produkt aus den Zahlen 3 und 37, so daß sowohl im Jesusnamen als auch in seiner Erhöhung zum Christuswesen das Geheimnis der Zahl 37 gefunden werden kann, wenn man sich überhaupt darauf einläßt, in der Gematria ein gültiges Erkenntnisinstrument anzuerkennen. Das Wagnis wurde hier angesichts der Symbolik, zu welcher die Zahl Acht auffordert, unternommen. Es öffnet eine Pforte in Bereiche, die zu betreten äußerste Kühnheit verlangen würde. Der Charakter der vorliegenden Arbeit verbietet jedoch ein solches Unterfangen, zumal da manches in ihr die Grenze des Zumutbaren schon streift.

Das periodische System der Elemente als Schöpfungsurkunde*

Von Arnold Blickle und Ernst Bindel

Das periodische System verdankt seinen Ursprung dem Bestreben, Ordnung in die Vielfalt der chemischen Erscheinungen zu bringen. Der erste, der sich darum erfolgreich bemühte, war Johann Wolfgang Döbereiner. Um in den Geist und die Gesinnung, aus der heraus er seine Versuche unternahm, einzudringen, seien einige Angaben über die Lebensumstände dieses Mannes gemacht. Er wurde im Jahre 1780 geboren, also zu einer Zeit, als die Sonne des Ruhmes dem jungen Goethe schon voll leuchtete. Denn schon 1773 war der *Götz von Berlichingen* veröffentlicht, schon 1774 waren die *Leiden des jungen Werthers* niedergeschrieben, welche den Namen des Dichters schnell berühmt machten; schon 1775 verlegte er seine Wirksamkeit nach Weimar, einer Einladung des jungen Herzogs Karl August folgend. Ist es ein zufälliges Zusammentreffen, daß Döbereiner die gleichen Vornamen wie Goethe erhielt, oder waltete bei den Eltern die Absicht, einer Verehrung für den Dichter Ausdruck zu verleihen? Jedenfalls führte das Lebensschicksal den erst Dreißigjährigen als Professor der Chemie und Naturwissenschaften nach Jena an die dortige Universität, die der Fürsorge Goethes unterstellt war. Dieser sah die Berufung tüchtiger Kräfte an die von ihm geliebte Bildungsstätte als eine seiner Hauptaufgaben an. War die Berufung des jungen Döbereiner dorthin auch sein Werk? Wie sehr Goethe alles, was mit der Jenaer Universität zusammenhing, als seine ureigene Angelegenheit ansah, mag daraus hervorgehen, daß

* Die folgenden Ausführungen über «Das periodische System der Elemente als Schöpfungsurkunde» wurden erstmals im Heft 2–3/1948 der Zeitschrift *Die Drei* veröffentlicht.

er sich nach der unglücklichen Schlacht bei Jena und Auerstädt für die Universität und für seine jenaischen Freunde, die unter den Plünderungen und Roheiten der Sieger schwer zu leiden hatten, nachdrücklich bei Denon, dem Generalinspektor der Künste und des Museums aus Paris, der, mit Goethe schon von Italien her befreundet, zu dessen Sicherheit in sein Haus eingezogen war, verwandte und betonte, daß er mit der Universität eine Arbeit von dreißig Jahren verlieren würde; denn «les institutions de Jena étaient en partie mon ouvrage». Döbereiner trat zu Goethe und dem Herzog in nahe Beziehungen, wie auch aus seinem Briefwechsel hervorgeht. Ein reger Gedankenaustausch setzte zwischen ihm und Goethe ein, der auch seinen Niederschlag in den von Goethe veröffentlichten Schriften gefunden hat. So werden darin zweimal Gutachten zitiert, die von Döbereiner verfertigt worden waren, eines über ein physisch-chemisch-mechanisches Problem aus dem Jahre 1821 und ein weiteres aus dem Jahre 1820, das von Goethe mit den Worten eingeleitet wird: «Einem dieses Jahr ungewöhnlich sich hervortuenden Honigtau hat ein aufmerksamer Naturfreund folgendes abgewonnen.»

Döbereiner ist es auch, welcher die ungewöhnlich heftig erfolgende Aufnahme von Wasserstoff durch schwammiges Platin entdeckte. Nach ihm heißt das darauf beruhende Feuerzeug noch heute das Döbereinersche.

Es ist im Jahre 1817 gewesen, daß Döbereiner die erste mathematisch faßbare Beziehung zwischen den Eigenschaften chemischer Elemente fand. Er zeigte, daß das Verbindungsgewicht* des Stron-

* Die Verbindungsgewichte zweier Elemente, etwa des Kalziums und des Sauerstoffs, sind die Gewichtsverhältnisse, nach denen sich diese beiden Elemente stets chemisch verbinden. Fixiert man die dem Sauerstoff zukommende Zahl auf die Zahl 16, so würde sich das Verbindungsgewicht des Kalziums mit 40,08 ergeben; beide verbinden sich zum Kalziumoxid stets so, daß 40,08 Gewichtsteile Kalzium 16 Gewichtsteile Sauerstoff binden.

tiums ziemlich genau das arithmetische Mittel zwischen den Verbindungsgewichten von Kalzium und Barium ist.* Im Jahre 1828, also noch zu Lebzeiten Goethes, tat er darüber hinaus in seiner Abhandlung «Versuch zu einer Gruppierung der elementaren Stoffe nach ihrer Analogie» einen bedeutsamen Schritt nach vorn durch die Auffindung der sogenannten Triadenregel.** Solche Triaden sind außer der schon genannten von Kalzium-Strontium-Barium auch Chlor-Brom-Jod sowie Lithium-Natrium-Kalium. Die Triade Lithium-Natrium-Kalium enthält lauter ausgesprochene Laugenbildner und ist als solche und auch in anderer Hinsicht chemisch polar zu der Triade Chlor-Brom-Jod, die lauter Säurebildner umfaßt. Der Polarität von Lauge und Säure gedenkt ja Goethe auch in seiner Farbenlehre. Innerhalb jeder der beiden Triaden steigert sich von Element zu Element einerseits der Laugen-, andererseits der Säurecharakter. Polarität und Steigerung sind aber Begriffe, durch die sich Goethe der Entwicklungsidee zu nähern versucht, z. B. in seiner *Metamorphose der Pflanzen*. Die Stellung, welche das spätere periodische System den besagten Elementen anweist, bringt diesen sich steigernden Dualismus unmißverständlich zum Ausdruck. In der auf S. 349 wiedergegebenen Anordnung des periodischen Systems durch Antropoff findet sich

* Verbindungsgewicht von	Kalzium	40,08
" "	Strontium	87,63
" "	Barium	137,36

Das arithmetische Mittel zwischen den beiden Randzahlen beträgt

$$\frac{40{,}08 + 137{,}36}{2} = \frac{177{,}44}{2} = 88{,}72$$

** Die Triadenregel besagt, daß sich unter den Elementen da und dort Dreiheiten finden, deren chemische Verwandtschaft – Döbereiner spricht von ihrer «Analogie» – sich auch zahlenmäßig in ihren Verbindungsgewichten bekundet, wie dies für die Triade Kalzium – Strontium – Barium ausgeführt wurde.

– wenn man von den beiden Randspalten absieht – die Triade Lithium-Natrium-Kalium in der vordersten, die polare Triade Chlor-Brom-Jod in der hintersten Spalte des Schemas; beide entfernen sich am weitesten von einer ausgleichenden Mittelspalte. Von Zeile zu Zeile oder, wie man hier sagt, von Periode zu Periode steigert sich die vorhandene Gegensätzlichkeit. So kann man ohne Übertreibung sagen, daß der Keim, aus dem das periodische System hervorgewachsen ist, sich, wenn nicht auf Goethe, so doch auf Goethesches Denken zurückführen läßt. Wir vermögen uns vorzustellen, daß Döbereiner sich mit Goethe über seine Triaden unterhalten und beraten hat.

Einen weiteren Schritt nach vorn tat im Jahre 1850 Max von Pettenkofer dadurch, daß er über die bloßen Triaden hinaus größere natürliche Gruppen von Elementen zusammenfaßte, z. B. Magnesium, Kalzium, Strontium und Barium einerseits und Stickstoff, Phosphor, Arsen und Antimon andererseits, jedesmal Gruppen, die man heute homologe Gruppen nennt, weil sie gleichen Spalten im rechteckigen Schema des periodischen Systems angehören. Als endlich um 1860 herum die Grundlagen zur Bestimmung der Verbindungsgewichte von Elementen feststanden, war das Tor zu weiterer Vervollkommnung der Gruppierungen aufgetan. Im Jahre 1862 ordnete Béguyer de Chancourtois die Elemente aufgrund ihrer Verbindungsgewichte in einer um einen Zylinder sich windenden Schraubenlinie derart an, daß Elemente mit ähnlichen Eigenschaften, also homologe Elemente, untereinander von Windung zu Windung zu liegen kamen, und im Jahre 1865 fand Newlands das Gesetz der chemischen «Oktaven», wonach mit steigendem Verbindungsgewicht chemisch ähnliche Elemente nach Art musikalischer Oktaven periodisch wiederkehren. Newlands verfiel jedoch in den Fehler, wie früher andere den Triaden gegenüber, alle damals bekannten Elemente in sein Oktavenschema einzuzwängen, da er annahm, daß schon alle Elemente entdeckt seien.

Erst der Russe Mendelejeff und der Deutsche Lothar Meyer stellten gleichzeitig und unabhängig voneinander im Jahre 1869 die uns bekannten Formen des natürlichen Systems der Elemente auf, indem sie dieselben so zu ordnen wußten, daß bei steigendem Atomgewicht Elemente mit ausgesprochen ähnlichem Verhalten, vor allem mit gleicher Wertigkeit, in senkrechte Spalten zu stehen kamen. In dieser Genesis des periodischen Systems darf jedoch eines nicht außer acht gelassen werden. Genau ein Jahr vor dem Erscheinen der Döbereinerschen Abhandlung hatte Dalton sein *New System of chemical philosophy* abgeschlossen und darin die Atomtheorie für die Chemie als gültig postuliert. Diese atomistische Erklärung der chemisch-quantitativen Erscheinungen wurde nun unter immer stärkerer Abkehr von einem der Goetheschen Forschungsweise gemäßen Phänomenalismus mehr und mehr zu einem Vorstellungsbesitz der chemischen Forscher, und so ergänzte sich der Begriff des bloßen Verbindungsgewichtes durch das theoretische Begriffspaar von Atomgewicht und Wertigkeit. In das Werden und Wachsen des periodischen Systems als eines in goetheanistischer Gesinnung gepflanzten Keimes schlingt sich so vom Westen her die atomistische Denkweise hinein. Die dadurch verursachte Problematik aufzuweisen ist nicht der Zweck dieser Betrachtung. Nur darauf sei hingewiesen, daß in dem Maße, wie mit fortschreitender Wissenschaft echt atomistische Phänomene über das bloß theoretische Postulat hinaus in das Beobachtungsfeld der physikalisch-chemischen Forschung in den letzten Jahrzehnten getreten sind, der eingeschlichene primitive Materialismus atomistischer Vorstellungsweise gleichsam wieder rückgängig gemacht wird, so daß die reinen Farben des Bildes, zu denen das periodische System von seinen Ursprüngen her veranlagt war, wieder stärker hervortreten können.

In dem von Mendelejeff und Meyer aufgestellten System fehlten noch viele Elemente, die mittlerweile bekannt geworden sind, nicht bloß einzelne, sondern ganze Gruppen. Erstere wurden geradezu dadurch entdeckt, daß Lücken im entwickelten System auf ihre

Existenz schließen ließen. Die Mehrzahl der später aufgefundenen Grundstoffe gehört jedoch Elementegruppen an, die in das System zunächst gar nicht hineinpassen wollten und es so zu sprengen drohten. Es handelte sich da um die Metalle der seltenen Erden, mit denen die Chemiker erst seit 1878 bekannt wurden, ferner um die Edelgase, denen man erst nach 1895 auf die Spur kam, und schließlich um die radioaktiven Elemente, die man erst seit der Wende zum 20. Jahrhundert kennenlernte.

Mit einer rein tabellarischen Zusammenfassung aller Elemente, die durch ein rechteckiges Schema repräsentiert wird, war da eigentlich nichts mehr auszurichten. Denn von Reihe zu Reihe, von Periode zu Periode nimmt die Anzahl der Elemente zu. Die erste Periode umfaßt bloß zwei Elemente, die zweite Periode, die doppelt vorkommt, also zwei Reihen füllt, umschließt je acht Elemente, die dritte Periode, die wieder doppelt erscheint, vereinigt in jeder der beiden Reihen 18 Elemente, und die vierte Periode, die wieder doppelt erscheint, birgt in der ersten Reihe gar 32 Elemente, in der zweiten, abbrechenden, sechs Elemente. Wurden entsprechend der vierten Periode 32 Spalten angenommen, so blieben in den vorhergehenden waagerechten Reihen, von unten nach oben durchlaufen, 14, 14, 24, 24 und 30 Felder leer. Gar zu leicht konnte durch eine solche Anordnung der falsche Eindruck entstehen, als ob hier noch Raum für unbekannte Elemente wäre. Diese Tabellierung unterblieb dann auch. Versuchte man die Anordnung entsprechend der dritten Periode mit 18 Spalten, so hatte man in der vierten Periode einen Überschuß von 14 Elementen, den seltenen Erdmetallen, den man nur dadurch unterbringen konnte, daß man im Feld des 57. Elementes, des Lanthan, hinter dem sie rangieren, den Vermerk «58 bis 71» machte und sie in einer Fußnote aufzählte (siehe die Antropoffsche Gruppierung!). In den Zeilen der zweiten Periode blieben nun noch zehn Felder und in der Zeile für die erste Periode 16 Felder leer. Man kam schließlich dazu, entsprechend der zweiten Periode eine Achtspaltigkeit durchzuführen, wodurch in der ersten Zeile immer noch sechs Felder leer blieben. Wie man sich durch die dritte und die vierte Periode aufgrund der Achtspaltigkeit hindurchwand, das zu schildern würde hier zu weit abführen. Manche Unzuträglichkeiten und Irrtümer waren damit notwendigerweise verbunden: Dennoch war diese Form bestechend, weil sie das Ganze sozusagen in lauter Oktaven aufgliederte, und so wurde sie eine Zeit lang herrschend. Sie war und ist zuweilen noch heute die Grundlage des Chemieunterrichtes. Trotz ihrer offenbaren Mängel war aber diese «kurzperiodische» tabellarische Anordnung des periodischen Systems der Elemente ein großer Erfolg. Denn sie war ein halbes Jahrhundert lang ein Wegweiser für die chemische Forschung.

Natürlich wurde oft versucht, die Tatbestände der chemischen Zusammenhänge durch eine sachgemäßere Anordnung wiederzugeben. Die Tabellen wurden auf die verschiedenste Art zerschnitten und wieder zusammengefügt. Es wurde das System auch kurvenmäßig, oft spiralig, eben und im Raum aufgetragen. Aber auch dies vermochte nicht allseitig zu befriedigen, und so blieb man doch bei der letztgenannten kurzperiodischen Anordnung. Dabei hat man sich bemüht, dieselbe so zu verfeinern, daß sie den gemachten Einwänden einigermaßen Rechnung trägt. Eine dieser Anordnungen ist diejenige von Antropoff.

Alle diese Versuche, die hier mit Bedacht, wenn auch nur in groben Strichen, gezeichnet worden sind, hatten das Ziel, die im Chemismus sich offenbarenden Periodizitäten durch eine möglichst adäquate Gruppierung der Elemente zu einer Gesamtschau zu vereinigen. Der Charakter der sich dabei ergebenden Form, die alle Verwandtschaften und Gegensätze in sich aufnimmt, wurde dabei als eine Gegebenheit hingenommen. Man schaute weniger auf die Rhythmik, die sich in einer Vierheit von Perioden mit gerade 2, 8, 18 und 32 Elementen ausspricht. Man blieb sozusagen für die Sprache dieser Rhythmik taub. Aber gerade eine solche noch ausstehende formalistische Betrachtung des periodischen Systems kann über einen bloßen Formalismus hinauswachsen, wenn man ihn richtig zu lesen versteht. Ehe dies hier geschieht, sei die sich darbietende Form noch genauer ins Auge gefaßt.

Nehmen wir einmal an, jede der vier Perioden träte doppelt auf – was ja für die Periode I nicht und für die Periode IV nur eingeschränkt gilt –, so gäbe es folgende Periodenkette:

Periode	Ia nur idealiter vorhanden				
"	Ib	mit	2	Elementen	(Wasserstoff, Helium)
"	IIa	"	8	"	(Lithium, Beryllium, Bor, Kohlenstoff, Stickstoff, Sauerstoff, Fluor, Neon)
"	IIb	"	8	"	(Natrium, Magnesium, Aluminium, Silicium, Phosphor, Schwefel, Chlor, Argon)
"	IIIa	"	18	"	(Kalium, …, Krypton)
"	IIIb	"	18	"	(Rubidium, …, Xenon)
"	IVa	"	32	"	(Caesium, …, Radon)
"	IVb	"	6	"	(?, Radium, Actinium, Thorium, Protactinium, Uran, sämtlich radioaktiv, d.h. von selbst zerfallend)

Periode IVb bricht hinter dem Uran ab und müßte idealiter ebenfalls 32 Elemente umfassen. Anfang und Ende der ganzen Periodenkette von insgesamt 92 Elementen verhüllen sich gleichsam; aus dem Dunkel einer Unterstofflichkeit geht es durch die 92 Elemente schließlich wieder in das Dunkel einer Überstofflichkeit.

Die Ordnung, in welcher die Elemente aufeinanderfolgen, ist, von verschwindenden Ausnahmen abgesehen, einfach diejenige zunehmender Atomgewichtszahlen. Beurteilt man die Schwere eines Elements nicht von seinem spezifischen Gewicht, sondern von seinem Atomgewicht her, so kann man sagen: Von Element zu Element nimmt im periodischen System die Schwere zu, so daß am Anfang das leichteste, der Wasserstoff, steht, am Ende das Uran als das schwerste (dem spezifischen Gewicht nach ist das Iridium am schwersten!). Hand in Hand damit geht, wie noch gezeigt werden wird, eine ständig zunehmende Kompliziertheit des inneren Aufbaus, der inneren Struktur, so daß der Reigen der Elemente von dem am einfachsten gebauten Wasserstoff begonnen und von dem kompliziertest gebauten und deshalb wieder zerfallenden Uran beschlossen wird. So kommt jedem Element außer seiner Atomgewichtszahl innerlichst eine Ordnungszahl z zu:

Periode	Ib	reicht von	z = 1	bis	z = 2
"	IIa	" "	z = 3	"	z = 10
"	IIb	" "	z = 11	"	z = 18
"	IIIa	" "	z = 19	"	z = 36
"	IIIb	" "	z = 37	"	z = 54
"	IVa	" "	z = 55	"	z = 86
"	IVb	" "	z = 87	"	z = 92

Am Ende jeder Periode steht bedeutsamerweise ein sogenanntes Edelgas:

Am Ende von Periode	Ib	das Helium	(z = 2)
" " " "	IIa	" Neon	(z = 10)
" " " "	IIb	" Argon	(z = 18)
" " " "	IIIa	" Krypton	(z = 36)
" " " "	IIIb	" Xenon	(z = 54)
" " " "	IVa	" Radon	(z = 86)

Die Edelgase verbinden sich mit keinem anderen Element und lassen sich ungeheuer schwer verflüssigen oder gar verfestigen. Sie stellen sich außerhalb des Chemismus, so daß sich dieser auf die vorhergehenden Elemente einer jeden Periode beschränkt. Die Periode Ib weist demnach nur ein chemisch aktives Element auf, den Wasserstoff. Die beiden Perioden IIa und IIb enthalten nur je sieben chemisch aktive Elemente, die sich bedeutsam gliedern: ein Mittelelement, in IIa der Kohlenstoff, trennt eine vorangehende Dreiheit von einer folgenden, und

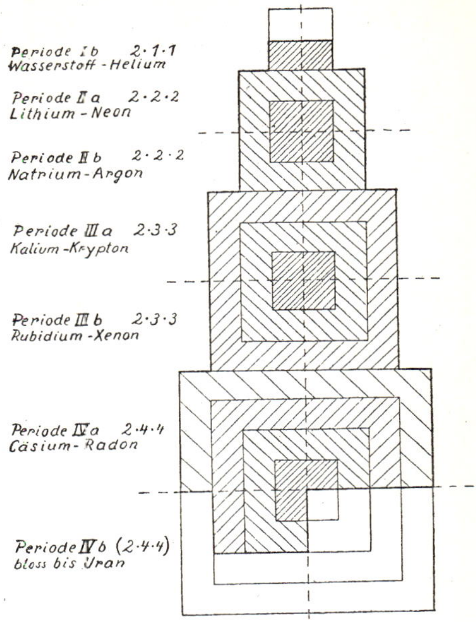

Figur 93

diese beiden Dreiheiten sind in ihren chemischen Eigenschaften polar einander so zugeordnet, daß gleichweit vom Mittelelement abstehende Elemente zusammengehören. In den beiden Perioden IIIa und IIIb treten nach dem Gesagten je zehn Elemente hinzu, die sogenannten Schwermetalle (in Periode IIIa von Titan, z = 22, bis Gallium, z = 3, und in Periode IIIb von Zirkonium, z = 40, bis Gallium, z = 49, reichend). Für die restlichen sieben chemisch aktiven Elemente gilt das gleiche wie das für die Perioden II Angedeutete. Aber auch die zehn Schwermetalle fügen sich dieser Siebenerordnung insofern, als inmitten von ihnen drei derselben eine abgesonderte Einheit bilden (beispielsweise in Periode IIIa Eisen-Kobalt-Nickel) und so für die übrigen sieben Schwermetalle wieder eine polare Gliederung ermöglichen. In der Periode IVa kommt zu allem eine weitere Gruppe von 14 Elementen hinzu, die der 14 seltenen Erdmetalle. In der Untersuchung und Kenntnis derselben steht man erst an einem Anfang.

Wir sind nun mit dem nötigen Rüstzeug ausgestattet, die im Ganzen und in seinen Gliedern waltende Rhythmik auf uns wirken zu lassen. Erst verhältnismäßig spät hat man erkannt, daß es sich bei den Zahlen 2, 8, 18 und 32, die die Anzahl der Elemente von Periode zu Periode wiedergeben, um das Doppelte der Quadratzahlen 1, 4, 9 und 16 handelt. Die Folgerungen, die daraus gezogen werden können, aber bis heute nicht gezogen worden sind, weil die Zahl als umfassendes Formprinzip dem neuzeitlichen Menschen nicht mehr gegenwärtig ist und weil zugleich die geistigen Forschungsergebnisse Rudolf Steiners in die zünftige Naturwissenschaft noch nicht Eingang gefunden haben, sind außerordentlich weitreichend. Die Reihe der 92 Elemente wird also durch die Zäsuren der in ihrem physikalischen und chemischen Verhalten ganz für sich dastehenden Edelgase in Perioden aufgeteilt, die sich aus den Doppelquadraten der vier ersten natürlichen Zahlen bestreiten. Ein seltsames Ergebnis! Wenn der moderne Chemiker von der Höhe seiner um die Wende des 20. Jahrhunderts entwickelten Wissenschaft zuweilen überlegen lächelnd auf die altgriechische Lehre von den vier Elementen Feuer, Luft, Wasser und Erde herabschaut, muß er nun gewahr werden, daß auch seine 92 Elemente innerhalb einer Vierheitwesen, und dies sogar in zwiefacher Hinsicht: Erstens handelt es sich bei ihm um die vier ersten Quadratzahlen, und zweitens sind es gerade die Quadratzahlen, also diejenigen Zahlen, deren jede den Vierheitscharakter für sich schon in ihrem figuralen Ausdruck ausprägt. Figur 93 macht diesen Sachverhalt anschaulich. Der stark umrandete Teil der Gesamtfigur umfaßt die 92 chemischen Elemente, wobei die sechs Elemente der Periode IVb den Raum des letzten Rechtecks von der Breite 3 und der Höhe 2 einnehmen. Was von der Gesamt-

figur über diesen Rahmen hinausreicht, deutet auf den verhüllt bleibenden Anfang und das verhüllt bleibende Ende einer – man muß schon sagen: Entwicklung. Vier große aufeinanderfolgende Schritte vollzieht dieselbe, jeden in Gestalt einer Quadratfigur.

Ohne dieser Darstellung Gewalt anzutun, läßt sie sich auf eine einfachere reduzieren. Jede Periode kleidet sich ja in das Gewand eines Doppelquadrates und erscheint außerdem teils realiter, teils idealiter doppelt, so daß sich jedes Periodenpaar durch Zusammenschluß zweier Doppelquadrate wieder zu einem einfachen Quadrat von doppelter Seitenlänge formt. Es genügt daher für das weitere, eine Folge von vier einfachen Quadraten in folgender Anordnung in Auge zu fassen:

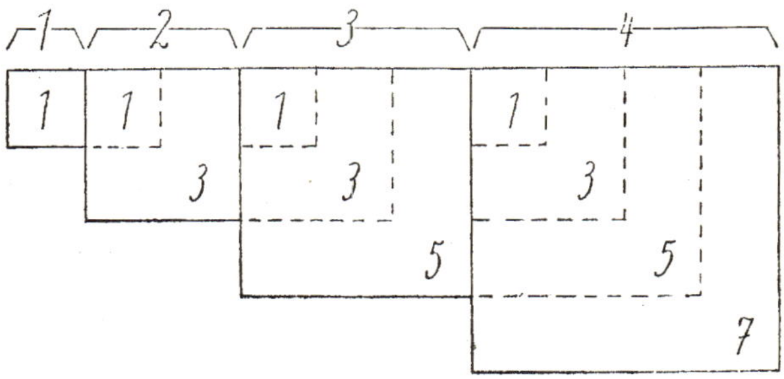

Figur 94

Lassen wir einmal unbefangen dieses Bild zu uns im Sinne einer Entwicklung sprechen! Denken wir uns eine Evolution, die sich in vier Schritten vollzieht, aber so, daß jeder neue Schritt entgegen dem menschlichen Schreiten immer wieder von vorne beginnen muß! Das erste, kleinste Quadrat würde dann den ersten Entwicklungsschritt verbildlichen. Der zweite Entwicklungsschritt würde, weil er wieder von vorn beginnen muß, die beiden ersten Quadrate mit den Seitenlängen 1 und 2 umfassen. Aber hier zeigt sich darüber hinaus etwas Bedeutsames, Unerwartetes, das mit dem Bilde des Schreitens kaum noch faßbar ist: Es wird nicht bloß der Anfangszustand vor dem eigentlichen zweiten Schritt wiederholt, sondern nach Absolvierung der Wiederholung gleichsam von innen her, im eigentlichen zweiten Schritt selber, eine nochmalige Wiederholung vorgenommen (siehe im Quadrat mit der Seitenlänge 2 das gestrichelt umrandete Eckquadrat von der Fläche 1), und zwar fügt sich zur Einheit eine Dreiheit, die sich in dem um das Eckquadrat herumgelegten Saum von der Fläche 3 abbildet. Diese dopppelte Wiederholung, eine von außen und eine von innen, setzt sich in die beiden noch folgenden Entwicklungsschritte hinein fort. Besser als durch das Bild des Schreitens läßt sich dieses Geschehen durch die beiden der Figur beigegebenen Zahlenfolgen kennzeichnen:

1. die Längenfolge 1, 1 + 2, 1 + 2 + 3, 1 + 2 + 3 + 4

2. die Flächenfolge 1, 1 + 3, 1 + 3 + 5, 1 + 3 + 5 + 7

Erstere spricht die von außen her erfolgenden Wiederholungen aus, letztere die von innen her erfolgenden. In seinem posthumen Werk *Des nombres* charakterisiert der französische Weise und Mystiker St. Martin die erste Folge als eine «Addition im Sinne der göttlichen Weisheit». Wenn die schöpferischen Weltenmächte zählen, zählend schaffen, geschieht dies nicht nach Menschenart 1, 2, 3, 4, sondern so, daß immer wieder vom Ausgangspunkt an begonnen wird:

1
1 + 2
1 + 2 + 3
1 + 2 + 3 + 4

Der Grieche nannte die so entstehende Zahlenfolge Dreieckszahlen entsprechend der folgenden Anordnung:

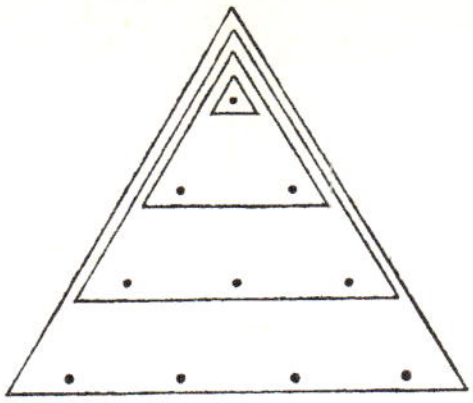

Figur 95

Aber auch die andere Zahlenfolge war ihm geläufig. Er nannte sie die Reihe der Gnomonzahlen, damit auf das Bild deutend, das um ein Eckquadrat herum lauter rechteckige Säume, die von ihm Gnomone genannt wurden, zeigt.

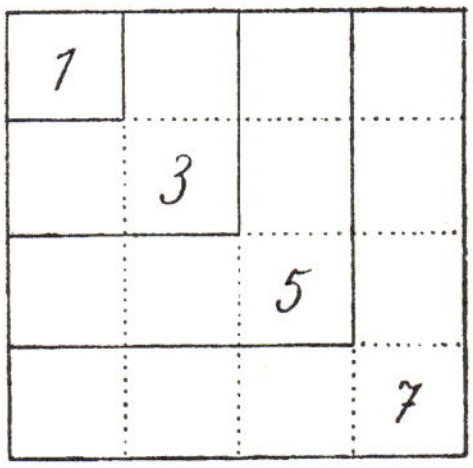

Figur 96

Diese formalistische Betrachtung des Periodenaufbaues läßt uns vermuten, daß wir es im periodischen System der Elemente mit dem stofflichen Niederschlag einer Entwicklung, eines evolutionellen Ablaufs im Bereich der Stoffeswelt zu tun haben, also mit einer Art Urkunde, die die weltschöpferischen Mächte selber geschrieben haben. Wir könnten der uns überlieferten mythologischen Schöpfungsberichte entraten, wenn wir in dieser von der Weltenweisheit selber uns geschenkten Genesis zu lesen verstünden. Sie kommt zu derjenigen Schöpfungsurkunde hinzu, welche die neuzeitliche Biologie zu entziffern sich bemüht hat. Nachdem Ernst Haeckel bei seinen biologischen Forschungen das biogenetische Grundgesetz aller organischen Entwicklung entdeckte, das aussagt, daß die Ontogenesis eine zusammengedrängte Phylogenesis ist, daß also das Einzelwesen in seiner Keimesgeschichte die Stammesentwicklung rekapituliert, läßt uns die offen zutage liegende Gliederung des periodischen Systems auf eine Art kosmogenetisches Grundgesetz schließen. Was von den irdischen Organismen gilt, warum sollte es nicht erst recht für den diese Organismen tragenden Gesamtorganismus Erde in seinen verschiedenen Entwicklungsphasen gültig sein?

Von ganz anderer Seite wird diesen Vermutungen eine Bestätigung zuteil. Sie kommt uns von den umfassenden Forschungen Rudolf Steiners über die aufeinanderfolgenden Entwicklungsphasen unseres Erdenplaneten zu. Sie sind von ihm in seinem Buch *Die Geheimwissenschaft im Umriß* sowie in seinen zahlreichen Vorträgen und Vortragszyklen beschrieben und können hier wegen des beschränkten Raumes nur ganz kurz wiedergegeben werden. Ein urferner Anfangszustand, der mit der Erde unser ganzes Sonnensystem umspannt, leitete die planetarische Entwicklung ein. Rudolf Steiner nennt ihn den «alten Saturn». Was ihn veranlaßt, diesen Urbeginn alles Werdens gerade mit dem Planeten Saturn in Beziehung zu setzen, bleibe hier außer Betracht. Jedenfalls wäre es ein Fehlschluß zu meinen, der heutige Saturn sei ein stoffliches Residuum jener Urphase unseres jetzigen Sonnensystems. Aus rein geistigen, überstofflichen Seinsbereichen gebar sich damals ein stoffliches Werden von allerzartester Gestaltung, vielleicht am ehesten unserer heutigen Wärmestrahlung vergleichbar. Als es seine Entwicklung abgeschlossen hatte, kehrte es in die zeugenden Geistessphären zurück, eine Art Weltenschlaf antretend. Aus diesem erwachte es zu einem neuen Weltentag, eine zweite Entwicklungsphase, die sogenannte «alte Sonne», durchlaufend. Ehe diese mit ihren neuen Formen einsetzte, mußte das saturnische Dasein rekapituliert werden. Die alsdann einsetzende Verstofflichung bestand in einer zunehmenden Verdichtung bis zu einem den heutigen Gasen vergleichbaren Formzustand herunter. Nach Abschluß dieser zweiten Entwicklungsphase wurde alles wiederum in einen geistigen Ruhezustand zurückgenommen, um sich neugerüstet zu einer dritten planetarischen Verkörperung, dem «alten Mond», anschicken zu können, und wieder ging dem eigentlichen alten Mondendasein eine Wiederholung des Saturn- und des Sonnendaseins voraus. Unsere Erde gehört samt Sonne, Mond und Planeten einem vierten Entwicklungsablauf, an, dem rekapitulierend die drei anderen vorangingen, ehe die eigentliche vierte Phase, die als Erdenentwicklung bezeichnet wird, begann.

Gleichsam diese Technik der weltschöpferischen Mächte, eine Evolution durch Wiederholungen voranzutreiben, diese «Addition im Sinne der göttlichen Weisheit», gilt es genau ins Auge zu fassen. Sie ist mit dem soeben gegebenen Überblick noch nicht erschöpft, noch nicht genau genug geschildert. Wie vollzog sich beispielsweise das Werden der vierten planetarischen Verkörperung? Wir lesen sie in dem Buch *Geheimwissenschaft im Umriß* nach; dort heißt es, nachdem die Wiederholung von Saturn-, Sonnen- und Mondenentwicklung vor der eigentlichen Erdenentwicklung ausführlich geschildert worden ist:

«Das Augenmerk sei nun gerichtet auf die Entwickelungstatsachen nach Beendigung der dritten der geschilderten Wiederholungen ... Vor dem geistigen Auge steht auf dieser Entwickelungsstufe die Erde zunächst als ein Weltenwesen, das ganz Seele und Geist ist, in dem also auch die physischen und die lebendigen Kräfte noch seelisch erscheinen. In diesem Weltengebilde ist, der Anlage nach, alles enthalten, was sich später zu den Geschöpfen der physischen Erde umwandeln soll. Es ist leuchtend; sein Licht ist aber noch kein solches, das physische Augen wahrnehmen könnten, auch wenn sie da wären. Es leuchtet nur für das geöffnete Auge des Sehers. Es geht nun in diesem Wesen etwas vor, was man als Verdichtung bezeichnen kann. Das Ergebnis dieser Verdichtung ist, daß nach einiger Zeit inmitten des Seelengebildes eine Feuerform erscheint, wie eine solche der Saturn in seinem dichtesten Zustande war.» Mit einer Wiederholung einer Wiederholung haben wir es demnach auch in dieser Schilderung zu tun, mit einem immerwährenden Zurückgreifen auf den Uranfang alles Geschehens, wenn auch in immer gedrängterer Folge. Was diese auf geistiger Forschung beruhende Kosmogenesis von anderen mehr hypothetischen Charakters grundlegend unterscheidet, ist eben diese detaillierte Schilderung einer doppelten Wiederholung unter Einschaltung von geistigen Daseinszuständen, die die ganze Entwicklung immer wieder in eine Art Samenzustand zurückkehren lassen.

Als sich Goethe mit Schiller über seine Idee einer Urpflanze unterhielt und Schiller einwendete, daß es sich da nur um eine Idee handele, konnte ihm Goethe nur entgegnen, daß er diese Idee förmlich mit Augen sehe, da sie ihm eine geistige Wirklichkeit sei. Mit der obigen Entwicklungsidee ist es nicht anders. Wir sehen sie in jenem Ordnungsplan vor uns, den die Welt der Erdenstoffe in Gestalt des periodischen Systems vor uns ausbreitet. Er enthält die wahre Kosmogonie unseres Erdenplaneten wie in einem Abdruck, aus dem sich die Entwicklungsgeheimnisse ablesen lassen.

Würden wir die Perioden des Systems zeitlich deuten, so würde die erste Periode sowohl auf den alten Saturn selber als auch auf seine Wiederholung am Beginn der vierten Entwicklungsphase zurückweisen. Aber die immer wieder erfolgende Zurücknahme der Entwicklung in einen rein geistigen Samenzustand verbietet die zeitliche Interpretation dieser Schöpfungsurkunde in dem Sinne, daß man etwa die zwei Elemente der Periode Ib, den Wasserstoff und das Helium, als die materiellen Rückstände des alten Saturn in unserem heutigen Erdenzustande ansieht. Keines der Elemente reicht von Saturn, Sonne und Mond herüber, auch nicht von der Wiederholung dieser Zustände am Beginn der vierten Entwicklungsphase. Denn nach der Wiederholung der alten Mondenstufe wurde alles wieder in einen stofflosen Keimzustand zurückgenommen. Nur wie in einer Art Siegelabdruck hat sich die Gesamtentwicklung jenem Seelengebilde, das gemäß Rudolf Steiners Schilderung nach der Wiederholung des alten Monds übrig blieb, eingeprägt. Erst als danach inmitten desselben jene Feuerform erschien, «wie eine solche der Saturn in seinem dichtesten Zustande war», war dasjenige Weltengebilde entstanden, das auch die Totalität der heutigen Elemente in sich barg, deren evolutionelle Harmonie in der Schöpfungsurkunde des periodischen Systems niedergelegt ist. In ihm ist die Zeit gleichsam zum Raum geworden, es hat sich das zeitliche Nacheinander der vier Entwicklungsquadrate in ein räumliches Nebeneinander verwandelt. Das ist die Anlage, von der Rudolf Steiner spricht, soweit es sich um die Stoffesgrundlage unseres Erdenplaneten handelt, und von der uns unsere figurative Darstellung eine Ahnung vermittelt.

Zunehmende Verdichtung und Komplizierung ist der Weg, den die planetarische Entwicklung nimmt. Zunehmende Verdichtung und Komplizierung ist die Ordnung, nach der die Erdenstoffe zum periodischen System zusammengegliedert sind. Aus der einen wärmehaften Ursubstanz des alten Saturn, die hohe geistige Wesenheiten als Opfersubstanz hingegeben hatten, wurde auf der alten Sonne eine Dreiheit von Formzuständen, indem sich ein Teil der zarten Urstofflichkeit bis zum Gasigen herunter verdichtete. Durch die Wirksamkeit eines anderen Chores der Schöpfermächte, die ihr «Es werde Licht» sprachen, durchwogten nun Licht, Luft und Wärme als drei Formzustände den Raum der alten Sonne. Wollen wir uns als Erdenmenschen ein Bild von diesem Daseinszustand einer urfernen Vergangenheit machen, so mögen wir an die Erscheinungen denken, die sich uns in einer hochevakuierten Glasröhre, einer Geißlerschen Röhre, darbieten, durch die der elektrische Strom geschickt wird. Eine magische Lichtwelt inmitten eines allerdünnsten Gasigen leuchtet vor uns auf, alles von einem Wärmehaften durchdrungen. Aus solcher Dreiheit von

Formzuständen ging auf dem alten Mond eine Fünfheit hervor. Zu allem schon auf der alten Sonne Entwickelten kam hinzu, daß sich die Substanz bis zur Flüssigkeitssphäre verdichtete, in der sich ein neuerer oberer Kräftebereich zu entfalten vermochte. Seine Wirksamkeit äußert sich in der nachfolgenden vierten Entwicklungsphase auch im Chemismus. Erst in dieser wurde die Verdichtung der Substanz bis in den festen Zustand hineingetrieben, dem sich wiederum ein höherer Kräftebereich zugesellte, in dessen Handhabung und Beherrschung der Mensch jedoch erst allmählich hineinwachsen wird. So endet die Entwicklung mit einer Siebenheit von Formzuständen. Nichts anderes als jenen vierstufigen Abstieg in die Materie hatte der noch mit inneren Schau- und Lauschkräften durchsetzte Griechengeist vor Augen, wenn er von den vier Elementen Feuer, Wasser, Luft und Erde sprach. Man kann diese Begriffe sowie diejenigen der vorangehend versuchten Schilderung gar nicht vorsichtig genug handhaben und gerät trotzdem immer wieder in Gefahr, die heutigen Erdenverhältnisse denen ferner und fernster Vergangenheiten unterzuschieben. Dies möge auch bedacht werden, wenn man die mit dem Abstieg in die Materie verbundene Vermannigfaltigung der Formzustände in folgendem, auf Rudolf Steiner zurückgehendem Schema festzuhalten versucht:

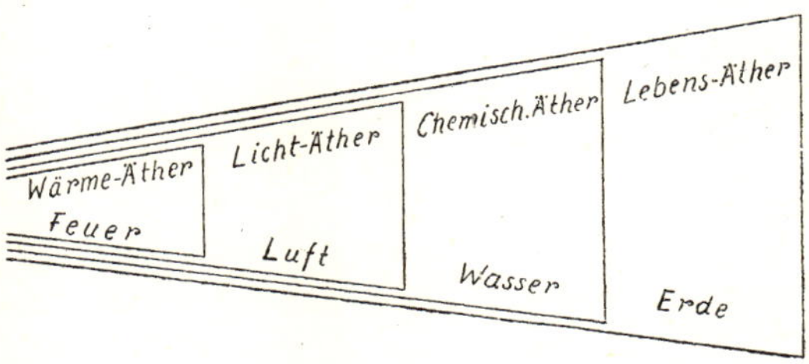

Figur 97

Der nach unten gehenden stofflichen Verdichtung entspricht eine nach oben gehende Verfeinerung, Vergeistigung, die mit dem Begriff Äther nur sehr mangelhaft wiedergegeben ist, zumal wenn man sich dabei verleiten läßt, an den hypothetischen Äther der Physik zu denken und nicht reale, übersinnlich-geistige Kräftewirksamkeiten dahinter waltend denkt. Wieder nur wie stellvertretend mag man noch dabei das kontinuierliche Band eines Spektrums vorstellen mit seinem wärmehaften Ultrarot-Bereich, seinem lichthaften, in die Sichtbarkeit tretenden Farbenbereich, seinem chemisch wirksamen Ultraviolettbereich und seinem sich ins Kurzweilige hinein verlierenden Bereich, in dem man u. a. die geheimnisvollen Röntgenstrahlen unterbringt. Materialismus besteht in der voreiligen, vorwitzigen Primitivität, die angedeuteten gedanklichen Kurzschlüsse zu vollziehen.

Die in der vierstufigen planetarischen Entwicklung so auftretende, der Ordnung der Gnomonzahlen folgende Vermehrung der Formzustände verrät sich auch in der Rhythmik der Längenzunahme der einzelnen Perioden, wobei wir zunächst noch von der Rätselhaftigkeit ihres jedesmaligen doppelten Auftretens absehen. Aus der doppelten Einheit der Periode I mit ihrem ganz vom Wärmewesen erfüllten einzigen chemisch aktiven Element Wasserstoff wird durch Hinzutritt einer doppelten Dreiheit von Elementen die Achtheit der Perioden II, unter denen auch diejenigen Elemente figurieren, welche die stärkste Lichtwirksamkeit zu entfalten vermögen, das Magnesium und der Phosphor; dieser bekommt geradezu vom Licht her seinen Namen. Die Perioden III erhalten ihre Länge von 18 Elementen durch den Hinzutritt einer doppelten Fünfheit von Schwermetallen. In der Periode IVa gliedert sich letztlich die doppelte Siebenheit der seltenen «Erden» ein. Jede Periode schwingt sich von Edelgas zu Edelgas hinüber, ist also zwischen zwei chemische Ruhezustände eingeklemmt, wie sich ein planetarisches Geschehen zwischen zwei geistige Daseinszustände lagert. Man hat in der tabellarischen Darstellung des periodischen Systems mit Recht jedes der Edelgase nicht bloß ans Ende, also in der kurzperiodischen Darstellung in der 8. Spalte, sondern, als o. Spalte, auch an den Anfang der folgenden Periode gestellt, wie die Nacht zwischen dem vorhergehenden und dem folgenden Tage vermittelt.

Das immer erneute Ausgehen von einem Urbeginn, das die einzelnen Stufen der planetarischen Entwicklung kennzeichnet, beherrscht auch das periodische System insofern, als jedes der 92 Elemente in seinem innersten Aufbau immer wieder gleichsam beim Wasserstoff beginnt. Dies erkannt zu haben ist das große Verdienst der Atomforschung der letzten Jahrzehnte. Man vermochte in das Kräftewirken der einzelnen Stoffe einzudringen, indem man den Aufbau einer den «Atomkern» umgebenden «Atomhülle» untersuchte und einen dem Periodenaufbau des ganzen Systems entsprechenden «schaligen» Aufbau der Hülle entdeckte, der sich mit der Stellung des betreffenden Elementes im Ganzen des Systems zunehmend vervollständigt, so daß von Periode zu Periode Schale an Schale angesetzt wird. Die Vorstellung eines Kernes und seiner schaligen Hülle möge uns dabei nicht stören; sie ist ein bloßes Bild, um die darin geheimnisvoll waltende Rhythmik überhaupt einfangen zu können. Lediglich auf diese kommt es an, auf die geordnete Gliederung eines als Element bezeichneten Ganzen, und nicht auf die mehr oder weniger mangelhaften, mehr oder weniger ins Materialistische abgleitenden Vorstellungen, in die ein ringendes Zeitalter die jenseits aller Zeitbedingtheit vorhandenen Ordnungen kleidet. Da und dort ist man auch wieder davon abgekommen, die allzu handfeste Vorstellung von Schalen zu verwenden, und hat sie durch die minder angreifbare Vorstellung von Energieniveaus ersetzt. Was aber bleibt, ist der Rhythmus, die innere Ordnung. Ein einzelnes «Elektron» kreist nach der heutigen Terminologie in der Hülle des Wasserstoffatoms. Zu ihm kommt ein zweites in der Hülle des Heliumatoms hinzu, und gleichzeitig gehen Veränderungen in der Kernstruktur vor sich, deren Schilderung wir übergehen. So hat sich am Ende der ersten Periode um den Atomkern eine Heliumschale von zwei Elektronen als eine Art Gleichgewichtssystem aufgebaut. Dieses Geschehen setzt sich in die folgenden Perioden hinein fort. In der Periode IIa baut sich um die beschriebene Heliumschale nach und nach im Fortschreiten von Element zu Element der Achterreihe als ein weiteres Gleichgewichtssystem eine Neonschale auf, so daß das Ruheelement Neon am Ende der Periode eine zweischalige Hülle vom Aufbau 2 | 8 Elektronen aufweist. Die Einsicht in diese Verhältnisse wurde besonders durch Analyse der Röntgenspektra der Elemente gewonnen. Schlägt man ein modernes Kompendium der Physik auf und sucht darin die Tabelle der Elektronenanordnung der einzelnen Elemente, so findet man etwa für das Neon folgende Gliederung:

Neon 2 / 2 6 /

Man sieht sich dort bedeutsamerweise veranlaßt, die Achtheit der Neonschale in eine Zweiheit und eine Sechsheit zu differenzieren. Wie sieht dort die Gliederung für die Atomhülle des letzten Elementes der Periode IVa, des Edelgases Radon mit seiner Ordnungszahl z = 86, aus? Wir finden für es:

Radon 2 / 2 6 / 2 6 10 / 2 6 10 14 / 2 6 10 / 2 6 /

Würden wir die Zahlen von Abteilung -zu Abteilung, von Schale zu Schale zusammenfassen, so ergäbe sich:

Radon 2 / 8 / 18 / 32 / 18 / 8 /

Uns treten dort also die Anzahlen der Elemente pro Periode entgegen, und zwar als doppelte Quadratzahlen in die doppelten Gnomonzahlen aufgegliedert. Sie folgen einander nicht so, wie es die einzelnen Perioden tun, sondern symmetrisch angeordnet, als wenn die Perioden die Reihenfolge aufweisen würden:

Ib / IIb / IIIb / IVa / IIIa / IIa /

also gleichsam pyramidal aufgebaut mit der Schwerespitze 32, in der linken Hälfte einen Abstieg in die Schwere und Kompliziertheit, eine Inkorporisation, in der rechten ein Sich-wieder-Losringen von der Schwere und Kompliziertheit, eine Exkorporisation, anzeigend. Eine Ahnung von der Bedeutung der ja zunächst rätselhaften Erscheinung, daß, mit der erwähnten Ausnahme, jede Periode doppelt vorkommt, wird uns durch diese innerste Gliederung desjenigen Elementes zuteil, das in gewissem Sinne am Ende der Entwicklung steht.

Mit dieser bloßen Ahnung ist es jedoch nicht getan. Es bedarf einer stärkeren Bewußtmachung des Umstandes, daß innerhalb jeder Periode nicht die einfache Quadratzahl, sondern ihr Doppeltes die Anzahl der Elemente bestimmt und daß nun jede solche Periode wieder nicht einfach, sondern doppelt erscheint. Eine merkwürdige Analogie zu jener Wiederholung einer Wiederholung! Als der vereinfachende Übergang von Figur 93 zu Figur 94 vollzogen wurde, geschah es, um in letzterer die Wiederholung der Wiederholung klar herausarbeiten zu können. Die Verdoppelung der Doppelquadrate entzog sich dadurch der Aufmerksamkeit. Erst ihre besonnene Interpretation stellt das Gesamtbild des periodischen Systems, wie es als umfassende Form sich zunächst in Figur 93 darbot, wieder in seiner Ursprünglichkeit her. Was als bildende Tendenz hinter dieser doppelten Verdoppelung steht, läßt sich am durchsichtigsten an dem Periodenpaar IIa und IIb, das mit seiner Achtspaltigkeit in den Darstellungen des periodischen Systems vorherrschend geworden ist, erkennen. Auch alle anderen Betrachtungen, denen man dieses System unterwerfen kann und auch unterworfen hat, erreichen ein Maximum an Klarheit und Übersichtlichkeit anhand jenes mit dem Charakter der Urphänomenalität auftretenden zweiten Periodenpaares. Es zeigt, daß hinter der doppelten Verdoppelung einfach das Gesetz von Polarität und Steigerung steht. Von der Achtheit der Elemente jeder der beiden Perioden spaltet sich ja am Ende das inaktive

Edelgas ab und macht so den Raum frei für die beiden polaren Dreiheiten der Laugenbildner und der Säurebildner samt einer ausgleichenden Mitte, und von Periode IIa zu Periode IIb bin, von einer Achtheit zur folgenden, steigert sich das Maß dieser Polarität. Mit dem Übergang zu dem dritten Periodenpaar und auch dem vierten komplizieren sich diese Verhältnisse durch neue Entwicklungseinschläge, die sich in dem Längenwachstum nach der Ordnung der Gnonomzahlen manifestieren. So verhilft uns das genaue Studium der Form des periodischen Systems – unter der Voraussetzung, daß es nicht ein bloßes Neben- und Nacheinander von Grundstoffen ist, die auf den Leitfaden der Atomgewichte aufgereiht sind, sondern daß es als der Siegelabdruck einer Entwicklung angesehen wird –, zu der Einsicht, daß diese Entwicklung auf zwei Säulenpaaren ruht, einerseits auf Polarität und Steigerung, andererseits auf einer äußeren und einer inneren Wiederholung.

Man kann sich angesichts dieses Aufbaus des Gedankens nicht erwehren, als ob die schöpferische Weltenweisheit ihre Absichten für den Verlauf der Erdenschöpfung hier in einer Art Plan niedergelegt habe. Rudolf Steiner selber ist es, der in einem Vortrag vom 21.10.1907 dieser Vermutung Gewißheit. verleiht. Es heißt dort unter anderem: «Der Erdenplan wurde auf dem alten Monde gewirkt, wie jetzt die Erdenführer den Jupiterplan [Rudolf Steiner nennt die auf die Erdenstufe folgende Entwicklungsphase unseres Sonnensystems den Jupiterzustand] wirken. Die Entwickelung ist segensvoll, wenn sie im Einklang steht mit diesem Plan. Steht der Planet am Ende seiner Entwickelung, dann ist auch der Plan für den nächsten Planeten ‹fertig›. Dann wird dieser unendlich verkleinert und vervielfältigt, so daß von diesem Jupiterplan unendlich viele Pläne – ganz en miniature – vorhanden sind. So auch auf dem alten Monde! Der Plan der Erdenentwickelung war da, unendlich vervielfältigt und unendlich verkleinert. Das sind die wirklichen Atome, die der Erde zugrunde liegen. Und die Atome, die dem Jupiter zugrunde liegen werden, werden wiederum der bis ins kleinste umgesetzte Plan sein, der jetzt .. ausgearbeitet wird. Das ist ein Atom. Alles andere Reden über Atome ist nichts. Das Atom eines Planeten ist der verkleinerte Plan der Entwickelung des Planeten. Jedes Wesen ist aus Atomen zusammengesetzt und dadurch in Zusammenhang mit der Erdenentwickelung. Ein solcher Erdenplan wurde nur ausgearbeitet, weil Wesen wirkten im Einklang mit der ganzen planetarischen Entwickelung durch Saturn, Sonne und Mond hindurch. Es handelt sich darum, den Atomen das mitzugeben, was sie in dem richtigen Verhältnis zusammenordnet.»

Wir sehen, wie es Rudolf Steiner darauf ankommt, den Plan, die Ordnung in den Vordergrund der Betrachtung zu stellen. Durch sie wird die Atomistik alles materialistischen Beiwerkes entkleidet und einer gerechten Würdigung zugeführt.

Wenn durch einen Berg ein Tunnel gebohrt wird und die Arbeit von den beiden Enden des Tunnels aus gleichzeitig beginnt, bedarf es sorgfältiger Berechnungen, damit die beiden Bohrungen einander in der Mitte begegnen. Die Begegnung ist der reale Beweis für die Richtigkeit der vor dem Beginn der Bohrungen angestellten Berechnungen. In einer ähnlichen Lage befindet man sich, wenn man versucht, einen Einklang herzustellen zwischen den Ergebnissen, zu denen Physik und Chemie mit vereinten Kräften im Lauf der letzten Jahrzehnte hinsichtlich der Struktur der anorganischen Materie geführt haben, und den Angaben, welche die durch Rudolf Steiner begründete Geisteswissenschaft auf der Grundlage geistiger Forschung, unter Zuhilfenahme übersinnlicher Erkenntnismethoden, über das Werden unseres Erdenplaneten gemacht hat. Die Geistesforschung muß zu demselben Punkt führen, den die Naturwissenschaft von der entgegengesetzten Seite her erreicht. Findet diese Begegnung statt, so bestätigen sich die Ergebnisse der Naturwissenschaft durch die Geistesforschung, aber auch die Ergebnisse der Geistesforschung durch die Naturwissenschaft. Beide arbeiten jedoch nicht wie beim Tunnelbau in gleicher Höhen- oder Tiefenlage, vielmehr holt die Geistesforschung ihre Ergebnisse gleichsam von oben herunter, während die Naturwissenschaft sich von unten nach oben aufbaut. Aber die Begegnung beider ist für den Wahrheitssucher unerläßlich. Ein Wort Rudolf Steiners deutet in eine ähnliche Richtung:

«Unsere Naturwissenschaft ist entweder spottschlecht, wenn sie so bleibt, wie sie ist, oder sie ist etwas ganz außerordentlich Großartiges, wenn sie sich umwandelt in Herzensweisheit.»

O	I							II
– 0	H 1							He 2
O	I	II	III	IV	V	VI	VII	VIII
He 2	Li 3	Be 4	B 5	C 6	N 7	O 8	F 9	Ne 10
Ne 10	Na 11	Mg 12	Al 13	Si 14	P 15	S 16	Cl 17	Ar 18

0	Ia	IIa	IIIa	IVa	Va	VIa	VIIa	VIIIa			Ib	IIb	IIIb	IVb	Vb	VIb	VIIb	VIIIb
Ar 18	K 19	Ca 20	Sc 21	Ti 22	V 23	Cr 24	Mn 25	Fe 26	Co 27	Ni 28	Cu 29	Zn 30	Ga 31	Ge 32	As 33	Se 34	Br 35	Kr 36
Kr 36	Rb 37	Sr 38	Y 39	Zr 40	Nb 41	Mo 42	Ma 43	Ru 44	Rh 45	Pd 46	Ag 47	Cd 48	In 49	Sn 50	Sb 51	Te 52	J 53	X 54
X 54	Cs 55	Ba 56	La 57 [58–71]	Hf 72	Ta 73	W 74	Re 75	Os 76	Ir 77	Pt 78	Au 79	Hg 80	Tl 81	Pb 82	Bi 83	Po 84	– 85	Rn 86
Rn 86	– 87	Ra 88	Ac 89	Th 90	Pa 91	U 92												
0	1	2	3	4	5	6	7	8	9	10	11	12	13	14	15	16	17	18

Ce 58	Pr 59	Nd 60	Il 61	Sm 62	Eu 63	Gd 64	Tb 65	Dy 66	Ho 67	Er 68	Tu 69	Yb 70	Cp 71	Seltene Erdmetalle

Periodisches System der Elemente in Form der kurzperiodischen Darstellung durch A. v. Antropoff

Zahlengesetze in der Stoffeswelt und in der Erdenentwicklung

Von Ernst Bindel und Arnold Blickle

*Das periodische System der Elemente**

Seit es Moseley 1913 gelungen ist, die Elemente aufgrund ihrer Röntgenspektren endgültig zu ordnen, wissen wir, daß es 92 natürlich vorkommende Elemente geben kann. Ihre Reihe beginnt mit dem leichtesten Gas, dem Wasserstoff, Ordnungszahl 1, und endigt mit dem Schwermetall Uran, Ordnungszahl 92. 79 Elemente sind bei gewöhnlicher Temperatur feste Körper, 2 Elemente (Brom und Quecksilber) sind Flüssigkeiten, und 11 Elemente sind Gase.

Die allermeisten Elemente sind unedel, d. h. in sich selbst nicht ausgeglichen und finden sich in der Natur nur in Form ihrer Verbindungen. Nur wenige Elemente sind so edel, in sich selbst so ausgeglichen, daß sie in elementarem Zustand beständig sind; Beispiele hierfür sind der Kohlenstoff in der Form des Diamanten und die Edelmetalle. Der Chemiker kann aber auch diese Stoffe zum Eingehen chemischer Verbindungen zwingen. Nur die sechs Elemente Helium, Neon, Argon, Krypton, Xenon und Radon, die Edelgase,

* Die folgenden Ausführungen über «Zahlengesetze in der Stoffeswelt und in der Erdenentwicklung» erschienen erstmals 1952 in dem Buch *Beiträge zur Substanzforschung*, Band 1, hrsg. von der Naturwissenschaftlichen Sektion am Goetheanum, Dornach, durch Guenther Wachsmuth, Hybernia-Verlag, Dornach und Stuttgart.

sind vollkommen edel; von ihnen konnte trotz eifrigen Bemühens noch keine echte chemische Verbindung erhalten werden.

Die Edelgase, die als atomare Gase in der Luft enthalten sind, setzen auch der Verflüssigung den größten Widerstand entgegen. Helium ist dasjenige Gas, das zu seiner Verflüssigung die tiefste Temperatur erfordert (nur 4° über dem absoluten Nullpunkt), und selbst Radon, das ein höheres Atomgewicht als Blei besitzt, verflüssigt sieh erst bei – 65°. Die Edelgase bleiben bei allem irdischem Geschehen nur untätige Zuschauer.

Alle Elemente mit Ausnahme der Edelgase haben sich verdichtet, die Gase Wasserstoff, Stickstoff, Sauerstoff, Fluor und Chlor zu den Verbindungen H_2, N_2, O_2, F_2 und Cl_2, alle anderen Elemente zu festen und flüssigen Stoffen. Im Gebiet der festen und flüssigen Elemente steigt die Dichte bei den auf ein Edelgas folgenden Elementen schnell an, erreicht zwischen den Edelgasen den Höchstwert und fällt dann bis zum nächsten Edelgas schnell ab. Ein ähnliches Verhalten zeigen die Elemente auch in bezug auf ihre Schmelz- und Siedepunkte. Wie groß die Verdichtung und Verhärtung der elementaren Stofflichkeit zwischen den Edelgasen ist, zeigt Tab. 1, in welcher die Litergewichte der Elemente bei 0° in Grammen sowie deren Schmelzpunkte angegeben sind, in Abhängigkeit von der Ordnungszahl:

	He		Ne		Ar		Kr		X		Rn
O.Z.	2	C 6	10	Si 14	18	Co 27	36	Rh 45	54	Ir 77	86
g/l	0,18		0,90		1,79		3,74		5,89		9,96
		Diam. 3514		2330		8830		12 420		22 650	
		Ruß 1850									
0°	–272,1		– 248,6		– 189,4		– 156,6		– 111,5		– 71
		etwa 3500		1413		1490		1966		2454	

Tabelle 1

Die Edelgase sind nicht gleichmäßig über die Reihe der 92 Elemente verteilt, wie ihre in Tab. 1 angegebenen Ordnungszahlen zeigen; sie treten nach 2, dann nach weiteren 8, 8, 18, 18 und zuletzt nach 32 Elementen auf. Die Zahlen 2, 8, 18 und 32 sind aber die Doppelquadrate von 1, 2, 3 und 4, und es stellt sich die erstaunliche Tatsache heraus, daß die rhythmische Verfestigung und Verflüchtigung der Grundstoffe sich periodisch wiederholt, wobei die Zahl der in einer Periode vereinigten Elemente von 2-1-1 auf 2-2-2, 2-3-3 und endlich auf 2-4-4 ansteigt.

Fast noch erstaunlicher als diese Gesetzmäßigkeit ist jedoch die Tatsache, daß im Aufbau des periodischen Systems der Elemente auch das biogenetische Grundgesetz erfüllt wird, das für die zeitliche Entwicklung der organischen Welt gültig ist. Deutlicher als bei den Lebewesen kann die Wiederholung der anfänglichen Stufen der Entwicklung auf höherer Stufe verfolgt werden: In jeder Periode folgt auf das Edelgas ein leicht schmelzbares Alkalimetall, dann ein schwerer schmelzbares Erdalkalimetall, ein noch schwerer schmelzbares Erdmetall, und vor jedem Edelgas steht ein leicht flüchtiges Element der Halogengruppe.

Auch eine von Periode zu Periode auftretende Steigerung ist leicht zu erkennen; es treten hinzu:

- in der 32er-Periode die 32 – 18 = 14 seltenen Erdmetalle, die Lanthaniden
- in den 18er-Perioden die 18 – 8 = 10 Schwermetalle
- in den 8er-Perioden die 8 – 2 = 6 Elemente, 3 nach und 3 vor dem Edelgas.
- Die 2er-Periode hat, da sie der Anfang ist, nichts zu wiederholen.

Aufgrund all dieser Tatsachen muß das periodische System wie folgt gegliedert werden:

Periode	Ib	H – He	=	2				= 2 Elemente
Periode	IIa	Li – Ne	=	2 +	6			= 8 Elemente
Periode	IIb	Na – Ar	=	2 +	6			= 8 Elemente
Periode	IIIa	K – Kr	=	2 +	6 +	10		= 18 Elemente
Periode	IIIb	Rb – X	=	2 +	6 +	10		= 18 Elemente
Periode	IVa	Cs – Rn	=	2 +	6 +	10 +	14	= 32 Elemente

Von H (Ordnungszahl 1)
bis Rn (Ordnungszahl 86) = $6 \cdot 2 + 5 \cdot 6 + 3 \cdot 10 + 1 \cdot 14$ = 86 Elemente

Die letzte Periode IVb enthält nur die ersten 6 Elemente, die alle dem radioaktiven Zerfall unterliegen, und hört mit Uran (Ordnungszahl 92) auf. Unter Aufwendung ungeheurer Energien werden heute die Elemente mit den Ordnungszahlen 93 – 98 hergestellt, die sogenannten Transurane. Die Periode mit zwei Elementen ist nur einmal vertreten; vor Wasserstoff kann noch das Neutron mit der Ordnungszahl 0 aufgeführt werden, ein Kernbaustein mit der Masse des Wasserstoffs, aber mit der Ladung 0. Die Reihe der 92 Elemente entspringt gleichsam aus einem Übersinnlichen und mündet in ein Untersinnliches.

Bestätigungen durch das chemische Verhalten der Elemente

Die angegebene Gliederung der Elemente in Perioden und die Unterteilung dieser Perioden in Gruppen von 2, 6, 10 und 14 Elementen wurde durch die Betrachtung der physikalischen Eigenschaften der Elemente gefunden. Es soll nun gezeigt werden, daß diese Gliederung durch das chemische Verhalten der Elemente bestätigt, ja gefordert wird, wobei allerdings vieles nur angedeutet werden kann.

Die erste Periode des Systems umfaßt nur Wasserstoff und Helium, zwei Gase mit ganz entgegengesetzten Eigenschaften, eine Urpolarität. Helium ist das leichteste Edelgas, das den Verdichtungsprozeß der Erde am wenigsten mitgemacht hat und das sich wie alle Edelgase am chemischen Geschehen in keiner Weise beteiligt. Den Wasserstoff dagegen kennen wir als molekulares Gas H_2, als atomares Gas H, als elektropositiven Bestandteil von Verbindungen, z. B. in HCl, als elektronegativen Bestandteil, z. B. in NaH, als Legierungsbildner (mit Platin) und als Bestandteil unzähliger anorganischer und organischer Verbindungen. Wasserstoff ist im chemischen Geschehen omnipotent, Helium dagegen ist nur Zuschauer.*

Die Zweiergruppe findet sich in allen folgenden Perioden als die Polarität vierwertiges Element – Edelgas wieder, also in den Elementen

Kohlenstoff	–	Neon	in der Periode II a
Silicium	–	Argon	in der Periode II b
Titan und Germanium	–	Krypton	in der Periode III a
Zirkon und Zinn	–	Xenon	in der Periode III b
Hafnium und Blei	–	Radon	in der Periode IV a.

Es ist bekannt, daß die vierwertigen Elemente in sich weitgehend ausgeglichen sind, besonders diejenigen mit niedrigen Ordnungszahlen; es braucht nur daran erinnert zu werden, daß der Kohlenstoff ja als Diamant und Graphit frei vorkommt und daß er weit mehr Verbindungen liefert als alle anderen Elemente zusammen. Bei Ausschluß von Wasser kann eine der Kohlenstoffchemie analoge Siliciumchemie aufgebaut werden; infolge seiner großen Ver-

* Bei der Elektrolyse von Salzsäure (HCl) benimmt sich der Wasserstoff wie ein Metall, bei derjenigen von geschmolzenen Hydriden (NaH) wie ein Nichtmetall.

wandtschaft mit Sauerstoff kommt aber das Silicium immer als Quarz oder als Bestandteil der Silikatgesteine vor. Wie Kohlenstoff im Reich des Lebendigen eine beherrschende Rolle spielt, so das Silicium im Mineralreich.

Im Gebiet der 6er-Gruppen stoßen wir auf gänzlich andere Verhältnisse. Hier stehen einander zwei Dreiheiten unedler Elemente polar gegenüber:

I	II	III	IV	V	VI	VII	
	a						
Li	Be	B	c	N	O	F	in Periode II a
Na	Mg	Al		P	S	Cl	in Periode II b
K	Ca	Sc		As	Se	Br	in Periode III a
Rb	Sr	Y		Sb	Te	J	in Periode III b
Cs	Ba	La		Bi	Po	—	in Periode IV a
—	Ra	Ac	d			b	

Tabelle 2

Treffen die zur Mitte der Periode (Linie c – d) symmetrisch auftretenden Elemente zusammen, so entstehen neutrale binäre Verbindungen:

Li			und			F	liefern Li F,
	Be		und		O		liefern Be O,
		B	und	N			liefern B N,
			C				liefert $(C)_x$, den Diamant.

In dieser Reihe vom heteropolaren farblosen Salz Li F zum Riesenmolekül des Diamanten nimmt die Härte, die Unlöslichkeit in Wasser, die Dichte und die Schwerschmelzbarkeit von oben nach unten zu, die Bildungswärme dagegen ab; bei der Vereinigung der größten Gegensätze Alkalimetall-Halogen sind die Wärmetönungen am größten.

Es darf als bekannt vorausgesetzt werden, daß bei der Bildung von Verbindungen Zahlenverhältnisse gelten (Gesetz der konstanten und der multiplen Proportionen von Dalton). Auffällig ist, daß einfache Zahlenverhältnisse (1:1, 2:3, 1:2, 1:4, z. B. in NaCl, Al_2O_3, CO_2, CH_4) sehr häufig sind, kompliziertere Zahlenverhältnisse (wie 2:7 im unbeständigen Cl_2O_7) dagegen selten. Am deutlichsten treten diese Gesetzmäßigkeiten bei Gasreaktionen in Erscheinung. So bedeutet:

$$H + H = H_2,$$

daß 2 Raumteile atomaren Wasserstoffs sich zu 1 Raumteil molekularen Wasserstoffs verbinden. Je 1 Raumteil Chlor, Sauerstoff oder Stickstoff reagiert mit 1 bzw. 2 bzw. 3 Raumteilen Wasserstoffgas, und es entstehen je 2 Raumteile der Gase Chlorwasserstoff, Wasserdampf oder Ammoniak:

$$1\ Cl_2 + 1\ H_2 = 2\ HCl$$
$$1\ O_2 + 2\ H_2 = 2\ H_2O$$
$$1\ N_2 + 3\ H_2 = 2\ NH_3.$$

Aufgrund dieses Verhaltens sagt man, Chlor, Sauerstoff und Stickstoff seien gegen Wasserstoff ein- bzw. zwei- bzw. dreiwertig. Die in den Formeln auftretenden Wertigkeitszahlen der Elemente weisen innerhalb einer Periode ebenfalls eine Gesetzmäßigkeit auf. So ist in der Periode IIb die maximale Wertigkeit

bei	Na	Mg	Al	Si	P	S	Cl
gegen Wasserstoff und Metalle				4	3	2	1
gegen Sauerstoff und Nichtmetalle	1	2	3	4	5	6	7

Als Beispiele mögen gelten:

$$Si\,H_4 \quad P\,H_3 \quad S\,H_2 \quad Cl\,H$$
$$Na\,Cl \quad Mg\,Cl_2 \quad Al\,Cl_3 \quad Si\,Cl_4 \quad P\,Cl_5 \quad S\,F_6 \quad Cl_2\,O_7$$

Im allgemeinen sind Verbindungen aufgrund der Wertigkeiten 1 bis 4 beständig, solche aufgrund der Wertigkeiten 5 bis 7 weniger beständig, häufig sogar explosiv. Meist betätigen Elemente mit hoher Maximalwertigkeit nicht diese, sondern niedere Wertigkeiten; z. B. entsteht JF_5 trotz der Maximalwertigkeit 7 von Jod und SF_4 und SF_2 trotz der Maximalwertigkeit 6 von Schwefel.

In Tab. 2 findet sich eine schräge Gerade a – b, deren Bedeutung bisher nicht genannt wurde. Sie trennt die Elemente in Metalle und Nichtmetalle. Die Grenze zwischen Elementen mit metallischem Charakter und solchen mit nichtmetallischem Charakter verschiebt sich von Periode zu Periode um eine Stelle nach rechts; die letzten Metalle in den einzelnen Perioden sind Be, Al, Ti – Ge, Sb, Po.

Die metallischen Elemente leiten den elektrischen Strom, sind undurchsichtig, schmiedbar und schwer zu verflüchtigen. Die nichtmetallischen Elemente leiten den elektrischen Strom nicht, sind durchsichtig und in festem Zustand spröde, aber leicht zu verflüchtigen; vielfach sind sie schon unter Normalbedingungen Gase. Innerhalb der Metallgruppe muß man zwischen Leicht- und Schwermetallen unterscheiden. Die Leichtmetalle sind geschmolzen mehr oder weniger ineinander löslich; beim Erstarren findet meist eine Entmischung statt, und nur verhältnismäßig selten kommt es zur Bildung von metallischen Verbindungen wie $LiMg_2$. Dieses Verhalten stellt schon eine Vorwegnahme dessen dar, was erst in der Gruppe der Schwermetalle eine charakteristische Eigenschaft ist, nämlich die Fähigkeit, Legierungen zu bilden. Im Gegensatz zu den Metallen ist es schwierig, zwei Nichtmetalle ineinander zu lösen. Um so begieriger treten diese jedoch zu homöopolaren Verbindungen wie N_2, O_2 und S_8 zusammen. Die leichten Nichtmetalle bilden zusammen mit Kohlenstoff und Wasserstoff unzählige organische Verbindungen, unter anderem das Eiweiß, wogegen die an Sauerstoff gebundenen Leichtmetalle zusammen mit Silizium den allergrößten Teil der festen Erdrinde bilden. Der chemisch bedeutsamste Unterschied zwischen Metallen und Nichtmetallen besteht jedoch darin, daß die Leichtmetalle Laugenbildner sind, die Nichtmetalle Säurenbildner. Die Alkalimetalle liefern die stärksten Laugen, die Halogene die stärksten Säuren. Durch die Verbindung starker Laugen mit starken Säuren entstehen die neutralen farblosen Salze, wobei große Wärmemengen frei werden. Diejenigen Elemente, die gleichsam die Trennungslinie a–b zwischen Metallen und Nichtmetallen berühren, bilden auch den Übergang von den Laugen- zu den Säurenbildnern. So liefern die Elemente Beryllium, Aluminium, Titan, Antimon und Polonium amphotere Hydroxide, und ihre Oxide sind wasserunlöslich. Je weiter ein Element von der Linie Be–Po entfernt ist, desto größer ist auch die Wasserlöslichkeit seines Oxides und desto stärker auf der Seite der Metalle die Lauge, auf der Seite der Nichtmetalle die Säure, die aus ihm entsteht.

In Tab. 2 stehen ja alle Elemente gleicher Höchstwertigkeit in einer und derselben senkrechten Spalte. Diese wird von der Spalte III an durch die Trennungslinie a–b durchkreuzt. Durchläuft man eine solche Spalte, etwa III, so findet man darin die Elemente Bor, Aluminium und Lanthan. Ihre Oxide sind nach demselben Typus gebaut, aber B_2O_3 ist sauer, Al_2O_3 neutral und La_2O_3 basisch. Die Natur hat dafür gesorgt, daß bei späteren Wiederholungen zwar die Wertigkeiten erhalten bleiben, aber die physikalischen und chemischen Eigenschaften der Elemente und ihrer Verbindungen sich wandeln. Durch diese Einrichtung wird eine ungeheure Mannigfaltigkeit der Erscheinungen im Gebiete der Metalle und der Nichtmetalle erreicht.

Da die Elemente der Perioden Ib, IIa und IIb samt ihren Homologen in den folgenden Perioden in quantitativer und qualitativer Beziehung gleich wichtig sind, kann man versuchen, die in ihrem Gebiet geltenden Gesetzmäßigkeiten in einem Bild zusammenzufassen (Figur 98). Das periodisch sich wiederholende Auftreten von Elementen mit ähnlichen Eigenschaften verlangt eine spiralige Anordnung, in welcher die beiden Polaritäten vierwertiges Element – Edelgas einerseits und Metall – Nichtmetall andererseits ein Kreuz bilden:

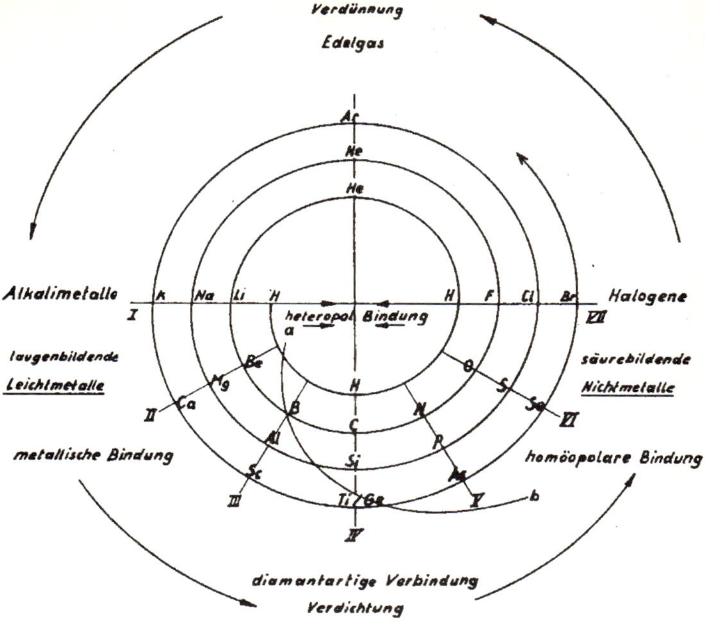

Figur 98

Gehen wir nunmehr nach der Betrachtung der Zweier- und der Sechsergruppen von Elementen zu derjenigen der Zehnergruppen über! Sie treten als die zehn Schwermetalle von der Periode IIIa an auf. Hier finden sich gänzlich veränderte Verhältnisse, die auf einen neuen Einschlag hinweisen. Polare salzartige binäre Verbindungen, die für die Sechsergruppen so bezeichnend waren, sind im Gebiet der Schwermetalle nicht vorhanden. Dagegen ist die technisch so wichtige Fähigkeit, Legierungen zu bilden, bei ihnen auf das stärkste ausgebildet. Kommt es beim Erstarren der Schmelzen zur Bildung metallischer Verbindungen, so gelten dabei die in den Perioden II beobachteten Wertigkeitsregeln in keiner Weise. Au_5Zn_8 und $Cu_{31}Sn_8$ sind Beispiele solcher Verbindungen, die heute als metallische Phasen bezeichnet werden. Sie besitzen häufig einen ziemlich breiten Homogenitätsbereich, AuZn z.B. von $Au_{59}Zn_{41}$ bis $Au_{42}Zn_{58}$; für sie gilt also das Daltonsche Gesetz nicht.

Eine weitere Besonderheit bei den Schwermetallen besteht darin, daß gewisse metallische Phasen die gleiche räumliche Struktur aufweisen, obwohl sie recht verschieden zusammengesetzt sein können, und zwar dann, wenn ein ganz bestimmtes Verhältnis der Zahl der insgesamt vorhandenen Valenzelektronen zu der Zahl der Atome besteht. Als Erläuterung seien die drei beim Messing auftretenden sogenannten Hume-Rothery-Phasen CuZn, Cu_5Zn_8 und $Cu\,Zn_3$ angeführt. Die Zahl der Valenzelektronen verhält sich zur Zahl der Atome

bei Cu Zn wie $(1 \cdot 1 + 1 \cdot 2) : (1 + 1) = 3 : 2 = 21 : 14 = 1{,}5$
bei $Cu_5\,Zn_8$ wie $(5 \cdot 1 + 8 \cdot 2) : (5 + 8) = 21 : 13 = 1{,}615 \ldots$
bei $Cu\,Zn_3$ wie $(1 \cdot 1 + 3 \cdot 2) : (1 + 3) = 7 : 4 = 21 : 12 = 1{,}75$

Diese drei experimentell gefundenen Werte, für welche noch keine befriedigende Deutung gefunden ist, streben offensichtlich dem Wert 1,618 zu, der Zahl des goldenen Schnitts, die überhaupt an vielen Stellen bestimmend auftritt.

Erst dann, wenn Nichtmetalle Verbindungen mit den Schwermetallen eingehen, betätigen letztere die in Periode II maßgebenden Höchstwertigkeiten 1 bis 8; es ist aber für die Schwermetalle charakteristisch, daß sie dabei sehr mannigfaltig reagieren, z. B. Mangan mit den Wertigkeiten 1 bis 7, ferner daß sie vielfach farbige heteropolare Verbindungen liefern und nie Elektronen aufnehmen.

Das komplizierte Verhalten der Schwermetalle wird in Figur 94 veranschaulicht. Die Waagerechte a–b trennt das Gebiet der Schwermetalle von dem der Elemente der Achterperioden samt Homologen; in beiden Gebieten herrschen, wie besprochen, ganz verschiedene Gesetze. Beim vierwertigen Element findet der Übergang von einem Gebiet in das andere statt, bei Titan in der

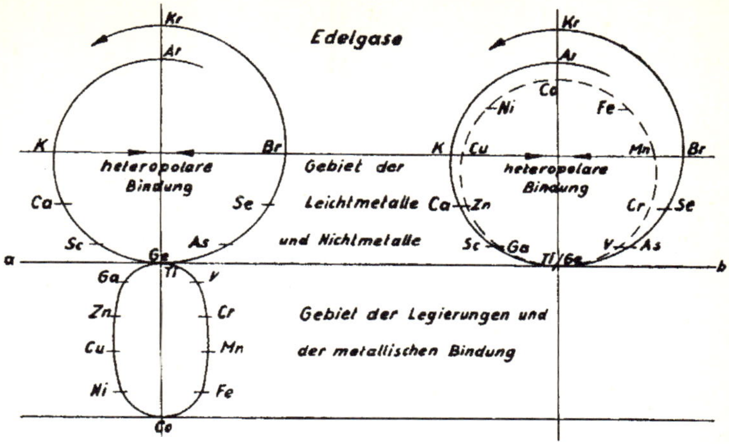

Figur 99

Richtung nach dem Vanadin usw., um mit dem letzten der dortigen zehn Schwermetalle, dem Gallium, sich wieder beim Germanium in den oberen Bereich zu wenden (linker Teil von Figur 99). Ungezwungen ergibt sich eine lemniskatische Anordnung, welche die zehn Schwermetalle von den übrigen Elementen der betreffenden Periode abschnürt. In dem rechten Teil von Figur 99 kommt zum Ausdruck, daß die Schwermetalle den in der Achterperiode geltenden Gesetzen verfallen, wenn sie Verbindungen mit Nichtmetallen eingehen, z. B. mit Sauerstoff oder mit Chlor. Vanadin wird dann maximal fünfwertig wie Arsen, Chrom maximal sechswertig wie Selen, Zink zweiwertig wie Calcium.

Die in Periode IV erstmalig auftretenden 14 Elemente, die Lanthanidenmetalle, sind in ihrem chemischen Verhalten einander so ähnlich, daß sie durch chemische Operationen nicht voneinander getrennt werden können. Aber auch die physikalischen Eigenschaften, z. B. die Dichte, ändern sich mit steigender Ordnungszahl nur wenig. Im Gebiet der Lanthaniden scheint die Entwicklung zum Stillstand gekommen zu sein.

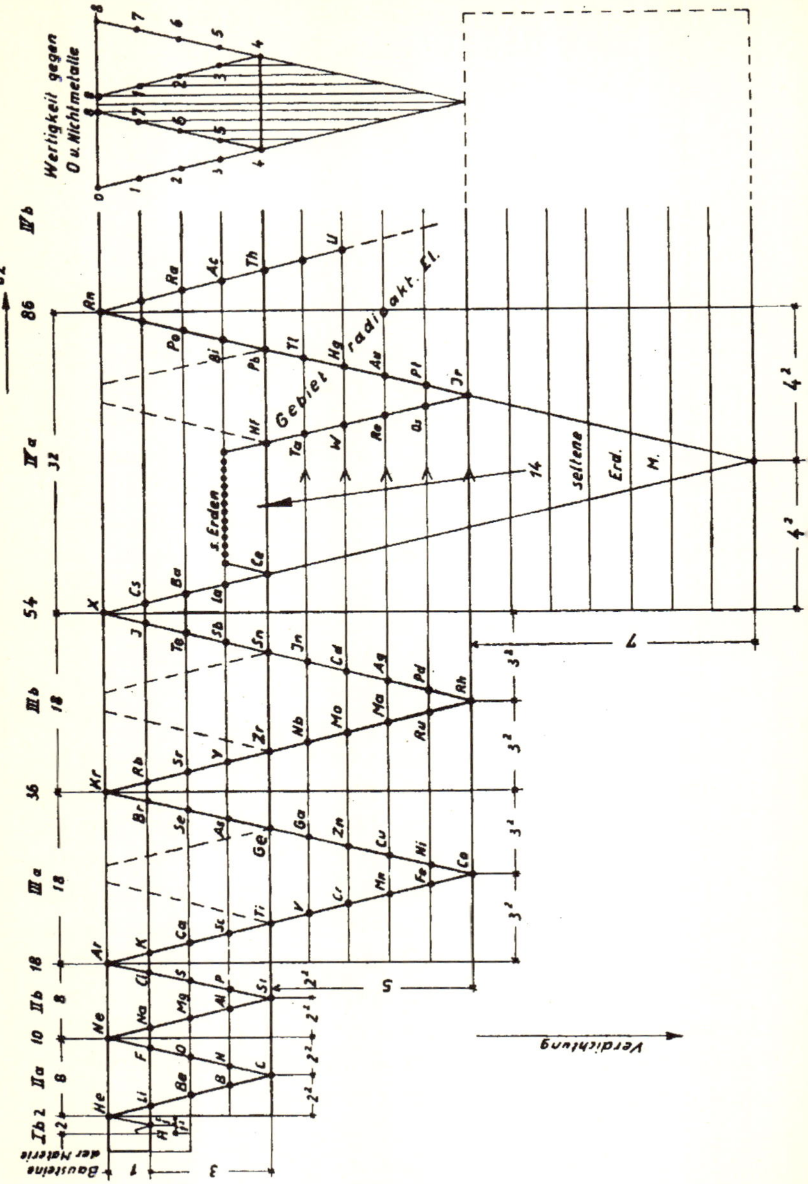
Wertigkeit gegen O u. Nichtmetalle
OZ
Gebiet radioakt. El.
s. Erden
seltene Erd. M.
Verdichtung
Bausteine der Materie

Figur 100

Die Entwicklung schreitet also durch vier Bereiche vorwärts, wobei die Zahl der neu auftretenden Elemente von Gruppe zu Gruppe von 2 auf 6, auf 10, auf 14 zunimmt, die Mannigfaltigkeit ihrer Eigenschaften aber immer mehr abnimmt. Das Ergebnis aller Betrachtungen läßt sich in Figur 100 zusammenfassen. In ihm wird in Abhängigkeit von der Ordnungszahl dargestellt, wie die Verdichtung der Elemente vom Edelgas bis zur Mitte einer Periode fortschreitet und wie dann die Entwicklung rückläufig wird, dem nächsten Edelgas zustrebend. Im Gebiet der Achterperioden steigt dabei die Wertigkeit im absteigenden Ast von 1 bis 4, im aufsteigenden von 4 bis 7; in gestrichelten Linien ist angedeutet, wie die maximalen Wertigkeiten der Schwermetalle in Verbindungen mit Nichtmetallen sind. Die besonderen Verhältnisse in Periode IVa werden später erörtert werden. Deutlich kommt das Prinzip der Polarität, die stete Wiederholung auf immer höheren Stufen und das Prinzip der Steigerung zum Ausdruck, alles im Rahmen der ganzen Zahlen 1, 3, 5 und 7 (Figur 100).

Materie und Strahlung

Das periodische System wurde 1869 aufgrund der chemischen Eigenschaften der damals bekannten 63 Elemente aufgestellt. Später konnten die Lücken mehr und mehr ausgefüllt werden, wobei die Entdeckung der Lanthaniden und der Edelgase besonders wichtig war. Aber erst die spektroskopische Erforschung des von der Materie unter bestimmten Bedingungen ausgestrahlten Lichtes machte eine gesicherte Ordnung und Gliederung der Elemente möglich.

Die bekannteste Art, einen Körper zum Leuchten zu bringen, besteht darin, ihn mehr und mehr zu erhitzen. Stärkere Wirkungen werden u. a. im elektrischen Lichtbogen und besonders durch Elektronenstoß erzielt; Elektronen (negative Elektrizitätsatome) geben ihre kinetische Energie an den zu untersuchenden Stoff ab, wenn sie eine bestimmte Mindestgeschwindigkeit besitzen, und veranlassen ihn zum Leuchten.

Wird das von der Materie ausgestrahlte Licht nach den heutigen Methoden untersucht, die auf die Gewinnung eines Spektrums abzielen, so erhält man bei vielen Körpern ein außerordentlich kompliziertes Spektrum. Die einfachsten Spektren sind die Linienspektren, also solche Spektren, die nur aus scharfen Linien bestehen; Spektren dieser Art sind die Röntgenspektren und die optischen Atomspektren.

Die charakteristische Röntgenstrahlung eines Elements erscheint, wenn das Element oder eine seiner Verbindungen in festem Zustand von Kathodenstrahlen einer bestimmten Geschwindigkeit getroffen werden (Kathodenstrahlen sind bewegte Elektronen von sehr großer Geschwindigkeit). Die Röntgenspektren sind bei allen Elementen gleich gebaut und enthalten dieselben Linien, nur schieben sie sich von Element zu Element mehr und mehr ins ultraviolette Gebiet. Die Wellenlänge einer bestimmten Linie des Röntgenspektrums ist dann die Größe, nach der die Elemente einwandfrei geordnet werden können.

Die optischen Atomspektren treten bei verhältnismäßig schwacher Anregung von atomaren Gasen auf, z. B. bei Verdampfung eines Stoffes in einer Flamme. Die Spektrallinien liegen z. T. im sichtbaren Gebiet, aber auch im Ultrarot und im Ultraviolett. Das einfachste Spektrum dieser Art ist das des Wasserstoffs. Im Spektroskop sieht man eine rote, eine grünlichblaue und zwei violette Linien, weitere Linien liegen im Ultrarot und im Ultraviolett. Für die Wellenlängen aller dieser Linien gilt mit außerordentlicher Genauigkeit

$$1/\lambda = R \cdot (1/a^2 - 1/b^2);$$

dabei ist R eine Konstante vom Wert 109678 cm^{-1}, a und b bedeuten alle möglichen ganzen Zahlen, wobei jedoch a kleiner als b sein muß, damit der Klammerinhalt positiv ausfällt. Für a = 2 und b = 3 ergibt sich:

$$1/\lambda = R \cdot (1/4 - 1/9) = R \cdot 5/36$$

als Wert für die rote Wasserstofflinie. Bei den optischen Spektren werden die Verhältnisse immer komplizierter, wenn man von den Alkalimetallen zu den Erdalkalimetallen und zu den Erdmetallen fortschreitet. Die Spektren der Schwermetalle und der Lanthaniden sind äußerst kompliziert und umfassen oft über 1000 Linien.

Erst seit 1913 ist es möglich, die ganz bestimmten Energiezustände festzustellen, die ein Atom einnehmen kann (Methode des Elektronenstoßes). Die aus einem glühenden Draht austretenden Elektronen werden durch Anlegen einer regulierbaren Spannung beschleunigt und z. B. durch Wasserstoffgas geschickt. Bei ganz bestimmten Spannungen treten einzelne Linien des Wasserstoffspektrums auf, aber erst bei der sogenannten Ionisierungsspannung, in diesem Fall bei 13,527 Volt, ist das ganze Wasserstoffspektrum mit allen seinen Linien voll entwickelt, und gleichzeitig treten einfach positiv geladene Wasserstoffionen auf. Die Energie, die ein Elektron übertragen kann, wird in Elektronenvolt (eV) gemessen; das Produkt aus Spannung und Ladung ergibt ja stets die Energiegröße. Da 1 eV diejenige Energie ist, die ein Elektron beim freien Durchlaufen einer Spannung von einem Volt gewinnt, ist die Größe der Ionisierungsspannung gleichzeitig ein Maß für die Ionisierungsarbeit, gemessen in eV.

In Figur 101 sind die Ionisierungsspannungen der Elemente in Volt in Abhängigkeit von der Ordnungszahl aufgetragen. Schon auf den ersten Blick fällt die Gliederung der Elemente in die bekannten Perioden auf: in jeder Periode ist die Ionisierungsspannung für das Edelgas am größten, für das Alkalimetall am kleinsten. Außerordentlich deutlich kommt auch zum Ausdruck, daß die Achterperiode dadurch aus der Zweierperiode hervorgeht, daß zwei Dreiheiten sich zentrisch-symmetrisch zum vierwertigen Element C bzw. Si einlagern. In den Achtzehnerperioden ist der Aufbau der zweiten Hälfte dem der Achterperiode ähnlich, in der ersten Hälfte aber schieben sich zehn Elemente, die Schwermetalle, ein. In der Zweiunddreißigerperiode endlich finden wir mit Lanthan beginnend die Gruppe der Lanthaniden, anschließend die zehn Schwermetalle. Wie eine Achse zieht sich die sich spaltende Linie

                    ╱ Ti – Zr – Hf
H – C – Si <
                    ╲ Ge – Sn – Pb

durch das ganze Bild (Figur 101)

Die neuere Physik betrachtet es als eines ihrer wichtigsten Ergebnisse, festgestellt zu haben, daß die Elektronen Elementarquanten der negativen Elektrizität sind und aufs engste mit dem Aufbau der Materie zusammenhängen. In den Kathodenstrahlen lassen sie sich dann aus diesem Zusammenhang lösen. Von diesen Vorstellungen und den Ergebnissen der Spektroskopie ausgehend, stellte Rutherford 1913 ein «Atommodell» auf, wonach ein Atom aus einem positiv geladenen Kern, in dem man den Träger der praktisch ganzen Masse des Atoms sieht, und einer Hülle von Elektronen besteht. Im elektrisch neutralen Atom sei die Zahl der im Kern und der in der Hülle vorhandenen elektrischen Elementarladungen einander gleich, und zwar gleich der Ordnungszahl des Elements im periodischen System. In diesem Atommodell sollen sich nach dieser Vorstellung die Hüllenelektronen in bestimmten Bahnen um den Kern bewegen – eine Annahme, die später mehrfach verändert worden ist, wie überhaupt sich alle diese Vorstellungen in einem steten Fluß befinden. Aufgrund des chemischen und spektroskopischen Verhaltens der Elemente denkt man sich die Elektronen der Hülle auf verschiedene «Schalen» verteilt (K-, L-, M-, N-, … Schale), die ihrerseits noch weiter unterteilt sein kön-

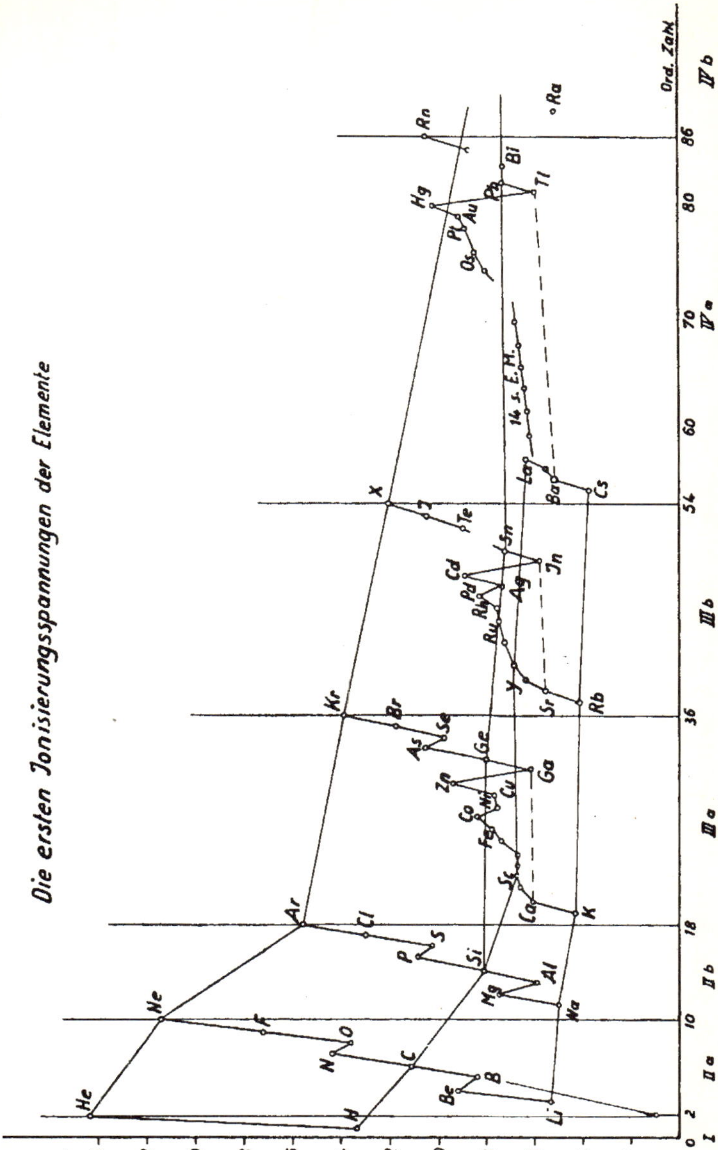

Die ersten Jonisierungsspannungen der Elemente
V
24
22
20
18
16
14
12
10
8
6
4
2
0
2
10
18
36
54
60
70
80
86
Ord. Zahl
I
II a
II b
III a
III b
IV a
IV b
He
H
Be
Li
B
C
N
O
F
Ne
Na
Mg
Al
Si
P
S
Cl
Ar
K
Ca
Sc
Fe
Co
Ni
Cu
Zn
Ga
Ge
As
Se
Br
Kr
Rb
Sr
Y
Ru
Rh
Pd
Ag
Cd
Jn
Sn
Te
J
X
Cs
Ba
La
14 s. E. M.
Os
Pt
Au
Hg
Tl
Pb
Bi
Rn
Ra

Figur 101

nen. Es sind dies alles Vorstellungen, mit denen man ein im Grund unvorstellbares Geschehen in die Verbildlichung einzufangen sucht. Dieser Schwäche sind sich die in vorderster Linie stehenden Forscher auch durchaus bewußt und geben zu, daß jene Annahmen keine gesicherten Realitäten, sondern höchstens brauchbare Arbeitshypothesen sind.

Lassen wir diese einmal gelten, so besitzt Wasserstoff mit seiner Ordnungszahl 1 einen einfach positiv geladenen Kern und ein Hüllenelektron und kann infolgedessen nur ein Spektrum liefern. Das Heliumatom von der Ordnungszahl 2 hätte dann einen zweifach positiv geladenen Kern und zwei Hüllenelektronen, mit denen die K-Schale voll besetzt ist. Helium liefert außer dem Spektrum des neutralen Heliumatoms, dem sogenannten Bogenspektrum, noch ein Spektrum des einfach positiv geladenen Heliumions, das sogenannte erste Funkenspektrum. Von Lithium, Ordnungszahl 3, kennt man ein Bogenspektrum und zwei Funkenspektren usw. Das letzte Funkenspektrum entsteht jedesmal, wenn das Atom sämtliche Hüllenelektronen verloren hat, wenn es ein «gerupftes» Atom geworden ist.

Es ist nun untersucht worden, welche Arbeit zur Erzeugung des jeweiligen Bogenspektrums und der noch vorhandenen Funkenspektren, die durch sukzessive Abtrennung der einzelnen Hüllenelektronen entstehen, notwendig ist. Die für die ersten Elemente gefundenen Werte in eV sind in Tab. 3 aufgeführt:

Element	I	II	III	VI	V	VI
H	13,53					
He	24,47	54,14				
Li	5,36	75,26	121,84			
Be	9,28	18,12	153,11	216,63		
B	8,26	25,00	37,74	258,03	338,53	
C	11,20	24,26	47,64	64,17	390,02	487,55

Tabelle 3

Zur vollen Ausbildung des dritten Funkenspektrums von Beryllium sind demnach aufzuwenden:

$$9{,}28 + 18{,}12 + 153{,}11 + 216{,}63 = 397{,}14 \text{ eV}.$$

Die in diesen Zahlen verborgene Gesetzmäßigkeit enthüllt sich erst, wenn die Quadratwurzeln aus ihnen in Abhängigkeit von der Ordnungszahl betrachtet werden:

Element	I	II	III	VI	V	VI
H	3,68					
He	4,95	7,38				
Li	2,31	8,68	11,04			
Be	3,05	4,26	12,38	14,72		
B	2,87	5,00	6,14	16,06	18,40	
C	3,35	4,93	6,90	8,01	19,75	22,08

Tabelle 4

Figur 102 zeigt, daß diese Werte in großer Annäherung auf Geraden liegen, wobei die von Wasserstoff und Helium ausgehenden Linien einander parallel sind, ebenso die von den übrigen Elementen ausgehenden flacheren Linien unter sich parallel. Die Steigung der obersten Linie von Element zu Element ist gleich der Differenz zwischen

	3,68		7,38		11,04		14,72		18,40		22,08
also		3,70		3,66		3,68		3,68		3,68 $\sqrt{\text{eV}}$	

Für die vom Lithium ausgehende Linie ergibt sich zwischen

2,31		4,26		6,14		8,01
	1,95		1,88		1,87 $\sqrt{\text{eV}}$;	

sichtlich strebt dieser Wert der Hälfte der vorigen Differenz, also $3{,}68/2 = 1{,}84\sqrt{\text{eV}}$ zu. Ferner zeigt Figur 102, daß ein Höchstmaß an Arbeit aufgewendet werden muß, wenn das letzte Elektron aus dem Atomverband herausgerissen werden soll. Die Größen dieser Arbeit verhalten sich bei den Elementen der Ordnungszahlen 1, 2, 3, 4 …, wie schon Tab. 3 zeigt, wie $1^2 : 2^2 : 3^2 : 4^2 : \ldots$

In Figur 102, das aufgrund von Tab. 4 oder aufgrund der Wurzelwerte von Tab. 3 angefertigt ist, ergibt sich das Verhältnis 1:2:3:4: …

In Übereinstimmung damit sind alle letzten Funkenspektra, die Spektren der gerupften Atome, in allen Einzelheiten dem Spektrum des Wasserstoffs ähnlich, nur rücken alle Linien schnell mehr und mehr ins ultraviolette Gebiet. Ähnliches gilt für alle anderen Geraden in Figur 102, so daß gesagt werden kann: Das Bogenspektrum eines Elements ist in allen Feinheiten ähnlich dem ersten Funkenspektrum des Elementes mit nächsthöherer Ordnungszahl, dem zweiten Funkenspektrum des Elementes mit übernächsthöherer Ordnungszahl usw. (spektroskopischer Verschiebungssatz). Die hier waltende Gesetzmäßigkeit kann auch so ausgedrückt werden: Werden einem Atom schrittweise die Elektronen entrissen, so treten nacheinander Spektren auf, die ähnlich den Bogenspektren aller vor ihm stehenden Elemente gebaut sind, bis sich schließlich ein wasserstoffähnliches Spektrum zeigt. Dieses Verhalten erinnert an die Tatsache, daß jedes Lebewesen in seiner Keimesgeschichte die Stammesgeschichte wiederholt. Ein jedes Element verrät also durch seine Strahlung, daß es die Phylogenesis des ganzen Systems der Elemente in sich trägt. Schauen wir uns beispielsweise das Element Kohlenstoff daraufhin an! Es ist nur mit seiner untersten, durch die geringste Spannung hergestellten Spektralstufe ein Individuelles; sie bringt zu der bisherigen Entwicklung ein Neues hinzu. Von ihr geht darum in Figur 102 auch eine neue schräge Parallele aus. Aber schon die zweite Spektralstufe gehört einer anderen Parallelen an, die von dem vorhergehenden Element Bor ausgeht, und läßt im Kohlenstoff den Borcharakter aufleuchten. Die dritte Spektralstufe läßt im Kohlenstoff durch die in Figur 102 auftretende nächsthöhere Parallele die Berylliumvergangenheit des Kohlenstoffs erkennen usw., bis letztlich in der höchsten Spektralstufe die Wasserstoffvergangenheit des Kohlenstoffs und damit der Anfang aller Entwicklung erstrahlt. Dabei bedarf es immer größerer Anstrengungen, um den Kohlenstoff dazu zu bringen, von seiner Vergangenheit Stück um Stück zu offenbaren. In Figur 102 sind zur Sichtbarmachung dieser Entwicklungsgeschichte des Kohlenstoffs die aufeinanderfolgenden Spektralstufen des Kohlenstoffes mit den eingeklammerten chemischen Symbolen derjenigen Elemente versehen, deren Stufen er nacheinander durchlaufen hat.

Die Parallelität der beiden oberen, mit den beiden besonders fest sitzenden Elektronen zusammenhängenden Linien kontrastiert mit der Parallelität der übrigen Linien, die mit den restlichen lockeren Elektronen zusammenhängen, durch die verschiedene Neigung der beiden Parallelenbündel. Darin dokumentiert sich der Unterschied der Elemente der Periode IIa von denjenigen der Periode Ib. Zusammengehörigkeit der Elemente innerhalb einer Periode zieht in der Figur Parallelität nach sich. Nichtzusammengehörigkeit von Elementen verschiedener Perioden bezeugt sich in der Nichtparallelität ihrer «Entwicklungslinien». Diese Nichtparallelität läßt geradezu die Periodenzahl erkennen; denn bei dem obersten Parallenpaar ergab sich als Steigerung von Element zu Element die Zahl 3,68 $\sqrt{eV}$, aus der im darunterliegenden Parallelenbündel der Elemente von IIa die Zahl 3,68/2 $\sqrt{eV}$ wurde.

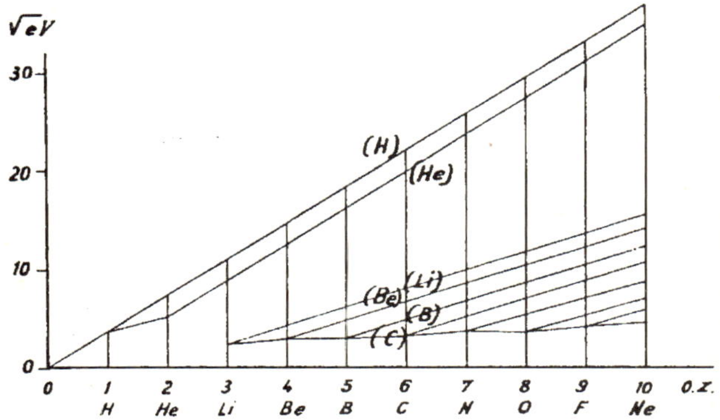

Figur 102

Die Elektronenanordnung in den Elementen

Aufgrund des Baues der optischen Spektra und der Röntgenspektra sowie auch aufgrund vieler anderer Ergebnisse der Atomforschung wurde eine Anordnung der Elektronen für jedes Element aufgestellt, wie Tab. 5 sie zeigt.

Tab. 5 läßt erkennen, daß die erste Elektronenschale, die K-Schale, bei Helium mit zwei Elektronen voll besetzt ist. Bei allen anderen Edelgasen sind acht Elektronen in der äußersten Schale. Wir erinnern uns, daß die Ionisierungsspannungen bei den Edelgasen am höchsten waren, so daß diese Elektronenanordnung 2 6 am stabilsten ist.

Bis zum Calcium entspricht die Anordnung der Elektronen im Element genau der Gruppierung der Elemente im periodischen System; in der Elektronenhülle des Calciums sind in der

K-Schale	L-Schale	M-Schale	N-Schale
2	2 + 6	2 + 6	2 Elektronen.

Das periodische System umfaßt bis zum Calcium in der Periode

I b	IIa	IIb	IIIa
2	2 + 6	2 + 6	2 Elemente.

Erstmalig beim Scandium tritt das neu hinzukommende Elektron in eine innere Schale, die M-Schale, ein, ein Vorgang, der sich bei den homologen Elementen Yttrium und Lanthan der folgenden Perioden wiederholt. Anschließend, also bei den zehn Schwermetallen, werden diese inneren Schalen auf 2 + 6 + 10 = 18 Elektronen aufgefüllt, worauf von Kupfer, Silber und Gold an die Entwicklung ungestört fortschreitet.

Am auffälligsten sind die Verhältnisse im Gebiet der Lanthaniden! Dort lagern sich die 1 bis 14 neu hinzukommenden Elektronen in die N-Schale ein, bis diese 2 + 6 + 10 + 14 = 32 Elektronen

Elektrodenanordnung der Elemente

	K	L		M			N				O			P		Q-Schale	
1 H	1																Periode I b
2 He	2																
3 Li	2	1															
4 Be	2	2															
5 B	2	2	1														
6 C	2	2	2														
7 N	2	2	3														Periode IIa
8 O	2	2	4														
9 F	2	2	5														
10 Ne	2	2	6														
11 Na	2	2	6	1													
12 Mg	2	2	6	2													
13 Al	2	2	6	2	1												Periode IIb
18 Ar	2	2	6	2	6												
19 K	2	2	6	2	6		1										
20 Ca	2	2	6	2	6		2										
21 Sc	2	2	6	2	6	1	2										Periode IIIa
29 Cu	2	2	6	2	6	10	1										
36 Kr	2	2	6	2	6	10	2	6									
37 Rb	2	2	6	2	6	10	2	6			1						
38 Sr	2	2	6	2	6	10	2	6			2						
39 Y	2	2	6	2	6	10	2	6	1		2						Periode IIIb
47 Ag	2	2	6	2	6	10	2	6	10		1						
54 X	2	2	6	2	6	10	2	6	10		2	6					
55 Cs	2	2	6	2	6	10	2	6	10		2	6		1			
56 Ba	2	2	6	2	6	10	2	6	10		2	6		2			
57 La	2	2	6	2	6	10	2	6	10		2	6	1	2			
71 Cp	2	2	6	2	6	10	2	6	10	14	2	6	1	2			Periode IVa
72 Hf	2	2	6	2	6	10	2	6	10	14	2	6	2	2			
79 Au	2	2	6	2	6	10	2	6	10	14	2	6	10	1			
86 Rn	2	2	6	2	6	10	2	6	10	14	2	6	10	2	6		

Tabelle 5

aufweist; erst dann wird die o-Schale auf 2 + 6 + 10 = 18 Elektronen aufgefüllt, anschließend die P-Schale auf 2 + 6 = 8 Elektronen, womit bei Radon die Edelgaskonfiguration erreicht ist. Durch diese Störungen entsteht also für Radon, Ordnungszahl 86, die Anordnung

$$2 + 8 + 18 + 32 + 18 + 8,$$

während die Elemente bis zum Radon sich von Periode zu Periode folgendermaßen gruppieren:

$$2 + 8 + 8 + 18 + 18 + 32.$$

Beide Folgen enthalten die selben Zahlen, die erste, für die Elektronen gültige, zeigt eine Evolution mit einer Involution, die zweite, für die Elemente gültige, nur eine Evolution bis zu einem Höhepunkt.

Es konnte so gezeigt werden, daß im Gebiet der Grundstoffe bestimmte Rhythmen walten. Vieles, was zu unserem Sonnensystem gehört, weist ebenfalls auf diese Rhythmen hin, indem wir vielfach eine Gliederung nach einer Vierheit wahrnehmen. Wir unterscheiden vier Naturreiche, Mineral, Pflanze, Tier und Mensch; wir finden vier Formzustände in der Stoffeswelt, in der Sprache der alten Griechen Erde, Wasser, Luft und Feuer; wir beobachten im Werden einer Pflanze nacheinander den Keimling, das grüne Blatt, das farbige Blütenblatt und die den Samen enthaltende Frucht; schließlich finden sich in unserem Sonnensystem vier Arten von Weltkörpern, die scheinbar aus dem Nichts hereindringenden Kometen, die eine Sonne, die Schar der sie umkreisenden Planeten und endlich deren Mondtrabanten usw. Wenn schon in allen diesen Vierheiten stets das folgende Glied sich aus dem vorhergehenden entwickelt bzw. zu entwickeln versucht wird, liegt es nahe, auch die Vierstufigkeit innerhalb des periodischen Systems der Elemente unter dem Gesichtspunkt einer zeitlichen Entwicklung zu betrachten, ja, diese Vierstufigkeit geradezu als eine von den weltschöpferischen Mächten selber geschriebene Urkunde über die Entwicklung unserer Erde anzuschauen.

Die Entwicklung der Erde

Die Frage, wie sich unsere Erde samt ihren Geschöpfen entwickelt habe, hat die Geister von jeher außerordentlich beschäftigt. Die Genesis am Beginn des Alten Testaments gibt darauf eine Antwort in mythisch-bildlicher Form, wie sie dem damaligen Bewußtseinsstand der Menschheit angemessen war. Für uns heutige Menschen im Zeitalter der Bewußtseinsseele muß die Antwort in anderer Weise gegeben werden. Die moderne Naturwissenschaft versucht sie in der Weise, daß sie das umfangreiche Tatsachenmaterial durch entsprechende Hypothesen ergänzt. Ihre widerspruchsvolle Vielfalt läßt allein schon erkennen, daß auf diesem Wege keine befriedigende Lösung der Rätsel zustande kommen kann. Erst wenn man das naturwissenschaftliche Tatsachenmaterial durch die Ergebnisse der Geistesforschung beleuchtet, kann man hoffen, den Realitäten gerecht zu werden. Rudolf Steiner hat in seinem Buch *Die Geheimwissenschaft im Umriß* und an vielen Stellen seines Vortragswerks bestimmte Angaben über den Werdegang unserer Erde im Verband des Sonnensystems gemacht, die in ihrer Konfrontierung mit den Gesetzmäßigkeiten und Rhythmen, die im periodischen System erscheinen, überraschende Zusammenklänge ergeben, so daß die Angaben der Geistesforschung und die Ergebnisse der Naturwissenschaft sich gegenseitig bestätigen.

Es würde zu viel Raum einnehmen, wenn hier die aufgrund der Geistesforschung sich ergebende Entwicklung unseres Sonnensystems auch nur einigermaßen befriedigend dargestellt würde. Der Leser muß dafür auf die einschlägigen Darstellungen Rudolf

Steiners selber verwiesen werden. Nur mit ganz groben Strichen sei hier die geisteswissenschaftliche Kosmogonie angedeutet. Nach ihr vollzog sich die Entwicklung der Erde im Verband des Sonnensystems in vier gewaltigen Werdestufen, denen noch drei zukünftige folgen werden. Jede dieser vier Stufen gliedert sich in sieben Unterabschnitte, in deren Verlauf eine aufbauende Evolution und eine wieder abbauende Involution wahrzunehmen sind, und zwar erfolgt die Evolution in den ersten drei Unterabschnitten, erreicht im vierten ihren Höhepunkt und benötigt zu ihrem Wiederabbau die drei letzten Unterabschnitte. Alsdann geht das Ganze samt allen seinen Stoffen und Wesenheiten in einen höheren, nichtmateriellen Zwischenzustand über, um auf der nächsten großen Werdestufe das Spiel fortzusetzen. Innerhalb jeder der vier Werdestufen werden in zunehmender Anreicherung sogenannte Elementarzustände entwickelt. Die erste, einfachste legt mit der Schaffung des Wärmeelements den Grund zu den nachfolgenden Stufen, und zwar spielt sich die erste Hälfte dieser ersten Stufe noch ganz im Übersinnlichen ab; erst in ihrer zweiten Hälfte tritt die physische Wärme, der erste Elementarzustand, als erste Andeutung des Stofflichwerdens in Erscheinung. Auf der zweiten Werdestufe wird zunächst die erste abgekürzt wiederholt, um alsdann zwei weitere Elementarzustände evolutionell hinzuzufügen, das immaterielle Lichthafte und das materielle Gasige. Eine nachfolgende Involution in umgekehrter Reihenfolge schließt die zweite Werdestufe ab. Ohne daß hier der Fortgang auf der dritten und der vierten Werdestufe im einzelnen dargelegt wird, geht bereits aus dem für die beiden ersten Werdestufen Geschilderten hervor, daß von Stufe zu Stufe die Anzahl der entstehenden und wieder abgebauten Elementarzustände von 1 auf 3, auf 5 und schließlich auf 7 ansteigt. Die vierte Werdestufe, unsere Erde, erreichte nach Wiederholung aller vorherigen Werdestufen ihren Höhepunkt, als sich mit ihr und auf ihr als ein neuer Elementarzustand das Feste, kristallin Gefügte, das der alte Grieche einfach als «Erde» bezeichnete, samt dem ihm entsprechenden immateriellen Elementarzustand herausbildete. Folgendes Schema mag in bloßen Zahlen den Gang durch die vier Werdestufen andeuten, wobei die Zahlen als Anzahlen der aufgebauten und wieder abgebauten elementaren Formzustände gemeint sind:

erste Werdestufe				1	1			
zweite Werdestufe			1	3	3	1		
dritte Werdestufe		1	3	5	5	3	1	
vierte Werdestufe	1	3	5	7	7	5	3	1
	Evolution				Involution			

Ein ähnlicher Aufbau zeigt die Gruppierung der Elemente im periodischen System, wobei von den Störungen, die noch besprochen werden, abgesehen wird:

Periode	I	II	III	IV
a	. .	1 3 3 1	1 3 5 5 3 1	1 3 5 7 7 5 3 1
b	1 1	1 3 3 1	1 3 5 5 3 1	
	2	8 + 8	18 + 18	32
				Summe 86

Angesichts dieser Übereinstimmung mögen diejenigen Sätze angeführt werden, die Carl Gustav Carus in der Einleitung zu seinem Werk *Über die Ur-Teile des Schalen- und Knochengerüstes* im Jahre 1823 schrieb: «Müssen wir … eingestehen, daß jede weitere Differenzierung als Wiederholung des ursprünglich einfachen Gegensatzes anzusehen sei, so werden wir … in diesem Satze zugleich den mathematischen Ausdruck für ein rücksichtlich der ganzen Entwicklungsgeschichte höchst wichtiges Gesetz wahrzunehmen vermögen, welches am schicklichsten etwa folgendermaßen auszusprechen sein möchte: Jegliche höhere Entfaltung und Ausbildung eines Organismus wird nur erreicht durch die mannigfaltigste

Wiederholung des ursprünglichen Bildungstypus, und zwar in immer anderen und höheren Potenzen. – Ein Gesetz, welchem wir deshalb eine besondere Wichtigkeit beilegen müssen, weil auf ihm eben der Begriff der organischen Metamorphose und die Notwendigkeit der genetischen Methode für alle Naturwissenschaften begründet ist.»

Der Zusammenklang der Rhythmik des periodischen Systems bzw. der Elektronenanordnung in den Elementen mit dem Gang der Erdenentwicklung wird noch deutlicher, wenn diejenigen Stellen betrachtet werden, an denen die fortschreitende Entwicklung gestört wird. Ganz offensichtlich geschieht dies durch die Lanthaniden. Man sollte erwarten, daß die zweimal sieben Elemente in Periode IVa in der Mitte der Periode, also nach fünf Schwermetallen, erscheinen würden. Jedoch die Gliederung dieser Periode ist nicht

	1	3	5	7	7	5	3	1,
sondern (s. Figur 100)	1	3	7	7	5	5	3	1;

denn die Lanthaniden schieben sich schon nach dem dreiwertigen Lanthan ein. Als Steigerung der Schwermetalle erwartet man äußerst schwere und edle Metalle; statt dessen erweisen sich die Lanthaniden als sehr unedle Elemente von verhältnismäßig geringer Dichte, die alle vorwiegend dreiwertig sind wie das Erdmetall Aluminium, weshalb sie auch den Namen «seltene Erdmetalle» erhalten haben. Besondere Beachtung verdient noch die Tatsache, daß im Bereich der Lanthaniden, also von 14 Elementen, jede Weiterentwicklung aufzuhören scheint. Das Auftreten der Lanthaniden kündigt sich schon in den Perioden III und II an. Wie bei Lanthan ist der Elektronenaufbau der dreiwertigen Elemente Scandium (IIIa) und Yttrium (IIIb) gestört, und die chemischen Eigenschaften dieser zwei Elemente sind denjenigen der Lanthaniden so ähnlich, daß sie ebenfalls zu den seltenen Erden gezählt werden. In der Natur findet man Scandium und Yttrium auch stets vergesellschaftet mit den seltenen Erdmetallen. Wie auf Lanthan 14 Elemente folgen, die sämtlich dreiwertig sind, so folgen auf Scandium und Yttrium Schwermetalle zwar mit einer Höchstwertigkeit bis zu 8, aber bezeichnenderweise bilden diese mit Vorliebe dreiwertige, ja sogar zweiwertige sehr beständige Verbindungen. In den Perioden II fallen die dreiwertigen Elemente Bor (IIa) und Aluminium (IIb) dadurch auf, daß sie eine wider Erwarten niedrige Ionisierungsspannung haben (siehe Figur 101); da die Achterperioden um das vierwertige Element zentrisch-symmetrisch gebaut sind, sind die Ionisierungsspannungen für Stickstoff (IIa) und Phosphor (II b) dementsprechend übernormal hoch.

Auch im Werden von Erde und Menschheit sind die Störungen mit der Zahl Drei verknüpft. Nach der Schilderung Rudolf Steiners sollte der Mensch in der Mitte der Erdenstufe, also in deren viertem Unterabschnitt, zum Ichbewußtsein gelangen. Aber schon vorzeitig, im dritten Unterabschnitt, der lemurischen Erdepoche, trat dasjenige ein, was in der Bibel als der Sündenfall beschrieben wird; durch gefallene Engelwesen gelangt der Mensch verfrüht zu einer Art Selbstbewußtsein, wodurch er zwar ein freies Wesen wird, aber in Irrtum, Krankheit und Tod verfällt. Um die durch dieses kosmisch-menschliche Ereignis drohende Verhärtung der menschlichen Leiblichkeit als auch der Erdensubstanz nicht zu stark werden zu lassen, wurden die gröbsten Stoffe und Kräfte in Gestalt des die Erde umkreisenden Mondes ausgeschieden.

Gesamtdarstellung des periodischen Systems

Die naturwissenschaftlichen Forscher haben sich nach der Entdeckung des periodischen Systems der Elemente und im Verfolg seiner Ausgestaltung und zunehmenden Präzisierung bemüht, seine bildliche Darstellung immer vollkommener wiederzugeben.

Die einzelnen Phasen dieses Bemühens seien hier aus Raummangel übergangen. Im Sinne der hier angestellten Betrachtungen sei abschließend eine Darstellung versucht, welche das in ihnen angeschlagene Motiv der Entwicklung zur Geltung bringt. Ein voller Kreis wird in sieben gleich große Segmente eingeteilt, deren jedes wieder in zwei Hälften zerlegt wird gemäß dem Umstand, daß teils idealiter, teils realiter jede Periode doppelt erscheint, als Ia, Ib, IIa, IIb, IIIa, IIIb, IVa und IVb. In die Segmente I, II, III und IV sind diese Periodenpaare eingetragen; die Segmente V, VI und VII bleiben leer, da die betreffende Entwicklung noch in der Zukunft liegt. Nun kann aber die gesamte Entwicklung nicht als ein in sich geschlossener Kreis dargestellt werden, weil sie nicht zum Anfangszustand zurückführt, sondern gleichsam über demselben eine höhere Ebene erreicht. Die folgende Figur 103 möge deshalb nicht als eine Darstellung in derselben Ebene aufgefaßt werden, sondern nur als Grundriß einer in Form einer Schraubenlinie im Raum verlaufenden Bewegung, die sich von Periode zu Periode höher hinaufschwingt. Die Darstellung soll anschaulich machen, wie aus der zunächst sich gleichförmig fortwindenden Spirale der Achterperioden und ihrer Homologen in den folgenden Perioden erstmalig zwischen Titan und Germanium sich die Gruppe der zehn Schwermetalle herausschnürt. In Periode IVa folgt auf Lanthan die verfrüht auftretende Gruppe der Lanthaniden, die in ihrer Gleichförmigkeit wie ein Einschluß wirkt. Bleiben wir uns jedoch trotz des Bestechenden, das von einer solchen Darstellung auszugehen vermag, dessen bewußt, daß hier menschliches Bemühen um die Formung eines Geschehens ringt, das in seiner Größe und Majestät letztlich unfaßbar bleibt!

In einem Vortrag Rudolf Steiners aus dem Jahre 1907 (21. Oktober) finden sich bemerkenswerte Ausführungen über das, was man letztlich unter einem Atom zu verstehen habe. Es heißt dort u. a.:

«Der Erdenplan wurde auf dem alten Monde (der dritten der vier großen Werdestufen, die also unserer vierten, der eigentlichen Er-

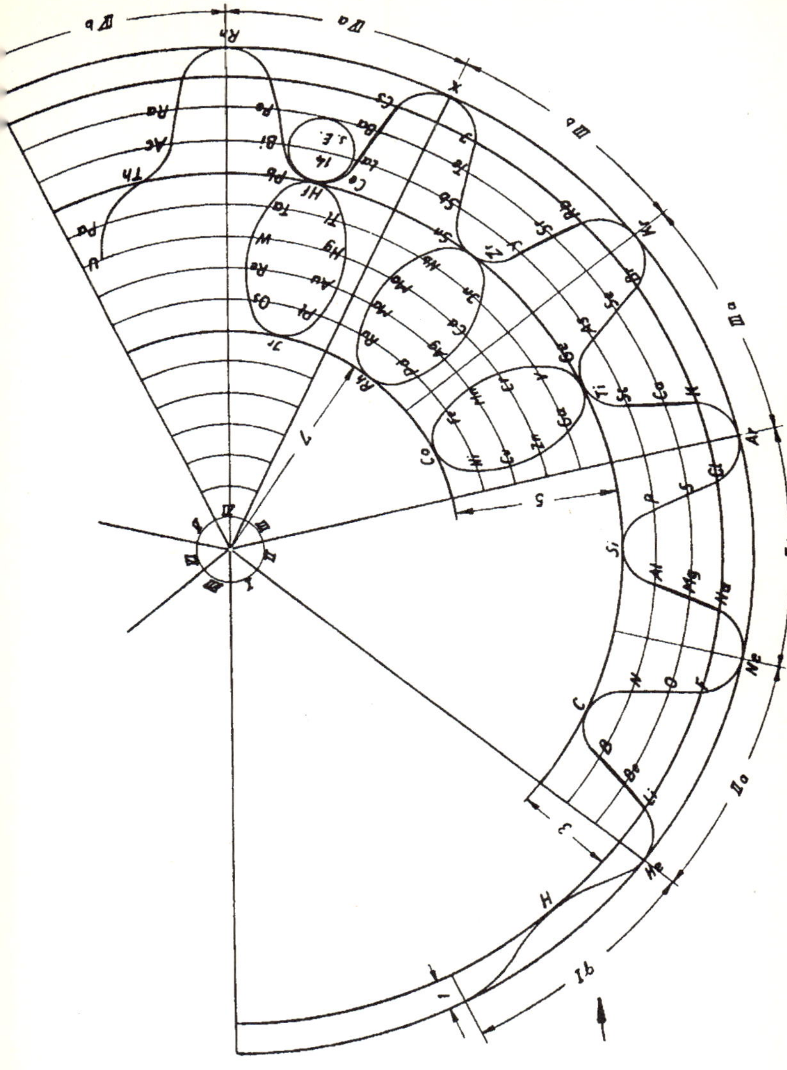

Figur 103

denstufe, unmittelbar voranging) gewirkt, wie jetzt die (geistig zu verstehenden) Erdenführer den Jupiterplan (die auf unsere vierte Erdenstufe unmittelbar folgende fünfte große Werdestufe) wirken.

Die Entwickelung ist segensvoll, wenn sie im Einklang steht mit diesem Plan. Steht der Planet am Ende seiner Entwickelung, dann ist auch der Plan für den nächsten Planeten ‹fertig›. Dann wird dieser unendlich verkleinert und vervielfältigt, so daß von diesem Jupiterplan unendlich viele Pläne – ganz en miniature – vorhanden sind. So auch auf dem alten Monde! Der Plan der Erdenentwickelung war da, unendlich vervielfältigt und unendlich verkleinert. Das sind die wirklichen Atome, die der Erde zugrunde liegen. Und die Atome, die dem Jupiter zugrunde liegen werden, werden wiederum der bis ins kleinste umgesetzte Plan sein, der jetzt ... ausgearbeitet wird. Das ist ein Atom. Alles andere Reden über Atome ist nichts. Das Atom eines Planeten ist der verkleinerte Plan der Entwickelung des Planeten. Jedes Wesen ist aus Atomen zusammengesetzt und dadurch in Zusammenhang mit der Erdenentwickelung. Ein solcher Erdenplan wurde nur ausgearbeitet, weil Wesen wirkten im Einklang mit der ganzen planetarischen Entwickelung durch Saturn, Sonne und Mond (die drei ersten großen Werdestufen) hindurch. Es handelt sich darum, den Atomen das mitzugeben, was sie in dem richtigen Verhältnis zusammenordnet.»

In dem Bauplan der Stoffeswelt in diesem Sinne zu lesen, in ihn in diesem Sinne einzudringen, wird dem Menschen vergönnt sein, wenn er von den drei Ehrfurchten, von denen Goethe in seinem *Wilhelm Meister* in dem Abschnitt über die pädagogische Provinz spricht, zwei in rechter Art zu verbinden weiß: die Ehrfurcht vor dem, was über uns ist, und diejenige vor dem, was unter uns ist. Hingabe sowohl an die göttliche Weisheit als auch an das, was nun ganz unten ist, die mineralische Welt, erst beides zusammen gibt dem, was in unseren Tagen als das Weltbild der Naturwissenschaft vor uns erstanden ist, den rechten Wert.

Schlußwort

Zurückblickend auf die in dieser Arbeit angestellten Betrachtungen, kann man sich fragen, was die Zahl überhaupt ist und was sich mit ihr alles bewerkstelligen läßt. Sie ist, mit einem Wort von Hugo Kükelhaus in seinem Buch *Urzahl und Gebärde* (Berlin 1934), ein Hohlraum, durch den der Wind der Einbildungskraft bläst, eine Äolsharfe, die, von diesem Wind angeregt, wundersame Klänge webt. Beide Vergleiche sind treffend, weil vielsagend. Man hat den Hohlraumcharakter der Zahlen wohl erkannt, aber gleichzeitig auch verkannt, indem man von dem, was untrennbar dazugehört, absah und die Zahlen als eigenschaftslose Gebilde hinzustellen beliebte. Man vergaß dabei, daß ein Vakuum nicht denkbar ist ohne die Saugwirkung, welche es auf seine Umgebung ausübt, ohne den Wind, den es in sich hineinlenkt. Was in den letzten Jahrhunderten hineingesogen wurde und den Zahlen eine zweifelhafte Herrscherwürde verlieh, war die ungeistige mechanistische Betrachtung der Erscheinungswelt; sie hat letztlich in eine furchtbare Zahlzerfaserung hineingeführt. Alte, noch geistig begnadete Zeiten benutzten den Zahlenhohlraum dazu, ihn mit dem Pneuma, dem Hauch spiritueller Weltbetrachtung, zu erfüllen. Sie brachten, in dem anderen Bilde gesehen, die Saiten der Zahlenharfe noch zu wohltönendem Erklingen, wogegen der heute auf sie aus Druckkesseln losgelassene Wind sie zerrissen hat und ihre herumhängenden Drähte nur noch klirrende Geräusche von sich zu geben vermögen.

Aus einer Erkenntnis dessen, was einstmals war und nun verlorengegangen ist, kann allein die Sehnsucht erwachsen, der Ursichtigkeit älterer Zeiten wieder teilhaftig zu werden, ohne jedoch dabei die mühsam errungene Klarheit der neuzeitlichen Bewußtseinshaltung wieder einbüßen zu müssen. Der Abstieg liegt offen zutage, aber ebenso deutlich mehren sich auf vielen Daseinsgebieten, besonders im künstlerischen Bereich, die Anzeichen, daß Kräfte am Werk sind, das Steuer umzuwerfen und dem weiteren Hinuntersausen Einhalt zu gebieten.